WORLD ZOO AND AQUARIUM ARCHITECTURE

VOL.01

HOCHSCHULE ANHALT University of Applied Sciences

ZooArc
Institut für Zooarchitektur gGmbH

WORLD ZOO AND AQUARIUM ARCHITECTURE

VOL.01

EDITED BY NATASCHA MEUSER

DOM publishers

Contents

Inhalt

Einleitung
Introduction

»Der Denkmalschutz im Zoo ist von besonderer Bedeutung, da das Wohl der Tiere eine Herausforderung bei Sanierungsmaßnahmen darstellt und gleichzeitig neue Nutzungskonzepte für veraltete Gebäude entwickelt werden müssen.«

“The protection of historical monuments in zoological gardens is of particular importance, as the welfare of the animals poses a challenge during renovation measures and new utilisation concepts for outdated buildings have to be developed at the same time.”

Natascha Meuser

Das Institut für Zooarchitektur

WORLD ZOO AND AQUARIUM ARCHITECTURE VOL. 01 markiert den Auftakt einer Serie, die sich zum Ziel gesetzt hat, die Entwicklungen der internationalen Zooarchitektur zu begleiten und Baukultur im Zoo als ein strategisches Themenfeld zu etablieren. Im Mittelpunkt steht die Schaffung bedarfsgerechter Gebäude und Gehege, die den Ansprüchen von Tieren, Pflegern und Besuchern gleichermaßen gerecht werden. Das Institut für Zooarchitektur arbeitet hierzu mit einem wissenschaftlichen Beirat zusammen, der sich für Baukultur in Zoologischen Gärten und Aquarien einsetzt.

Grundlagen der Zooarchitektur: Ein erster Tätigkeitsbericht und Ergebnisse aus der Lehre

Diese Dokumentation versteht sich als erster Teil einer Chronologie der internationalen Zooarchitektur. Es soll einerseits um eine Würdigung beispielhafter Bauten gehen. Andererseits sollen Themen rund um das *Bauen für Tiere* aufgegriffen werden. Die Texte erscheinen in dieser ersten Ausgabe in deutscher und englischer Sprache. Einzelne Beiträge der Reihe oder deren Zusammenfassung sollen den Lesern zukünftig auch in zusätzlichen Sprachen zur Verfügung stehen. Den Autoren soll dabei die Möglichkeit geboten werden, in ihrer Muttersprache zu publizieren. Eine englischsprachige Zusammenfassung wird obligatorisch sein. Bereits diese erste Ausgabe erhebt den Anspruch, aktuelle Tendenzen kritisch zu begleiten und Impulse für zukünftige Bauten in Zoos und Aquarien zu geben. Ziel ist es, Zoologen, Tierpfleger, Politiker, Tierschützer und Gestalter gleichermaßen an einen Runden Tisch zu bringen.

Wenn wir heute über die Zukunft der Natur und unseres Planeten nachdenken, rückt unweigerlich die Beziehung zwischen Mensch und Tier ins Blickfeld. Dabei führt kein Weg an einer für viele überraschenden Frage vorbei: der Frage nach der Architektur. Denn überall, wo Mensch und Tier in Kontakt treten, entsteht früher oder später die Notwendigkeit baulicher Anlagen. Bereits vor etwa 10.000 Jahren, mit der Domestizierung der Tiere, begann der Mensch, Zäune und Gräben zu errichten, um seine Nutztiere vor wilden Tieren zu schützen oder sich selbst zu verteidigen. Aus diesen ersten Abgrenzungen haben sich erstaunlicherweise ähnliche Bautypologien entwickelt, die in allen Kulturen und Klimazonen zu finden sind.

The Institute for Zoo Architecture

The **WORLD ZOO AND AQUARIUM ARCHITECTURE VOL. 01** *marks the start of a series that aims to accompany developments in international zoo architecture and establish building culture in zoos as a strategic topic. The focus is on creating buildings and enclosures that meet the needs of animals, keepers and visitors alike. To this end, the Institute for Zoo Architecture works together with a scientific advisory board that is committed to building culture in zoological gardens and aquariums.*

Fundamentals of Zoo Architecture: A First Activity Report and Results from Teaching

This documentation is the first part of a chronology of international zoo architecture. On the one hand, it is intended to honour exemplary buildings. On the other hand, it is intended to address topics relating to building for animals. The texts appear in this first issue in German and English. Individual articles in the series or their summaries will also be available to readers in additional languages in the future. Authors will be given the opportunity to publish in their native language. An English-language summary will be obligatory. This first issue already claims to critically accompany current trends and provide impulses for future zoo and aquarium constructions. The aim is to bring together zoologists, animal keepers, politicians, animal rights activists and designers in equal measure.

When we think about the future of nature and our planet today, the relationship between humans and animals inevitably comes into focus. In doing so, there is no way around a surprising question for many: the question of architecture. After all, wherever humans and animals come into contact, sooner or later the need for structures arises. Around 10,000 years ago, with the domestication of animals, humans began to build fences and ditches to protect their livestock from wild animals or to defend themselves. Surprisingly, similar building typologies developed from these first enclosures and can be found in all cultures and climatic zones. This publication focuses on a particular form of building culture that has accompanied humans and animals for over 200 years: zoo architecture. This

Wettbewerb für das Artenschutz-Aquarium Schönbrunn, Wien (2023). Die Jurymitglieder sollen aufgrund ihrer Erfahrung die Eignung der vorgelegten Wettbewerbsbeiträge im Hinblick auf die Tierhaltung, die Tierzucht, die Vermittlung, die logistischen Abläufe, die betrieblichen Anforderungen, den laufenden Betrieb, die ökologische und ökonomische Optimierung des Energieeinsatzes sowie die architektonischen und bautechnischen Anforderungen beurteilen.
Competition for the Schönbrunn Species Conservation Aquarium, Vienna (2023). Based on their experience, the jury members should be able to assess the suitability of the submitted competition entries with regard to animal husbandry, animal breeding, mediation, logistical processes, operational requirements, ongoing operation, ecological and economic optimisation of energy use, architectural and structural requirements.

topic is certainly not an everyday building task for architects, but rather belongs in the category of special buildings. These are special buildings and enclosures that have been familiar to us since our childhood and whose inhabitants constantly remind us of the diversity of our planet's flora and fauna. This documentary examines various aspects in six chapters: *The first chapter* deals with architectural theory, building history and building typology. It discusses the theoretical foundations of zoo architecture, analyses the historical development of zoo facilities and examines various building typologies. The basic concepts of architecture are applied to zoological gardens and aquariums. *The second chapter* is dedicated to the basics of design. It offers a well-founded presentation of the design principles for zoo and aquarium buildings and includes a comprehensive presentation of the design parameters. Illustrations and checklists round off this chapter. The aim is to provide both architects and clients with the instruments and tools they need to optimise a building project. *The third chapter* examines the changes in animal husbandry and their influence on the design of zoos. The topics range from the presentation of animals, the integration of wildlife into architecture and the creation of natural habitats to the blurring of boundaries between animals and humans, while *the fourth chapter* focuses on zoo architecture as

Diese Publikation konzentriert sich auf eine besondere Form der Baukultur, die Mensch und Tier seit über 200 Jahren begleitet: die Architektur im Zoo. Das Thema ist für Architekten sicher keine alltägliche Bauaufgabe, sondern gehört eher in die Kategorie der Sonderbauten. Es handelt sich um spezielle Gebäude und Gehege, die uns seit unserer Kindheit vertraut sind und deren Bewohner uns immer wieder die Vielfalt der Tier- und Pflanzenwelt unseres Planeten vor Augen führen. In sechs Kapiteln werden in dieser Dokumentation verschiedene Aspekte beleuchtet:
Das erste Kapitel befasst sich mit Architekturtheorie, Baugeschichte und Bautypologie. Es werden die theoretischen Grundlagen der Zooarchitektur diskutiert, die historische Entwicklung von Zooanlagen analysiert und verschiedene Bautypologien untersucht. Die Grundbegriffe der Architektur werden hier auf zoologische Gärten und Aquarien übertragen.
Das zweite Kapitel widmet sich den Grundlagen des Entwerfens. Es bietet eine fundierte Darstellung der Entwurfsprinzipien für Zoo- und Aquarienbauten und beinhaltet eine umfassende Darlegung der Entwurfsparameter. Abbildungen und Checklisten runden diesen Abschnitt ab. Ziel ist es, sowohl Architekten als auch Bauherren Instrumente und Werkzeuge an die Hand zu geben, um eine Bauaufgabe optimal lösen zu können.
Im dritten Kapitel werden die Veränderungen in der Tierhaltung und deren Einfluss auf die Gestaltung von Zoos untersucht. Die Themen reichen von der Präsentation der Tiere über die Integration von Wildnis in die Architektur und die Schaffung naturnaher Lebensräume bis hin zu den verschwimmenden Grenzen zwischen Tier und Mensch.

Vergabeverfahren Planungs- und Beratungsleistungen: Masterplan für die bauliche Zukunftsentwicklung des Zoos Frankfurt (2023). Die Auswahl des Partners für den Masterplanprozess erfolgte über ein Bieterverfahren des Auftraggebers Zoo Frankfurt gemeinsam mit dem Amt für Bau und Immobilien. Aus dem Verfahren ging das Büro Dan Pearlman Erlebnisarchitektur mit Sitz in Berlin als Sieger hervor.
Award procedure for planning and consulting services: Masterplan for the future structural development of Frankfurt Zoo (2023). The partner for the masterplan process was selected in a bidding process organised by the client, Frankfurt Zoo, together with the Office for Construction and Real Estate. The winner of the process was Dan Pearlman Erlebnisarchitektur, based in Berlin.

Im vierten Kapitel liegt der Schwerpunkt auf der Zooarchitektur als Thema der Denkmalpflege. Es bietet einen Überblick über die Entwicklung der Zooarchitektur im Laufe der Baugeschichte. Exemplarisch werden die Zooarchitektur der DDR und speziell das Werk des Architekten des Palastes der Republik, Heinz Graffunder, vorgestellt, dessen umfangreiche Planungen für Zoos und Tiergärten in der DDR lange Zeit weitgehend unbekannt geblieben sind. Damit soll eine junge Wissenschaftlergeneration angeregt werden, vergleichbare Forschungen im Themenfeld Zoologische Gärten und Bauten für Tiere für zukünftige Arbeiten in Erwägung zu ziehen.
Das fünfte Kapitel widmet sich ausführlich der Zooarchitektur als Gegenstand der Architekturkritik. Die Berichterstattung über Zoos ist in den vergangenen Jahren in den Feuilletons der Tages- und Wochenzeitungen angekommen. Und es geht längst nicht mehr nur um Zuchterfolge oder die Vermenschlichung von Tieren, sondern zunehmend auch um Architektur und Landschaftsgestaltung. Zahlreiche Pressestellen von Zoos haben erkannt, dass auch neue Bauten zu Publikumsmagneten werden können.
Das sechste und abschließende Kapitel hebt die Bedeutung der Zooarchitektur in der Architektenausbildung hervor. Es zeigt, wie die Auseinandersetzung mit der Gestaltung von Gebäuden und Lebensräumen für Tiere dazu beiträgt, ein tiefgreifendes Verständnis für die Zusammenhänge zwischen Architektur, Natur und Tierwelt zu entwickeln. Gerade die lernende Generation wirft Fragen auf, die die lehrende Generation zuvor nicht gestellt hatte, und generiert so ein neues Naturverständnis. In diesem Kontext werden verschiedene Studienarbeiten vorgestellt.

a subject of heritage conservation. It provides an overview of the development of zoo architecture over the course of building history. The zoo architecture of the GDR and the work of the architect of the Palace of the Republic, Heinz Graffunder, whose extensive plans for zoos and animal gardens in East Germany have remained largely unknown, are presented as examples. The aim is to encourage a young generation of scientists to consider comparable research in the field of zoological gardens and buildings for animals for future work. *The fifth chapter* is devoted in detail to zoo architecture as a subject of architectural criticism. In recent years, reporting on zoos has made its way into the feature pages of daily and weekly newspapers. It is no longer just about breeding successes or the humanisation of animals, but increasingly also about architecture and landscape design. Numerous zoo departments have recognised how new buildings can become crowd-pullers, and the *sixth and final chapter* underlines the importance of zoo architecture in architectural training. It shows how the examination of the design of buildings and habitats for animals helps to develop a profound understanding of the connections between architecture, nature and the animal world. The learning generation in particular raises questions in architectural education that the teaching generation has not asked itself before and thus generates a new understanding of nature.

Andreas Knierim, Direktor der beiden Berliner Zoos, erläutert Studierenden der Hochschule Anhalt das architektonische Konzept der Pandaanlage unter Berücksichtigung sowohl betrieblicher als auch zoologischer Aspekte.
Andreas Knierim, director of the two Berlin zoos, explains the architectural concept of the panda enclosure to students at Anhalt University of Applied Sciences, taking into account both operational and zoological aspects.

The Institute for Zoo Architecture can now look back on its own history, which began in 2020 as a collaboration with Anhalt University of Applied Sciences. This documentation is therefore also an initial assessment of the fifth year since the institute was founded. Research in this field is still in its infancy. However, it is already clear that new topics are opening up, particularly in the context of nature conservation and the exploration of other architectural typologies. New building types are being identified that require more in-depth systematic investigation. These building types include, in particular, aquariums – increasingly referred to as water museums – and classic natural history museums with their changed educational mission in the digital age. These new subject areas also include buildings for factory farming. This is all the more true in a social environment that is increasingly discussing and recognising animal rights. The scientific study of these types of buildings provides valuable insights into how modern society defines its relationship to animals and to nature as a whole. In this context, the research field of building for animals emphasises the need for an interdisciplinary approach that combines architecture, biology, social and environmental sciences. Only in this way can a holistic understanding of the topic be achieved and ultimately, in addition to a new understanding of animal welfare,

Das *Institut für Zooarchitektur* schaut inzwischen auf eine eigene Geschichte zurück, die im Jahr 2020 als Kooperation mit der Hochschule Anhalt begann. Diese Dokumentation ist somit auch eine erste Bilanz im fünften Jahr seit der Gründung des Instituts. Die Forschung auf diesem Gebiet steht noch an ihrem Beginn. Doch schon jetzt lässt sich feststellen, dass sich neue Themenfelder eröffnen, insbesondere im Kontext des Naturschutzes und der Erkundung weiterer architektonischer Typologien. Neue Gebäudetypen werden identifiziert, die eingehender systematischer Untersuchung bedürfen. Zu diesen Baugattungen gehören besonders Aquarien – vermehrt als Wassermuseum bezeichnet – und klassische Naturkundemuseen mit ihrem veränderten Bildungsauftrag im digitalen Zeitalter. Auch zählen Bauten der Massentierhaltung zu diesen neuen Themenfeldern. Das gilt umso mehr in einem gesellschaftlichen Umfeld, das Tierrechte mit einer zunehmenden Ernsthaftigkeit diskutiert und anerkennt. Die wissenschaftliche Untersuchung dieser Bautypen liefert wertvolle Erkenntnisse darüber, wie die moderne Gesellschaft ihr Verhältnis zu Tieren und zur Natur als Ganzes definiert. Das Forschungsfeld *Bauen für Tiere v*erdeutlicht in diesem Zusammenhang die Notwendigkeit eines interdisziplinären Ansatzes, der Architektur, Biologie, Sozial- und Umweltwissenschaften miteinander verbindet. Nur so kann ein ganzheitliches Verständnis der Thematik erreicht und letztlich neben einem neuen Verständnis von Tierwohl auch fundierte politische und gesellschaftliche Entscheidungen gefällt werden. Diese Dokumentation soll einen Beitrag dazu leisten, das Bewusstsein aller Akteure in Theorie und Praxis zu schärfen.

Jürgen Lange, ehemaliger Direktor des Berliner Zoos und Aquariums, Jan Bauer, Direktor des Dessauer Tierparks, Natascha Meuser, Direktorin des Instituts für Zooarchitektur, und Studierende der Hochschule Anhalt tauschen sich angeregt über neue Projekte aus.
Jürgen Lange, former director of the Berlin Zoo and Aquarium, Jan Bauer, director of the Dessau Zoo, Natascha Meuser, director of the Institute for Zoo Architecture, and students from Anhalt University engage in lively discussions about new projects.

Das *Institut für Zooarchitektur* ist im Bereich Planung auf zwei Beratungsebenen tätig: Die erste Ebene befasst sich mit großmaßstäblichen Planungen und reicht von Rahmenplanungen über Masterplanungen bis hin zu detaillierten Gebäudekonzepten für Zoos und Aquarien. Der zweite Bereich ist den Bestandsgebäuden gewidmet. In diesem Arbeitsfeld geht es um denkmalpflegerische Gutachten und Baudokumentationen im Kontext von Umbaumaßnahmen sowie um verantwortungsvolles Handeln bei der denkmalpflegerischen Begutachtung, Dokumentation und Archivierung von Planmaterial. Dies kann vor allem dann wichtig werden, wenn Gebäude rückgebaut werden müssen, weil sie den heutigen Anforderungen an eine artgerechte Tierhaltung nicht mehr entsprechen und auch kein anderes Nachnutzungskonzept innerhalb des Zoologischen Gartens zumutbar ist.
Zusammenfassend lässt sich sagen, dass die erste Ausgabe der Reihe *World Zoo and Aquarium Architecture* einen umfassenden Überblick über die aktuellen Trends im Bau von Tieranlagen bietet. Ziel ist es, den Entscheidungsträgern sowie den über 1,4 Milliarden jährlichen Besuchern die Bedeutung von Zoos und Aquarien als Orte des Wissens und der Sensibilisierung für Naturthemen zu vermitteln. Durch regelmäßige Veröffentlichungen und die damit verbundene Stärkung internationaler Netzwerke sowie die interdisziplinäre Zusammenarbeit wird das Institut weiterhin aktiv an der internationalen Debatte über die Zukunft der zoologischen Gärten teilnehmen. Es wird Konferenzbeiträge liefern, Forschungsthemen anstoßen und bearbeiten. Nur gemeinsam können wir die Artenvielfalt im Zoo bewahren und einen Beitrag zu ihrem Erhalt leisten. Die Architektur spielt dabei eine immer bedeutendere Rolle.

a contribution made to well-founded political and social decisions. The *Institute for Zoo Architecture* is active in the field of planning on two consulting levels: The first level deals with large-scale planning and ranges from framework plans and master plans to detailed building concepts for zoos and aquariums. The second area deals with existing buildings. This field of work is concerned with conservation reports and building documentation in the context of remodelling measures as well as responsible action in the conservation assessment, documentation and archiving of planning material. This can become particularly important if buildings no longer meet today's requirements for species-appropriate animal husbandry.
In summary, the first edition of the *World Zoo and Aquarium Architecture* series offers a comprehensive overview of current trends in animal facility construction. Its goal is to raise awareness among decision-makers and the 1.4 billion annual visitors about the significance of zoos and aquariums as hubs for nature-related knowledge. The Institute plans to engage in ongoing publication, enhance global networks, promote interdisciplinary collaboration, participate in international discussions on the future of zoos, contribute to conferences, and initiate and research various topics. By working together, we can help preserve species diversity in zoos and advance conservation efforts, with architecture playing an increasingly vital role.

Scientific Advisory Board of the Institute for Zoo Architecture

Prof. Dr. Natascha Meuser, Director
In addition to her work as Director of the Institute for Zoo Architecture, Natascha Meuser works as an architect and publisher in Berlin. From 2016 to 2023, she taught as a professor at the Anhalt University of Applied Sciences in Dessau. Publications in the field of building for animals as well as building history research on the subject of architecture and zoology.

David Hancocks, Member of the Board
Architect and former director of zoos and museums. Author of *Animals and Architecture* (1971).

Dr. Stephan Hering-Hagenbeck, Member
Director and Managing Director of Schönbrunn Zoo. Expert in zoo and aquarium planning in an international context.

Dr. Jürgen Lange, Member of the Board
Former Director of the Berlin Zoological Garden and the Berlin Aquarium. Head of azc Aquarium Zoo Consulting for zoo buildings.

Dr. Christina May, Member of the Board
Art historian, theatrologist and curator. Main topics of research: Zoological gardens, space and landscape.

Prof. Theo B. Pagel, Member of the Board
Director of Cologne Zoo and Co-Chair of the Reverse the Red Committee of the World Conservation Union (IUCN) and the World Association of Zoos and Aquariums (WAZA).

Prof. Dr. Nicole Uhrig, Member of the Board
Landscape and urban planner. Professor of Landscape Architecture at the Anhalt University of Applied Sciences in Dessau.

Prof. Severin Wucher, Member of the Board
Communication designer, Professor of Visual Communication at Anhalt University of Applied Sciences in Dessau.

Wissenschaftlicher Beirat des Instituts für Zooarchitektur

Prof. Dr. Natascha Meuser, Direktorin
Neben ihrer Tätigkeit als Direktorin des Instituts für Zooarchitektur arbeitet Natascha Meuser als Architektin und Verlegerin in Berlin. Von 2016 bis 2023 lehrte sie als Professorin an der Hochschule Anhalt in Dessau. Zahlreiche Publikationen im Bereich *Bauen für Tiere* sowie bauhistorische Forschungen zum Thema *Architektur und Zoologie*.

David Hancocks, Beirat
Architekt und ehemaliger Direktor von Zoos und Museen. Autor des Standardwerks *Animals and Architecture* (1971).

Dr. Stephan Hering-Hagenbeck, Beirat
Direktor und Geschäftsführer des Tiergartens Schönbrunn. Experte für Zoo- und Aquariumsplanung im internationalen Kontext.

Dr. Jürgen Lange, Beirat
Ehemaliger Direktor des Zoologischen Gartens Berlin und des Berliner Aquariums. Leiter von azc Aquarium Zoo Consulting für Zoobauten.

Dr. Christina May, Beirat
Kunsthistorikerin, Theaterwissenschaftlerin und Kuratorin. Forschungsschwerpunkte: Zoologische Gärten, Raum und Landschaft.

Prof. Theo B. Pagel, Beirat
Direktor des Kölner Zoos und Co-Chair des Reverse the Red Committee von Weltnaturschutzunion (IUCN) und Weltzooverband (WAZA).

Prof. Dr. Nicole Uhrig, Beirat
Landschafts- und Stadtplanerin. Professorin für Landschaftsarchitektur an der Hochschule Anhalt in Dessau.

Prof. Severin Wucher, Beirat
Kommunikationsdesigner, Professor für Visuelle Kommunikation an der Hochschule Anhalt in Dessau.

Tätigkeitsfelder des Instituts für Zooarchitektur

Master- und Rahmenplanung

Beide Planungsinstrumente sind wesentliche Bausteine für die Formulierung langfristiger Entwicklungsstrategien. Diese interdisziplinären Planungen ermöglichen es, Bedürfnisse klar zu kommunizieren und bauliche Entwicklungen gezielt voranzutreiben. Dabei werden wissenschaftliche Methoden angewandt und Daten analysiert, um fundierte Handlungsempfehlungen zu erarbeiten.

Internationale Architekturwettbewerbe

Architekturwettbewerbe sind ein wichtiges Instrument zur Förderung der Baukultur. Sie treiben Innovationen voran, definieren Qualitätsstandards und sensibilisieren die Öffentlichkeit für Baukultur im Zoo. Die Teilnahme des Instituts an internationalen Wettbewerbsjurys unterstreicht die Bedeutung architektonischer Expertise.

Denkmalpflege und Bestandsaufnahme

Das Institut engagiert sich in der Denkmalpflege historisch wertvoller Bauten innerhalb der Zoologischen Gärten. Durch baukulturelle Analysen und baugeschichtliche Untersuchungen trägt es zur Erhaltung und Pflege dieser Gebäude bei. Ziel ist die Erfassung und Dokumentation der Bauwerke und ihres Kontextes innerhalb des Zoos.

Schriftenreihe und Forschung

Das Institut veröffentlicht Schriften, die zur akademischen Auseinandersetzung mit der Zooarchitektur beitragen. Sie dokumentieren die Geschichte von Zooarchitekten, Zoos und Aquarien, um dieses Wissen für zukünftige Generationen zu bewahren. Die Forschungsarbeit des Instituts trägt zur Digitalisierung und Vervollständigung der Archive der Zoos bei.

Politikberatung

Das Institut plant, in den kommenden Jahren verstärkt im politischen Bereich aktiv zu werden, um Akteure, Multiplikatoren und Entscheidungsträger zu sensibilisieren. Zu diesem Zweck wird das Institut Gespräche mit Interessenvertretern führen. Das Themenspektrum reicht von Tierrechten über Massentierhaltung bis hin zu Fragen der gesunden Ernährung.

Fields of activity of the Institute for Zoo Architecture

Master and framework planning

Both planning instruments are essential building blocks for the formulation of long-term development strategies. These interdisciplinary plans make it possible to clearly communicate needs and drive structural developments forward in a targeted manner. Scientific methods are applied and data analysed in order to develop sound recommendations for action.

International architectural competitions

Architectural competitions are an important instrument for promoting building culture. They drive innovation, define quality standards and sensitise the public to building culture in the zoo. The Institute's participation in international competition juries underlines the importance of architectural expertise.

Conservation of monuments and inventory

The Institute is involved in the conservation of historically valuable buildings within the zoological gardens. It contributes to the preservation and maintenance of these buildings through architectural analyses and architectural history studies. The aim is to record and document the buildings and their context within the zoo.

Publication series and research

The Institute publishes publications that contribute to the academic debate on zoo architecture. They document the history of zoo architects, zoos and aquariums in order to preserve this knowledge for future generations. The Institute's research work contributes to the digitisation and completion of zoo archives.

Policy advice

In the coming years, the Institute plans to become increasingly active in the political arena in order to raise awareness among stakeholders, multipliers and decision-makers. To this end, the Institute will hold talks with stakeholders. The spectrum of topics ranges from animal rights and factory farming to questions of healthy nutrition.

Architekturtheorie, Baugeschichte und Bautypologie
Architectural Theory, Building History and Building Typology

Architektur im Zoo
Theorie und Geschichte einer Bautypologie
Architecture in the Zoo
Theory and History of a Building Typology

Zoologische Gärten
Vom Kolonialismus zur Demokratie
Zoological Gardens
From Colonialism to Democracy

Aquarienbauten
Entwicklung der Schauaquaristik
Aquarium Buildings
The Development of Public Aquariums

»Bei der detaillierten Simulation eines Lebensraums führt die Suche nach maximaler Natürlichkeit zwangsläufig zu einem Höchstmaß an Künstlichkeit.«

“The search for the greatest degree of naturalness inevitably leads to the greatest degree of artificiality in the detailed simulation of the living space.”

Natascha Meuser

Architektur im Zoo
Theorie und Geschichte einer Bautypologie

Ein Blick auf die über mehr als zwei Jahrhunderte andauernde Entwicklung der Zoobauten mit einem Fokus auf ihre Bedeutung im Kontext der Architekturgeschichte. Dargelegt wird, wie die systematische Analyse und Erforschung von Bauten für Zootiere das bauhistorische und bautypologische Spektrum erweitert und ein tieferes Verständnis für den Zusammenhang von Architektur und Gesellschaft ermöglicht.

Um eine Theorie der Zooarchitektur zu formulieren, bedarf es zunächst einer Beschreibung des Status quo. Dies stellt beim Bauen für Tiere kein sonderliches Hindernis dar. Denn während Architekten seit Beginn der Architekturtheorie den meistgebauten Gebäudetypen ein Gerüst aus Gedanken und Worten verliehen haben, sind die Nischenthemen des Planens und Bauens weitgehend mit Sprachlosigkeit konfrontiert. Unweigerlich stößt man bei der Recherche auf die architekturtheoretischen Schriften aus der Mitte des 19. Jahrhunderts, die von den Erkenntnissen der Naturforscher beeinflusst wurden. Es ist die Zeit der langjährigen Forschungsreisen (Charles Darwin in Südamerika ab 1831; David Livingstone in Afrika ab 1849), aber auch der ersten Zoogründungen wie etwa in Berlin (1844) oder Stuttgart (1846). Die Architekturtheorie jener Jahre ist von spätklassizistischen Stilfragen und romantischen Analogien zur Natur geprägt. Bautypen wie Theater, Kunst- und kulturhistorische Museen haben Hochkonjunktur, auch die gedankliche Auseinandersetzung mit ihnen. Erscheint es da nicht naheliegend, dass die Architekturdebatte schon im 19. Jahrhundert eine Theorie der Zoobauten generierte? Immerhin vereinen sich in dieser Bauaufgabe die Anforderungen Gefängnis, Theater und Museum.
Um es vorwegzunehmen: Eine theoretische Reflexion über die Grundlagen der Architektur in Zoologischen Gärten setzte erst etwa 100 Jahre nach den ersten Zoobauten ein. Denn wenn man bei der Zooarchitektur

Building for Animals

We take a look at the development of zoo buildings over more than two centuries and examine their significance in the context of architectural history. We will show how the systematic analysis and research of zoo buildings broadens the spectrum of architectural history and building typology and enables a deeper understanding of the relationship between architecture and society.

In order to formulate a theory of zoo architecture, one must start with a description of the status quo. In the case of building for animals this is not particularly difficult. While, since the dawn of architecture theory, architects have enveloped the most common building types with a scaffolding of ideas and words, the niche planning and building topics have gone largely uncommented. In conducting research, one inescapably runs into the theoretical architecture writings from the mid-nineteenth century, which were influenced by the knowledge of the naturalists. This is the time of extended research journeys (Charles Darwin in South America beginning in 1831; David Livingstone in Africa beginning in 1849) in tandem with the establishment of the first zoos, like those in Berlin (1844) or Stuttgart (1846). The architecture theory from that era is marked by late-classicist questions of style and romantic nature analogies. Building types like theatres, art and cultural history museums enjoy a boom accompanied by intellectual debate. Would it not stand to reason that the architecture debate in the nineteenth century would have spun off a theory of zoo buildings? After all, the zoo building task united, in one single project, the requirements of a prison, a theatre, and a museum. But it took a while longer. A theoretical reflection on the foundations of architecture in zoological gardens began around 100 years after the first zoo buildings were erected. If anyone can speak at all about a theoretical approach to zoo architecture in the German speaking world, it would be the Berlin architect Heinz Graffunder and the Basel architect Arthur Dürig. Because of his over thirty years' experience with constructing zoo building, Graffunder holds a special place in the discussion. Although he is most often identified as the architect of the Palace of the Republic in East Berlin, in architecture history books, he is a great source of critical reflection on his own buildings, in terms of their social-cultural ramifications in general and for zoological gardens design theory in particular. As the advisor to the Tierpark Berlin director, Heinrich Dathe, and the author of the first master plan for the Tierpark Berlin, the counterpart in the east of the tradition-steeped Berlin Zoo in West Berlin, he was a gateway between zoology and architecture. In the mid-1950s, perhaps unintentionally, each half of the divided city strove to create its own urban profile, especially in the Soviet occupied zone. In the case of East Berlin, that included building a zoo, to be located on the baroque garden grounds of the Friedrichsfelde castle. In the framework of a lecture given in 1959 for the overall planning of the Tierpark Berlin, he formulated evaluation criteria for the design of buildings for housing animals in zoological gardens.

"Today I'd like to outline how the set-up of a zoo looks from the architect's viewpoint. I also want to offer an evaluation on the basis of what is now my five years' experience in this special area. I'd like to say at the start that until now there has been no comprehensive design teaching for this kind of special facility and that for the most part, the work has been done on the basis of personal experience and comparison with other facilities. It should be clear that as the newest example of this kind of facility the Tierpark Berlin will principally be used as a basis for evaluation."[1]

überhaupt von Ansätzen einer Theorie sprechen kann, dann sind diese im deutschsprachigen Raum dem Berliner Architekten Heinz Graffunder und dem Basler Architekten Arthur Dürig zuzusprechen. Graffunder nimmt aufgrund seiner über 30 Jahre währenden Auseinandersetzung mit der Bauaufgabe Zoo eine besondere Rolle bei dieser Betrachtung ein. In den Baugeschichtsbüchern bislang eher als Architekt des Palastes der Republik in Ost-Berlin wahrgenommen, ist seine Person jedoch auch eine ergiebige Quelle, wenn es um die kritische Reflexion seiner Architekturpraxis mit ihren sozial-kulturellen Verknüpfungen im Allgemeinen und um eine Entwurfslehre für Zoologische Gärten im Besonderen geht. Als Berater des Ost-Berliner Zoodirektors Heinrich Dathe und Autor des ersten Masterplans für den Tierpark Berlin, das östliche Pendant zum traditionsreichen Zoologischen Garten im westlichen Charlottenburg, übte er die Funktion eines Scharniers zwischen Zoologie und Architektur aus; eher unbewusst, galt es Mitte der Fünfzigerjahre doch, den zwei Teilstädten Berlins – insbesondere in der sowjetisch besetzten Zone – jeweils ein eigenes städtisches Profil zu geben. Dazu gehörte auch der Bau eines Tierparks, der in den barocken Gartenanlagen des Schlosses Friedrichsfelde seine Verortung fand. Im Rahmen eines Vortrags im Jahr 1959 zur Gesamtplanung des Tierparks Berlin formulierte Graffunder Bewertungskriterien für den Entwurf von Bauten zur Unterbringung von Tieren in Zoologischen Gärten.

»Heute möchte ich nun umreißen, wie der Aufbau eines Tierparks von der Seite des Architekten aussieht, wobei ich gleichzeitig versuchen möchte, aufgrund meiner jetzt fünfjährigen speziellen Betätigung auf diesem Gebiet eine Bewertung zu finden. Vorausschicken möchte ich dabei, dass es bislang noch keine zusammengefasste Entwurfslehre für derartige Spezialanlagen gibt und auch noch keine gelehrt wird, sondern dass im wesentlichen diese Arbeit auf der Grundlage von persönlichen Erfahrungen und Vergleichen mit anderen Anlagen durchgeführt werden kann. Sie wollen deshalb verstehen, dass hauptsächlich der Tierpark Berlin als neueste Einrichtung auf diesem Gebiet auch weitgehend als Bewertungsgrundlage herangezogen wird.«[1]

Im Fokus Graffunders steht seine Rolle als Architekt, der Räume funktional und schön gestaltet. Das Nichtvorhandensein einer anerkannten Theorie im Bereich der Zooarchitektur nimmt er als Ausgangspunkt

1 Graffunder, Heinz: Aufbau eines Tierparks. Vortrag im Jahr 1959, Akademie der Künste Berlin (ohne Signatur).

einer theoretischen Skizze. Entsprechend seiner allgemeinen Absicht, Entwurfsgrundlagen zu schaffen, teilt Graffunder die Aufgabe in zeitliche Entstehungsphasen ein und beleuchtet die Abschnitte Vorplanung, Teilbebauungsplanung, Gesamtvorprojekt sowie den eigentlichen Gebäudeentwurf. Die beiden ersten Abschnitte zu erläutern, halte er deshalb für wichtig, da hier die eigentlichen Voraussetzungen für die Arbeit des Architekten lägen und demzufolge auch »für den erfolgreichen Aufbau eines Komplexes, der in sich funktionieren und ästhetisch in jeder Beziehung befriedigen soll«[2].
Während Graffunders Ansätze für eine Entwurfstheorie in seiner Rede noch nicht ganz ausgereift erscheinen, spiegelt diese doch sehr treffend das damalige Verständnis der Zoologie wider.[3] Auch gibt sein Vortrag Aufschluss darüber, dass sich der Architekt intensiv mit zoologischen Erkenntnissen seiner Zeit auseinandergesetzt hat. Dazu zählt zweifellos die enge Zusammenarbeit mit Heinrich Dathe, aber auch die Kenntnis zeitgenössischer Neubauten wie etwa im Zoo Basel, wo mit dem Elefantenhaus (1953) und dem Raubtierhaus (1956) international beachtete Beispiele entstanden waren. Der Mensch, so Graffunder in seinem Vortrag, schaffe Reservate für vom Aussterben bedrohte Tierarten. Diese übernähmen außerdem im öffentlichen Leben einer Großstadt eine wichtige Funktion, in der Grundbedürfnisse wie Erholung, Erziehung und Bildung kombiniert würden.

»Weiter sei erwähnt, dass Tierparks Einrichtungen sind, die für alle Bevölkerungsschichten und alle Altersklassen belehrend, erholend und entspannend wirken können. Die Jugend wird hier im Geiste der Achtung vor dem Wunder der Natur, dem Lebewesen, erzogen und die Wissenschaftler der zoologischen und artgewandten Fakultäten können zum Wohle der Menschen forschen und auswerten.«[4]

Der Respekt vor der Natur, der in der künstlichen Nachahmung von Felsen, Schluchten und Wiesen gestalterisch zum Ausdruck kommt, ist schon 1956 Thema eines Artikels in einer Sonntagsausgabe der Tageszeitung *Neues Deutschland*. Anlässlich der Eröffnung des Tierparks Berlin kommt Heinz Graffunder als leitender Architekt zu Wort. Da der Tierpark eine komplett neue zoologische Anlage darstellte,

2 Ebenda.
3 Vgl. Meuser, Natascha: Heinz Graffunder. Bauten und Projekte für Zoologische Gärten in der DDR 1954–1989, Berlin 2021.
4 Graffunder, Heinz: Aufbau eines Tierparks. Vortrag im Jahr 1959, Akademie der Künste Berlin (ohne Signatur).

Graffunder focuses on his role as an architect who designs spaces that are attractive and functional. He takes the non-existence of a recognised theory in the area of zoo architecture as the occasion for a theoretical sketch. With his general intention to create a basis for design, Graffunder chronologically divides the task into building phases, including pre-planning, sectional planning, the overall preliminary project and the actual building design. He considers the first two phases to be important because they establish the actual requirements for the work of the architects and consequently "for the successful erection of a complex which should be satisfying from every functional and aesthetic standpoint"[2].

Although the approaches for a design theory in Graffunder's speech may not seem complete, they reflect very well the understanding of zoology at the time.[3] His lecture also shows that he had deeply familiarised himself with the state of zoological knowledge at the time. The close collaboration with Heinrich Dathe played a role here but also the familiarity with new contemporary buildings like the Basel Zoo, where examples of zoo architecture, namely the Elephant House (1953) and the Predator House (1956) had achieved international acclaim. According to Graffunder's lecture, human beings create nature reserves for animals threatened with extinction. Furthermore, in the public life of a large city, these facilities fulfilled the needs of recreation, instruction, and education.

"It may further be noted that zoos are facilities that can be instructive, recreational, and relaxing for all layers and age groups of the population. In the zoo, a wonder for creation and living creatures can be awakened in the youth while scientists from the zoological and related faculties can conduct research and make evaluations to the benefit of humanity."[4]

Respect for nature, expressed in the creation of artificial cliffs, gorges, and meadows, was addressed in an article in 1956 for the occasion of the zoo opening in the Sunday edition of the daily newspaper, *Neues Deutschland*. Heinz Graffunder was quoted as the head architect of the Tierpark Berlin. Since it was a completely new zoological facility, the most important planning parameters for enclosures and the keeping

Der Zoologe und sein Architekt: Tierparkdirektor Heinrich Dathe (links) mit Heinz Graffunder in den frühen Sechzigerjahren in Berlin.
The zoologist and his architect: zoo Director Heinrich Dathe (left) with Heinz Graffunder in the early 1960s in Berlin.
Akademie der Künste Berlin, AK 0018 014

of animals were realised, which soon became typical. Bars were replaced by trenches in order to suggest that the animals could roam freely in the wild.

"We apply the following principals in the organisation of the boundaries between the animal enclosures and the public: wherever landscape scenery and panoramas are to be created, trenches with different shapes have been dug. Everywhere the stock of trees prevents freedom of movement, gates were installed. The gate is intended to establish contact between human beings and animals, providing opportunities for closer observation. The concept here is 'contact points', as they have been used for wild boar and are now being developed for antelope and wolf enclosures."[5]

Heinz Graffunder significantly emphasizes the proximity to nature afforded by the enclosure, employing thereby two terms: he replaces the 'grating' with the 'gate', creating the impression of a direct contact with nature so that thanks to an additional trench the animal is only at a spatial remove from the visitors instead of being isolated from them. Graffunder's basic discussion about zoo architecture is concerned with spatial boundaries. The idea is something that separates and connects. Spaces are created separately from each other, creating territories. Considered

wurden dort die wesentlichen Planungsparameter für Gehege und Tierhaltung umgesetzt, die für die unmittelbare Nachkriegszeit typisch sind. Gitter etwa wurden durch Gräben ersetzt, um zu suggerieren, die Tiere liefen durch die freie Wildbahn.

»In der Anordnung von Abgrenzungen der Tiergehege zum Publikum verfolgen wir folgenden Grundsatz: Überall dort, wo das Landschaftsbild nicht beeinträchtigt wird und übersichtliche Freisichtanlagen geschaffen werden sollen, werden Gräben unterschiedlichen Profilmaßes gezogen. Überall dort, wo der Baumbestand größere Bewegungsfreiheit verhindert, werden Gatter aufgestellt. Noch ein Moment spricht für das Gatter, nämlich der engere Kontakt von Mensch zu Tier, der zum genaueren Beobachten führen soll. Wir sprechen hierbei von ›Kontaktstellen‹.«[5]

Bezeichnenderweise hebt Heinz Graffunder die Naturnähe der Gehege hervor und spielt mit zwei Begriffen: Er ersetzt das »Gitter« durch das »Gatter« und suggeriert dadurch ein unmittelbares Naturerlebnis, bei dem das Tier nicht mehr vor dem Besucher weggesperrt, sondern vom Besucher dank eines zusätzlichen Grabens nur noch räumlich getrennt wird. Ohnehin befasst sich seine Grundlagendiskussion über

5 Graffunder, Heinz: Vorstoß in Neuland. Wie es im Berliner Tierpark weitergeht, in: Neues Deutschland vom 8. April 1956, Ausg. 86, S. 6.

Bauen im Zoo

Arthur Dürig: Bauen im Zoo. Einer der wenigen Zeitschriftenbeiträge eines praktizierenden Architekten über die damals noch seltene Bauaufgabe.
Arthur Dürig: "Bauen im Zoo". One of the few articles by a practicing architect about this already rare construction task.
Werk, Heft 11/1956

Zooarchitektur mit den Grenzen von Räumen. Es geht dabei um Trennendes und Verbindendes. Räume werden baulich voneinander abgegrenzt, Territorien geschaffen. Rein konstruktiv betrachtet lässt sich die Zooarchitektur also auf die Gestaltung einer Barriere (in ihren Varianten vom Gitter bis zum Graben) sowie auf die Schaffung einer Fläche mit Schutzbau reduzieren. Selbstverständlich sollte das thematische Spektrum der Architektur um funktionale und gestalterische Aspekte erweitert werden. Interessant ist in diesem Zusammenhang, was Graffunder 1964 nach Fertigstellung des Alfred-Brehm-Hauses für Großkatzen im Tierpark Berlin als Planungsgrundsätze zusammenfasst, darunter Parameter für die Inszenierung der Tiere im Gehege, das Innen- und Außenraumverhältnis sowie die Anordnung von Funktionsbereichen unter Berücksichtigung sicherheitstechnischer Aspekte.

»Für den eigentlichen Lebensraum der Großkatzen wurde nach dem Studium ausländischer Tiergärten ein Boxengrundsystem entwickelt, das in zweckmäßiger Weise Füttern, Reinigen, Aufzucht, Pflege und Standortwechsel gestattet. Die komplizierten Schieber- und Sicherungskonstruktionen sind in übersichtlicher Form zu bedienen. Eine entsprechend ausgelegte Lüftungsanlage verhindert Luftkontakte zwischen Tier und Mensch.«[6]

from a purely constructive standpoint zoo architecture can be reduced to the design of a barrier (from gratings to trenches) and the creation of a surface with a sheltered construction (adaptation of the conditions for survival of the wild animal in nature). Of course the spectrum of the subject should be broadened to include functional and design aspects. It is interesting here to read what Graffunder compiled as design principles in 1964, after the completion of his largest realised zoo building to date, the Alfred-Brehm-Haus for big cats in the Tierpark Berlin. These include, amongst other parameters, the animals' theatrical staging within the enclosure, the relationship of indoor and outdoor spaces, and the organisation of individual functional areas, from the building and safety standpoint.

"A box system was set up as the basis for the actual living space of the great cats according to the model of foreign zoos. This allowed for the feeding, cleaning, breeding, care and change of scenery. The complicated sliding door and safety constructions can be easily operated. A ventilation system built for that purpose prevents air contact between animals and humans."[6]

6 Graffunder, Heinz: Tierpark in Berlin-Friedrichsfelde, in: Deutsche Architektur, Heft 8 / 1964, S. 487.

Santiago Calatrava: Kulturbau in Form eines menschlichen Auges in Valencia (1998).
Santiago Calatrava: cultural building in the shape of a human eye in Valencia 1998.
Foto: Rainer Bergner

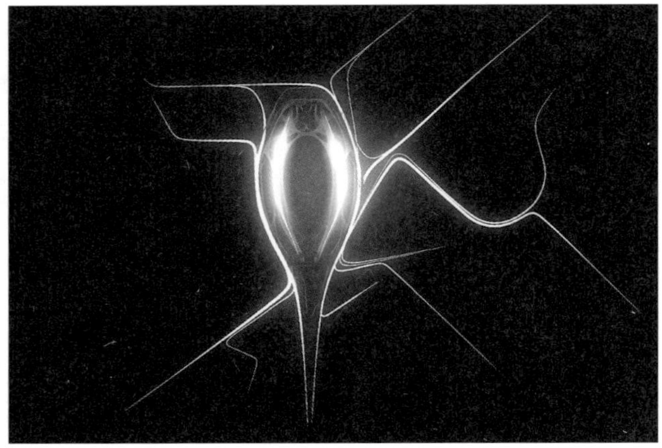

Studie zur Formfindung des Olympiastadions in Tokio 2020.
Der kostspielige Entwurf blieb unrealisiert.
Study to find the shape of the Olympic Stadium in Tokyo 2020.
The expensive project remained unrealised.
Zaha Hadid Architects

In addition in a 12 point programme, Graffunder emphasises that the facility of the enclosure and building should be so constructed that the "... animal becomes an effective exhibit and can be sufficiently observed while guaranteeing appropriate safety and hygiene"[7]. Moreover the extensive merging of the indoor space for the animals with the outdoor space leads to a "completely new idea of building". This becomes evident with the cliff halls in the Alfred-Brehm-Haus, where the cliff as a typical landscape architecture element has become a backdrop for the indoor space.
Graffunder was not the only proponent of this idea. There is just one text by his Swiss colleague, Arthur Dürig, who had built an internationally acclaimed elephant house in 1953, in which the Basel architect reflects on buildings in the zoo. The text was published in the November 1956 issue of the monthly magazine, *Werk*, one year after the zoo in Berlin opened. In it, Dürig makes the case for a modern architecture language and welcomes the paradigm change from the Romantic to functionalism in zoo architecture.

In einem Zwölf-Punkte-Programm hebt Graffunder zudem hervor, dass die Anlage der Gehege und Gebäude so zu komponieren sei, dass das »Tier als Exponat wirksam zur Geltung kommt, ausreichend beobachtet werden kann und Sicherheit und Hygiene bei richtiger Funktion gewährleistet«[7] bleiben. Außerdem führe die weitgehende Verschmelzung der Innenräume für die Tiere mit dem Freiraum zu einer »völlig neuen Auffassung vom Haus«. Am Beispiel der Felsenhallen im Alfred-Brehm-Haus werde dies deutlich, da hier der Fels als typisches Element der Landschaftsarchitektur zu einem Kulissenmöbel des Innenraums umfunktioniert worden sei.
Mit dieser Auffassung stand Graffunder nicht allein. Von seinem Schweizer Kollegen Arthur Dürig, der bereits 1953 ein international beachtetes Elefantenhaus errichtet hatte, ist bislang nur ein einziger Text bekannt, in dem der Baseler Architekt über das Bauen im Zoo reflektiert. Der Beitrag erschien im November 1956 in der Schweizer Monatszeitschrift *Werk*, ein Jahr nach der Eröffnung des Tierparks in Berlin. In ihm plädiert Dürig für eine moderne Architektursprache und begrüßt den Paradigmenwechsel in der Zooarchitektur von der Romantik zum Funktionalismus.

7 Ebenda, S. 482.

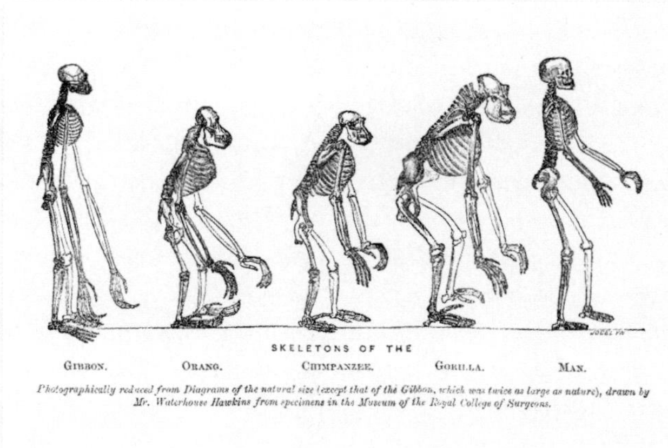

Vergleich der Skelette von Gibbon (zweifach vergrößert), Orang-Utan, Schimpanse, Gorilla und Mensch.
Comparison of the skeletons of gibbon (twofold magnified), orangutang, chimpanzee, gorilla, and human.
Huxley, Thomas H.: Evidence as to Man's Place in Nature, New York 1872

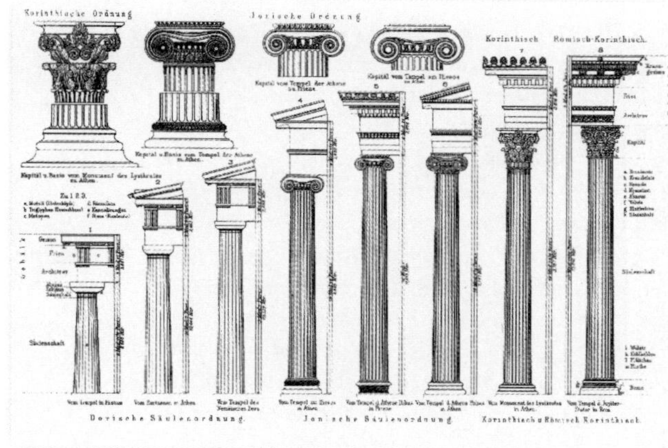

Vergleich der klassischen Säulenordnungen der Antike.
Comparison of the classical order of columns of antiquity.
Meyers Kleines Konversationslexikon. Bd. 1, Leipzig und Wien 1892 (5. Auflage), S. 194

»Aus unseren Tiergärten verschwinden langsam die aus romantischen Vorstellungen der Menschen und nicht für das Tier entstandenen exotisch aufgemachten ›Prunkstücke‹. (...) Im modernen Zoo sind die Tiere die Hauptsache und ihre Behausungen Zweckbauten, die in die Landschaft des Gartens möglichst unauffällig und natürlich einzufügen und welche, wie ihre Umgebung, den Lebensbedingungen des Tieres anzupassen sind.«[8]

Für Arthur Dürig, der in Basel volle Auftragsbücher hatte, blieb das Elefantenhaus ein kurzer Ausflug in die Welt der Zooarchitektur. Klar grenzt er in dem Beitrag seinen funktional gestalteten Bau von der bisherigen Pavillon-Architektur des Zoos ab. Sein Zweckbau setzt die Tradition der modernen Architektur fort. Und er ergänzt eine Aussage über die Gestaltung, die einem rhetorischen Erdbeben gleichkommt: »Von Menschenhäusern sollen sie [die Zweckbauten] sich deutlich unterscheiden.« Die Architektur, sofern sie als solche überhaupt noch definiert werden dürfe, solle optisch im Gehege des Tieres verschwinden, was dem Naturerlebnis durchaus gerecht werde. Auch Dürigs weitere Ausführungen sind eine Bereicherung für den am Tier interessierten Betrachter im Zoo.

"The exotic 'show pieces' that human beings created, based on their romantic ideas, which had nothing to do with animals, are slowly disappearing from our zoos. (...) In the modern zoo, the animals are in the focus and their housing is functional, fits into the landscape as unobtrusively and naturally as possible and which, like their environment, adapts to the living conditions of the animals."[8]

For Arthur Dürig, who had an otherwise full book of commissions in Basel, the elephant house was a short diversion in the world of zoo architecture. He clearly differentiated the contribution of his functionally designed building from the previous pavilion architecture of the zoo. His functional building continues the tradition of modern architecture. And he added something to a statement about the design that created rhetorical shock waves: "They [the functional buildings] should be clearly distinguished from buildings for humans." The architecture, to the extent it can be defined as such, should optically vanish in the animal enclosure, which would only enhance the experience of nature. Dürig's other statements are real gems for the observer interested in animals.

8 Dürig, Arthur: Bauen im Zoo, in: Werk, Heft 11 / 1956, S. 339.

"In addition to oppressive buildings, high, heavy gratings and enclosures are a distraction in an ideal zoo. But secure separation between animals and humans is necessary, not just to prevent the animals' escape and to protect the public, but also to safeguard valuable animals from the humans. With sufficient space, in place of gratings, open trenches, and bodies of water can serve that task, whereby in open areas without gratings the animal's special physical capabilities, its strength, and ability to jump must be considered. Recently, an attempt has been made inside zoos to provide an 'unfiltered' view of the animals thereby replacing the gratings with trenches, organising the fauna, and creating spatial connections to the garden, to mitigate the impression of a stall."[9]

By dispensing with gratings, or more to the point, by dissolving physical boundaries, zoo architecture theory has begun. The goal is the optical harmony between animal and nature, in which the architectural design takes a back seat to nature. In this sense, the architect elevates nature in order to achieve an ideal form. But the term of nature has the drawback of being constantly subject to change. For instance, during the Enlightenment, nature stood for the work of a God who had constructed his Creation according to a principle of order, while during the Romantic period the idea of this image became one in which it was precisely the disordered – apparently coincidental – that was the focus of attention. And if one continues in this vein today, the question inevitably arises: what do architects want to express by employing, in abstract form, the shape of an animal's body as inspiration for a building, as Santiago Calatrava has done with his skeleton-like constructions or as Zaha Hadid did with her stadiums in the form of a stream-lined insect carapace.

The same is true for building for animals, as zoo architecture, in a way, demonstrates in its subjection to continuous change. Where animals at first were locked behind bars or prevented from escaping by trenches, beginning in the twentieth century they are presented on stages, only to disappear again today in practical amorphous structures, which, according to Georg Wilhelm Friedrich Hegel, would mutate as the "organic form into the root of free architecture". This consciousness transformation also pertains to the animal itself. If animal creatures were formerly

»Neben aufdringlichen Bauten stören in einer idealen Tiergarten-Landschaft auch hohe, schwere Gitter und Abschrankungen. Sichere Trennungen zwischen Tieren und Menschen sind jedoch notwendig, nicht nur, um das Entweichen des Tieres zu verhindern, nicht nur zum Schutz des Publikums, sondern auch zum Schutze und zur Rückendeckung des wertvollen Tieres vor den Menschen selbst. Bei genügendem Platz können an Stelle von Gittern im Freien Gräben und Wasserflächen diese Aufgabe erfüllen, wobei in gitterlosen Freianlagen auf die besonderen körperlichen Fähigkeiten des Tieres, seine Kraft, sein Springvermögen Rücksicht zu nehmen ist. Auch im Innern von Tierhäusern wird in neuerer Zeit versucht, den ›ungesiebten‹ Blick auf die Tiere zu ermöglichen und die Gitter durch Gräben zu ersetzen, durch Anordnung von Pflanzen, durch Schaffung von räumlichen Beziehungen zum Garten den Eindruck des Stalles zu mildern.«[9]

Mit dem Abschied vom Gitter, oder treffender: mit der Auflösung der Raumgrenze nimmt die Architekturtheorie des Zoos ihren Anfang. Ziel ist die optische Harmonie von Tier und Natur, in der sich die Architektur der Natur gestalterisch unterzuordnen hat. Der Architekt überhöht in diesem Sinne die Natur, um zur idealen Form zu gelangen. Nun hat der Naturbegriff jedoch den Nachteil, dass er einem stetigen Wandel unterworfen ist. Steht die Natur etwa in der Epoche der Aufklärung für das Werk Gottes, der seine Schöpfung möglichst regelhaft konstruiert hat, so wandelt sich dieses Bild in der Romantik zu einer Vorstellung, in der gerade das Ungeregelte, scheinbar Zufällige in den Blick genommen wird. Und führt man diesen Gedanken bis heute fort, steht unweigerlich die Frage im Raum, was Architekten mit der Nachbildung von abstrahierten Tierkörpern als Gebäudeform ausdrücken wollen – sei es Santiago Calatrava mit seinen skelettartigen Konstruktionen oder Zaha Hadid mit ihren Stadionbauten in der Form eines stromlinienförmig angepassten Insektenpanzers.

Auch das Bauen für Tiere selbst, wie es die Zooarchitektur darstellt, ist einem ständigen Wandel unterworfen. Zunächst hinter Gittern eingesperrt oder in Gräben an der Flucht gehindert, werden Tiere seit Beginn des 20. Jahrhunderts auf Bühnen präsentiert, verschwinden wieder in Zweckbauten und besetzen heute amorphe Strukturen. Dieser Bewusstseinswandel betrifft auch das Tier selbst. Galten tierische Geschöpfe früher mehr oder minder als dämonische Bestien, wurden sie in der Zeit der Aufklärung wiederum zu Maschinen

9 Ebenda.

deklariert, denen man erst nach und nach Bewusstsein und Individualität zuweisen wollte. Heute diskutieren Philosophen wie etwa Richard David Precht über Tierrechte, denen eine Koexistenz neben den Menschenrechten garantiert werden soll. Dazu hat Precht eine Ethik des Nichtwissens formuliert.[10]

Bahnbrechend für den Paradigmenwechsel vom Bild des Tieres als Bestie zum Tier als Wesen war das Werk des britischen Naturforschers Charles Robert Darwin. In seinem im Jahr 1859 publizierten Werk *On the Origin of Species by Means of Natural Selection, or The Preservation of Favoured Races in the Struggle for Life* (deutsch: Über die Entstehung der Arten) formuliert der Zeitgenosse Hegels eine bis heute gültige Theorie, die in fünf Unterpunkte gegliedert werden kann. Zunächst einmal postuliert er, dass (1) Lebewesen einer Evolution unterliegen – ein übrigens nicht wirklich neuer Gedanke, denn schon zu Darwins Zeiten nahm »fast jeder Naturforscher das grosse Princip der Evolution an«[11].

Dieses Prinzip besagt, dass die Arten von Lebensformen nicht statisch sind, sondern sich beständig verändern. Des Weiteren stellt Darwin die These auf, dass (2) alle Lebewesen, Menschen wie Tiere, einen gemeinsamen Ursprung haben: »Die sämmtlichen Glieder ganzer Classen können durch Verwandtschaftsbeziehungen miteinander verkettet und alle nach dem nämlichen Princip in Gruppen classificiert werden, welche anderen subordiniert sind. Fossile Reste sind oft geeignet, grosse Lücken zwischen den lebenden Ordnungen des Systemes auszufüllen.«[12] Die Veränderung erklärt Darwin mit (3) dem Gradualismus, also durch die Annahme, dass kleinste Modifikationen schließlich zu großen Änderungen führen. Relevante Größe ist hierbei, so Darwin, nicht das Individuum, sondern (4) die Population. Und schließlich führt Darwin (5) die Selektion in Form des berühmten »survival of the fittest« (Überleben des Stärksten) als zentralen Auswahlmechanismus an. Es überleben also jene Lebewesen, die an ihre Umgebung am besten angepasst sind. Eine Art oder Gattung erscheint somit als Problemlösung in Bezug auf ihre Lebenswelt.

10 Precht, Richard David: Noahs Erbe. Vom Recht der Tiere und den Grenzen des Menschen, Reinbek b. Hamburg 2000.

11 Darwin, Charles: On the Origin of Species by Means of Natural Selection, or The Preservation of Favoured Races in the Struggle for Life, London 1859. Zitiert wird aus der deutschen Originalausgabe: Über die Entstehung der Arten, Stuttgart 1876, S. 559.

12 Ebenda.

considered as more or less demonic, during the Enlightenment they were revamped as machines, to which one began little by little to ascribe consciousness and individuality. There are philosophers today like Richard David Precht who propose that animal rights should be guaranteed a coexistence along with human rights, for which he has formulated an Ethic of Ignorance (*Ethik des Nichtwissens*).[10]

The work of the British naturalist Charles Robert Darwin broke the ground for the paradigm change of the image of the animal-as-beast to the animal-as-creature. In *On the Origin of Species by Means of Natural Selection, or The Preservation of Favoured Races in the Struggle for Life*, published in 1859, the contemporary of Hegel formulated his theory, still valid today, which is divided into five subsections. To begin with, he postulates that (1) living creatures are subject to an evolution, not exactly a new idea in Darwin's time because "almost every naturalist supported the great principle of evolution"[11].

This principle states that the types of life forms are not static but constantly changing. Furthermore, Darwin poses the thesis that (2) all living creatures, human beings along with animals, share a common origin: "All the members of whole classes can be connected together by chains of affinities, and all can be classified on the same principle, in groups subordinate to groups. Fossil remains sometimes tend to fill up very wide intervals between existing orders."[12] Darwin explained that change with (3) gradualism, is with the assumption that the smallest modifications ultimately lead to great changes. According to Darwin the relevant magnitude here is not the individual but (4) the population. Finally Darwin introduces (5) selection in the form of the famous "survival of the fittest" as a central mechanism for selection. Those living creatures will survive that can best adapt to their surroundings. The appearance of a species or genus then becomes the solution of the problem posed in the life environment.

Bild der Rekonstruktion eines Nachtlagers einer Gorillagruppe.
Picture of the reconstruction of a night camp by a group of gorillas.
Rykwert, Joseph: On Adam's House in Paradise. The Idea of the Primitive Hut in Architectural History, Cambridge 1981

In gewissem Sinne können Darwins Theorien auf die Entwicklung der architektonischen Stile bezogen werden. Auch die Architektur ist im Laufe der Jahrhunderte nicht statisch, sondern von Stilwandlungen geprägt. Änderungen des Kontextes, also von Kultur, Politik, Klima, Technik oder ähnlichen Parametern, führen zu Modifikationen bei der Errichtung von Gebäuden. Dies erfolgt selten in Evolutionssprüngen, sondern meist in kleinen Schritten. Und hierbei ist Architektur ebenfalls immer auch Lösung für bauzeitliche Probleme.
Die Menschen reagieren auf ihre Umwelt und entwickeln für spezifische Anforderungen Bauten. So kurios einzelne Entwürfe insbesondere aus zeitlicher Distanz anmuten mögen, so sind doch auch sie entstanden als Resultat einer Auseinandersetzung mit der Lebenswelt, etwa hinsichtlich ökonomischer, konstruktiver und funktioneller Rahmenbedingungen. Einige erscheinen als gelungen und werden dann kopiert und tradiert. Andere Stilformen, die nicht als effiziente Antworten auf die vorhandenen Probleme angesehen werden, finden keine oder zunehmend weniger Nachahmer und sterben schließlich – im Sinne der Evolutionstheorie – ohne weitere Nachkommen aus. Übertragen auf den Zoo und seine Architektur bedeutet dies, dass menschliche Bauten zur Präsentation von Tieren jeweils auf deren Besonderheiten eingehen müssen. Die Besonderheiten der Lebenswelt, auf die die Lebewesen im Laufe ihrer Evolution reagiert haben, müssen sich bis zu einem gewissen Grad in der Gestaltung ihrer Gehege widerspiegeln.

In a sense, Darwin's theories can be related to the evolution of architectural styles. Architecture has not been static over the centuries, but characterised by style changes. Changes in context, ie culture, politics, climate, technology, or similar parameters lead to modifications in building construction. This rarely occurs in evolutionary leaps, but usually in small steps. And architecture is also always a solution for construction-temporal problems.
People react to their environment and develop buildings for specific requirements. As curious as individual designs may appear – especially from a temporal distance – they too have emerged as a result of a lifeworld examination, for example regarding economic, constructive, and functional framework conditions. Some appear to be successful and are then copied and handed down. Other styles, which are not considered to be efficient responses to the existing problems, find no or ever fewer imitators, and eventually die out – in the sense of the theory of evolution – without any further offspring.
In terms of the zoo and zoo architecture, that means human architecture for presenting animals must adapt to the specifics of each case. The conditions of their life environment to which the living creatures had to react in their evolution must in part be reflected in the construction of their enclosures, even

Architekturtheoretische Annäherung an einen Begriff, den auch die Zoologie verwendet.
Architectural theoretic approach to terms also used in zoology.
Adler, Leo: Vom Wesen der Baukunst. Die Baukunst als Ereignis und Erscheinung, Leipzig 1926

Anlehnung an das Vokabular der Architektur: Lehrbuch für angehende Zoologen.
Leaning on the vocabulary of architecture: textbook for zoologists.
Kühn, Alfred: Grundriss der Allgemeinen Zoologie, Leipzig ^{4}1931

Die Architektur der Zoobauten muss sich also an eine große Variationsbreite natürlicher Lebensräume anpassen. Dies ist eine gewaltige Aufgabe, die viel Kunstverstand erfordert. Die Suche nach der größtmöglichen Natürlichkeit führt somit zur größtmöglichen Künstlichkeit in der detaillierten Nachbildung des Lebensraums. Hinzu kommt der Anspruch, dass der Zoo gleichermaßen sowohl dem Tier als auch dem Menschen dient. Das Gebäude soll das Exponat zusätzlich kontextualisieren, um die Einordnung des Gesehenen zu erleichtern.
Nach nunmehr über einem Jahrhundert Zoologischer Gärten moderner Prägung stellt sich da schon die Frage, was eigentlich wofür gebaut wird. Dass Tiere in freier Wildbahn gefangen und anschließend in Zoos untergebracht werden, ist heute zumindest in den sogenannten westlichen Ländern, in denen der Tierschutz groß geschrieben wird, undenkbar.[13] Wildtiere, die sich über mehrere Generationen in Menschenhaltung befinden, hören aber irgendwann auf, wirkliche Wildtiere zu sein. Gewiss ist diese Vorstellung ein Produkt der Zivilisation, und die Entwilderung des Tiers kann kaum das Ziel der modernen Zoologie sein. Um einen Ansatzpunkt für eine Architekturtheorie zu finden, muss der Blick noch einmal in die Zeit von Darwins Wirken zurückgehen.

13 Die World Association of Zoos and Aquariums (WAZA) verabschiedete 1993 die erste Weltnaturschutzstrategie, in der Standards und Richtlinien für Zoos und Aquarien weltweit formuliert werden.

if natural selection no longer plays a significant role in that evolution. This means that architecture for zoo buildings must adapt to a great variety in natural living spaces. This search for the greatest degree of naturalness inevitably leads to the greatest degree of artificiality in the detailed simulation of the living space. In addition to the requirement that the zoo must be built to serve the animals as well as human beings, the building should provide an exhibition context in order to make the presentation easy to understand. Building for zoo animals then becomes an infinite loop in the sense that zoo architecture attempts to create an environment as appropriate for the zoo visitor as it is for the animals. According to Darwin, animals adapt to the environment in which they find themselves.
Now, after over one hundred years of experience with modern zoological gardens, the question can be posed: what is actually being built and for whom? Capturing animals in the wild and locking them up in zoos, at least in the so-called western countries where animal welfare is high on the list of priorities, is unthinkable.[13] But wild animals that have spent several generations in human captivity, sooner or later give up being truly wild. In a sense, they become a special kind of pet.

Nowadays, the animals that are capable are reproducing in artificially created zoo environments. In other words, by contributing to a new life environment, the zoo is influencing the animal's evolution and generating a new form of pet, namely zoo animals, which have the ability to withstand this kind of captivity without perishing. What emerges over time is a highly artificial system with two components, neither of which have anything to do with what used to be called nature.
The first half of the nineteenth century was marked by research expeditions and nature observations, by surveying, charting, and documenting new regions and landscapes. New life had been breathed into the debate about the origins of life because of the countless discoveries of previously unknown species. Charles Darwin was the first researcher to formulate, in written form, a theory of evolution from the fill of his own research results and the literature of colleagues. His thesis called into question the view supported by the Christian church that could not accommodate the origin of human beings from apes in the story of creation. Representatives of the humanities were ecstatic about these new findings. As described by Darwin, the evolution theory rode a wave of popularity. The architect and founder of modern architecture theory, Gottfried Semper, adopted Darwin's ideas and related them to his own. After demonstrating for civil rights, in Dresden's May 1849 uprisings, Semper relocated to England, where he met scientists from the intellectual circles and salons in the radius of Darwin.

During his exile, other subjects occurred to him, such as applying science to architecture. As the centre of a colonial empire, London was the perfect location for such a viewpoint and it was there that Semper completed one of his most important works: *Die vier Elemente der Baukunst.* In it, he discusses the lawfulness of determining design according to nature. In classicism, the theory of style was based on construction as the most important architectural element, thereby freeing it from 'fake frills'. But, as Semper continued, should architecture not acknowledge nature as a teacher, giving her form and expression in the shape of an architectural idea? [14]
It is obvious that Semper's ideas were coherent with the naturalists' and zoologists' intellectual property.

Die erste Hälfte des 19. Jahrhunderts war geprägt von Forschungsreisen und Naturbeobachtungen, vom Vermessen, Kartografieren und Dokumentieren neuer Regionen und Landschaften. Die Debatte über den Urspung des Lebens erfuhr aufgrund der unzähligen Entdeckungen bis dato unbekannter Spezies einen neuen Aufwind. Charles Darwin war der erste Forscher, der aus der Fülle eigener Forschungsergebnisse und der Literatur von Kollegen eine Theorie der Evolution des Lebens zu Papier brachte. Seine Thesen stellten vor allem das von der christlichen Kirche vertretene Weltbild infrage, das eine Abstammung des Menschen vom Affen nicht mit der Schöpfungsgeschichte in Einklang bringen konnte. Vertreter geisteswissenschaftlicher Disziplinen wurden durch die naturwissenschaftlichen Erkenntnisse geradezu beflügelt. Die Evolutionstheorie, wie sie Darwin aufschrieb, erfuhr eine Popularisierung. Der Architekt und Begründer der modernen Architekturtheorie Gottfried Semper griff die Gedanken des Engländers auf und deutete sie auf sein Gedankengebilde um. Nachdem er sich 1849 im Dresdener Mai-Aufstand für mehr Bürgerrechte engagiert hatte, siedelte Semper für einige Jahre nach England über, wo er in den intellektuellen Zirkeln und Salons auf Naturwissenschaftler aus dem Umfeld von Charles Darwin traf.

Das Leben im Exil führte ihn schon bald zu Themen wie der Übertragung naturwissenschaftlicher Erkenntnisse auf die Architektur. In seiner Schrift *Die vier Elemente der Baukunst* (1851) diskutiert Semper die Gesetzmäßigkeiten der gestalterischen Formfindung nach dem Vorbild der Natur. Im Klassizismus sei die Stillehre von der Konstruktion als dem Wesentlichen der Architektur ausgegangen und habe sie von »falschem Beiwerk« befreit. Solle aber nicht die Baukunst, so Semper weiter, die Natur als Lehrerin anerkennen und ihr durch die architektonische Idee zu Form und Ausdruck verhelfen? [14] Es ist naheliegend, dass Sempers Gedanken vom geistigen Gut der zeitgenössischen Naturforscher und Zoologen geprägt waren. Der Einfluss von Darwins Forschungen auf Sempers Architekturtheorie lässt sich auch an einem Vergleich des Handbuchs *Der Stil* (1860) und des Vortrags *Ueber Baustyle* (1869) nachvollziehen.[15] In beiden Werken geht Semper der Frage des architektonischen Stils nach.

14 Semper, Gottfried: Die vier Elemente der Baukunst. Ein Beitrag zur vergleichenden Baukunde, Braunschweig 1851, S. 53f.

15 Darwins Einfluss auf Semper hat schon Harry Francis Mallgrave in seiner Semper-Biografie angedeutet. Vgl. Mallgrave, Harry Francis: Gottfried Semper. Ein Architekt des 19. Jahrhunderts, Zürich 2001, S. 320f.

1860 schreibt er im Vorwort seines »Handbuchs für Techniker, Künstler und Kunstfreunde« über archetypische Formen in der Natur und deren Relevanz für die Stilbildung in der Architektur.

»So wie nämlich die Natur bei ihrer unendlichen Fülle doch in ihren Motiven höchst sparsam ist, wie sich eine stetige Wiederholung in ihren Grundformen zeigt, wie aber diese nach den Bildungsstufen der Geschöpfe und nach ihren verschiedenen Daseinsbedingungen tausendfach modificirt, in Theilen verkürzt oder verlängert, in Theilen ausgebildet, in andern nur angedeutet erscheinen, wie die Natur ihre Entwickelungsgeschichte hat, innerhalb welcher die alten Motive bei jeder Neugestaltung wieder durchblicken, eben so liegen auch der Kunst nur wenige Normalformen und Typen unter, die aus urältester Tradition stammen, in stetem Wiederhervortreten dennoch eine unendliche Mannigfaltigkeit darbieten, und gleich jenen Naturtypen ihre Geschichte haben. Nichts ist dabei reine Willkür.« [16]

Diesem Kunstverständnis liegt noch die akademische Haltung zugrunde, nach der die Künste immer nur auf etwas Vorhandenem aufbauen können und einem strengen Formenkanon und Stilgesetzen folgen. Semper unterstreicht diese These etwa im Kapitel *Drittes Hauptstück: Textile Kunst* mit Abbildungen von Schlangenmotiven in unterschiedlichen Kulturkreisen. Bezeichnenderweise bedient er sich bei Tiermotiven, um die Einheit von Kunst und Natur zu unterstreichen. Im Zusammenhang mit dem Begriff *Knoten* (lat. *nodus*, franz. *nœud*, engl. *knot*) verweist Semper auf die etymologische Verwandtschaft des Wortes zu *Naht* und *Nähe*. Interessant sind dabei vor allem zwei Aspekte. Zum einen thematisiert Semper die Ästhetisierung der Raumgrenzen, was in den folgenden Abschnitten noch einmal näher betrachtet wird. Zum anderen leitet er vom Wort und seiner Verwendung in anderen Sprachen eine allgemeingültige Definition ab. Mit dieser für ihn charakteristischen Art legt Semper hier den Grundstein eines bis heute gültigen Verständnisses von Architekturtheorie. Vor allem verdienen seine Gedanken über die Entwicklung des Stils besondere Aufmerksamkeit. Denn sie sind dem Naturgedanken Hegels ähnlich: Hegel geht von den organischen Formen der Natur aus, die durch die Kunst (und Architektur) abstrahiert werden. Semper richtet das Augenmerk auf die kleinsten Grundformen der Natur, um in ihnen eine Abstraktion der Form zu erkennen.

16 Semper, Gottfried: Der Stil in den technischen und tektonischen Künsten oder Praktische Ästhetik. Ein Handbuch für Techniker, Künstler und Kunstfreunde, Frankfurt am Main 1860, S. VI.

The influence of Darwin's research on Semper's architecture theory becomes evident in comparison to the manual *Der Stil* (1860) and the lecture *Ueber Baustyle* (1869) [15]. In both works, Semper examined the question of architectural style. In the preface of his manual for engineers, artists, and art aficionados in 1860, he writes about archetypal forms in nature and their relevance for creating style in architecture.

"Nature, in its infinite abundance, is extremely sparing in its motives – as is shown by a constant repetition in its basic forms. How are these modified a thousandfold in the stages of the creatures' education and according to their various conditions of existence? In other parts, it is suggestively manifested how nature has its developmental history, within which the old motifs are repeatedly seen through every new design. Equally so, art is subject to only few normal forms and types that derive from the earliest traditions, yet in constant recurrence to offer an infinite variety, and have their own history, just as those natural types. Nothing is pure arbitrariness, but everything conditioned by circumstances and conditions." [16]

This understanding of art is still in the spirit of the academic approach to the arts by which art can only be based on what already exists, following a strict canon of form and style. For instance in the chapter *Drittes Hauptstück. Textile Kunst*, Semper underscores this hypothesis with illustrations from snake motifs in various cultural circles. He typically makes use of animal motifs to emphasize the unity of art and nature. Semper here refers to the term *knot* (from the Latin *nodus*, or French *nœud*) and its etymological affinity with the word *node*. Two aspects are of interest. First, Semper makes an issue of the aesthetisation of spatial borders, which he develops in the following sections. Second, he derives a generally valid definition from the word and its use in other languages. In a way that is typical for him, Semper lays the foundation for an understanding of architecture theory, still applicable today. His ideas on the development of style deserve special attention because they resemble Hegel's ideas about nature: Hegel posits organic forms of nature that are abstracted by art while Semper draws attention to the smallest basic forms of nature, seeking to recognize an abstraction of form within.

For Gottfried Semper, whose nephew, the zoologist Karl Gottfried Semper was in close professional contact[17] with Darwin, it is striking how much the original position changed.

"An important extension of his theory was also the reference in the Zurich lecture to Darwin's Origin of Species and to those historians who saw architecture history as a kind of deterministic biological model determined by laws of natural selection, inheritance, and adaptation."[18]

This fascinating reference from 1869 shows, "that even at this early stage, the social application of the Darwinian theory came into fashion within history and art. Semper's argument was directed against the axiom, which read: Art makes no leaps. He argued that art in fact makes leaps, often through the creative genius of a single individual."[19]

"The old monuments are rightly called the fossil casings of extinct social organisms, but these are the latter as they lived, not like snail shells on their backs, nor are they shot after a blind natural process like coral reefs, but free formations of the human being to set mind, nature observation, genius, will, knowledge, and power in motion. Therefore, the free will of the creative human mind is the chief factor in the question of the origin of architectural style, which, of course, has to move within certain higher laws of tradition, requisite, and necessity in its creation; but these, through free conceptions and exploitation, appropriates and serves, as it were."[20]

Semper picks up two lines of argument. In the first he establishes his position on the relationship of art and nature, in which he maintains that the new can only by developed by changing the old. But in contrast to art, he maintains that architecture must also fulfil a practical function.[21] In the second, he combines Darwin's theory with his own position on the evolution of architectural form, which he makes clear in the description of the "Monumente als die fossilen Gehäuse ausgestorbener Gesellschaftsorganismen (Monuments as the fossilised shells of extinct social organisms)"[22] and other comparisons to dwellings built by animals. As the Vienna architecture historian Gabriele Reiterer once wrote, Gottfried Semper developed his theoretical framework in parallel to the ordering of nature.

Auffallend ist bei Gottfried Semper, dessen Neffe, der Zoologe Karl Gottfried Semper, in engem fachlich-wissenschaftlichen Austausch[17] mit Darwin stand, wie sehr sich die ursprüngliche Position verändert hat. »Eine wichtige Erweiterung seiner Theorie war ferner der Hinweis in der Zürcher Vorlesung auf Darwins *Origin of Species* und auf jene Historiker, welche die Architekturgeschichte als eine Art deterministisches biologisches Modell ansahen, bestimmt von Gesetzen der natürlichen Auswahl, Vererbung und Anpassung.«[18] Dies sei für das Jahr 1869 eine faszinierende Bezugnahme, zeuge sie doch davon, »dass schon zu diesem frühen Zeitpunkt die soziale Anwendung der Darwinschen Theorie innerhalb der Geschichte und Kunst in Mode kam. Sempers Argument war gegen das Axiom gerichtet, das lautete: Die Kunst macht keine Sprünge. Er vertrat, dass die Kunst in der Tat Sprünge mache, oft durch das kreative Genie eines einzelnen Individuums.«[19]

»Man bezeichnet sehr richtig die alten Monumente als die fossilen Gehäuse ausgestorbener Gesellschaftsorganismen, aber diese sind letzteren, wie sie lebten, nicht wie Schneckenhäuser auf den Rücken gewachsen, noch sind sie nach einem blinden Naturprozesse wie Korallenriffe aufgeschossen, sondern freie Gebilde des Menschen, der dazu Verstand, Naturbeobachtung, Genie, Willen, Wissen und Macht in Bewegung setzte. Daher kommt der freie Wille des schöpferischen Menschengeistes als wichtigster Faktor bei der Frage des Entstehens der Baustyle in erster Linie in Betracht, der freilich bei seinem Schaffen sich innerhalb gewisser höherer Gesetze des Ueberlieferten, des Erforderlichen und der Nothwendigkeit bewegen muss, aber sich diese durch freie objektive Auffassung und Verwerthung aneignet und gleichsam dienstbar macht.«[20]

Semper greift zwei Diskussionslinien auf. Zum einen präzisiert er seine Position gegenüber dem Verhältnis von Kunst und Natur, indem er in der Natur eine Entwicklung des Neuen nur durch Abwandlung des Alten erkennt. Er bezieht dies aber nicht auf die Architektur, die im Gegensatz zur Kunst auch das Bedürfnis[21] voraussetzt, jedoch

17 In der Universitäts- und Landesbibliothek Düsseldorf sind zahlreiche Briefe von Charles Darwin an Karl Gottfried Semper dokumentiert.
18 Mallgrave, Harry Francis: Gottfried Semper, Zürich 2001, S. 321.
19 Ebenda.
20 Semper, Gottfried: Ueber Baustyle (Ein Vortrag gehalten auf dem Rathaus in Zürich am 4. März 1869), in: Semper, Manfred und Hans (Hg.): Kleine Schriften von Gottfried Semper, Berlin und Stuttgart 1884, S. 401.
21 »Nur einen Herrn kennt die Kunst, das Bedürfnis.« In: Semper, Gottfried: Vorläufige Bemerkungen über bemalte Architectur und Plastik bei den Alten, Altona 1834, S. VIII.

darüber hinaus eine Zweckmäßigkeit erfüllt. Zum anderen verquickt er die Theorien Darwins mit seiner Position zur Evolution der architektonischen Form, was in der Beschreibung der »Monumente als die fossilen Gehäuse ausgestorbener Gesellschaftsorganismen«[22] und der weiteren Vergleiche zu den von Tieren erstellten Behausungen deutlich wird. Semper, so hat es die Wiener Architekturhistorikerin Gabriele Reiterer einmal beschrieben, entwickelte sein theoretisches Gedankengerüst parallel zur Ordnung der Natur.

»Seinem theoretischen Werk legte er ein evolutionsgeschichtliches, funktionsmorphologisches Gerüst zugrunde. Damit schuf er einen vollkommen neuen Denkansatz der Entwicklung der Baukunst. Seine vergleichenden Systeme und seine Suche nach Urformen in der Architektur hatte er in enger Anlehnung an die neuen vergleichenden Anatomien erarbeitet. Wie in den Naturwissenschaften müsse man auch die Entwicklung der Architektur, die Frage nach der Entstehung und Entwicklung von Baustilen in ein ordnendes System bringen. Mit anderen Worten: Er begründete eine Evolutionstheorie der Architektur.«[23]

Damit stand Semper in Opposition zu Otto Wagner, der in Wien parallel eine Architekturtheorie formulierte, in der die Technik zur Kunstform erhoben wurde. Doch soll hier die Theorie Sempers weiterverfolgt werden, da seine Analogien zur Evolutionstheorie und die persönliche Beziehung zwischen den Familien Darwin und Semper einen Schlüssel für die moderne Zooarchitektur darstellen. Sempers Theorie basiert auf einem Architekturverständnis, das den Raum über seine Grenzen hinaus definiert. Das bedeutet, dass sie sich nicht nur auf das *Objekt im Raum* bezieht – und so den Gestaltungsparametern für die zoologischen Hybridbauten aus Theater, Museum und Gefängnis sehr nahekommt. Der Gestaltungsschwerpunkt liegt auf den Abgrenzungen der Räume zueinander, sei es zwischen dem Territorium des Tieres zum öffentlichen Bereich des Zoobesuchers oder zwischen dem Innen- und Außengehege des Wildtieres. Auch wenn die Zooarchitektur zu Zeiten Sempers noch sehr einem Verständnis vom *Ausstellen des exotischen Tieres* entsprach und die Verhaltensforschung als Disziplin keineswegs etabliert war, erscheinen seine theoretischen Überlegungen als wertvolle Grundlage heute so aktuell wie zu seinen Lebzeiten.

22 Semper, Gottfried: Ueber Baustyle, Berlin und Stuttgart 1884, S. 401.
23 Reiterer, Gabriele: Die Biologie des Bauens. Wie Charles Darwin die Baukunst beeinflusste: Hinweise auf eine Evolutionstheorie der Architektur, in: Die Presse (Spectrum) vom 28. Februar 2009.

"He built theoretical work on an evolutionary-historical, functional-morphological framework. In doing so, he created a completely new intellectual approach to architecture. His comparative systems and his search for original forms in architecture are closely correlated with the emerging comparative anatomies. Semper explained that, as with science, in conceiving the development of architecture, one must incorporate the origin and development of building styles in an ordering system. Put simply, he founded an evolutionary theory of architecture."[23]

That approach placed Semper in opposition with Otto Wagner, who had formulated an architecture theory in Vienna at the same time in which engineering was elevated to an art form. Semper's theory ought to have been pursued because his analogies to evolution theory, together with the personal acquaintance of the Darwin and Semper families, represents a key to understanding the establishment of a modern theory of zoo architecture. However, Semper's theory also reflects an understanding of architecture based on a definition of space beyond its boundaries, that is, a view of dimensions that does not depend on the object in space. It bears a close proximity to the design parameters for the hybrid zoological building merging the elements of theatre, museum, and prison. The design is focused on the boundaries between the spaces, either those between the animals' territory and the public area of the zoo visitor, or between the inside and outside enclosures. Even if zoo architecture during Semper's time was characterised by the idea of exhibiting an exotic beast and behavioural research was not established as a discipline, his theoretical reflections during his lifetime are as valuable as a blueprint today.

"Once again, we are confronted with the notable case that the spoken language comes to the aid of art prehistory, which the symbols of stylistic idiom in their primitive appearance underscore, confirming the authenticity of their interpretation. In all Germanic languages, the word 'Wand' (sharing the same root and meaning with 'Gewand'), directly recalls the origin and typology of the visible space closure. This also true of 'Decke' (blanket/ceiling), 'Bekleidung' (cladding/clothing), 'Schranke' (barrier/gate), 'Zaun', synonymous with 'Saum', or seam (fence) and many other technical expressions that are unmistakable indications of the textile origins of these construction parts."[24]

Gottfried Semper's theoretical essays underpin his basic understanding that architectural styles had developed from the textile arts. The etymology of these terms reveals this kinship. Since these texts always involve words and terms for spatial transitions, like the word *Zaun* (derived from *Saum*, or *seam*) or *Wand* (derived from *Gewand*, or robe), they go to the core of architecture theory. Furthermore, Semper provides a kind of theoretical blueprint for architecture design that traces back the façade or enclosure to its textile handicraft origins. In that respect, this conclusion is significant because it helps derive quality criteria for contemporary architecture. For zoo architecture that means that in the zoo, wickerwork or artistic decorations should be discernible in a fence, and a façade ought to obey its tectonic lawfulness, which however does not mean that a fence should imitate a tree stump or be represented by an artificial cliff. By the same token, a façade does not have to resemble an elephant hide. Heini Hediger's statement that for the animal it is "certainly of no consequence whether its space is cordoned off with traditional means, or instead of gratings with ditches or similar means"[25], is still valid today. The beautifications in contemporary large-scale buildings in zoological gardens are there to amuse the visitors. They conceal a condition that is anything but natural. The enclosure is still a mixture of stage and prison, augmented in the visitors' space by a museum.

»Hier tritt nun wieder der bemerkenswerthe Fall ein, dass die L a u tsprache der Urgeschichte der Künste zur Hülfe dient und die Symbole der F o r m e nsprache in ihrem primitiven Auftreten verdeutlicht, die Aechtheit der Auslegung die ihnen gegeben wird bestätigt. In allen germanischen Sprachen erinnert das Wort W a n d (Gewand) direkt an den alten Ursprung und den Typus des s i c h t b a r e n Raumesabschlusses. Eben so sind Decke, Bekleidung, Schranke, Zaun, (gleich mit Saum,) und viele andere technische Ausdrücke nicht etwa spät auf das Bauwesen angewandte Symbole der Sprache, sondern sichere Hindeutungen des textilen Ursprungs dieser Bautheile.«[24]

Gottfried Sempers architekturtheoretische Abhandlungen untermauern sein Grundverständnis, die architektonischen Stile hätten sich aus der Textilkunst heraus entwickelt. Die etymologischen Definitionen sollen diese Verwandtschaft belegen. Da es in den Texten immer wieder um Worte und Begrifflichkeiten für Raumübergänge geht, genauer: um Bauteile wie Zaun (abgeleitet von *Saum*) oder Wand (abgeleitet von *Gewand*, handelt es sich um den Kern der Architekturtheorie schlechthin. Noch mehr: Semper liefert eine Art theoretischen Bauplan für den Architekturentwurf, der eine Fassade oder eine Einfriedung in der Evolution auf ihren textilen, von menschlichem Kunsthandwerk geschaffenen Ursprung zurückführt. Diese Feststellung ist insofern von Bedeutung, als dass sie hilft, Qualitätskriterien für die zeitgenössische Architektur abzuleiten. Für die Architektur im Zoo heißt das: In einem Zaun darf durchaus das Flechtwerk oder ein künstlerischer Schmuck erkennbar sein; eine Fassade darf durchaus ihren tektonischen Gesetzmäßigkeiten gehorchen. Und es heißt eben nicht, dass der Zaun einen Baumstumpf imitiert oder durch einen Kunstfelsen ersetzt wird; die Fassade muss nicht die Oberfläche einer Elefantenhaut nachzeichnen. Denn bis heute ist Heini Hedigers Aussage, dem Tier sei es »gewiss gleichgültig, ob sein Raum mit traditionellen Mitteln oder gitterlos durch Absperrgraben und dergleichen begrenzt wird«[25], nicht widerlegt. Die Aufhübschungen in aktuellen Großbauten in Zoologischen Gärten dienen demnach der Unterhaltung des Besuchers. Sie kaschieren einen Zustand, der alles andere als natürlich ist. Das Gehege bleibt eine Mischung aus Bühnen- und Gefängnisbau, die im gesicherten Besucherbereich um ein Museum ergänzt wird.

24 Semper, Gottfried: Der Stil in den technischen und tektonischen Künsten oder Praktische Ästhetik: ein Handbuch für Techniker, Künstler und Kunstfreunde. Band 1: Die textile Kunst: für sich betrachtet und in Beziehung zur Baukunst, Frankfurt am Main 1860, S. 229.

25 Hediger, Heini: Vom Zwinger zum Territorium, in: Kirchshofer, Rosl (Hg.): Zoologische Gärten der Welt. Die Welt des Zoo, Innsbruck 1966, S. 13.

Eine Theorie der Zooarchitektur wäre unvollständig, gelänge nicht auch eine Untersuchung von Begrifflichkeiten, die in der Architektur ebenso Anwendung finden wie in der Zoologie. Naheliegend ist der Begriff *Wesen* mit der Analogie zum *Lebewesen* in der Zoologie. Da fällt etwa August Schmarsow ins Auge, der mit seinem Titel *Das Wesen der architektonischen Schöpfung*[26] mit den Begrifflichkeiten aus Architektur und Natur spielt. Der Kunsthistoriker Schmarsow vermag es, in seiner Leipziger Antrittsvorlesung 1893 die Rezeption von Architektur aus dem Blickwinkel einer Schöpfungsgeschichte vorzunehmen. Der Begriff des Wesens spielt hier eine besondere Rolle, auch bei späteren Theoretikern. Ein Blick etwa in die Literatur der Zwanzigerjahre des 20. Jahrhunderts, einer Zeit der Manifeste und zahlreicher theoretischer Diskussionen, bietet dafür Bezugspunkte. Es ist der Architekt Leo Adler, der 1926 sein Buch Vom *Wesen der Baukunst* vorlegt. Auch wenn der *Wesens*-Begriff in der deutschen Sprache mehrere Bedeutungen hat, so lassen sich zumindest dessen Ursprünge bis zum althochdeutschen Verb *wesan* (»sein«) zurückverfolgen. In der englischen Sprache kommt man mit den Übersetzungen *nature*, *creature* oder *character* dem Ursprung des Wortes aus der Schöpfung und der Natur näher. Während der Begriff *Wesen* in der Philosophie das Eigentliche, die *Essenz* oder den *Kern* einer Sache beschreibt, ist die Frage nach dem grundlegenden Wesen das zentrale Thema der Architekturtheorie schlechthin.[27]

Will man die Analogien zwischen Architektur und Zoologie theoretisch aufzeigen, ist ein Blick in das Werk von Alfred Kühn[28] mit dem Titel *Grundriß der Allgemeinen Zoologie* zu empfehlen. Die Arbeit erschien 1922 und wurde bis 1969 weitere 16 Mal aufgelegt. Beschrieben werden in ihr allgemeine Eigenschaften der Lebewesen und Aufgaben der Zoologie. Interessant sind vor allem die Wahl der Stichworte und die Kontextualisierung von Zoologie und Architektursprache. Denn in seinem Lehrbuch bedient sich Kühn einer Terminologie aus der Architektur.

But a theory of zoo architecture would be incomplete without an investigation of terms that are as often used in architecture as in zoology. The term being (*Wesen*) in the sense of a living being (*Lebewesen*) in zoology comes to mind. One is reminded of August Schmarsow, who plays with terminology drawn from architecture and nature in his book *Das Wesen der architektonischen Schöpfung*.[26]

In his Leipzig inaugural lecture, in 1893, the art historian Schmarsow considers architecture from the viewpoint of a history of creation. The term 'being' plays a special role here as it does for later theoreticians. For example a glimpse in the literature of the 1920s, a period of manifestos and many theoretical discussions, offers reference points. One of them is the architect Leo Adler, whose book *Vom Wesen der Baukunst* was published in 1926. Even if the term 'being' (*Wesen*) has several meanings in German today, it can be traced back to the Old High German verb *wesan* (to be). In English translations like *nature, creature*, or *character* come closer to the ideas of creation and nature. The term 'being' describes the *Eigentliche* (real), the *Essenz* (essence) or the *Kern* (core) of the matter in philosophy, while in architecture theory the question of fundamental being is the absolutely central theme.[27]

The work titled *Grundriß der Allgemeinen Zoologie* by Alfred Kühn[28] may be recommended if one wishes to examine the theoretical analogies between architecture and zoology. The book was published in 1922 and was reprinted a further 16 times until 1969. It describes the general characteristics of living beings and the tasks of zoology. In the main chapters, Kühn delves into the structure, performance, and evolution in the animal world. The choice of key words in the text is interesting as is the contextualisation of the language of zoology and architecture. In his textbook, Kühn makes use of terminology drawn from architecture.

26 Schmarsow, August: Das Wesen der architektonischen Schöpfung, Leipzig 1894.

27 Vgl. Schoper, Tom: Zur Identität von Architektur: Vier zentrale Konzeptionen architektonischer Gestaltung, Bielefeld 2010.

28 Zu nennen wäre auch der Titel *Grundriß der Allgemeinen Zoologie* (Leipzig 1922). Alfred Kühns Rolle in der Zeit zwischen 1933 und 1945 wird hier nicht betrachtet, ebenso nicht sein Titel *Grundriß der Vererbungslehre* (Leipzig 1939).

"Forms that are systematically categorised are called 'form related' or 'type related'. They are constructed according to a common blueprint or type. They consist of similar parts in a coherent order."[29]

Taken out of context, the reader would hardly conclude that it came from a zoologist. And the fact that the author employs architecture-specific terms in the text does not detract from this supposition. Put another way, Kühn identifies a terminological kinship between the two disciplines, which becomes clear in the conclusion of his first chapter.

"The task of zoology is the description of the construction, the development of the animals, and their relations to the environment, the systematic ordering of the animal forms and their form kinship with each other and the representation of their sequence in geological history."[30]

By simply replacing the word 'animal' with 'style', this paragraph can serve as a definition of architecture theory.

The task of architecture theory is the description of the construction, the development of the animals, and their relations to the environment, the systematic ordering of the style forms and their form kinship with each other and the representation of their sequence in geological history.

Word plays involving the terms form, style, or floor plan will not lead to an architecture theory for zoo buildings. At best, such a theory can be sketched in half sentences. And because of space limitation, daily newspapers and professional magazines can only scratch the surface of the subject. Direct public exposure to architecture in zoos occurs above all in the audio-visual media. The written word in the form of printed text, as the base for a current intellectual discussion of the subject, is restricted to a small circle of experts. The popularity of individual animal species can deflect the attention of a broader public to the architecture. A building culture that does not yet exist would be appropriate for the standards of the zoological garden as a scientific facility. In point of fact, all the important building typologies of relevance in the West have a theoretical foundation.

»Formen, die zu einer systematischen Kategorie gehören, werden als ›formverwandt‹ oder ›typenverwandt‹ bezeichnet. Sie sind nach einem gemeinsamen Bauplan oder Typus gebaut. Sie bestehen aus ähnlichen Teilen in übereinstimmender Ordnung.«[29]

Die alleinige Betrachtung dieser Aussage würde den Leser kaum darauf schließen lassen, dass sie von einem Zoologen stammt. Auch die Tatsache, dass der Autor Hervorhebungen architekturspezifischer Begriffe im Text vornimmt, unterstreicht diese Vermutung. Oder anders betrachtet: Kühns Feststellung offenbart eine terminologische Verwandtschaft zwischen den beiden Disziplinen. Dies wird auch am Schluss seines ersten Kapitels deutlich.

»Aufgabe der Zoologie ist die Beschreibung des Baues, der Entwicklung der Tiere und ihrer Beziehungen zur Umwelt, die systematische Ordnung der Tierformen nach ihrer Formverwandtschaft und die Darstellung ihrer Aufeinanderfolge in der Erdgeschichte.«[30]

Ein bloßer Austausch des Wortes *Tier* durch *Stil* macht aus diesem Absatz eine Definition der Architekturtheorie.

Aufgabe der Architekturtheorie ist die Beschreibung des Baues, der Entwicklung der Stile und ihrer Beziehungen zur Umwelt, die systematische Ordnung der Stile nach ihrer Formverwandtschaft und die Darstellung ihrer Aufeinanderfolge in der Erdgeschichte.

Wortspielereien mit »Form«, »Stil« oder »Grundriss« ergeben noch längst keine Architekturtheorie für Zoobauten. Doch muss wiederholt festgestellt werden, dass eine solche bislang bestenfalls in Halbsätzen aufgeschrieben wurde. Tageszeitungen und Fachzeitschriften können das Potenzial des Themas aufgrund ihrer Platzbeschränkung allenfalls grob skizzieren. Die unmittelbare öffentliche Wahrnehmung der Architektur in Zoos erfolgt vor allem in den audiovisuellen Medien. Das geschriebene Wort beziehungsweise der gedruckte Text als Grundlage für eine intellektuelle Auseinandersetzung mit dem Thema bleibt einem kleinen Expertenkreis vorbehalten. Dabei ließe sich mit der Popularität einzelner Tiergattungen auch ein Blick der breiten Öffentlichkeit auf die Architektur lenken. Eine noch zu entwickelnde

29 Kühn, Alfred: Grundriß der Allgemeinen Zoologie, Leipzig 1922, S. 5.
30 Ebenda, S. 6.

Baukultur des Zoos würde dem Anspruch der wissenschaftlichen Einrichtung Zoologischer Garten gerecht werden. Schließlich verfügen alle wichtigen Bautypologien, die in unserer westlichen Welt relevant sind, über theoretische Grundlagen. Dazu tragen vor allem auch die Architekten selbst bei. Auffallend ist, dass die Entwurfsverfasser etwa von Theater-, Museums- oder Stadionbauten mit dafür sorgen, dass bei diesen Kulturträgern nicht nur Spielprogramme oder Ausstellungen publikumswirksam benannt werden, sondern auch die Architektur eine tragende Rolle in der Kulturvermittlung spielt.
Für die Zooarchitektur muss dieser Anspruch noch formuliert werden. Aufgrund des hohen Konkurrenzdrucks in dieser kleinen Nische entspricht die Informationspolitik der damit befassten Büros nicht dem sonst üblichen Mittteilungsbedürfnis in der Architektenzunft. Doch der Eindruck trügt, es handele sich bei Bauten für Tiere um Hochsicherheitstrakte mit entsprechenden Geheimschutzauflagen. Möglicherweise trägt gerade diese Zurückhaltung bei den Architekten dazu bei, dass die Baugattung in der Fachöffentlichkeit kaum wahrgenommen wird. Das Thema Bauen für Tiere scheint auf Zooarchitektur reduziert zu sein.[31] Tatsächlich ist die Bauaufgabe breiter und diffenzierter zu diskutieren. Hierzu zählen auch veterinärmedizinische Einrichtungen, Betriebe der Tierzucht und der Fleischverarbeitung sowie Tierheime und Dressuranlagen.
Möglicherweise vermag die Verwendung gemeinsamer Begrifflichkeiten in Zoologie und Architektur dazu beitragen, dass das Bauen für Tiere einerseits Grundlagen schaffen kann für eine Standortbestimmung des Homo sapiens im Kontext der Fauna. Denn »die Gestaltung eines Zoologischen Gartens gibt immer auch Aufschluss über den Stand der Beziehung zwischen Mensch und Tier«[32]. Architektur lässt sich nicht neu erfinden, sie begnügt sich wie die Natur mit wenigen Grundformen, die sie in ihrer Kreativität unendlich variieren kann. Gelingt es uns, über das Verhältnis von Architektur und Zoologie, von Baukunst und Natur eine Basis für eine Architekturdebatte über zeitgemäßes und angemessenes Bauen für Tiere zu schaffen, dann ist ein wesentlicher Meilenstein erreicht.

The architects themselves ensure that it is so. It is striking that the architects of theatres, museums, or stadiums see to it that in addition to the play programmes or exhibitions in these cultural institutions, the architecture itself plays a leading public role in the transmission of culture. That standard has yet to be formulated for zoo architecture.
On the basis of the great competitive pressure in a small world the public relations departments of the firms that might otherwise address this task, pass over the usual need to inform the fraternity of architects. But the impression is misleading. Buildings for animals are high security structures with the corresponding secrecy needs. Perhaps this requirement could be a reason for which this building type is hardly mentioned by architects in the expert literature, and the subject of building for animals seems to be reduced to zoo architecture.[31] In fact, the discussion of the building task is much broader and more differentiated.
On the one hand, perhaps the use of shared zoology and architecture terminologies might lead to a situation where building for animals could help determine a site location for humans in the context of the fauna. Because "the design of a zoo is always an indication on the status of the relationship between man and animal"[32]. On the other hand, the reflection about zoology may give the architecture discussion a new impulse in which Semper's idea of an evolution of form provides an orientation in the haphazard confusion of superficial knowledge and private theories propounded by commercially motivated architects.
Architecture can not be reinvented. Architecture, like nature, gets along quite well with a few basic forms that creativity can then infinitely vary. If we succeed in laying a building block for an architectural debate about contemporary building, that is appropriate for animals, then another significant milestone will have been passed.

31 Vgl. Meuser, Natascha: Zwischen Bühnenbild und Gefängnisbau. Vom Fehlen einer Debatte über zeitgenössische Zoobauten – eine Skizze, in: Modulør, Heft 2 / 2013, S. 22ff.
32 Kurt Brägger zit. in: Blaser, Werner: Kurt Brägger. Zoo Basel 1953–88. Gartengestaltung, Landscape Design, Basel 2001, S. 34.

»Die Zoogeschichte spiegelt das abendländische Verhältnis des Menschen zum Tier wider, beeinflusst von christlichen Werten, wissenschaftlicher Emanzipation und politischer Macht. Dies manifestierte sich in architektonischen Formen und Reformen.«

"The history of zoos reflects the Western relationship between humans and animals, influenced by Christian values, scientific emancipation and political power. This manifested itself in architectural forms and reforms."

Natascha Meuser

Zoologische Gärten
Vom Kolonialismus zur Demokratie
Wie sich das Verhältnis von Mensch und Tier im Laufe der Architekturgeschichte verändert hat

In dieser bauhistorischen Studie wird die Geschichte des Zoos erstmals aus architektonischer Perspektive betrachtet. Dabei werden fünf Generationen von Zoobauten klassifiziert und analysiert, was nicht nur einen Blick in die Vergangenheit ermöglicht, sondern auch eine Grundlage für zukünftige Entwicklungen und Generationen in diesem Bereich schafft.

Die Architekturgeschichte des Zoos ist zugleich ein Abbild vom abendländischen Verhältnis des Menschen zum Tier. Christliche Werte, wissenschaftliche Emanzipation und politische Macht spielen dabei eine besondere Rolle. Die Entwicklungen kristallisierten immer in architektonischer Form und Reform. Wie die Vorstellungen von gelungener Architektur generell, so änderte sich auch das Verhältnis des Menschen sowohl zur Architektur wie zum Tier. Die jeweilige Auffassung davon, was eine gesellschaftlich akzeptierte und damit angemessene Architektur für einen Zoologischen Garten darstellt, war somit ebenfalls permanenten Veränderungen unterworfen. Der Zoo entwickelte sich von einer lebenden Trophäensammlung über ein Museum mit lebendigen Exponaten hin zum Erlebnispark mit moralischem Auftrag. Bis heute lassen sich fünf Generationen identifizieren, die auf einer baugeschichtlichen Chronologie aufbauen und den Wandel der Vorstellung des Menschen vom Wildtier – von einem reinen Schauobjekt hin zu einem Wesen mit Rechten – verdeutlichen.[1]

Die einzelnen Zeitabschnitte spiegeln politische, zoologische und gestalterische Aspekte wider. Sind die ersten drei Generationen eindeutig den Bereichen Politik (I: Bauten im Kolonialstil), Zoologie (II: gitterlose Bauten) und Gestaltung (III: funktionalistische Bauten der Moderne) zuzuordnen, vermischen sich in der vierten Generation Politik und Zoologie (IV: Renaturierung und Verlandschaftlichung). Die fünfte und damit jüngste Generation

1 Siehe Diagramm folgende Seite.

Zoological Gardens
From Colonialism to Democracy
This architectural history study is the first to look at the history of the zoo from an architectural perspective. Five generations of zoo buildings are classified and analysed, which not only provides a glimpse into the past, but also creates a basis for future developments and generations in this area.

The history of zoo architecture history is also an image of the relationship in the West between man and animal in which Christian values, emancipation through science, and political power play a special role. The developments are always crystallised in architectonic form and reform. The relationship between humans and architecture and humans and animals changes, as do the ideas of successful architecture in general. The opinion of what constitutes socially acceptable, and therefore appropriate, architecture for a zoo was also subject to continuous change. The zoo evolved from a living collection of wild game trophies, to a museum with live exhibits, to a theme park with a moral mission.

Die Entwicklung der Zooarchitektur seit dem 19. Jahrhundert

Vorläufer
Vom Paradiesgarten zum Panoptikum

In ihren Ursprüngen greift die Zooarchitektur wesentliche Aspekte der Garten- und Landschaftsarchitektur auf; die Tiere werden in Pavillons im Landschaftsgarten präsentiert.

The Ancestors of Zoo Architecture:
From the Gardens of Paradise to the Panopticon

Originally, zoo architecture takes on key aspects of garden and landscape design, presenting the animals in pavilions, within the landscaped garden.

I. Generation
Ausstellungsbauten im Kolonialstil

Architektonisches Merkmal ist die Verwendung von Materialien und Stilelementen aus den Herkunftsländern der Tiere. Eingänge werden oft mit einem Portikus betont.

First Generation
Colonial Style Exhibition Buildings

The architectural feature of the first zoos is the use of materials from the animals' country of origin; entrances are often emphasised with a portico.

II. Generation
Gitterlose Bauten im Landschaftspanorama

Carl Hagenbeck führt die gitterlose Haltung ein. Die Besucher erhalten so eine ungestörte Sicht auf die Tiere, deren Anlagen in Landschaftspanoramen eingebettet sind.

Second Generation
Buildings Without Bars in a Landscape Panorama

Originally, zoo architecture takes on key aspects of garden and landscape design, presenting the animals in pavilions, within the landscaped garden.

bis 1800

1793
Erster wissenschaftlich geführter Tiergarten
First scientifically managed zoological garden

1828
Der Begriff »Zoo« wird eingeführt
The term 'Zoo' is introduced

1871
Der Begriff »Naturschutz« wird eingeführt
The term 'nature conservation' is introduced

bis 1900

1896
Erste gitterlose Haltung
First cageless zookeeping

Erste Völkerschauen (1874)
First ethnological exposition (1874)

Diagramm: Natascha Meuser

To date, five generations can be identified based on a chronology of building history and the change in ideas about wild animals, from a pure object to be displayed to a living creature with rights. The individual historical periods reflect political, zoological, and design aspects. The first three generations can be clearly broken down: the political (I: buildings in the colonial style), the zoological (II: buildings without bars) and design (III: functional buildings of the Modern). The fourth historical generation is a hybrid of the politics and zoology (IV: renaturalisation and landscaped facilities). In contrast, the fifth generation combines aspects of design and zoology (V: branding with large-scale buildings). A systematic breakdown regarding built architecture for animals has not been presented, even if the history of zoos has been described in the meantime. So, this investigation is charting new grounds when it speaks about the historical development of a building type and its debut. However,

verbindet dagegen die Aspekte Gestaltung und Zoologie (V: Markenbildung durch Großbauten). Eine derartige Systematisierung in Bezug auf die gebaute Architektur für Tiere wurde bislang noch nicht vorgelegt, auch wenn die Geschichte des Zoos inzwischen vielfach beschrieben worden ist. Infolgedessen ist es gewagt, von einer historischen Entwicklung eines Bautypus und dessen Erscheinung zu sprechen; dennoch ermöglicht dieser fokussierte Rückblick in die Geschichte eine Deutung der Entwicklung der Gebäudeformen und Raumkonzepte, wie wir sie heute weltweit vorfinden.
Es wird der Frage nachgegangen, wie modern und experimentierfreudig Bauten in Zoologischen Gärten in ihrer jeweiligen Entstehungszeit waren. Dies trägt dazu bei, die bislang wenig erforschte und dokumentierte Baugeschichte des Zoos in ihrer gesamten Komplexität zu erzählen. Die Darstellung konzentriert sich im Wesentlichen auf die Kontextualisierung von Architektur in den jeweiligen Epochen. Insofern ergänzt die architektonische Betrachtung die vorliegende Geschichte der Zoologischen Gärten um eine Komponente, die neben den Tieren und der landschaftlichen Gestaltung zu den dominanten Elementen und Erlebnissen eines jeden Zoobesuchs gehört.

The Evolution of Zoo Architecture Since the Nineteenth Century

III. Generation
Formalismus und Funktionalismus

Technik und Funktion bestimmen das Aussehen der Bauten. In dieser Phase werden aus hygienischen Gründen pflegeleichte Gehege mit sterilen Oberflächen gebaut.

Third Generation
Formalism and Functionalism

Originally, zoo architecture takes on key aspects of garden and landscape design, presenting the animals in pavilions, within the landscaped garden.

IV. Generation
Renaturierung und Verlandschaftlichung

Wissenschaftliche Erkenntnisse und gesellschaftliches Umweltbewusstsein verändern die Zooarchitektur, die sich den natürlichen Bedürfnissen der Tiere anpasst.

Fourth Generation
Formalism and Functionalism

Originally, zoo architecture takes on key aspects of garden and landscape design, presenting the animals in pavilions, within the landscaped garden.

V. Generation
Markenbildung durch Großbauten

Die Erlebnisarchitektur mit spektakulären Einzelbauten gewinnt zunehmend an Bedeutung und zielt darauf ab, wissenschaftliche Erkenntnisse einem breiteren Publikum näherzubringen.

Fifth Generation
Iconic Building Brand Development

Originally, zoo architecture takes on key aspects of garden and landscape design, presenting the animals in pavilions, within the landscaped garden.

1900 · 1960 · ab 1990 · heute

1933
Erstes Tierschutzgesetz in Deutschland
First animal protection law in Germany

1965
Begründung der »Tiergartenbiologie«
Establishment of 'Zoo Biology'

1993
Einführung der Welt-Zoo-Naturschutzstrategie
Introduction of the World-Zoo-Nature Conservation strategy

2023
Erster Hologramm-Zoo der Welt (VI. Generation)
Augmented-Reality-Zoo (Sixth Generation)

Vorläufer der Zooarchitektur: Vom Paradiesgarten zum Panoptikum
Am Beginn steht die Utopie, der bis zum heutigen Tage nachgeeifert werden soll: der von Gott gepflanzte »Garten in Eden« (Gen 2, 8). Hier leben Mensch und Tier harmonisch zusammen. Adam wird zunächst von Gott aufgefordert, alle Tiere gleichsam mit Namensplaketten zu versehen – wie es später auch im Zoo geschehen wird:

Denn als Gott der Herr gemacht hatte von der Erde allerlei Tiere auf dem Felde und allerlei Vögel unter dem Himmel, brachte er sie zu dem Menschen, daß er sähe, wie er sie nennte; denn der wie Mensch allerlei lebendige Tiere nennen würde, so sollten sie heißen. / Und der Mensch gab einem jeglichen Vieh und Vogel unter dem Himmel und Tier auf dem Felde seinen Namen. (Gen 2, 19–20)

Dieses friedliche Miteinander wird durch den Sündenfall aufgelöst, der zwischen Mensch und Tier eine Erbfeindschaft etabliert – zumindest zwischen Mensch und Schlange, die Gott »verflucht vor allem Vieh und vor allen Tieren auf dem Felde. Auf deinem Bauche sollst du gehen und Erde essen

historical retrospective creates the opportunity to interpret the development of the building forms and spatial concepts we find today. This chapter will show how modern buildings in zoos appeared at the time they were created. The following representation concentrates mainly on contextualising architecture in its different periods. In doing so, the architectural observation augments the existing history of the zoo by a factor that, in addition to the zoo's animals and landscape design, is one of the most prominent elements and experiences of a visit to the zoo.

The Ancestors of Zoo Architecture: from the Gardens of Paradise to the Panopticum
In the beginning, there was a Utopia, often likened to the 'Garden of Eden', where humans and animals lived harmoniously. God asked Adam to name all the animals, similar to how animals are named in zoos today (Genesis 2:19-20). This peaceful coexistence

Domestizierung des Tieres vor 3.700 Jahren: Das Felsbild der Tagar-Kultur zeigt eine frühzeitliche Siedlung und verschiedene Tierhaltungsformen.
Animal domestication 3,700 years ago: the rock painting of the Tagar culture shows an early settlement and various forms of animal husbandry.
Trebsche / Müller-Scheeßel / Reinhold

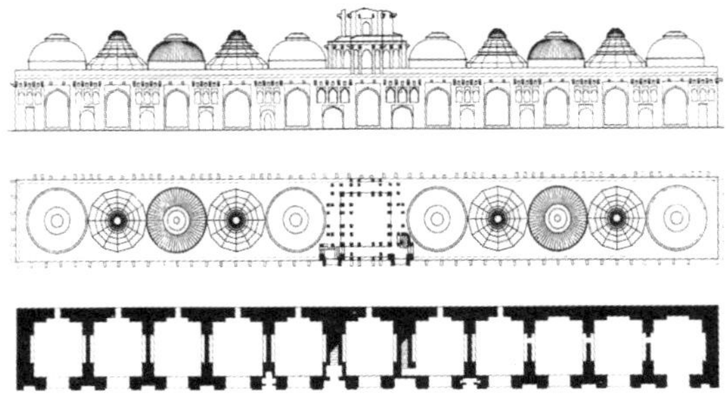

Domestizierung des Tieres vor 700 Jahren: Ein Symbol für die Macht über die Natur sind die Elefantenställe der Armee des Königs Krishnadevaraya im südindischen Hampi.
The elephant stables in Hampi, South India, symbolise power over nature.
Vijayanagara Research Project

was disrupted by the fall from grace, leading to enmity between humans and snakes (Genesis 3:14-15). It marked the inception of the concept of a zoo, which can be seen as a reflection of the Garden of Eden. However, it's debatable if this utopia ever truly represented unity. The term 'paradise' itself suggests separation from the wilderness, originating from the Persian word *Paradaidha* for *'garden,'* implying a cultivated and enclosed space distinct from untamed nature. Adam and Eve were expelled from paradise and began to exert dominion over the rest of the world through their labor.

In the course of history, man and animals have repeatedly coexisted in the sense that, as their owners, human beings were charged with the responsibility to organize the keeping of the animals. "The domestication of certain species as household pets at different times, in different cultures and areas of the world, is unthinkable without an extended period of care for individual animals and the continuous breeding of wild animals",[1] according to Lothar Dittrich. Three forms of animal husbandry are generally distinguished: for livestock, pets, and game.[2] Live stock is kept for economic reasons, as a source of food, for raw materials, or as transportation. In the case of pets, economy is for the most part not a factor and man and animal share living quarters.

dein Leben lang. / Und ich will Feindschaft setzen zwischen dir und dem Weibe und zwischen deinem Samen und ihrem Samen. Derselbe soll dir den Kopf zertreten, und du wirst ihn in die Ferse stechen« (Gen 3, 14 – 15). Fortan ist bei einem Zusammentreffen der zwei Spezies Mensch und Wildtier auf engerem Raum Kultur nötig: der Beginn der Zoologischen Gärten, die bis heute dem Garten Eden nachgebildet werden. Fraglich ist dabei, ob diese Utopie überhaupt jemals eine Einheit suggeriert hat. Schon der Begriff des Paradieses impliziert eine Abgrenzung von der Wildnis. Das Wort »Paradies« ist entlehnt vom altpersischen *paradaidha* für »Garten«; ein kultiviertes, abgestecktes Areal, gewissermaßen also ein umbauter Raum wird hier von einer ungebändigten Natur unterschieden. Und in der Tat können Adam und Eva offenbar aus dem Paradies in andere Bereiche der Schöpfung vertrieben werden, um sich dann wiederum diesen Rest der Welt im Schweiße ihres Angesichts untertan zu machen.

Im weiteren Verlauf der Weltgeschichte gibt es dann immer noch und immer wieder Koexistenzen von Mensch und Tier in dem Sinne, dass Menschen als Eigentümer von Tieren nicht zuletzt deren Unterbringung zu organisieren haben. »Die Domestikation einiger Arten zu Haustieren, in verschiedenen Zeiten, Kulturen und Weltgegenden erfolgt, ist ohne eine längere Pflege von Einzeltieren und ununterbrochene Zucht gezähmter Wildtiere nicht denkbar«,[2] schreibt Lothar Dittrich. Unterschieden werden gemeinhin drei

2 Dittrich, Lothar: Die Geschichte der zoologischen Gärten in Deutschland, in: Dittrich, Lothar / Nogge, Gunther (Hg.): Zootierhaltung. Tiere in menschlicher Obhut. Grundlagen, Frankfurt am Main 2012, S. 11.

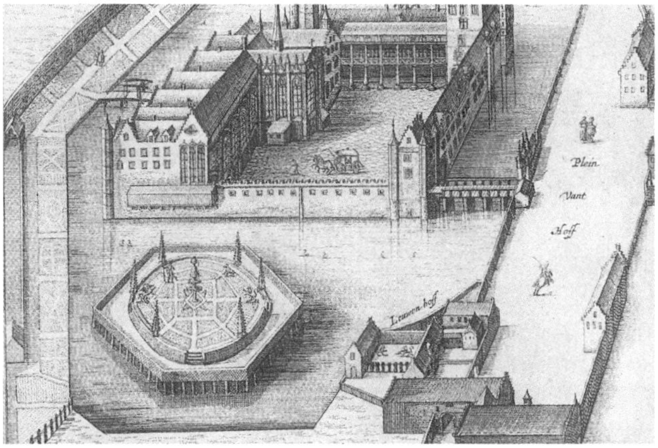

Bereits im 14. Jahrhundert bestand am Prinzenhof von Gent ein Löwenhof; er wurde 1650 von Karmelitern in einen Klostergarten umgewandelt.
As early as the fourteenth century, there was a lion enclave in the Prince of Gent's court, later converted into a monastic garden, in 1650, by the Carmelites.
Loisel, Gustave: Histoire des ménageries de l'antiquité à nos jours. Paris 1912, Bd. 3, S. 229

Die erste überlieferte Nachricht von einem Bärengraben in Bern beim Käfigturm stammt aus dem Jahr 1441.
The first mention of a bear pit in Bern, near the Käfigturm dates back to 1441.
Leuenberger, Peter / Erne, Emil: Bern – Eine Stadt vor 100 Jahren, Bern 1997, Bernisches Historisches Museum

Formen der Tierhaltung: die Nutz-, die Heim- und die Wildtierhaltung.[3] Nutztiere werden aus ökonomischen Gründen gehalten: zur Nahrungsversorgung, als Rohstoffquelle oder als Transportmittel. Bei der Heimtierhaltung fällt der wirtschaftliche Aspekt weitgehend weg, während sich Mensch und Tier eine gemeinsame Behausung teilen. Zoos schließlich zählen ursprünglich zur Kategorie der Wildtierhaltung, also der Konstruktion von Gehegen für nicht domestizierte oder domestizierbare Tiere. Die Architektur der Wildtierhaltung speist sich somit zunächst aus zwei Traditionen.

Die erste Tradition ist am Rande der Nutztierhaltung anzusiedeln: Es sind die Bärengruben, Hirschgräben und andere, ähnliche Anlagen, in denen ungezähmte Wildtiere für einen Zweck gehalten werden, der nicht primär jener der Zurschaustellung ist. Das Tier dient als eine Art Rohstoff, und es wird so gehalten, dass über diesen Rohstoff verfügt werden kann. Die Entwicklung dieser Tradition setzt im europäischen Mittelalter ein: »Die mittelalterlichen Tiergärten und Zwinger gehen von den Klöstern aus und verbreiten sich von hier über zahlreiche Städte und Hofhaltungen, zu deren Repräsentationen sie bis gegen das 14. Jahrhundert gehören.«[4] Im St. Galler Klosterplan (zwischen 819 und 826 entstanden), der frühesten überlieferten Darstellung eines Klosterbezirks, sind bereits Tierunterkünfte eingezeichnet.

3 Trebsche, Peter / Müller-Scheeßel, Nils / Reinhold, Sabine: Der gebaute Raum. Bausteine einer Architektursoziologie vormoderner Gesellschaften, Tübinger Archäologische Taschenbücher Bd. 7. Münster 2010, S. 11.

4 In: Deutsche Bauzeitung, Heft 22 / 1902, S. 138.

Zoos belonged to the category of keeping wild animals in enclosures – both for animals that could in fact be domesticated – or not. Architecture for keeping wild animals initially had two traditions.

The first being an adjunct to keeping farm animals. These are the bear pits, deer pits, and similar arrangements in which wild animals were kept for a particular purpose, which was not necessarily one of amusement. The wild animal served as a source of raw material and was kept in order to have access to this raw material. The development of this tradition begins in the Middle Ages in Europe: "The zoos and kennels during the Middle Ages originated in the monasteries and spread from there to many cities and courts, with which they were associated until the fourteenth century."[3]

Animal quarters were drawn in the Plan of Saint Gall Abbey (dating from 819–826), the earliest existing depiction of a monastery district. Beginning in the tenth century, the monastery had a kennel for mostly indigenous animals that were offered to the monastery.[4] Within 500 years, this privilege was extended from the clerical to the secular world. In Central Europe, by the end of the fifteenth century, there was hardly a large city or royal court without such a facility. Cities like Solothurn (from 1448 onwards) or Frankfurt am Main (from 1399 onwards) kept wild animals within the city limits.[5] Frankfurt's most famous son, Johann Wolfgang Goethe, grew up in a house near the *Großer Hirschgraben* (deer pit). During Goethe's youth it became the subject of stories:

"The street in which our house was situated was named Stag-Ditch; but as neither stags nor ditches were to be seen, we wished to have the expression explained. They told us that our house stood on a spot that was once outside the city, and where the street now ran that had formerly been a ditch, in which a number of stags were kept. These stags were preserved and fed here because the senate every year, according to an ancient custom, feasted publicly on a stag, which was therefore always at hand in the ditch for such a festival, in case princes or knights interfered with the city's right of chase outside, or the walls were encompassed or besieged by an enemy."[6]

This is a secondary aspect of livestock husbandry, although the historical wild animal pits would exert a significant architectural influence on the design of the bear enclosures. The second source, which was the base for the first European zoos – in the modern sense – is the wild and exotic animal enclosure, maintained by the royal houses.[7] Here, reflected in the architecture, the animal became an end in itself.

The custom of keeping animals as a status symbol has a long tradition. The oldest evidence of domestication (Latin for *domesticus*, 'belonging to the house', 'belonging to the family', 'house', 'household') of wild animal species dates from the early Neolithic period (11500 to 9500 BCE). Depending on the region and the associated building method, separate stables were erected next to the living quarters and farm buildings or they lived with the humans under one roof. The architecture associated with keeping animals for agricultural purposes was a direct influence on the later zoo.

Ab dem 10. Jahrhundert unterhielt das Kloster einen Zwinger mit überwiegend einheimischen Tieren, die dem Kloster als Gastgeschenke überreicht worden waren.[5] Innerhalb von 500 Jahren weitete sich dieses Privileg der Tierhaltung vom geistlichen auf den weltlichen Bereich aus. Gegen Ende des 15. Jahrhunderts gab es in Mitteleuropa kaum eine größere Stadt oder einen Fürstenhof ohne eine solche Anlage. So verfügten die Städte Solothurn (ab 1448) oder Frankfurt am Main (ab 1399) über Wildtiere im Stadtgebiet.[6] Frankfurts berühmtester Sohn, Johann Wolfgang Goethe, wuchs in einem Haus am Großen Hirschgraben auf. Von der Anlage gab es zu Goethes Jugendzeiten allerdings nur noch Erzählungen:

»Wir hatten die Straße, in welcher unser Haus lag, den Hirschgraben nennen hören; da wir aber weder Graben noch Hirsche sahen, so wollten wir diesen Ausdruck erklärt wissen. Man erzählte sodann, unser Haus stehe auf einem Raum, der sonst außerhalb der Stadt gelegen, und da, wo jetzt die Straße sich befinde, sei ehmals ein Graben gewesen, in welchem eine Anzahl Hirsche unterhalten worden. Man habe diese Tiere hier bewahrt und genährt, weil nach einem alten Herkommen der Senat alle Jahre einen Hirsch öffentlich verspeiset, den man denn für einen solchen Festtag hier im Graben immer zur Hand gehabt, wenn auch auswärts Fürsten und Ritter der Stadt ihre Jagdbefugnis verkümmerten und störten, oder wohl gar Feinde die Stadt eingeschlossen oder belagert hielten.«[7]

Dies alles ist ein Grenzbereich zur Nutztierhaltung, wenngleich die historischen Wildtiergruben später architektonisch für die Gestaltung etwa des Bärengeheges große Bedeutung haben werden. Die zweite Quelle, auf die die ältesten europäischen Zoos moderner Prägung im eigentlichen Sinne zurückgehen, sind die Tieranlagen für Wildtiere oder exotische Tiere an Herrscherhäusern.[8] Das Tier wird hier zum Selbstzweck, was sich auch in der Architektur spiegelt.

Der Brauch, Tiere als Statussymbole zu halten, hat eine lange Tradition. Die ältesten Zeugnisse der Domestizierung (lateinisch: *domesticus* – »zum Haus gehörig«, »zur Familie gehörig«, »Haus-«, »häuslich«) wild lebender Tierarten reichen bis in die Jungsteinzeit (11500 bis 9500 v. Chr.) zurück. Je nach Region und der damit verbundenen Bauweise wurden für die Tiere

5 Vgl. Stricker, Wilhelm: Geschichte der Menagerien und der zoologischen Gärten, Berlin 1880, in: Virchow, Rudolf / Holtzendorff, Franz von (Hg.): Sammlung gemeinverständlicher wissenschaftlicher Vorträge, Heft 336, Berlin 1880, S. 12.

6 Hediger, Heini: Zur Entstehungsgeschichte der Zoologischen Gärten, in: Ders.: Wildtiere in Gefangenschaft, Sonderabdruck aus der Ciba Zeitschrift, Heft 54 / 1938, S. 1876.

7 Goethe, Johann Wolfgang: Aus meinem Leben. Dichtung und Wahrheit, in: Hamburger Ausgabe, Bd. 9, Hamburg 1948, S. 12.

8 Vgl. Baratay, Eric / Hardouin-Fugier, Elisabeth: Zoo. Von der Menagerie zum Tierpark, Berlin 2000, S. 12–20.

separate Stallungen neben dem Wohn- und Wirtschaftsgebäuden errichtet oder sie lebten mit den Menschen unter einem gemeinsamen Dach. In der landwirtschaftlichen Nutztierhaltung und in deren Architekturen liegt also diese unmittelbare Wurzel des Zoologischen Gartens.
So hat es »eine menagerieartige Haltung von Wildtieren bzw. eine solche in großen, abgeschlossenen Arealen (...) im Vorderen Orient, in Indien und China schon vor einigen Jahrtausenden gegeben«[9]. »Im alten Ägypten wurden heilige Tiere seit dem 5. und 4. Jahrtausend in oder bei Tempeln gehalten, und gefangene Pflanzenfresser wie Gazellen oder Antilopen kamen ins Gehege.«[10] Die Tiere gehörten also zur Ausstattung von Tempeln oder für ähnliche kultische Zwecke, so dass sie in diesem Sinne Nutztiere waren. Offensichtlich aber dienten sie auch schon früh der Repräsentation, was dadurch verstärkt wurde, dass die gehaltenen exotischen Tiere meist Geschenke oder Tributleistungen an den jeweiligen Herrscher waren. Die präsentierten Tiere fungierten somit als lebendige Trophäen.
In der griechischen Antike, die unsere europäische Zivilisation und architektonische Entwicklung maßgeblich geprägt hat, herrschte ein weitgehend teleologisches Naturverständnis vor.[11] Haus- und Nutztiere hatten Anspruch auf angemessene Fürsorge. Das griechische Naturgefühl war gekennzeichnet durch eine beachtliche und bezeichnende Gedankenrichtung, die das Tier als die reine Natur dem Menschen zum Vorbild gab. Der seit der Spätantike rezipierte *Corpus Aristotelicum*, eine Sammlung von Betrachtungen und Schriften des Aristoteles, bekräftigt unter anderem das wache Interesse der Griechen an naturwissenschaftlichen und insbesondere an zoologischen und botanischen Kuriositäten. Aristoteles (384–322 v. Chr.), Schöpfer der antiken wissenschaftlichen Zoologie und Gründer der ersten Tiersammlungen zu wissenschaftlichen Zwecken, lieferte mit seinen Gedanken und Betrachtungen bis ins Mittelalter Anregungen für Kuriositätenkabinette von Gelehrten und an Fürstenhöfen, aus denen sich schließlich Museen und Zoologische Gärten entwickelten.[12]

There was in fact a practice "to keep wild animals in a menagerie or menagerie-like facility in large, enclosed grounds (...) in the Middle East, in India, and China thousands of years ago"[10]. "Sacred animals were being kept since the fifth and fourth millennium in Ancient Egypt, in or around temples, and captured herbivores like gazelles or antelopes were kept in cages."[9] The animals sometimes served ritual purposes in the temple and were in that sense 'spiritual' farm animals. But, apparently early on, they served to enhance prestige, which was emphasised by the fact that the exotic animals kept were often brought as gifts or tributes to the respective rulers. In that sense, animals served as living trophies.
The ancient Greeks, who substantially influenced the course of our European civilisation and architectural development, were themselves governed by a teleological understanding of nature.[11] Pets and farm animals had a right to appropriate care. The Greek sense for nature was characterised by a remarkable line of thought that considered the animal as the model for human beings in the form of pure nature. The *Corpus Aristotelicum*, a collection of observations and writings by Aristotle, widely circulated since late antiquity, affirmed amongst others the intense interest of the Greeks in scientific and especially zoological and botanical curiosities. Aristotle (384–322 BCE), who developed the ancient science of zoology and founded the first collection of animals for scientific purposes, provided ideas and observations that were an inspiration well in to the Middle Ages for the Cabinets of curiosities of academics and royalty, which then evolved into museums and zoos.[12]

9 Dittrich, Lothar: Die Geschichte der zoologischen Gärten in Deutschland, in: Dittrich, Lothar / Nogge, Gunther (Hg.): Zoortierhaltung. Tiere in menschlicher Obhut. Grundlagen, Frankfurt am Main 2012, S. 11.
10 Baratay / Hardouin-Fugier: Zoo. Von der Menagerie zum Tierpark, Berlin 2000, S. 12.
11 Teleologie (altgriechisch *télos* – »Zweck, Ziel, Ende« und *lógos* – »Lehre«): Nach dem Konzept der Teleologie entwickelt sich die gesamte Natur und mit ihr der Mensch nicht ziellos und ungeordnet, sondern planvoll.
12 Gigon, Olof / Welles, C. Bradford: Griechenland. Die hellenistische Welt, Propyläen Weltgeschichte, Bd. 3, Frankfurt / Berlin / Wien 1962, S. 594ff.

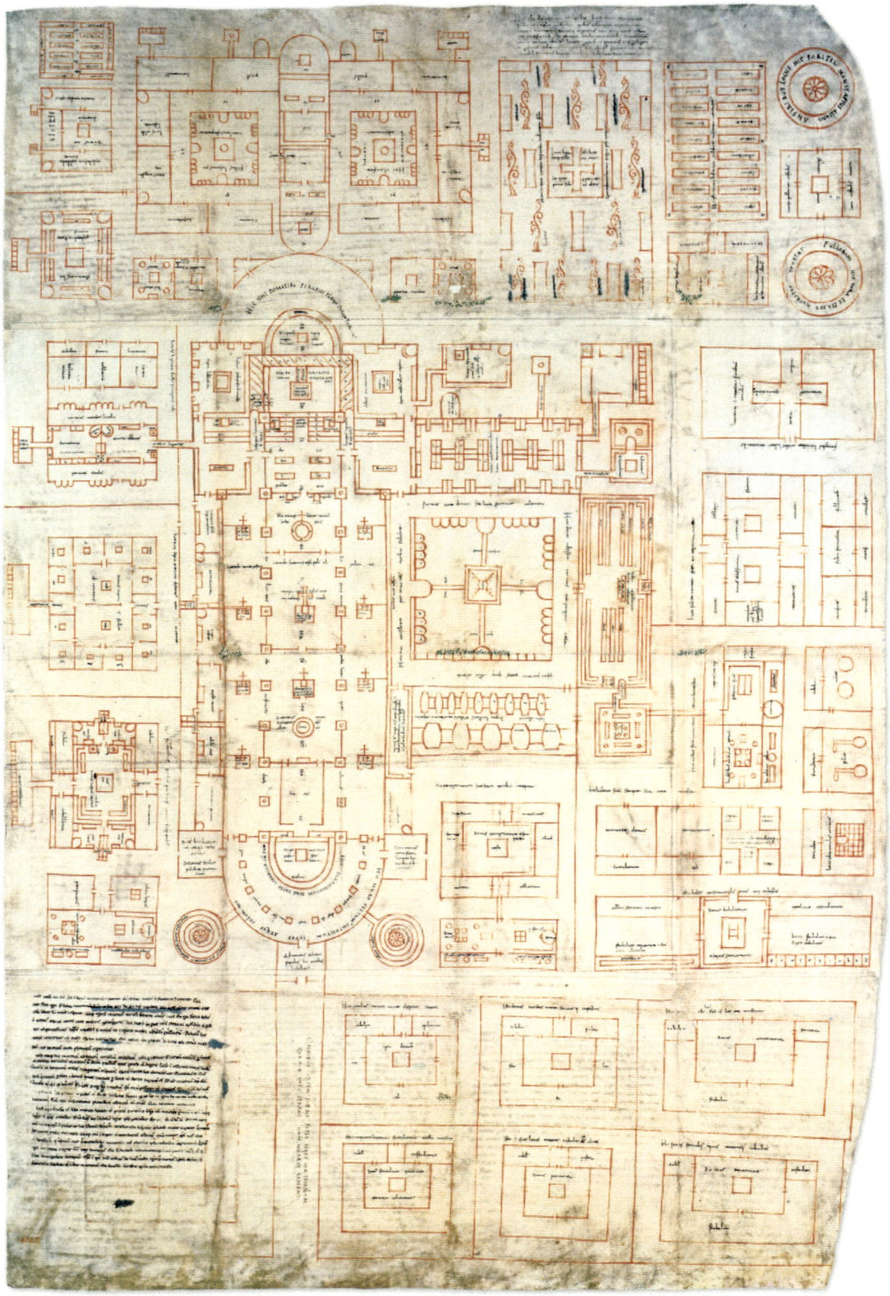

Klosterplan von St. Gallen, zwischen 819 und 826.
Plan of Saint Gall Abbey, between 819 and 826.
bpk / Hermann Buresch

Die Tieranlagen des antiken Griechenland entstanden meist zu Ehren von Artemis, der Göttin der Wildnis; anstelle von Tempeln wurden oft Haine und Gehege angelegt.[13] Vom Artemishain zu Iasos in Karien (heute Türkei) wurde berichtet, »dass dort weder Schnee noch Regen falle, dass in seinen Gehegen Hirsche neben Wölfen weideten und nie ein Tier erkrankte«[14]. Tierhetzen waren den Griechen zunächst fremd. Erst zur Zeit Alexander des Großen und seiner Nachfolger entwickelte sich eine Vorliebe für Raubtiere; diese wurden auf den Landsitzen wohlhabender Griechen gehalten und dienten auch als Machtsymbol bei der Pflege diplomatischer Beziehungen.[15] Im Römischen Reich waren öffentliche Tierparks ebenso unbekannt, besonders ausgefallene Tiere wurden dem einfachen Volk lediglich vereinzelt auf Straßen oder Plätzen vorgeführt.[16] Neben Prachtumzügen fanden vor allem Jagden (*venationes*) und Gladiatorenkämpfe mit mehr oder minder exotischen Tieren statt; sie waren bis ins 4. Jahrhundert die größte Attraktion der römischen Unterhaltungskultur.[17] Die für derartige Schauspiele vorgesehenen Tiere wurden bis zu ihrem ›Auftritt‹ in Zwingern oder Gehegen gehalten, die zum Teil öffentlich zugänglich waren.[18] Ab dem 1. Jahrhundert vor Christus begannen wohlhabende Römer damit, für sich private Tierparks und Freigehege anlegen zu lassen, die vorrangig der Schaulust und dem Unterhaltungsbedürfnis der Eigentümer dienten. Der Senator Quintus Hortensius Hortalus etwa inszenierte mit Vorliebe Wildtiere als Spektakel während seiner Gastmähler: »So ließ er einen Pavillon inmitten seines privaten Zoos bauen, von dem aus er mit seinen Gästen beim Speisen den Tieren zuschauen konnte, die von einem als Orpheus verkleideten Sklaven durch Hornsignale angelockt wurden.«[19]

Ancient Greek animal facilities were mostly dedicated to Artemis, the goddess of wilderness. Groves and enclosures were often established in her honour instead of temples.[13] In an account from the Artemisain at Iasos in Caria (today's Turkey) it was reported, "that it neither snowed nor rained there, that deer and wolves grazed together and that the animals never became sick"[14]. The Greeks initially did not practice animal baiting. They began to develop a taste for beasts of prey around the time of Alexander the Great and his followers; such animals were kept on the country estates of wealthy Greeks and served as power symbols in the exercise of diplomatic relations.[15] Public zoos were also unknown in the Roman Empire and animals were presented to the masses individually on the streets or squares.[16] In addition to magnificent processions, especially hunts (*venationes*) and gladiator contests with more or less exotic animals were organised. These were the greatest attractions in the Roman entertainment culture into the fourth century.[17] The animals selected for those kinds of spectacles were kept, until their 'performance', in kennels or enclosures that were sometimes open to the public.[18] Beginning in the first century BCE, wealthy Romans began to set up zoos and outdoor enclosures, primarily serving to satisfy the curiosity and desire for entertainment of their owners. For instance, the senator Quintus Hortensius Hortalus liked to stage spectacles with wild animals during his banquets: "He had a pavilion built in the middle of his private zoo from where during banquets his guests could observe the animals who were attracted by a slave clad as Orpheus."[19]

13 Sälzle, Karl: Tier und Mensch. Gottheit und Dämon. Das Tier in der Geistesgeschichte der Menschheit, München 1965, S. 54ff. Vgl. außerdem: Heinsdorff, Hellmut: Bauten und Anlagen Zoologischer Gärten. Baugeschichtlicher Rückblick, Typenentwicklung und Aufgabenstellung für den Architekten, Dissertation TU München, München 1967, S. 21.

14 Zitiert nach: Sälzle, Karl, a. a. O., S. 56.

15 Paust, Bettina: Studien zur barocken Menagerie im deutschsprachigen Raum, Worms 1996, S. 23.

16 Vgl. Weeber, Karl-Wilhelm: Alltag im Alten Rom. Das Leben der Stadt. Ein Lexikon, Düsseldorf 2006, S. 419.

17 Mit dem Erstarken des Christentums verloren die Tierhetzen zunehmend an Bedeutung. Konstantin I. erließ im Jahr 325 ein erstes Edikt gegen Tierhetzen. Das letzte Spektakel dieser Art in Rom fand unter Theoderich dem Großen im Jahr 523 im Kolosseum statt.
Vgl. Behringer, Wolfgang: Kulturgeschichte des Sports. Vom antiken Olympia bis ins 21. Jahrhundert, München 2012, S. 56ff.

18 Vgl. Weeber, Karl-Wilhelm, a. a. O., S. 419.

19 Drumann, Wilhelm: Geschichte Roms in seinem Übergange von der republikanischen zur monarchischen Verfassung oder Pompeus, Caesar, Cicero und ihre Zeitgenossen nach Geschlechtern und mit genealogischen Tabellen, Königsberg 1834 (Nachdruck: Hildesheim 1964), S. 169ff.

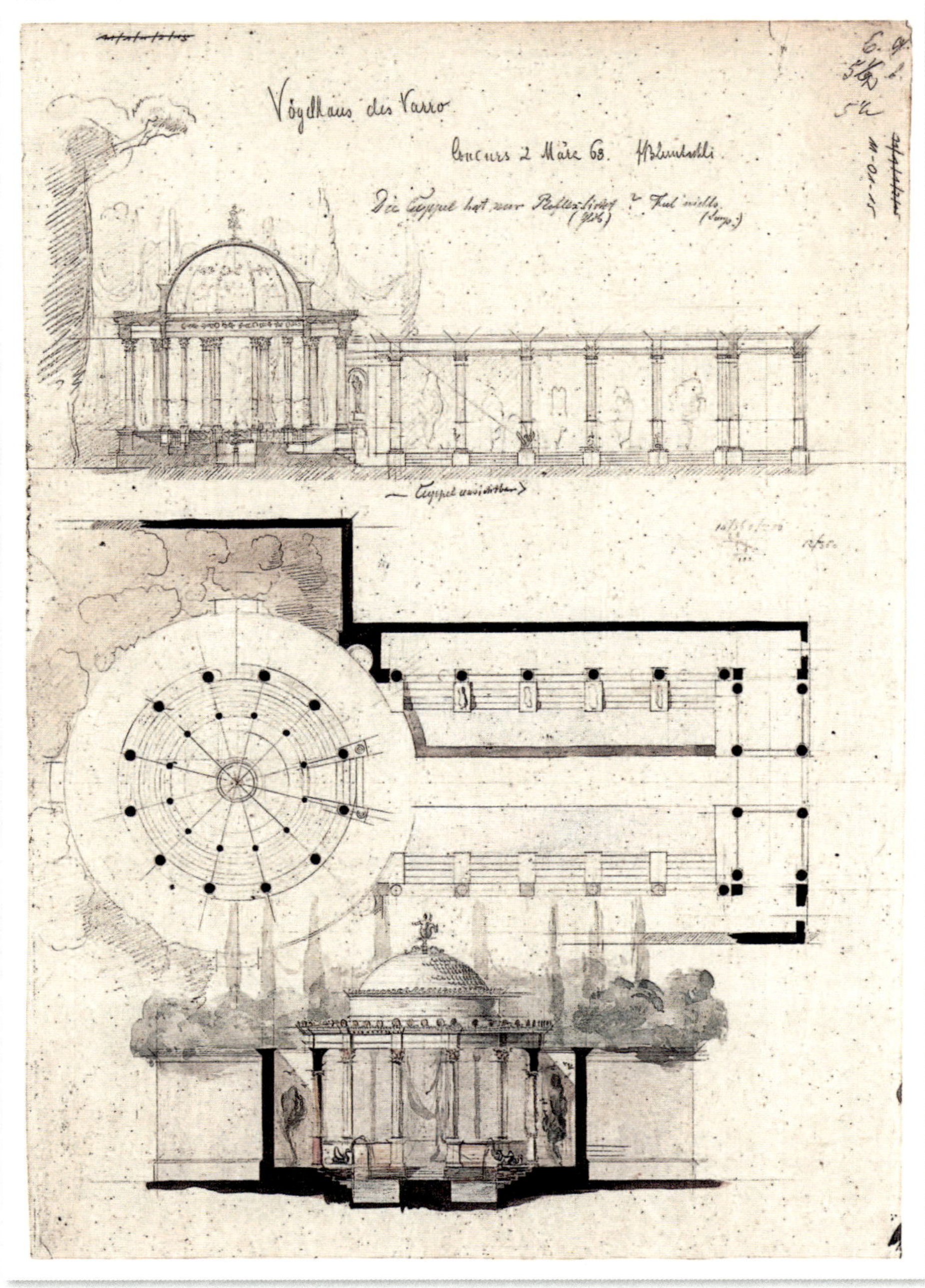

Aviarium bei Canusium in Apulien, aus dem Kollegienheft zu Gottfried Sempers *Geschichte der Baukunst*.
Aviary at Canusium in Puglia, from the collegiate booklet on Gottfried Semper's "History of Architecture".
ETH Zürich / Nachlass Alfred Friedrich Bluntschli

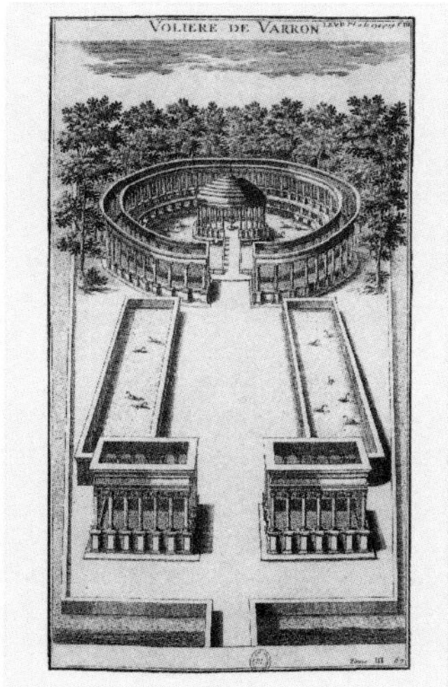

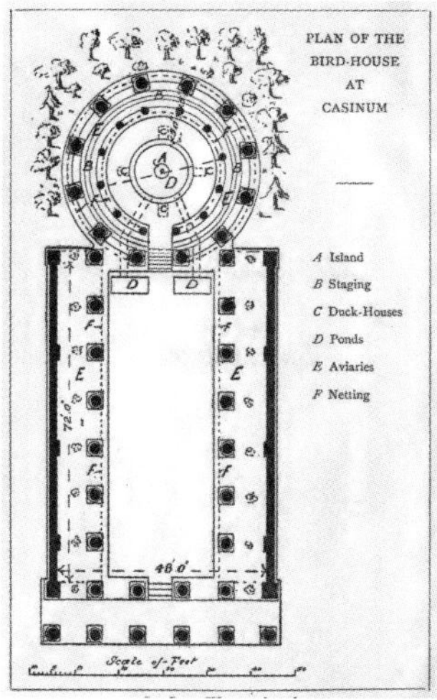

Die Voliere des Varro in Casinum (Latium) zeigt die Integration von Natur und Tier in die römische Villenarchitektur. Zwei zeichnerische Interpretationen.
The aviary of the Varro in Casinum (Latium) shows the integration of nature and animals in the Roman villa architecture. Two graphic interpretations.
Loisel, Band 1, Seite 81; rechts: Varro, De re rustica 3

Der Gelehrte Marcus Terentius Varro perfektionierte die Idee der Eventgastronomie, indem er Säulengänge mit Netzen bespannen und die Tischgesellschaft in einem offenen Kuppelbau speisen ließ.[20] Schon hier sind Grundzüge moderner Gehegegestaltung erkennbar, etwa indem das Areal durch Umzäunung geschützt wurde und die Tiere an Futterplätze und -zeiten gewöhnt waren. Besucher konnten so die Tiere auch aus nächster Nähe betrachten.

»Die Thiergärten, welche man bei den Villen angelegt, dehnen sich über viele Morgen Land aus. und Jedermann weiß, daß ihre Mauern hoch und glatt mit Mörtel überzogen sein müssen, damit weder Katzen, noch Dachse, noch Wölfe, noch sonstige Raubtiere hinein können. Drinnen müssen Verstecke sein, wo sich die Hasen bei Tage unter Buschwerk und Gras verbergen können; auch gehören Bäume mit ausgebreiteten Zweigen hinein, damit die Adler keine Jagd im Thiergarten anstellen können.«[21]

The scholar Marcus Terentius Varro perfected the idea of event catering by stretching nets over the pillared entrances, providing an open cupola for the dinner parties to dine in.[19] The outlines of modern enclosure design can already be seen here, like the fenced-off areas where the animals had their accustomed feeding places and times. Visitors were then able to watch the animals from close up.

"The zoos that were set up next to the mansions extend over several acres of land. Everyone knows that the walls have to be smoothed over with mortar so that no cats, badgers, wolves, or any other predators can find a way in. The animals need places to hide where by day the rabbits can crawl under shrubbery and grass. Trees with outstretched branches are planted so that eagles can not go hunting in the zoos."[21]

20 Stein-Hölkeskamp, Elke: Das Römische Gastmahl. Eine Kulturgeschichte, München 2005, S. 166ff. Anschauliche und überzeugende Darstellung der Gastmähler römischer Aristokraten von der Zeit Ciceros bis zu der des jüngeren Plinius. Darunter auch architektonische Beschreibungen der Villen, zum Beispiel das Vogelhaus des Marcus Terentius Varro (116–27 v. Chr.) oder die Bauten des Lucius Licinius Lucullus (117–56 v. Chr.), der einer der ersten Römer war, die private Tiergärten besaßen.

21 Lenz, Harald Othmar: Zoologie der alten Griechen und Römer, Wiesbaden 1856, unveränderter Neudruck 1966, S. 35ff.

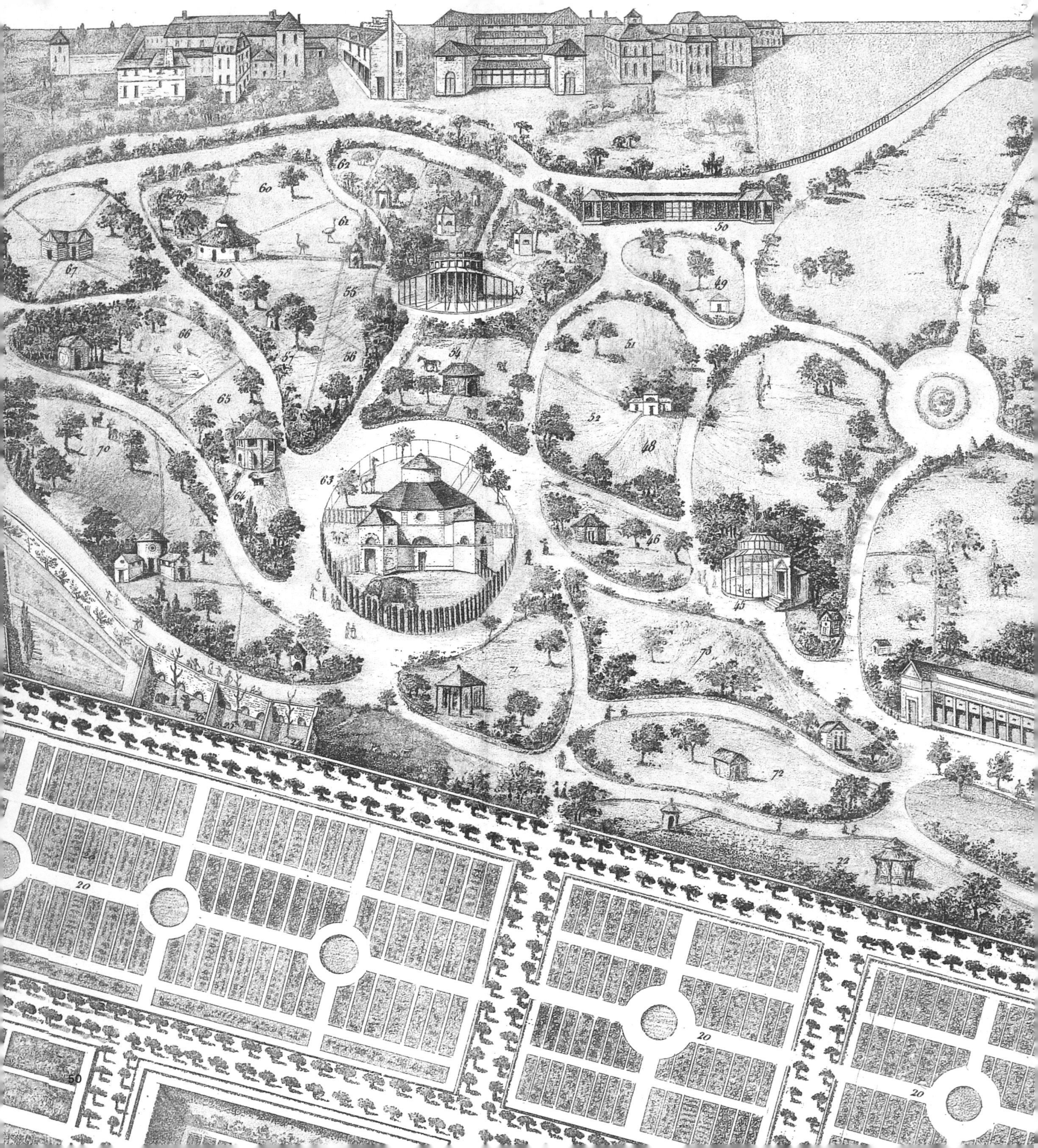

62
60
61
67
58
55
53
50
49
66
57
56
54
51
52
48
65
70
64
63
46
45
71
73
72
22
20
20
20

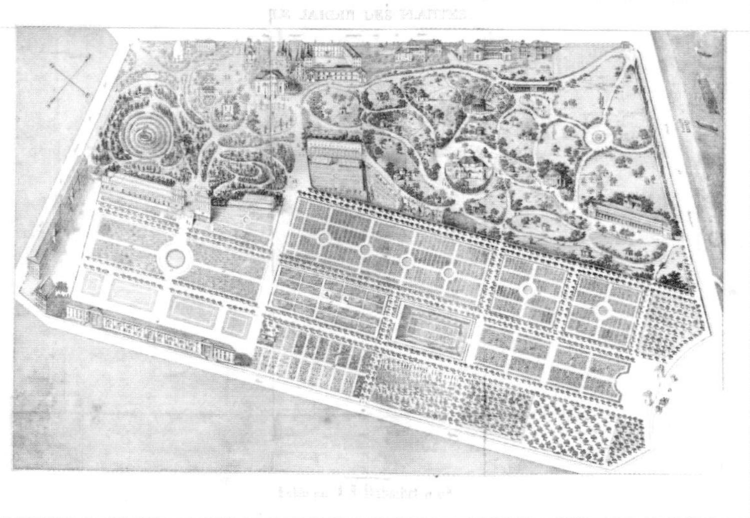

Lageplan der Ménagerie du Jardin des Plantes (1845).
Die Gesamtanlage besteht aus einem barocken Park (Botanischer Garten) und einem englischen Landschaftsgarten (Zoologischer Garten).
Plan of the Ménagerie du Jardin des Plantes from 1845.
The entire complex consists of a baroque park (botanical garden) and an English garden landscape (zoological garden).
Boitard, Pierre: Le Jardin des Plantes. Description et moeurs des mammifères de la Ménagerie et du Muséum d'Histoire Naturelle, Paris 1845

Zooarchitektur der ersten Generation: Ausstellungsbauten im Kolonialstil

Möchte man den Beginn der Zooarchitektur, wie wir sie heute verstehen, definieren, finden sich erste Beispiele für eine eigenständige Typologie erst im frühen 19. Jahrhundert. Diese These entspricht nicht unbedingt der bisherigen Auffassung der Zoogeschichtsschreibung. Doch bei näherer Betrachtung wird sehr schnell klar, warum bis in die Zeit des Spätbarock keine wesentlichen Impulse im *Bauen für Wildtiere* zu finden sind. Seit der Antike wurden Wildtiere entweder in Gruben beziehungsweise Gräben gehalten oder hinter Gittern weggesperrt. Es handelte sich also um Verwahreinrichtungen oder Sicherheitsbauten, in denen der Mensch jederzeit über Leben und Tod des Tieres bestimmen konnte, aber keine wissenschaftlichen Beobachtungen oder gar eine Arterhaltung zum Ziel hatte. Die Typologie der Menagerie, wie sie sich durch die höfische Wildtierhaltung aus den Bärengruben oder Hirschgräben entwickelt hat, folgt noch ganz der antiken Absicht, das Wildtier als Nahrungsquelle zu nutzen sowie zur Belustigung oder zur Machtdemonstration zur Schau zu stellen. Sie kann nicht als erste Generation der Zooarchitektur anerkannt werden.

Die antike Tradition der Wildtierhaltung durch Herrscher und Adlige hatte sich über 1.000 Jahre kaum verändert – weder bautypologisch noch politisch. Das eingesperrte Wildtier blieb den Mächtigen vorbehalten zur Demonstration ihres Status. Dies lässt sich beispielhaft am Tower of London nachzeichnen, der im Jahr 1235 zu einer frühen Form der Menagerie

First Generation Zoo Architecture: Exhibition Buildings in Colonial Style

If one wishes to locate the beginning of zoo architecture as we understand it today, the first examples of an independent typology occur in the early nineteenth century. This idea does not necessarily correspond to that presented by zoo history accounts. But when looked at a little more closely it quickly becomes clear why late into the Baroque period there were no significant impulses for constructing wild animal buildings. Since the antiquity, wild animals were kept either in pits or trenches, locked up behind bars. The point was to create holding structures or security buildings, with which humans had total control over the life and death of the animals, without any intent in conducting scientific observations or even maintaining the species.

The typology of the menagerie, as it had developed from the royal keeping of wild animals in bear pits or stag trenches, was entirely in keeping with the antique intention of keeping animals as a source of food, as well to exhibit them for amusement or the demonstration of power. They can not be considered as the first generation of zoo architecture.

Darstellung der Menagerie im Tower of London. Von 1235 bis 1835 waren dort Wildtiere untergebracht. Erstmals durften die Tiere auch von einem ausgesuchten Publikum besichtigt werden, ab 1420 zudem gegen Bezahlung.
Pictural representation of the menagerie in the Tower of London. Wild animals were placed within, from 1235 to 1835. Starting in 1420, a selected public was permitted to visit the animals against payment.
Royal Armouries / National Museum of Arms and Armour

The ancient tradition of keeping animals, practiced by rulers and the nobility, had hardly changed for over 1,000 years, neither in typology nor political circumstances. The imprisoned animal demonstrated the status of the mighty. A clear example is the Tower of London, rebuilt in 1235 as an earlier form of menagerie, when Henry III of England received three lions, corresponding to the English coat of arms at the time, as a gift from Fredrick II, the bridegroom of his sister Isabella, on the occasion of their marriage. And in the "German speaking areas, many nobles owned a specimen of that animal that decorated their coat of arms"[22]. Without an independent building typology, the Tower of London may be considered a predecessor of today's zoos because, beginning in 1420, one could view the animals for a fee. The facility was disbanded in the nineteenth century when the London Zoo was opened.
The menagerie of the Versailles castle park possessed great significance for zoo prehistory. In 1663 the master builder, Louis Le Vau, converted the hunting pavilion into enclosures for exotic animals for Louis XIV. The animals kept there were not eaten but put there in an architecture of enclosures organised in so-called boxes, for the express purpose of displaying of the wealth and power of their owners. The idea was that in addition to his

umfunktioniert wurde, als Heinrich III. anlässlich der Hochzeit seiner Schwester Isabella von ihrem Bräutigam, Kaiser Friedrich II., drei Löwen als Geschenk erhielt – entsprechend dem damaligen englischen Wappen. Auch im »deutschsprachigen Raum besaßen viele Adlige ein Exemplar derjenigen Tierart, die als Emblem ihr Wappen schmückte«[22]. Ein Vorläufer heutiger Zoos, jedoch keine eigenständige bautypologische Generation, ist der Tower of London auch insofern, als dass die Tiere ab 1420 gegen Bezahlung besichtigt werden konnten. Aufgelöst wurde die Anlage erst, als im 19. Jahrhundert der *London Zoo* eröffnet wurde.
Von großem Einfluss für die Vorgeschichte des Zoos war vor allem die Menagerie im Schlosspark von Versailles. Baumeister Louis Le Vau hatte 1663 für Ludwig XIV. den Jagdpavillon zu Gehegen für exotische Tiere umgebaut. Diese Tiere wurden ebenfalls nicht verspeist oder auf eine andere Art primär verwertet, sondern dienten, wie die Architektur ihrer in sogenannten Logen angeordneten Gehege, der Zurschaustellung des Reichtums und der Macht ihres Besitzers. Der französische König herrschte so nicht nur über sein eigenes Reich, sondern auch über die gesamte Natur, die er immer im Blick hatte. »1662 / 68 wurde erstmals in Europa mit der Menagerie Louis XIV. in Versailles eine baulich durchgeplante, in sich geschlossene Anlage zur Haltung aller möglichen Arten von Wildtieren geschaffen.

22 Baratay, Eric / Hardouin-Fugier, Elisabeth: Zoo. Von der Menagerie zum Tierpark, Berlin 2000, S. 16.

Menagerie im Park von Versailles (Nordwestansicht):
Der zentral angeordnete zweigeschossige Pavillon war keilförmig von Gehegen umgeben. Architekt: Louis Le Vau (1612–1670).
Menagerie in the park of Versailles (northwestern view): the centrally arranged two-storey pavilion was wedge-shaped and encircled by enclosures.
RMN (Château de Versailles) / Gérard Blot

Die zentrale Überwachung fand auch in Gefängnisbauten Anwendung, wie im Prison de la Petite Roquette (1830, Architekt: Louis-Hippolyte Lebas), einem ersten Beispiel für die Unterbringung von Gefangenen in Einzelhaft.
Similar central surveillance was also used for prison buildings like in the fortress-like Prison de la Petite Roquette (1830, architect: Louis-Hippolyte Lebas).
Musée d'Orsay, Paris

Mit ihrer radiärsymmetrischen Bauweise und einem Pavillon für den König im Mittelpunkt spiegelt sie die Welt- und Staatsordnung wider, wie der König sie verstand, mit sich selbst als dem Weltherrscher im Zentrum.«[23] Diese Idee war so bestechend, dass sie auf andere Herrscherpersönlichkeiten rückwirkend übertragen wurde. So gibt es die Sage, Friedrich Barbarossa habe sich bei seinem Schloss in Kaiserslautern einen »Tiergarten gebauet, damit der Kaiser alle wunderbarliche Tier vom Schloß aus sehen konnte«[24]. Die Menagerie des Sonnenkönigs wurde in gehobenen Adelskreisen zur Mode. Das symmetrische Rondell in Versailles entsprach ganz dem absolutistischen Gebahren, nicht nur das Volk, sondern auch die Natur bändigen zu können. Bis heute verkörpert die barocke Gartenkunst den Wunsch, die Formenvielfalt der Pflanzen durch strenge Reihenanordnung, kunstvollen Beschnitt oder Labyrinthgärten dem menschlichen Willen zu unterwerfen. Auch die Kultur wurde thematisch eingebracht: »Lasst uns in unsere Gärten die wechselnden Bühnenbilder der Oper bringen; lasst uns hier das als Realität zeigen, was die geschicktesten Maler dort als Dekoration anbieten, aller Zeiten und aller Orte.«[25] Die französischen Gartenanlagen fanden viele Nachahmer unter den

23 Dittrich, Lothar: Die Geschichte der zoologischen Gärten in Deutschland, in: Dittrich, Lothar / Nogge, Gunther (Hg.): Zootierhaltung. Tiere in menschlicher Obhut. Grundlagen, Frankfurt am Main 2012, S. 11.
24 Grimm, Jacob und Wilhelm: Deutsche Sagen, Kassel 1816 / 18, Nr. 295.
25 Louis Carrogis Carmontelle: Jardin de Monceau, près de Paris, Paris 1779, S. 4. Zitiert nach: Koppelkamm, Stefan: Der imaginäre Orient. Exotische Bauten des 18. und 19. Jahrhunderts in Europa, Berlin 1987, S. 10.

own kingdom, the French king ruled over the entirety of nature, which he constantly controlled. "Built from 1662 /68, the menagerie of Louis XIV in Versailles became the first planned and constructed closed facility in Europe for keeping all kinds of wild animals. With its radially symmetric design, and a pavilion for the king in the centre, it mirrored the world and the state as the king understood it, with himself as world ruler at the centre."[23] This idea was so irresistible that it spread to other rulers. For instance, as the legend would have it, for his castle in Kaiserslautern Frederick Barbarossa had a "zoological garden built so the Emperor could watch all the marvellous animals from the castle'[24].
In elevated circles of nobility, the Sun King's menagerie became fashionable. The rondelle in Versailles reflected perfectly the absolutist attitude that nature itself – and not just the population – could be tamed. Even today, Baroque garden architecture expresses the human urge to subjugate the plants' shape, in rigorously geometric arrangements, with artful pruning or in labyrinthine gardens. And culture was not left out: "Let us import the changing stage sets of the opera; let us display in our gardens the reality that the skilled painter offers as decoration, at all times and in every location."[25]

Many members of the European nobility imitated the French garden complexes. For example, in 1752, Franz Stephan von Lothringen commissioned Jadot de Ville-Issey to design a menagerie in the park of his seat in Schönbrunn; on which the Schönbrunn zoological garden is based today. The original sections that have survived convey the best idea of a Baroque menagerie in the mould of Versailles. However, in spite of the obvious architectural similarities, the menagerie in Schönbrunn "was based on another intellectual concept, in the sense of the Enlightenment, and the Freemasons, with the human being on the one hand and the Sovereign as the embodiment of the midpoint of human society on the other."[26] In their typologies, the menageries in Vienna and Paris were decorated pavilions within Baroque palace gardens, where the animal – at best – played a decorative role.

But for their contemporaries, the menageries were like gardens of paradise, where exotic animals and plants could coexist under the direction of humans. That is how the zoologist Leopold Joseph Fitzinger described the menageries in Austria in 1853. Fitzinger published what for the time was the most comprehensive architectural description of menageries. As the author writes it was, "the first scientific treatment of this kind of facility on this scale that any country could show".[27] In addition to the buildings, Fitzinger lists the animals that were kept there so that his work today is a reliable source for the status of early zoology. This was also the time when Darwin's Theory of Evolution had become popular, and along with it the literary genre of the fable as a mirror of human society enjoyed an upswing. While the rulers were using their animal collections to bolster their assertiveness, the population at large identified with the animal characters in the fantasies of the short stories.

The practice of using live animals as trophies and symbols of power of one person is comparable with that practiced in private zoos. Like the fictional villains in the Bond films who kept sharks, piranhas, or lions in order to underscore their predatory character and demonstrate their will to power, the Columbian drug dealer, Pablo Escobar, kept lions, elephants, and hippos at his hacienda. And the publishing tycoon, William Hearst, also maintained a private zoo. The greats of show business

europäischen Adligen: So ließ Franz Stephan von Lothringen 1752 eine Menagerie im Park seiner Residenz Schönbrunn durch Jadot de Ville-Issey gestalten; auf diese geht der Tiergarten Schönbrunn zurück. Deren bis heute erhaltenen Teile vermitteln wohl die beste Vorstellung einer barocken Menagerie nach Versailler Vorbild. Trotz der offenkundigen architektonischen Ähnlichkeiten lag der Menagerie von Schönbrunn allerdings »ein anderes geistiges Konzept zugrunde, im Sinne des Weltverständnisses der Aufklärung und der Freimaurer, einerseits mit dem Menschen und andererseits mit dem Souverän als Verkörperung des Zentrums der menschlichen Gesellschaft im Mittelpunkt«[26]. Bautypologisch blieben die Menagerien in Wien und Paris geschmückte Pavillonbauten in einem barocken Schlosspark, in denen das Tier bestenfalls eine dekorative Rolle einnahm.

Für die Zeitgenossen waren die Menagerien so etwas wie ein Paradiesgarten, in dem exotische Tiere und Pflanzen unter der Fügung des Menschen friedlich koexistierten. So zumindest charakterisierte der Zoologe Leopold Joseph Fitzinger 1853 die Menagerien in Österreich. Fitzinger legte die erste und seinerzeit bis auf Weiteres ausführlichste bauhistorische Darstellung von Menagerien vor. Die Publikation war, wie der Autor selbst schreibt, »die erste wissenschaftliche Arbeit, welche irgend ein Staat über eine solche Anstalt in dieser Ausdehnung aufzuweisen hat«[27]. Neben den Bauten zählt Fitzinger die jeweils in ihnen gehaltenen Tiere auf, so dass sein Werk heute einen verlässlichen Sachstand der frühen Zoologie wiedergibt. Zu jener Zeit war auch Darwins Evolutionstheorie populär geworden – und mit ihr erlebte die literarische Gattung der Fabel als Spiegel der menschlichen Gesellschaft einen Aufschwung. Während die Herrschenden ihre Tiersammlung zur Stärkung ihres Selbstbewusstseins nutzten, konnte sich das Volk in den Fantasien der Kurzgeschichten tierische Charaktere aneignen.

Das Konzept der Nutzung lebendiger Tiere als Trophäen und als Machtsymbol durch Einzelpersonen ist mit heutigen Privatzoos vergleichbar. Wie die fiktiven Bösewichte der Bond-Filme, die sich Haie, Piranhas oder Wildkatzen halten, um ihren Raubtiercharakter zu unterstreichen sowie ihren Willen zur Weltbeherrschung zu demonstrieren, hielt etwa der kolumbianische Drogenhändler Pablo Escobar, genannt El Patrón, auf seiner Hacienda Löwen, Elefanten und Flusspferde. Auch der Verlags-Tycoon William Hearst besaß einen Privat-Zoo. Die Angewohnheit von Größen des Showbiz wie Michael Jackson oder Justin Bieber, sich mit ungewöhnlichen Haustieren wie etwa Affen zu

26 Dittrich, Lothar, a. a. O., S. 11.

27 Fitzinger, Leopold Joseph: Versuch einer Geschichte der Menagerien des österreichisch-kaiserlichen Hofes mit besonderer Berücksichtigung der Menagerie zu Schönbrunn. Nebst einer Aufzählung der in denselben gehaltenen Thiere von der ältesten bis auf die neueste Zeit, Wien 1853.

umgeben, ist wohl in erster Linie aus der Tatsache zu verstehen, dass sie aufgrund ihrer finanziellen Mittel dazu in der Lage sind und sich als Stars per definitionem immer bemühen müssen, aus der Menge herauszuragen. Tierbesitz ist verbunden mit Prestige. Hier berühren sich, glaubt man Nietzsche, Motivationselemente der Tierhaltung und jene der Architektur als Ausdruck von Macht und Geltungsbewusstsein: »Die mächtigsten Menschen haben immer die Architekten inspiriert; der Architekt war stets unter der Suggestion der Macht. Im Bauwerk soll sich der Stolz, der Sieg über die Schwere, der Wille zur Macht versichtbaren; Architektur ist eine Art Macht-Beredsamkeit in Formen, bald überredend, selbst schmeichelnd, bald bloß befehlend.«[28]
Aus der Einrichtung zur Zurschaustellung politischer Macht entwickelte sich im Zuge der Aufklärung und im Gefolge der Französischen Revolution ein Ort wissenschaftlichen Erkenntnisinteresses. Die Welt wurde einer genauen Beobachtung unterzogen – nicht zuletzt auch die Tiere. Sie zu verstehen, hieß nunmehr, die Schöpfung und somit Gott zu erfassen. Dies war für die Architektur der sich herausbildenden öffentlichen Zoos von großer Wichtigkeit. Dienten in den adligen Menagerien sowohl die exotischen Tiere als auch ihre Behausungen in erster Linie dem Prunk, sollten sie nun wissenschaftlicher Erforschung unterzogen werden. Vom Prestigesymbol avancierte das Tier zum Untersuchungsgegenstand.[29] In engen Eisenkäfigen wurden die Tiere nebeneinander gehalten, um sie besser vergleichen zu können. So war der Zoo in seinem Aufbau einem Biologielehrbuch nachempfunden.
Neuerliche Verlagerungen im menschlichen Erkenntnisinteresse führten wiederum zu einer Änderung der Zootierhaltung. Man befasste sich bald nicht mehr nur mit der Anatomie der Tiere, sondern auch mit ihren Verhaltensweisen. Jetzt endlich mussten Gehege dahingehend modifiziert werden, dass sich die Tiere auch natürlich verhalten konnten. Zur reinen Machtpräsentation sowie zu den funktionellen Aspekten, die Tierpflege mit sich brachte, kamen durch die Hinwendung zum ›Tier an sich‹ andere Aspekte, die architektonisch zunehmend zu berücksichtigen waren. So veränderten sich die schieren Ausmaße des Raums, der nun eine größere Bewegungsfreiheit der Tiere gewährleisten musste. Dieser umbaute Raum sollte so konzipiert sein, dass die Tiere in ihm ihrem natürlichen Verhalten gemäß leben konnten. Und schließlich sollten die Tierbauten nicht nur funktional gestaltet, sondern auch in optischer Hinsicht der Natur nachempfunden sein. Schon am

28 Nietzsche, Friedrich: Götzen-Dämmerung. Streifzüge eines Unzeitgemäßen, Werke in drei Bänden, Bd. 2, München 1954, S. 997.

29 Ob dies eine Neuerung war oder antike Wurzeln hat, ist nicht sicher. In der Forschung wird zuweilen gemutmaßt, »ob etwa die Schule des Aristoteles in Athen so etwas wie einen zoologischen Garten zu wissenschaftlichen Zwecken eingerichtet habe. Aristoteles und seine Schüler sind die Schöpfer und zugleich Vollender der antiken wissenschaftlichen Zoologie.« Gigon, Olof: Das hellenische Erbe, in: Propyläen-Weltgeschichte, Bd. 3, Berlin 1965, S. 595.

such as Michael Jackson or Justin Bieber, who keep monkeys as house pets do so in the first instance because they can afford such luxury and but also because as stars, by definition, they always strive to rise above the masses. Ownership of wild animals is associated with prestige. If one is to believe Nietzsche, the motivations of the keeping of animals and those of architecture to express power and self-worth overlap: "The mightiest have always inspired the architects; the architect was always susceptible to power. Pride and victory over difficulty should be visibly evident in architecture. Architecture is a kind of eloquence of power in forms, quick to convince, self-flattering, and just as quick to command."[28]
During the Enlightenment and in the aftermath of the French Revolution, from what had been a facility for the demonstration of political power, there now emerged a place of interest in scientific knowledge. The world was subjected to precise observation, including the animals. Understanding them no longer meant understanding the creation along with God. This was of enormous importance for the architecture of the evolving public zoos. While in the menageries, belonging to the nobility, exotic animals and their quarters were there to serve pomp, they now gave way to scientific research. The animal graduated from being a symbol of prestige to a subject of research. Since the animals in Enlightenment menageries were kept next to each other in iron cages, they were that much easier to compare with each other. The zoo was set up as a kind of living biology textbook.
Changes in how animals were kept occurred due to shifts caused by human interest in knowledge. Soon, the focus was no longer the anatomy of the animals but their behaviour. The enclosures had to be modified so that the animals could behave feely and instinctively. In addition to the naked display of power and the practical aspects of care for animals, the turn to the 'animal as such' brought with it other aspects that also had to be addressed in architecture. For example, the amount of space had to be increased to guarantee the animals' freedom of motion. This converted space had to be designed so that the animals could live under more or less natural circumstances. And finally, the animal structures should not only be functionally designed

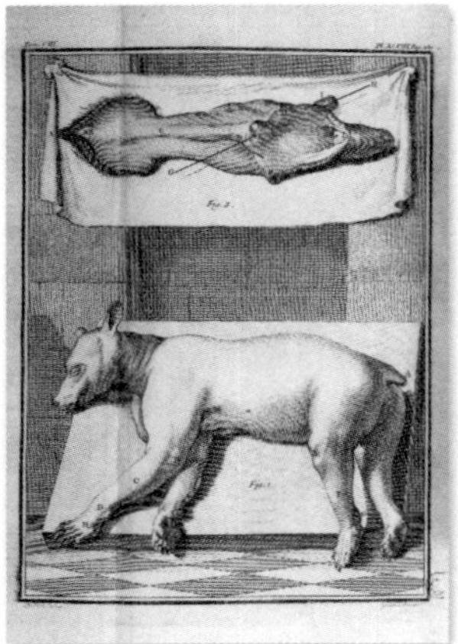

Bis ins 19. Jahrhundert arbeiteten die Naturwissenschaftler noch überwiegend mit Kadavern. Ihr Haupinteresse an der Menagerie galt daher dem toten Tier.
Until the nineteenth century, scientists still predominantly worked with cadavers. The main interest in the menagerie were therefore the dead animals.
Buffon, Georges-Louis Leclerc de: Allgemeine Historie der Natur, Leipzig 1756

Wie im Zoo war das Naturkundemuseum auch ein Erlebnisort, der meist exotische Regionen und deren Lebenswelten präsentierte.
As in a zoo, the Museum of Natural History was also a place for adventure.
Martin, Philipp Leopold: Die Praxis der Naturgeschichte. Atlas zur Praxis der Naturgeschichte, nach Zeichnungen von Leopold Martin jun. Weimar 1878

but also be designed to bear an optical resemblance to nature. By the end of the eighteenth century, the shift that was to later mark the twentieth century began: the central task of a zoo changed from a demonstration of power to a sort of museum exhibition of 'exotic' animals to 'terra forming' on the earth itself, with which endangered species – with the aid of architecture – are provided with artificial surroundings that imitate a natural environment in order to facilitate their breeding or to conduct scientific research on them in an optimal habitat.

It should be obvious that Enlightenment reform processes also brought changes in architecture and landscape design with them. The *Ménagerie du Jardin des Plantes* in Paris, built in 1793 – in a certain sense as a successor institution of the Ménagerie of Versailles – was the first zoological garden dedicated to scientific research. Here, the continued evolution of the Baroque garden type into the English landscape garden was very evident.

Whereas the *Jardin du Roi* was laid out in an obviously geometrical pattern, the paths in the Ménagerie now become undulating. It is interesting to note that elements of the Baroque garden reappear in the landscape park. Amongst them is the circularly designed intersection with centrally placed planting or water basins. In this connection, the

Ende des 18. Jahrhunderts setzte also langsam jene Verschiebung ein, die das 20. Jahrhundert prägen sollte: Die zentrale Aufgabe eines Zoos wandelte sich von der Machtdemonstration über die quasi museale Ausstellung »exotischer« Tiere hin zum »Terra forming« auf der Erde selbst, bei dem etwa vom Aussterben bedrohten Tierarten mittels Architektur ein zwar künstliches, doch die natürliche Umgebung nachahmendes Umfeld geboten wurde, um etwa Nachzuchtprogramme oder wissenschaftliche Forschung zu betreiben. Es versteht sich von selbst, dass die Reformprozesse der Aufklärung auch Veränderungsprozesse in der Architektur und in der Landschaftsgestaltung nach sich zogen. So gilt die 1793 entstandene *Ménagerie du Jardin des Plantes* in Paris, in gewissem Sinne eine Nachfolgeinstitution der Menagerie von Versailles, als erster zu wissenschaftlichen Zwecken angelegter Zoologischer Garten. Sehr deutlich zeigt sich hier die Weiterentwicklung der barocken Gartenanlage hin zum Typus des englischen Landschaftsgartens. War der *Jardin du Roi* geometrisch übersichtlich angelegt worden, verlaufen die Wege in der Menagerie nunmehr undulierend. Interessant dabei ist, dass sich die Elemente des Barockgartens auch im Landschaftspark wiederfinden. Dazu zählt beispielsweise die rondellartig gestaltete Wegkreuzung mit zentral angelegter Bepflanzung oder Wasserbecken. Auffallend ist in diesem Zusammenhang auch die kreisförmige Wegführung rund um die Tierhäuser. Während der Jardin des Plantes von Pflanzenbeeten, linear begrünten Alleen sowie von dem Gedanken, die Natur zu rationalisieren, geprägt ist, verfolgt die Gestaltung der Menagerie im Jardin des Plantes die Idee einer von

Gewerbeausstellung in Berlin-Treptow, 1896. Die Kairo-Ausstellung mit einer nachgebauten Pyramide gehörte zu den populären Attraktionen.
Berlin-Treptow Craft Exhibition, 1896. The Cairo exhibition with a replica pyramid was one of the popular attractions.
Bienert, Michael C. / Senf, Erhard: Berlin wird Metropole, Berlin 2000

Ägyptischer Tempel auf der Weltaustellung in Paris, 1867.
Eine perfekte Illusion, die im Zoo bis heute Nachahmung findet.
Egyptian Temple at the World's Fair in Paris, 1867. A perfect replica in the Zoo.
Koppelkamm, Stefan: Der imaginäre Orient. Exotische Bauten des achtzehnten und neunzehnten Jahrhunderts in Europa, Berlin 1987

Enge und Weite sowie von Nähe und Ferne bestimmten Raumkomposition. Es ist auch kein Zufall, dass es Georges-Louis Leclerc de Buffon war, der Intendant der königlichen Gärten, aus denen der Jardin des Plantes hervorging, der eine *Histoire naturelle, générale et particulière, avec la description du Cabinet du Roi* verfasste.[30] Schließlich reisten die bekanntesten Naturwissenschaftler ihrer Zeit nach Paris, um im *Jardin du Roi* exotische Tiere zu erforschen. Ab 1749, also bereits mehr als 100 Jahre bevor Darwin seine wesentlichen Beiträge zur Evolutionstheorie veröffentlichte, befasste sich der französische Naturforscher in seinem umfassenden Werk erstmals zusammenhängend mit der Zoologie, Mineralogie und Botanik. Auch Brehms Tierbeschreibungen in seinem zoologischen Nachschlagewerk *Illustriertes Thierleben* (1863 – 1869) basieren oftmals auf Beobachtungen, die in Menagerien vorgenommen wurden.[31]
Die Menagerie wurde also ab dem 18. Jahrhundert zum Observationslaboratorium. Die Tiere sollten »eine Bildungsfunktion haben, wobei nicht nur an die Vermittlung zoologischer Informationen anhand der vorhandenen Arten durch die Menagerieleitung und durch von ihr verpflichtete Fachleute gedacht war, sondern auch an die Bildung von Herz und Gemüt

30 Deutsche Übersetzung: Georges-Louis Leclerc de Buffon: Allgemeine Historie der Natur nach allen ihren besonderen Theilen abgehandelt; nebst einer Beschreibung der Naturalienkammer Sr. Majestät des Königes von Frankreich, 8 Teile in 16 Bden, Hamburg / Leipzig 1750 – 1774.
31 So schreibt Brehm unter anderem, er habe das Erdferkel »in den Thiergärten von London und Berlin sowie in der kaiserlichen Menagerie zu Schönbrunn gesehen«. Brehms Tierleben, Bd. 2, Leipzig 1875, S. 518.

circular paths surrounding the animal enclosures are also striking. In the *Jardin des Plantes*, the plant beds and linearly planted boulevards are intended to convey the idea of streamlining nature. But in the Ménagerie in the *Jardin des Plantes* the design utilizes the idea of a spatial composition determined by enclosure and expanse, and proximity and distance.
It is no coincidence that Georges-Louis Leclerc de Buffon, conceived the idea of his main work, the *Histoire naturelle, générale et particulière, avec la description du Cabinet du Roi*, as director of the Royal Gardens, the predecessor of the *Jardin des Plantes*.[30] After all, the most famous scientists of the time were traveling to Paris in order to conduct research on exotic animals in the *Jardin du Roi*. Beginning in 1749, or more than 100 years before Darwin had published his most important works on evolution theory, the French scientist addressed for the first time in his comprehensive work the connection between zoology, mineralogy, and botany. And Brehm's descriptions of animals in his zoological reference work, *Illustriertes Thierleben*, (1863 – 1869) are often based on observations made in menageries.[31]
Beginning then in the eighteenth century, the menagerie became a laboratory for observation. The animals were supposed to "serve an educational purpose, whereby in addition to zoological

information, based on the available species conveyed by the menagerie direction and the respective professionals, the education of the hearts and minds of the visitors were to be taken into consideration"[32]. Despite the scientific demands, the animals were still not being kept for their own sake but had been transformed from insignias of power into living museum exhibitions. The panther in Rilke's poem of the same name bears literary witness to the fact that the enclosures in the *Jardin des Plantes* were not established according to requirements in keeping with the protection of animals. "The softly padding, sure and supple gait / around and round in tiny circle turned"[33], may certainly be interpreted as a sure sign of hospitalism, based not the least on architectural components, like the grating bars. The panther in Rilke's poem is not behaving naturally. In an analogous way August Strindberg fantasises and bemoans the "vultures, who are forced to exchange the sky for a dirty cage", or when he exclaims: "Hippopotamus, you chained demon."[35]

In the early nineteenth century, the educational and entertaining experience of zoo visitors took precedence over animal welfare. Exotic animals were not only presented for educational purposes from the perspective of a superior civilisation. Architectural novelty and the thrill of the unknown were equally important to the public. This trend intensified with the popularity of anthropological-zoological shows in Central European zoos from the late 19th century until the 1930s, when the cinema overtook them as a place to encounter the exotic. These shows featured wild animals alongside 'savages' in stage-like settings, transporting audiences to distant lands: "Almost every year, men, women, and occasionally also children, often with typical pets and sometimes furnished with characteristic wild animals from their respective countries were recruited by Carl Hagenbeck or impresarios in their home countries from all corners of the world outside Europe, to make guest appearances in the zoos, show examples of folklore and typical handicrafts, to stage horsemanship games and even to enact rituals."[36]

der Besucher«[32]. Bei allem wissenschaftlichen Anspruch: Die Tiere wurden immer noch nicht um ihrer selbst willen gehalten, vielmehr waren aus Machtinsignien nun lebendige Museumsexponate geworden. Der Panther in Rilkes gleichnamigem Gedicht ist literarisches Zeugnis dafür, dass auch im *Jardin des Plantes* die Gehege nicht so angelegt waren, wie es im Sinne des Tierschutzes erforderlich gewesen wäre. »Der weiche Gang geschmeidig starker Schritte, / der sich im allerkleinsten Kreise dreht«[33], darf sicherlich gedeutet werden als in Anzeichen von Hospitalismus, der nicht zuletzt auf die architektonischen Komponenten – etwa die Gitterstäbe – zurückzuführen ist. Rilkes Panther verhält sich eben nicht seiner Natur gemäß. Diese Melancholie des gefesselten Wildtieres diagnostiziert Rilke auch bei anderen Bewohnern des *Jardin des Plantes*: »... in leise von ihrem Heimweh geschaukelten Ständern / atmen die Ara«[34], schreibt er im Gedicht *Papageien-Park*. Analog schwärmt und leidet August Strindberg angesichts der »Geier, die ihr den Himmel mit einem schmutzigen Käfig vertauschen mußtet«, oder exklamiert: »Flußpferd, du angeketteter Dämon.«[35]

Wichtiger als das Tierwohl, von dem vermutlich fast alle wussten, dass es mit ihm nicht zum besten stand, war also im beginnenden 19. Jahrhundert das Bildungs- und Erholungserlebnis der Zoobesucher, die ihrerseits bereits vom Kolonialismus geprägt waren. Das fremde Tier wurde nicht nur aus einer Position überlegener Zivilisation als lehrreiches Freizeitvergnügen präsentiert, ebenso wichtig war die Sehnsucht des Publikums, das Unbekannte architektonisch zu verorten. Dies verstärkte sich mit den Völkerschauen, sogenannten anthropologisch-zoologischen Präsentationen, die in den mitteleuropäischen Zoos vom Ende des 19. Jahrhunderts bis in die Dreißigerjahre des 20. Jahrhunderts gezeigt und erst durch das Kino als Ort der Exotik abgelöst wurden. Die wilden Tiere wurden den »wilden« Menschen in landestypischer Kulissenarchitektur gegenübergestellt: »Von Carl Hagenbeck oder Impressarios in ihrer Heimat angeworben, kamen aus allen außereuropäischen Teilen der Welt beinahe alljährlich Männer, Frauen und gelegentlich auch Kinder, oft mit typischen Haustieren und manchmal ihnen zugesellt charakteristische Wildtiere aus dem jeweiligen Land, für ein Gastspiel auch in die Zoos, zeigten Folklore, typische Handwerksarbeiten, Reiterspiele und sogar Kulthandlungen.«[36]

32 Dittrich, Lothar: Die Geschichte der zoologischen Gärten in Deutschland, in: Dittrich, Lothar / Nogge, Gunther (Hg.): Zootierhaltung. Tiere in menschlicher Obhut. Grundlagen, Frankfurt am Main 2012, S. 12.

33 Rilke, Rainer Maria: Sämtliche Werke Band 1–6, Bd. 1, Wiesbaden und Frankfurt am Main 1955–1966, S. 505.

34 Ebenda, S. 602.

35 Strindberg, August: Inferno. Vollst. Neuausgabe, hg. v. Karl-Maria Guth, Berlin 2013, S. 150.

36 Dittrich, Lothar: Die Geschichte der zoologischen Gärten in Deutschland, in: a. a. O., S. 13.

»Das war früher im Zoologischen Garten so: Da kamen zweimal im Jahr oder auch öfter wilde Völkerschaften zu Besuch und zeigten, wie es bei ihnen zu Hause zuginge. Und wenn wir nachmittags schulfrei hatten, dann kratzten wir die fünfzig Pfennig Eintrittsgeld zusammen und begaben uns zu den wilden Völkerschaften, zu den Tscherkessen im Zoologischen Garten.«[37]

Ein wichtiger Punkt beim Kolonialismus ist, dass die Eroberung und Unterjochung fremder Länder legitimiert wurde, indem man den Eroberten weniger Mensch-Sein zusprach. Menschen aus anderen Kulturkreisen wurden ebenso wie Tiere auf eine hierarchisch niedrigere Stufe gestellt und entsprechend observiert. »Pflanzen und Tiere haben Geschichte nur im Sinne von Entwicklungsgeschichte, von Morphologie, und sogenannte Naturvölker, die man noch in unserem Jahrhundert gelegentlich in zoologischen Gärten zur Schau stellte, sah man gleichfalls nur morphologisch und ihre Kulturentwicklung als Kulturmorphologie, nicht als Geschichte: Theorien, nach denen in afrikanischer Kunst sich pflanzenhaftes oder tierhaftes Dasein ausdrücke, werden noch heute veröffentlicht.«[38] Diese Ausstellungstradition scheint durch in den zahlreichen Präsentationen lebloser Exponate, die bis heute in zoologischen Gärten zu finden sind.

Das 19. Jahrhundert sah schließlich neben einer großen Zahl an Wandermenagerien eine Fülle an Gründungen von Zoos, die teilweise bis heute ein Begriff sind. Allen voran zu nennen ist der Londoner Zoo, der die Nachfolge der Menagerie im Tower of London antrat und für den 1828 erstmals die Bezeichnung »zoologischer Garten« nachgewiesen ist.[39] Den Anfang in Deutschland machte der 1841 eröffnete »Thierpark« in Hamburg. Er war eher als Freizeitattraktion denn als wissenschaftliches Observatorium konzipiert, da sein Gründer, der Gastwirt Schardel Heinrich Berg, den Zoo hinter seinem Lokal errichten ließ. Allerdings zog der Tiergarten zu wenige Besucher an und wurde wie viele andere Neugründungen jener Zeit bereits nach wenigen Jahren, und zwar 1845, wieder geschlossen. Bis heute besteht allerdings der 1844 eröffnete Zoologische Garten in Berlin, entworfen vom Landschaftsarchitekten Peter Joseph Lenné, der zuvor schon auf der Pfaueninsel eine Menagerie betreut hatte und, »feinen Sinnes und verständnisvoll, von Anfang an bemüht gewesen war, den einzelnen Käfigen und Tiergruppen immer die passendste landschaftliche Umgebung zu geben«[40]. Dennoch wies der Berliner Zoo die wahrscheinlich größte Ansammlung kurioser exotischer

37 Tucholsky, Kurt: Die Tscherkessen, in: Republik wider Willen. Gesammelte Werke. Ergänzungsband 2, Hamburg 1989, S. 107.

38 Jahn, Janheinz: Afrika. Der neue Partner in der Weltgeschichte. In: Propyläen-Weltgeschichte. Bd. 11. Berlin 1965, S. 447–476.

39 Dittrich, Lothar: Die Geschichte der zoologischen Gärten in Deutschland, in: a. a. O., S. 11.

40 Fontane, Theodor: Havelland. Wanderungen durch die MarkBrandenburg III, Berlin 2014, S. 154.

"It used to be that at least twice a year in the zoological garden, savage people would visit and show what life was like at home. And when we had no school in the afternoons, we scraped together the fifty pfennigs for admission and joined the savages, the Circassians, in the zoological garden."[37]

The 'cultivated' western European was amused by the sight of the 'noble savage' and the animals that accompanied him in the accustomed decor. An important point of colonialism is that the conquering and subjugation of foreign countries was legitimised if those who were conquered were less than human. Human beings from other cultural circles were hierarchically relegated like animals to a lower level and observed as such. "Plants and animals have a history only in the sense of developmental history, of morphology while so-called primitive peoples, who were still being put on display in our century in zoological gardens, were also only viewed morphologically with their cultural development considered merely as cultural morphology, not history: theories, which treat African art as a vegetative or animal existence, are still being published today".[38] This kind of exhibition tradition characterizes many lifeless presentations of exhibits that can still be found in zoos.

During the nineteenth century, in addition to the great number of traveling menageries, many zoos were founded, some of which are still known today. The foremost amongst them is the London Zoo, which succeeded the menagerie in the Tower of London and is the first such institution to be designated as a 'zoological garden'.[39] The first one in Germany followed with the opening of the *Thierpark* in 1841 in Hamburg. The fact that it was conceived more as a leisure time attraction than a scientific observatory is underscored by the circumstance that the founder, Schardel Heinrich Berg, was an innkeeper and had the zoo built behind his tavern. It closed in 1845 because like many other newly founded zoos at the time it was drawing too few visitors. However the Zoological Garden opened in Berlin in 1844 is still in business today (Berlin Zoo). It was designed by the landscape architect, Peter Joseph Lenné, and who had overseen a menagerie on the Pfaueninsel and who took care "from the beginning to give the individual cages

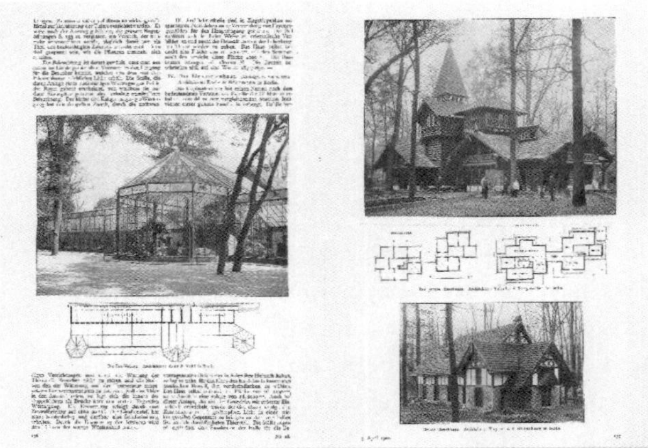

Eine Zusammenstellung sämtlicher Bauten des Berliner Zoos, 1902 publiziert unter dem Titel *Die Umwandlung und die Neubauten des Zoologischen Gartens in Berlin.*
A compilation of all the buildings of the Berlin zoo, published in 1902 under the title 'Die Umwandlung und die Neubauten des Zoologischen Gartens in Berlin'.
Deutsche Bauzeitung, Jg. 36 / 1902

and groups of animals the appropriate landscape surroundings with a fine sensibility and understanding"[40]. The Berlin Zoo could boast of what was probably the largest collection of exotic architecture styles amongst the competition at the time. After founding the Berlin Zoo, a series of zoos were established in the larger German cities, most of them by the bourgeoisie. As with the menageries of old, prestige played a great role in the origin of the menageries. The citizens, "especially in Cologne, wanted to demonstrate their openness by importing animals from around the world" and "obtain additional income for their city and its merchants with a tourist attraction".[41]
These new facilities were rightfully called 'zoological gardens'. They first and foremost bore the stamp of the garden and landscape architecture of English gardens. For example, many of the first zoos were developed at the same time or together with botanical gardens. The scientifically interested lay-public in the large cities had the opportunity to navigate a kind of biology-adventure park. The live animal was still presented as an exhibit, which was also obvious from the architecture. It was designed for human beings without really taking into consideration the animals' needs. According to Adolf Portmann, in the first zoos in the second

Architekturstile unter allen zeitgenössischen Konkurrenten auf. Der Berliner Anlage folgte eine Reihe von Zoogründungen in den großen deutschen Städten, die meist vom Bürgertum ausgingen. In Anlehnung an den Ursprung der Menagerien spielte hier wieder das Prestige eine große Rolle. So wollten die Bürger, »vor allem in Köln, die Weltoffenheit der Stadt durch das Hereinholen von Tieren aus aller Welt dokumentieren« sowie »ihrer Stadt und ihren Kaufleuten durch eine Attraktion für Touristen zusätzliche Einnahmen verschaffen«.[41]
Diese Gründungen trugen die Bezeichnung »Zoologischer Garten« zu Recht, denn sie orientierten sich vor allem an den Prinzipien der Garten- und Landschaftsarchitektur meist englischer Prägung. So wurden viele frühe Zoos zeitgleich oder in Kombination mit botanischen Gärten entwickelt. Das wissenschaftlich interessierte großstädtische Bürgertum hatte hier die Gelegenheit, eine Art biologischen Erlebnisparcours zurückzulegen. Das lebendige Tier fungierte immer noch als Ausstellungsstück, was auch an der Architektur abzulesen war. Diese wurde für den Menschen errichtet, jedoch wenig an die Bedürfnisse der Tiere angepasst. In die ersten Zoos gingen, so Adolf Portmann, »vielerlei Reminiszenzen ein, die durch die Macht der Überlieferung von sehr verschiedenen Anlässen zu Tierhaltung einfach übernommen worden sind. Anderseits wurden Hirschgärten und Volieren aus der Jagdtradition übernommen und lieferten wichtige Elemente der neu zu bewältigenden

41 Dittrich, Lothar: Die Geschichte der zoologischen Gärten in Deutschland, in: a. a. O., S. 13.

Idealzoo von Philipp Leopold Martin (1878). Der deutsche Naturforscher prägte u. a. als Erster den Begriff »Naturschutz« in seiner heutigen Bedeutung.
Designs for the ideal zoo by Philipp Leopold Martin (1878). The German naturalist and taxidermist was the first to use the term 'nature conservation' in its current meaning.
Martin, Philipp Leopold: Die Praxis der Naturgeschichte, Weimar 1878

Aufgabe.«[42] Waren im vorrevolutionären Europa Kirche und Schloss die zentralen Bauaufgaben gewesen, entstanden nun Bildungsbauten, Theater und Konzertsäle oder Museen sowie öffentliche Zweck- und Repräsentationsgebäude. Der öffentliche und damit bürgerliche Garten und Park trat als weitere neue Typologie in Erscheinung. »Im 18. Jahrhundert hatte bereits der englische Garten die alte und strenge Ordnung der Herrschaftsarchitektur aufgelöst und wird nunmehr zu einem humanen, volkserzieherischen Bau mit ›höherem‹ Zweck.«[43] Die Flanierparks des Bürgertums verwandelten sich in zoologische Gärten mit Tierunterkünften.
Dass nicht nur bei den Zoobauten nach einem zeitgemäßen eigenen Stil und nach der Verbindlichkeit einer architektonischen Regelung gesucht wurde, zeigt der Stilpluralismus des Historismus auch bei den Profanbauten. In den Zoologischen Gärten ergänzte man nun die Architekturen aus dem eigenen Kulturkreis durch Gebäude mit internationaler Anmutung: »Der Charakter dieser Baulichkeiten hat doppelten Forderungen Rechnung zu tragen. Es soll durch die äußere Erscheinung der Gebäude der Beschauer angeregt und es sollen ihm Gebilde vorgeführt werden, an welche anknüpfend seine Phantasie

42 Portmann, Adolf: Das Halten von Tieren in zoologischen Gärten, in: Werk, Heft 11 (Zoologische Gärten), Zürich 1956, S. 337.
43 Nipperdey, Thomas: Deutsche Geschichte 1800–1866. Bürgerwelt und starker Staat, München 1984, S. 551ff.

half of the nineteenth century "there was much to recall the many different occasions for the keeping of animals that had been passed down by tradition. Solid stone kennels with strong bars for predatory animals are a throwback to the times when one kept such 'beasts' like convicts in dungeons. Then again the stag gardens and aviaries from the hunt tradition were incorporated, contributing important elements for tackling the new task."[42] If churches and castles were the key building tasks in pre-revolutionary Europe, educational facilities, theatres, concert halls, and museums – in addition to public representational and functional buildings – were now to be built. Next to monumental architecture and engineering structures, public gardens and parks were added to the new building agenda. "In the eighteenth century, the English Garden had made obsolete the old, austere order of ruling class architecture, becoming now a humane building for public education with a 'higher' purpose."[43] Zoological gardens with animal accommodations and enclosures evolved from the bourgeoisie parks built for strolling.
Historicism's pluralism of style, also for secular buildings, shows that zoo buildings were not just built according to the contemporary style and an obligation to architectural rules. Domestic

zoological garden architecture was now being augmented with buildings with an international touch: "The character of these buildings had to satisfy two requirements. In its appearance, the building had to inspire the viewers and it had to present them with a structure that suggested to their fantasies that the enclosed animal was being presented in its native environment."[44] The zoo public was to set out on an educational tour. In order to truly experience the foreign fauna, an appropriate exotic ambiance was deemed necessary. Based on the fact that fewer indigenous animals were being presented, this event architecture was marked by exoticism: "The visitors should hear echoes from the animals' homelands in the enclosures of the new zoos: exotic elements of style now decorate the bison, buffalo, or elk houses, with a heavy reliance on reminiscences from Egypt and India. In short, around the turn of the nineteenth century, the revamped enclosures of the gardens reflect ethnographic knowledge."[45] Gardens of Illusion were created, elevating the animal pen to an artistic level and facilities to an architectural experiment. At the turn of the nineteenth century, Ludwig Heck, former director of the Berlin Zoo, called for architectural attractions and highlights that would offer the visitors additional stimuli, presenting the zoo as an overall work of art.[46]

"Inspired by the example of Antwerp around 1870, my predecessor, Bodinus, had begun, with leading architects, to design the animal buildings so that they had intrinsic artistic value and were attractive. I adopted this beautiful and useful tradition, maintained it until today and extended it to even the smallest buildings. Nothing is so negligible that it can't be artistically transformed."[47]

One hundred years later, Norman Foster revisited this approach in the Elephant House (2008) of the Copenhagen Zoo, or in 2014 when Markus Schietsch Architekten applied it to the Elephant House in the Zurich Zoo. These are further examples of spectacular buildings that contribute to the branding of the zoo. Heck's approach to branded architecture was far ahead of his time. This recent orientation has led to the creation of many unusual buildings and building ensembles,

das eingehegte Tier auf seinem heimatlichen Boden zu sehen glaubt.«[44] Das Zoo-Publikum sollte auf eine Bildungsreise geschickt werden. Damit es die fremdartige Fauna wahrhaftig erleben konnte, hielt man eine entsprechend exotische Umgebung für erforderlich. Diese Erlebnisarchitektur war also, ausgehend davon, dass weniger einheimische Tiere präsentiert wurden, vom Exotismus geprägt: »Anklänge an die Heimatländer der Tiere sollten von den Gehegen, den neuen Tierhäusern im Beschauer geweckt werden: exotische Stilelemente zieren nun Bison-, Büffel- oder Elchhäuser; ägyptische und indische Reminiszenzen werden kräftig verwendet – kurz, die Gärten werden in ihren erneuerten Gehegen um die Jahrhundertwende Zeugnisse des ethnographischen Wissens.«[45] Es entstanden Gärten der Illusion, die den Tierstall auf eine künstlerische Stufe hoben und die Anlagen zum Experimentierfeld des Architekten machten. Ludwig Heck, damaliger Direktor des Zoologischen Gartens in Berlin, plädierte um die Jahrhundertwende für architektonische Sehenswürdigkeiten und Highlights im Zoo, die zusätzliche Reize für den Besucher bieten und den Zoo als Gesamtkunstwerk präsentierten sollten.[46]

»Angeregt durch das Antwerpener Beispiel hatte schon um 1870 mein Vorgänger Bodinus mit damals führenden Architekten angefangen, die Tierbauten so auszugestalten, dass sie an sich ebenfalls künstlerisch wertvoll, sehenswert wurden. Diese schöne und sinnvolle Tradition habe ich aufgegriffen, bis heute festgehalten und auch auf die kleinen Bauten ausgedehnt. Nichts sollte zu geringfügig sein, um es nicht auch künstlerisch durchzuarbeiten.«[47]

Erst 100 Jahre später sollte dieser Trend erneut einsetzen, wie es Norman Fosters Elefantenhaus von 2008 im Kopenhagener Zoo oder das 2014 im Zoo Zürich eröffnete Elefantenhaus von Markus Schietsch Architekten zeigt. Auch hier tragen spektakuläre Bauten zur Markenbildung des Zoos bei. Heck war somit seiner Zeit in Bezug auf Markenarchitektur weit voraus. Diese neuerliche Ausrichtung führte zur Entstehung von vielen außergewöhnlichen Bauten und Bauensembles, wie chinesischen Pagoden, ägyptischen Portalen oder maurischen Stallbauten. Inzwischen häufig denkmalgeschützt, sind diese Gebäude heute zu einem Problem für die Zoologischen Gärten geworden.

44 In: Deutsche Bauzeitung, Jg. 36 / 1902, S. 139. – Unter dem Titel *Berliner Neubauten No 102. Die Umwandlung und die Neubauten des Zoologischen Gartens* erschien 1902 eine Zusammenstellung sämtlicher Bauten des Berliner Zoos in der *Deutschen Bauzeitung.*

45 Portmann, Adolf: Das Halten von Tieren in zoologischen Gärten, in: Werk, Heft 11 (Zoologische Gärten), Zürich 1956, S. 337.

46 Deutsche Bauzeitung. Organ des Verbandes Deutscher Architekten- und Ingenieur-Vereine, Heft 26 / 1902, S. 161.

47 Heck, Ludwig: Tierpark und Zoo. Wodurch unterscheiden sie sich, in: Berliner Lokalanzeiger Nr. 388 vom 18. August 1929, o. S. Zitiert nach: Klothmann, Nastasja: Gefühlswelten im Zoo. Eine Emotionsgeschichte 1900–1945, Bielefeld 2015, S. 122.

In Carl Hagenbecks Tierpark, Stellingen, war den Völkerschauen ein spezielles Gelände zugewiesen.
Within Carl Hagenbeck's zoo in Stellingen, an extra enclosure was assigned for the ethnological exposition.
Führer durch Carl Hagenbecks Tierpark Stellingen, 1914
Archiv Tierpark Hagenbeck

Grünanlage mit Blick auf das 1899 erbaute Elefantenhaus im Westfälischen Zoologischen Garten in Münster, um 1959.
Architekt: Johann Heinrich Schmedding.
Photo taken around 1959, from the green area surrounding the elephant house of the Westphalian zoological garden in Münster, built in 1899.
Architect: Johann Heinrich Schmedding.
LWL-Medienzentrum für Westfalen

Waren sie schon nicht unter Berücksichtigung der Tierbedürfnisse erbaut worden, so sind sie unter heutigen Gesichtspunkten noch viel weniger in Bezug auf eine zeitgemäße Tierhaltung für den Zoobetrieb geeignet, dürfen aber aufgrund des Denkmalschutzes nur eingeschränkt modifiziert werden. Viele dieser Bauten werden notgedrungen für museale Nutzungen umgewidmet.
An der Wende vom 19. zum 20. Jahrhundert wurde die Zurschaustellung einer immer größer werdenden Menge an verschiedenen Tierarten populär, was einen stetig wachsenden Platzbedarf der Zoologischen Gärten nach sich zog: »Es entstanden große Tiergebäude mit langen Reihen von Käfigen und Gehegen.«[48] Die Architektur spiegelte den Gigantismus wider, den der für das große Erlebnis gekommene Besucher wünschte. Das einzelne Tier war nicht mehr interessant; es mussten viele sein, und es mussten immer mehr sein. Eine wissenschaftliche Begründung lieferte die Theorie von Charles Darwin: Indem die Zoos nicht nur eine Spezies, sondern eine möglichst große Bandbreite an Gattungen einer Art präsentierten, konnten deren Gemeinsamkeiten und Unterschiede besser studiert werden. Die Ausstellungskonzepte änderten sich erneut.

48 Dittrich, Lothar: Die Geschichte der zoologischen Gärten in Deutschland, in: a. a. O., S. 14.

including Chinese pagodas, Egyptian portals, and Moorish stable buildings in zoos. However, these buildings, while often listed as historical, don't meet modern animal welfare standards. Their preservation status limits their modification to better accommodate animals. Many of these buildings were, out of necessity, adapted for museum use. At the turn of the 19th to 20th century, there was a growing trend of displaying a wide variety of animals, which required more space in zoological gardens. "Large zoo buildings with long rows of cages and enclosures were created".[48] The architecture reflected the visitors' desire for grandeur. Individual animals became less interesting, and quantity became more important. Charles Darwin's theory justified the presentation of a wide range of species for scientific study, leading to constant changes in exhibition concepts.

Hagenbecks Tierpark Stellingen zeigt hintereinander angeordnete Anlagen, die jeweils Tiere in Lebensgemeinschaften und Lebensräumen präsentieren. Oben: Nordland-Panorama, Südpolar-Panorama und Löwenschlucht, unten: Historischer Kunstfelsenbau im Eismeer-Panorama.
Führer durch Carl Hagenbecks Tierpark Stellingen, 1914
Archiv Tierpark Hagenbeck

Hagenbeck's zoo in Stellingen shows the installations placed one after another, each presenting the animals in their groups and habitats. Top: the Northern Hemisphere Panorama (left), South Pole Panorama (middle) and Lion Canyon (right). Bottom: Historical artificial rock formation for the Polar Sea Panorama, Hagenbeck zoo (1913). Guide "Carl Hagenbecks Tierpark Stellingen," 1914
Archive Tierpark Hagenbeck

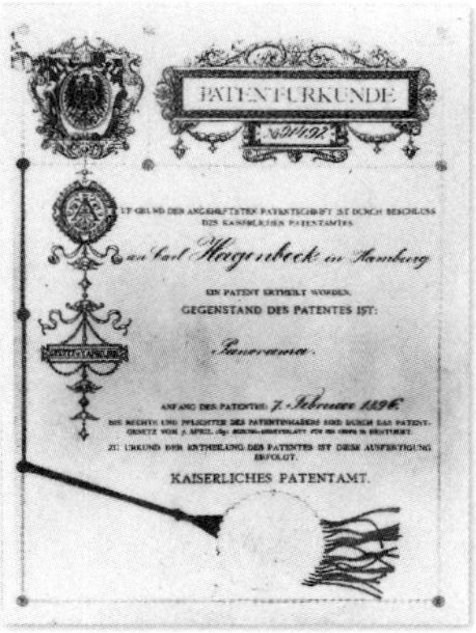

Patenturkunde, ausgegeben an Carl Hagenbeck für das Patent *Panorama*, vom 7. Februar 1896.
Patent deed issued to Carl Hagenbeck for the Panorama Patent, February 7 1896.
Archive Tierpark Hagenbeck

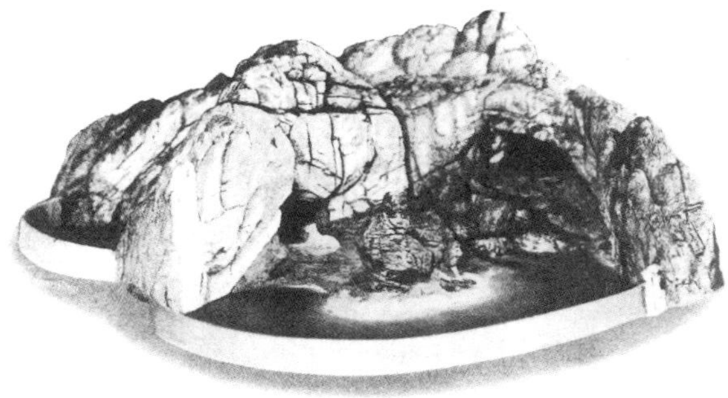

Modell für eine Raubtieranlage mit 35 Meter hohen Felsformationen des Züricher Bildhauers Urs Eggenschwyler.
Model for a predator installation with 35 metre-high rock formations by the Zurich sculptor Urs Eggenschwyler.
Hediger, H.: Zoologische Gärten. Gestern-Heute-Morgen. Bern 1977, S. 40

Zooarchitektur der zweiten Generation:
Gitterlose Bauten im Landschaftspanorama

Um 1900 zeigte sich mit Carl Hagenbecks Panoramazoo erstmals ein Impuls in der Zooarchitektur, der die bisherigen Tierhäuser von ihrer niedlichen Pavillon-Erscheinung befreite und als eigenständige Architekturlandschaft emanzipierte. Die Tiere waren nicht mehr vom Betrachter getrennt, gleichwohl visuell aus ihren Käfigen befreit und wurden quasi auf einer Naturbühne präsentiert. Dass dies gerade Hagenbeck eingefallen war, mag an seiner Herkunft gelegen haben. Neben seiner Tätigkeit als Tierhändler hatte er praktische Erfahrungen mit dem Zirkus, so dass er über die körperliche Leistungsfähigkeit von Tieren gut unterrichtet war und die Gräben entsprechend dimensionieren konnte. Was war aber der Auslöser für diese Idee? Glaubt man Hagenbeck, sollte die Widerstandsfähigkeit der Tiere demonstriert werden durch eine explizite Absage an Architektur:

»Um mich an dieser Stelle kurz zu fassen, will ich nur sagen, daß der leitende Gedanke der war, die Tiere in größtmöglicher Freiheit und in einem der freien Wildbahn angepaßten Gehege ohne Gitter zu zeigen, damit aber gleichzeitig zu beweisen, was die Akklimatisation zu tun vermag. An einem großen, praktischen und dauernden Beispiel wollte ich den Tierliebhabern zeigen, daß es gar nicht nötig ist, luxuriöse und kostspielige Gebäude mit großen Heizanlagen einzurichten, sondern daß der Aufenthalt in freier Luft und die Gewöhnung an das Klima eine weit bessere Gewähr für die Erhaltung der Tiere bieten.« [49]

49 Hagenbeck, Carl: Von Tieren und Menschen, München 1952, S. 194f.

Second Generation Zoo Architecture:
Buildings Without Bars in a Landscape Panorama

Around 1900, with his panorama zoo, Carl Hagenbeck showed, for the first time, an impulse in zoo architecture that allowed the zoos to date to shed their 'cute pavilion' look, liberating them as independent architecture landscape. The animals were no longer cordoned off from the viewers. They were now visually transported from their cages and presented on a natural stage. The fact that Hagenbeck had this idea may have to do with his origins. In addition to his activity in the trade with animals, stemming from his practical experience with the circus, he was well aware of the physical capabilities of animals and knew how large trenches had to be built. But what was the trigger for this idea? If one is to believe Hagenbeck, the resilience of the animals was to be demonstrated by an explicit rejection of architecture: *"I want to say that the guiding principal was to show the animals with the greatest degree of freedom possible in an enclosure resembling the wild, without gratings, but to prove at the same time what acclimatisation can do. I wanted to show the animal lovers, with a practical and durable example, that it was not necessary at all to build luxurious and expensive buildings with large scale heating plants. Instead, the outdoors and the adaptation to the climate could offer a much better guarantee for the maintenance of the animals."*[49]

But according to the Swiss zoologist and zoo director, Heini Hediger, there is another reason, namely the latest change in public preferences. The exoticism of the past was passé. A return to nature was now called for, with plenty of space for the animal. "Above all it was a change in the way people viewed the animals, a change in zoo visitors. If in the past it had been enough in the zoo or better, in the predecessor facility, the menagerie, to view the animals simply as curiosities, as living stuffed specimens, now the needs were much different. Now it was important to view the animal in comfortable surroundings and to admire the exotic creatures as contented beings in a segment of their natural living space that was as typical as possible, in an exotic atmosphere, with a hint of their homeland, shrouded in the mystery of tropical nature."[50] The response of Thomas A. Edison, in 1911 when he visited Carl Hagenbeck's zoo, was enthusiastic: "The animals are not in a cage, they are on stage."[51] Hagenbeck's aim was to give the viewer the maximum feeling of animals in their natural surroundings instead of designing the enclosure strictly to perform a function. The idea was to reflect the image of the natural living space of each species. His zoo concept was based on many years' experience in dealing with wild animals and their display. In his memoirs he writes:

"I made my first attempt to present animals with this kind of freedom in 1896, at the Exhibition in Berlin, where the certificate no. 91492 for my 'Panorama' patent was received and confirmed by the Royal Patent office. Before these facilities were established, I did experiments to determine the jumping abilities of different animal species. I tested predatory big cats for jumping, in my large outdoor cage at Neuer Pferdemarkt. In order to see how high these animals could jump, a palm branch was extended three metres above the ground with a stuffed pigeon fastened on top. The caged lions, tigers, panthers, and leopards noticed the pigeon and began competing to see which of them could pull down the prey from the tree. Lions and tigers could barely jump two metres high. The black panther and leopards were able to jump the three metres and grab the palm branch, but despite their energetic attempts they weren't able to pull down the pigeon, which was fastened."[52]

Geht es nach dem Schweizer Zoologen und Zoodirektor Heini Hediger, dann ist der Grund jedoch ein anderer gewesen, nämlich eine erneute Änderung der Publikumsvorlieben. Der Exotismus vergangener Tage war passé, dafür sollte es zurück zur ursprünglichen Natur gehen mit reichlich Raum für das Tier. »Entscheidend war vor allem eine Änderung im betrachtenden Menschen, im Zoobesucher. Begnügte man sich bisher damit, im Zoo oder besser in seinen Vorläufern, in den Menagerien, Tiere lediglich als Kuriositäten, sozusagen als lebendige Präparate zu betrachten, so meldete sich nun ein ganz anderes Bedürfnis, nämlich das, sich in einer angenehmen Umgebung zu ergehen und die exotischen Geschöpfe als zufriedene Wesen in möglichst typischen Ausschnitten ihres natürlichen Lebensraums, also in einer exotischen Atmosphäre, sozusagen in einem Hauch ihrer Heimat, umwittert vom Zauber der tropischen Natur, zu bewundern.«[50] Entsprechend soll 1911 der Erfinder Thomas A. Edison, als er Carl Hagenbecks Tierpark besuchte, begeistert ausgerufen haben: »The animals are not in the cage, they are on stage.«[51] Hagenbeck versuchte demnach, dem Betrachter das maximale Gefühl einer Betrachtung von Tieren in natürlicher Umgebung zu geben, indem er die Gestaltung der Gehege zwar nicht unbedingt in der Funktionalität, dafür aber im Erscheinungsbild an die natürlichen Lebensräume der jeweiligen Tierarten anpasste. Sein Zookonzept basierte auf langjährigen Erfahrungen im Umgang mit wilden Tieren und deren Präsentation. In seinen Erinnerungen schreibt er:

»Meine ersten Versuche, Tiere auf diese Art in Freiheit vorzuführen, machte ich im Jahre 1896 auf der Ausstellung in Berlin, wo mir durch das Kaiserliche Patentamt unter der Urkunde Nr. 91492 das Patent des ›Panoramas‹ erteilt und bestätigt wurde. Ehe diese Anlagen ins Leben traten, habe ich Versuche darüber angestellt, wie weit das Sprungtalent der verschiedenen Tierarten reicht. Katzenartige Raubtiere wurden auf diese Fähigkeit hin schon in meinem großen Außenkäfig am Neuen Pferdemarkt geprüft. Um zunächst festzustellen, wie hoch diese Tiere zu springen vermögen, wurde an einem drei Meter über dem Erdboden ragenden Palmenzweig eine ausgestopfte Taube befestigt. Die in den Käfig eingelassenen Löwen, Tiger, Panther und Leoparden bemerkten die Taube bald und bemühten sich um die Wette, die Beute vom Baum herunterzuholen. Löwen und Tiger brachten es mit ihren Sprüngen kaum über zwei Meter hoch. Die schwarzen Panther und Leoparden erreichten eine Höhe von drei Metern, so daß sie wohl den Palmenzweig packten, aber die Taube, welche noch höher befestigt war, trotz aller energischen Versuche nicht herunterholen konnten.«[52]

50 Hediger, Heini: Vom Zwinger zum Territorium, in: Kirchshofer, Rosl (Hg.): Zoologische Gärten der Welt. Die Welt des Zoos, Frankfurt am Main 1966, S. 12.

51 Baur, Dominik: Hagenbeck wird 100: Vergesst Knut! Spiegel online, http://www.spiegel.de/reise/aktuell/hagenbeck-wird-100-vergesst-knut-a-480395.html (abgerufen am 14. Mai 2016).

52 Hagenbeck, Carl: Von Tieren und Menschen, München 1952, S. 198f.

Die aus diesen Versuchen gewonnenen Erkenntnisse setzte Hagenbeck in seinem Zoo um. Dem Betrachter wurde die Rückkehr ins Paradies suggeriert, indem ihm auf einen Blick Tiere in vermeintlicher Harmonie präsentiert wurden – und als Bestandteil dieses friedlichen Gartens Eden wurde er selbst zum neuen Adam vor dem Sündenfall. In seinen Erinnerungen schreibt Hagenbeck: »Von einem gegebenen Punkte des Gartens sollte man die Tiere aller Zonen in großen Abstufungen, jede Art in einer ihrer Heimat angemessenen Umgebung, gleichsam frei sich bewegen sehen. Die Gemsen, Wildschafe und Steinböcke auf künstlichen Gebirgen, die Tiere der Steppen auf weiten freien Triften, die Raubtiere in unvergitterten Schluchten, nur durch einen Graben von dem Besucher getrennt. In der Mitte sollte sich ein Zentralgebäude mit großer Arena für Dressurzwecke erheben nebst Räumlichkeiten für das, was ich im Tierhandel den Transitverkehr nennen möchte.«[53] Die Landschaft wurde akribisch geplant und gestaltet: »Hoch auf den ragenden Gerüsten der zukünftigen Gebirgsformationen gestaltete der geniale Schweizer Bildhauer Urs Eggenschwyler inmitten seiner Schar von Maurern und Zimmerleuten mit Kelle und Meißel die alpinen Felspartien, die in ihrem hohlen Inneren Aussichtskanzeln, Pumpstationen und Stallungen für das künftige Hochgebirgswild der Dolomiten und des Himalaja bergen.«[54] Das fertige Werk wurde die geplante Sensation. Der Zoo als Massenphänomen scheint bereits durch: »Als sich am 7. Mai 1907 die großen Portale öffneten, erwachte das Dorf Stellingen aus seinem Dornröschenschlaf. Tausende und aber Tausende trafen mit der zu diesem Tage eröffneten Straßenbahn ein und drängten durch den monumentalen Haupteingang, den der Bildhauer Josef Pallenberg mit den mächtigen, Ampeln tragenden Bronzehäuptern der Elefanten geschmückt hatte. Löwen und Eisbären verkörpern die Tierwelt der polaren und der tropischen Zonen, während die erzenen Standbilder des kriegerischen Somali und des Siouxindianers, modelliert von Franke-Berlin, die Völkerschauen zweier Welten versinnbildlichen.«[55]

Hagenbecks Idee blieb nicht lange ohne Einfluss. Trotz Patentanmeldung ließen Kollegen in England und Frankreich nicht davon ab, den Panoramazoo zu variieren. Ziel war es, Barrieren und Käfige möglichst zu reduzieren oder durch trickreiche Gestaltung gar verschwinden zu lassen. So etwa entstanden in London bis 1914 die Mappin Terraces, eine streng im geometrischen Viertelkreis angeordnete dreistufige künstliche Berglandschaft. Im Scheitelpunkt des Viertelkreises, dessen Radius knapp 90 Meter betrug, also ungefähr die Länge eines Häuserblocks, befand sich ein zweigeschossiger Teepavillon, der Baukunst und kultivierte Natur in einem Bauwerk

53 Hagenbeck, Carl: a. a. O., S. 195.
54 Ebenda.
55 Ebenda, S. 196.

Hagenbeck used the results in his zoo. The viewer was transported back to a paradise where animals were presented at a glance in a supposed harmony. The viewer himself assumed his role as Adam Before the Fall in this peaceful Garden of Eden. As Hagenbeck wrote in his memoirs: "The idea was to be able to see from one vantage point the animals of all zones in large gradations, with each species in an environment that reflected their homeland and moving, so to speak, freely about. The chamois, mouflons, and ibexes on artificial mountains, the steppe animals on wide open ranges, the predators in ravines without bars, separated from the viewers only by a trench. In the middle was a central building with a large arena for animals along with space for what in the animal trade I would call transit purposes."[53] The landscape was meticulously planned and designed: "Perched on the towering scaffolding of the future mountain formations, the ingenious Swiss sculptor Urs Eggenschwyler, amidst his crowd of bricklayers and carpenters, with trowel and chisel, designed the alpine rocky areas, in their hollow interior observation cockles, pumping stations and stables for the future high mountain wild of the Dolomites and the Himalayas mountains."[54]

When it was finished, the zoo was a sensation. The zoo as a mass phenomenon seemed to have arrived: "When the large portals opened on May 7, 1907, the village of Stellingen awoke from its Sleeping Beauty slumber. Thousands and thousands arrived with the newly opened tram and converged towards the monumental main entrance, which the sculptor, Josef Pallenberg had decorated with mighty, lamp bearing bronze elephant heads. Lions and polar bears embody the polar and tropical zones of the animal world, while the brazen statues of the warlike Somali and Sioux Indians, sculpted by Franke Berlin, symbolize the spectacles of two peoples."[55]

Hagenbeck's idea did not go unnoticed. Despite his patents, the competition from England and France did not hesitate to build variations on the panorama zoo. The goal was to reduce barriers and cages as much as possible or even make them seem to disappear, with clever design. For instance in 1914, the Mappin Terraces were built in London. They were rigorously designed as a geometric quadrant with an artificial mountain landscape in three layers.

Bergmassiv aus Stahl und Beton mit Ausstellungshalle und Aquarien.
The steel and concrete mountain hides an exhibition hall and aquariums within.
Guillery, Peter: The Buildings of London Zoo, London 1993, S. 66

Die Mappin Terraces im Londoner Zoo, 1913.
The Mappin Terraces in the London Zoo, 1913.
RIBA Collections 10026

At the apex of the quadrant, with a radius of just under 90 meters, or roughly the length of a city block, was a two storey tea pavilion, intended to combine architecture and a natural setting in one building. Steel and concrete, the most modern building materials of the time were employed for the support structure of the mountain massif. The initiation and realisation of the ambitious project was financed by the entrepreneur, John Newton Mappin, with the involvement of Sir Peter Chalmers Mitchell, the secretary of the Zoological Society. In fact, the panorama complex recalled the spatial composition of a panopticon or prison, with a central observation tower and radially organised inspection aisles. Instead of Hagenbecks's concentrated point de vue, the design was based on a clear geometrical form: the quadrant. The centre was dominated by the architecture from which the artificial landscape fanned out. The goal, as with Hagenbeck, was to present the animals in natural scenery borrowed from their surroundings and homelands. Climbing animals – and especially bears – were displayed on the 20 meter-high, artificial rock formations. The design embodied classical space-shaping landscape architecture elements: planted topographical modelling and terracing defined by walls, trenches, fences, or hedges. The interior of the rocky formation was

miteinander verbinden sollte. Zum Einsatz für das Traggerüst des Bergmassivs kamen die seinerzeit modernsten Baumaterialien: Stahl und Beton. Das ambitionierte Vorhaben konnte durch die Finanzierung des Unternehmers John Newton Mappin und das Engagement von Sir Peter Chalmers Mitchell, dem Sekretär der Zoological Society, angestoßen und realisiert werden. Ideenvorbild soll das Rundtheater der römischen Antike gewesen sein. Tatsächlich erinnert die Panorama-Anlage an die räumliche Komposition eines Panoptikums oder eines Gefängnisses, mit zentriertem Bewachungsturm und radial angeordneten Inspektionsgängen. Anstatt sich wie bei Hagenbeck auf einen *point de vue* zu konzentrieren, basiert der Entwurf auf einer klaren geometrischen Form, dem Viertelkreis. In dessen Zentrum dominiert die Architektur; davor entfächert sich kulissenartig die künstliche Landschaft. Ziel war es, wie bei Hagenbeck, die Tiere in einer Naturszenerie zu präsentieren, die an die Umgebung und Herkunftsländer der Tiere angelehnt ist. Auf den bis über 20 Meter ansteigenden künstlichen Felsmassiven wurden Klettertiere und vor allem Bären gezeigt. Der Entwurf beinhaltet klassische raumbildende Elemente der Landschaftsarchitektur: topografische Modellierungen und Terrassierungen, die durch Mauern, Gräben, Zäune oder Hecken begrenzt und bepflanzt wurden. Darüber hinaus war das Innere des Bergmassivs mit Aquarien ausgestattet und wurde als Ausstellungsfläche genutzt. Auch wenn das Konzept einzigartig in seiner Ausführung blieb, war es doch Wegbereiter für eine Reihe von einflussreichen Zoobauten im weiteren Verlauf des 20. Jahrhunderts.

Der Idealentwurf für ein Tiergebäude des Zoologen Gustave Loisel und des Architekten Désiré Bessin wurde 1908 im Jahrbuch der Société des Artistes Français veröffentlicht.
The ideal design for a zoo by the zoologist Gustave Loisel and the architect Désiré Bessin was published in the Société des Artistes Français almanac in 1908.
Les Salons d'Architecture (11. Anneé), Paris 1908

Die Jahre vor dem Ersten Weltkrieg waren für die Zooarchitektur eine Zeit der Innovation. Als Hagenbeck seine erste patentierte Panorama-Anlage in Hamburg eröffnete, war der französische Zoologe Gustave Loisel längst auf den deutschen Kollegen aufmerksam geworden. Loisel legte 1908 gemeinsam mit dem Architekten Désiré Bessin einen Idealentwurf für ein Tiergebäude vor, das unter einer landschaftsarchitektonisch gestalteten Anhöhe verborgen war. Doch nicht nur das. Loisel formulierte Forderungen an einen idealen Zoo und veröffentlichte diese in seinem Grundlagenwerk *Histoire des ménageries de l'antiquité à nos jours* (1912), das trotz seiner fundamentalen Inhalte bis heute nur in französischer Sprache verfügbar ist.

»Das Verständnis einer neuen Zooarchitektur beruht auf der Einsicht, dass ein Zoo vor allen Dingen der Gesundheit der Tiere dient und gleichermaßen malerischen, wissenschaftlichen und künstlerischen Ansprüchen genügen muss.« [56]

Während der Portikus seines im Buch vorgestellten Idealentwurfs sehr dominant wirkt, nehmen sich Besucherhalle und Tiergehege architektonisch zurück. Loisel nahm etwas vorweg, was erst 100 Jahre später zum Standard werden sollte: immersive Gehege, die eine Freiheit des Tieres in der Natur suggerieren und in denen der Besucher als Voyeur in Tunnelanlagen bis in die

56 Loisel, Gustave: Histoire des ménageries de l'antiquité à nos jours, Bd. 3, Paris 1912, S. 382ff. Dtsch. Übersetzung vgl. Meuser, Natascha: Quellentexte zur Zooarchitektur, Berlin 2017.

furnished with aquariums and used as exhibition spaces. Although the concept remained a one-off in its execution, it anticipated a series of influential zoo buildings for the rest of the twentieth century. The pre-World War I period was indeed a time of innovation for zoo architecture. When Hagenbeck opened his first patented panorama complex in Hamburg, his French colleague, the zoologist Gustave Loisel, had long been aware of his work. In 1908, along with the architect Désiré Bessin, Loisel presented an idealised model for a zoo disguised as an architecturally landscaped hill. But that was not all. Loisel formulated the requirements for the ideal zoo, publishing them in his basic work, *Histoire des ménageries de l'antiquité à nos jours* (1912), which, despite its crucial contents, is still only available today in French.

"The understanding of a new zoo architecture is based on the recognition that above all the zoo must support the health of the animals while satisfying picturesque, scientific, and artistic demands." [56]

While the portico of the ideal design presented in his book has a very imposing appearance, the visitors' hall and animal enclosures are architecturally more subdued. Loisel anticipated something that

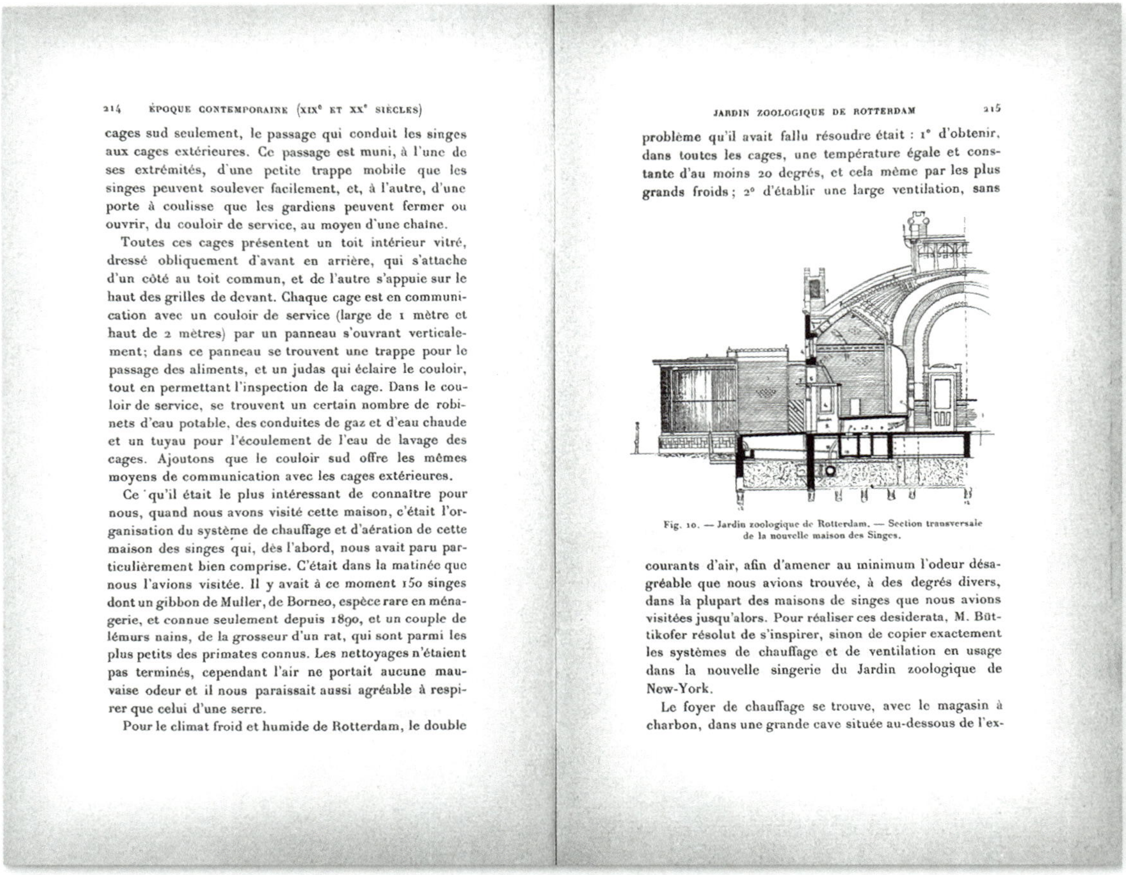

cages sud seulement, le passage qui conduit les singes aux cages extérieures. Ce passage est muni, à l'une de ses extrémités, d'une petite trappe mobile que les singes peuvent soulever facilement, et, à l'autre, d'une porte à coulisse que les gardiens peuvent fermer ou ouvrir, du couloir de service, au moyen d'une chaîne.

Toutes ces cages présentent un toit intérieur vitré, dressé obliquement d'avant en arrière, qui s'attache d'un côté au toit commun, et de l'autre s'appuie sur le haut des grilles de devant. Chaque cage est en communication avec un couloir de service (large de 1 mètre et haut de 2 mètres) par un panneau s'ouvrant verticalement; dans ce panneau se trouvent une trappe pour le passage des aliments, et un judas qui éclaire le couloir, tout en permettant l'inspection de la cage. Dans le couloir de service, se trouvent un certain nombre de robinets d'eau potable, des conduites de gaz et d'eau chaude et un tuyau pour l'écoulement de l'eau de lavage des cages. Ajoutons que le couloir sud offre les mêmes moyens de communication avec les cages extérieures.

Ce qu'il était le plus intéressant de connaître pour nous, quand nous avons visité cette maison, c'était l'organisation du système de chauffage et d'aération de cette maison des singes qui, dès l'abord, nous avait paru particulièrement bien comprise. C'était dans la matinée que nous l'avions visitée. Il y avait à ce moment 150 singes dont un gibbon de Muller, de Borneo, espèce rare en ménagerie, et connue seulement depuis 1890, et un couple de lémurs nains, de la grosseur d'un rat, qui sont parmi les plus petits des primates connus. Les nettoyages n'étaient pas terminés, cependant l'air ne portait aucune mauvaise odeur et il nous paraissait aussi agréable à respirer que celui d'une serre.

Pour le climat froid et humide de Rotterdam, le double

problème qu'il avait fallu résoudre était : 1° d'obtenir, dans toutes les cages, une température égale et constante d'au moins 20 degrés, et cela même par les plus grands froids; 2° d'établir une large ventilation, sans

Fig. 10. — Jardin zoologique de Rotterdam. — Section transversale de la nouvelle maison des Singes.

courants d'air, afin d'amener au minimum l'odeur désagréable que nous avions trouvée, à des degrés divers, dans la plupart des maisons de singes que nous avions visitées jusqu'alors. Pour réaliser ces desiderata, M. Büttikofer résolut de s'inspirer, sinon de copier exactement les systèmes de chauffage et de ventilation en usage dans la nouvelle singerie du Jardin zoologique de New-York.

Le foyer de chauffage se trouve, avec le magasin à charbon, dans une grande cave située au-dessous de l'ex-

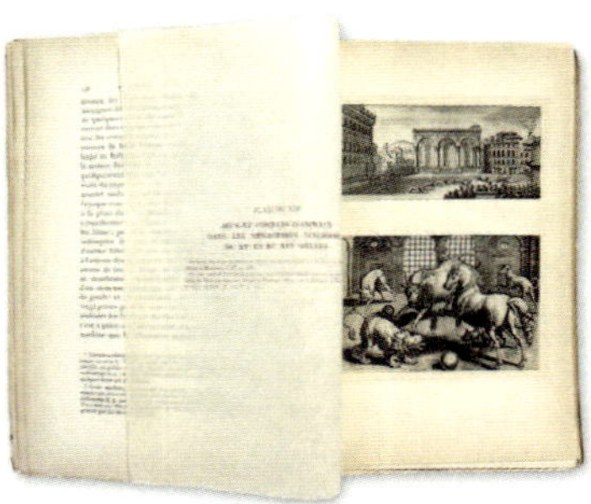

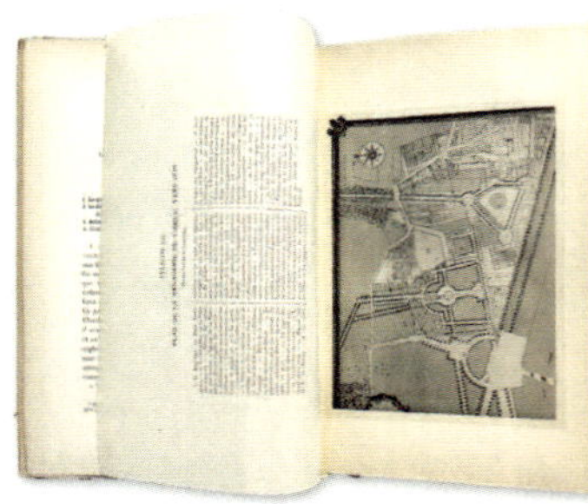

Eine baugeschichtliche Dokumentation in drei Bänden/
A documentation of architectural history of buildings for animals in three volumes: Gustave Loisel: Histoire des Ménageries de l'Antiquité à nos jours, Paris 1912.

intimsten Bereiche des Geheges vordringt. Die Gebäudehülle verschwindet und wird Teil der Landschaft. Darüber hinaus schlug Loisel vor, Tiergehege zu unterschiedlichen Zeiten mit unterschiedlichen Tieren zu bestücken.

»Die Anlage zeigt sich als ein malerischer Hügel, der durch eine Reihe großer Bäume vor Westwind geschützt ist. Der Gipfel dieses Hügels erhebt sich 12 Meter über dem Boden und stellt den Grat eines bergigen Bereichs dar; seine Flanken, bedeckt von Pflanzen und Felsen, fallen über verschiedene Hänge bis zum Ufer eines Wassergrabens hinab, der diese Hügel von allen Seiten umgibt. Der Wassergraben liegt unterhalb des Zoobodens, so dass das Publikum näher treten muss, um ihn am Fuße der ihn überragenden Mauer überhaupt zu erblicken.« [57]

Was 1905 / 06 mit einer Studie zum Sachstand der Zoos in Europa und Nordamerika angefangen hatte, entwickelte sich zu einem dreibändigen Handbuch mit Empfehlungen für die zukünftige Planung. Warum das »ausführlichste Quellenwerk zum Studium der Geschichte des Tiergartenwesens vom Altertum bis in die Gegenwart« [58] die letzte große Publikation Loisels bleiben sollte, kann nach derzeitigem Kenntnisstand nur gemutmaßt werden. Sicherlich trugen die kriegerischen Auseinandersetzungen in Europa dazu bei, dass der internationale Austausch der Zoologischen Gärten zumindest zwischen den Kriegsparteien auf Eis gelegt wurde. Bislang nicht untersucht bleibt der Einfluss von Loisel auf die Zooarchitektur des 20. Jahrhunderts.

57 Loisel, Gustave: a. a. O., S. 389.
58 Hediger, Heini: Zur Entstehungsgeschichte der Zoologischen Gärten, in: Ders.: Wildtiere in Gefangenschaft, Sonderabdruck aus der Ciba Zeitschrift, Heft 54 / 1938, S. 1876.

became a standard feature 100 years later: immersive enclosures that suggest the animal's freedom in nature, where the visitors – qua voyeurs – make their way through the tunnel complexes, all the way into the most intimate areas of the enclosures. The building shell disappears, becoming part of the landscape. Loisel also suggested occupying animal enclosures with different animals at different times of the year.

"The complex extends over a rectangular surface 100 meters long by 50 meters wide. The main axis runs from the northeast to southwest. Seen from outside, it looks like a picturesque hill protected from a west wind by a row of large trees. The peak of this hill is raised 12 meters above the ground, providing the backbone of a mountain zone. Its flanks, covered with plants and boulders, descend over various slopes to the bank of a trench filled with water surrounding the hill on all sides. The trench is located beneath the zoo floor, compelling the viewers to step closer in order to see it at all at the foot of the towering wall." [57]

What started out in 1905 / 06 as a study on the status of zoos in Europe developed into a three volume manual with recommendations for future planning. Why the "most comprehensive source for the history of zoos from antiquity to the present" [58] became Loisel's last major publication, can only be surmised according to the current state of knowledge. The conditions caused by the war in Europe certainly put a damper on the international exchange of information between zoological gardens, at least between hostile parties. To date, Loisel's influence on twentieth century zoo architecture has not been adequately addressed. [59]

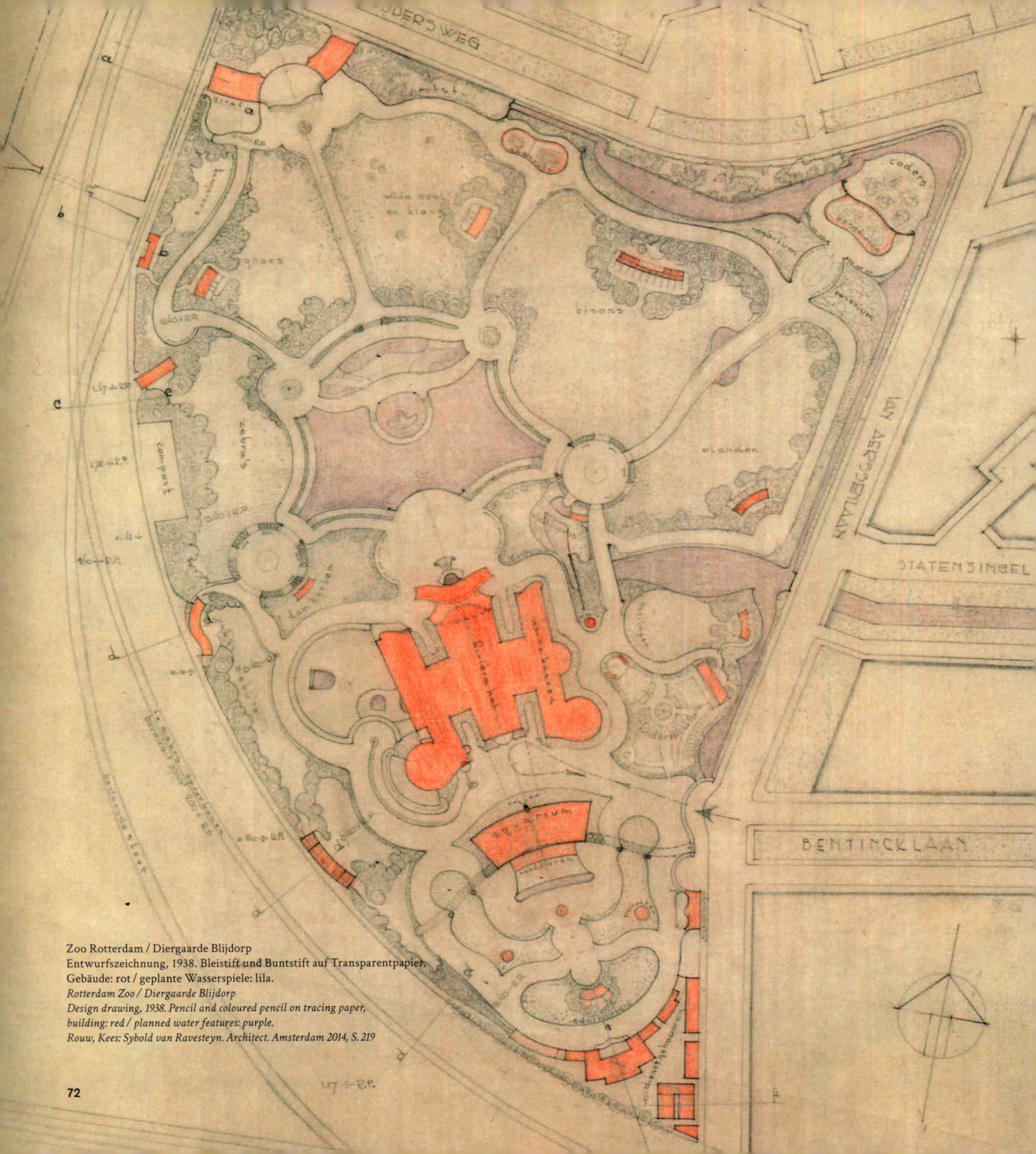

Zoo Rotterdam / Diergaarde Blijdorp
Entwurfszeichnung, 1938. Bleistift und Buntstift auf Transparentpapier,
Gebäude: rot / geplante Wasserspiele: lila.
Rotterdam Zoo / Diergaarde Blijdorp
Design drawing, 1938. Pencil and coloured pencil on tracing paper,
building: red / planned water features: purple.
Rouw, Kees: Sybold van Ravesteyn. Architect. Amsterdam 2014, S. 219

Elefantenhaus im Whipsnade Zoo. Jedem der vier Indischen Elefanten wurde eine separate runde Einheit zugewiesen. Das lang gestreckte Gebäude war mit Oberlichtern und einer durchgehenden Fensterbank ausgestattet, die im Winter geschlossen werden konnte.
Elephant house at Whipsnade Zoo. Each of the four Indian elephants was allocated a separate round unit. The elongated building was equipped with skylights and a continuous window sill that could be closed in winter.
George Albert Braham at Whipsnade Zoo

Zooarchitektur der dritten Generation: Formalismus und Funktionalismus

War die Zooarchitektur ab Beginn des 20. Jahrhunderts bis in die Zwanzigerjahre von der Hagenbeck'schen Idee der gegenüber der Architektur dominierenden Landschaft geprägt, leiteten in den Dreißigerjahren moderne Entwürfe, die dem Funktionalismus entsprangen, eine neue Ära ein. Die Abkehr von der Verlandschaftlichung des Zoos war nunmehr geprägt von Formalismus und dem Verzicht auf exotische Dekorationen. So bildete etwa Sybold van Ravesteyn mit dem Diergaarde Blijdorp in Rotterdam das neue architektonische Selbstverständnis der modernen Zoologie ab. Wie in einer barocken Anlage wurde der Besucher über ein axial ausgerichtetes und symmetrisches Wegenetz an Tiergehegen vorbeigeführt, die sich in ihrer minimalistischen Architektursprache an das Gesamtkonzept des Zoologischen Gartens anpassten. Diese dritte Generation der Zooarchitektur wurde am stärksten von den Entwürfen der Architektengruppe Tecton geprägt. Tectons geistiger Kopf Berthold Lubetkin realisierte mit dem Pinguinpool im Londoner Zoo eine Ikone der Architekturmoderne. Die Phase des Formalismus und Funktionalismus sollte bis in die Spätmoderne andauern – mit jeweils unterschiedlicher Interpretation ihrer Schöpfer: Während der vom Konstruktivismus geprägte Exilrusse Lubetkin seinen Entwurf der Pinguinanlage in den frühen Dreißigerjahren als architektonisches Statement verstanden wissen wollte, beschrieb der Schweizer Architekt Arthur Dürig seine Architektur als modernen »Zweckbau«.[59]

59 Der Begriff »moderner Zweckbau« wurde bereits 1926 von Adolf Behne in seinem gleichnamigen Buch verwendet. Vgl. Behne, Adolf: Der moderne Zweckbau, Berlin 1926.

Third Generation Zoo Architecture: Formalism and Functionalism

If zoo architecture from the beginning of the twentieth century until the 1920s was marked by Hagenbeck's idea of architecture dominated by landscape, by the 1930s modern designs occasioned by functionalism had ushered in a new era. After turning away from the zoo embedded in landscape, the architecture now became formalist, renouncing exotic decorations. For example, the Diergaarde Blijdorp in Rotterdam, by Sybold van Ravesteyn, reflects a new architectural self-conception of modern zoology. Similar to a Baroque complex, the visitor is led via an axially oriented symmetrical network of paths through the animal enclosures, which, with their minimalist architectural language, adapt to the overall concept of the zoological garden.

The third generation of zoo architecture was heavily influenced by the designs of the Tecton architect group. Berthold Lubetkin, Tecton's intellectual leading light, created an icon of modernist architecture with the penguin pool in the London Zoo. The phases of formalism and functionalism that were to continue into the late Modern were each interpreted differently by their creators: the constructivism-influenced exiled Russian, Lubetkin, wanted his design for the penguin complex, in the early 1930s, to be understood as an architectural statement, while the Swiss architect, Arthur Dürig, described his architecture as "modern functional building".[59]

"The exotic 'show pieces', done up in the name of the Romantic ideas of human beings and less for the sake of the animals, are slowly disappearing from our zoos. (...) The animals are the most important subject in the modern zoo. Their quarters are functional buildings that merge inconspicuously and naturally with the landscape of the garden and which, like their surroundings, are adapted to the life circumstances of the animal."[60]
And what, in light of animal welfare, is the impact of the fact that modern zoos' gratings have been replaced by barriers of another kind? Probably the same as the exotic architecture of the early period. The animals care as much about what kind of arabesques decorate their cages as they do about changes in their cage's boundary design. It's doubtful whether the latter might lead to an increase in animal welfare. As the Berlin zoologist and zoo director Ludwig Heck wrote in 1932: "The significance of the open-air facilities without gratings has become clear in terms of what it actually means for the animal, for whom it makes no difference and which amounts to no improvement if it is locked up in a cage with visible bars or can walk back and forth behind an invisible trench, on a rendered wall or a wire reinforced cliff. But the effect of the cage without bars is disproportionately greater for the viewers if they seem to see a lion walking in the open in front of them."[61] One could term this change in zoo architecture as the built expression of a bad conscience. The sympathies of the viewers are increasingly on the side of the animals, which is why the architecture of the enclosure and the whole facility must react if the concept of the zoo is to have a future in the twenty-first century and beyond.
In the 1930s, the caged animal became increasingly compassionate. More and more often, the comparison of zoo enclosures with prisons appeared. Thus writes Oswald Spengler in 1931: "A tamed, captive predator – every zoological garden has examples of it – is mentally mutilated, world-ill, internally annihilated. There are predators that voluntarily starve to death if they are caught."[62] Today the zeitgeist demanding a form of animal rights that has not previously existed requires a more humane architecture for animals. However there are currently no unified legal guidelines that could combine an effective approach to animal welfare with the zoo.

»Aus unseren Tiergärten verschwinden langsam die aus romantischen Vorstellungen der Menschen und nicht für das Tier entstandenen exotisch aufgemachten ›Prunkstücke‹. (...) Im modernen Zoo sind die Tiere die Hauptsache und ihre Behausungen Zweckbauten, die in die Landschaft des Gartens möglichst unauffällig und natürlich einzufügen und welche, wie ihre Umgebung, den Lebensbedingungen des Tieres anzupassen sind«,[60] schreibt Arthur Dürig 1956. Was aber ist nun hinsichtlich des Tierschutzes davon zu halten, dass im modernen Zoo das Gitter durch anders geartete Barrieren ersetzt wurde? Wahrscheinlich ebenso viel wie von der exotischen Architektur der Anfangszeit. Wie es den Tieren zuvor egal gewesen sein dürfte, welche Arabesken ihre Käfige verzierten, so dürfte es sich auch mit der Veränderung der Begrenzungsgestaltung verhalten: Dass dies eine Zunahme an Tierschutz bedeutete, ist zu bezweifeln. So schreibt 1932 der Berliner Zoologe und Zoodirektor Lutz Heck: »Auch die gitterlosen Freianlagen hat man inzwischen richtig einschätzen gelernt in ihrem wirklichen Wert für das Tier, für das es keinen Unterschied macht und keine Verbesserung bedeutet, ob es hinter einem sichtbaren Gitter oder hinter einem unsichtbaren Graben, an einer Putzmauer oder einer Rabitzfelswand hin- und herläuft. Nur die Wirkung auf den Beschauer ist ungleich stärker, wenn er z. B. einen Löwen scheinbar frei vor sich sieht.«[61] Dieser Wandel in der Zooarchitektur erscheint somit eher als gebauter Ausdruck eines schlechten Gewissens. Die Sympathien der Betrachter wenden sich vermehrt dem Tier zu, weshalb die Architektur der Gehege und ganzer Anlagen darauf reagieren muss, damit das Konzept des Zoos auch im 21. Jahrhundert und darüber hinaus noch eine Zukunft hat.
In den Dreißigerjahren erregte das im Käfig gehaltene Tier zunehmend Mitleid. Immer häufiger tauchte der Vergleich von Zoogehegen mit Gefängnissen auf. So schreibt Oswald Spengler 1931: »Ein gezähmtes, gefangenes Raubtier – jeder zoologische Garten bietet Beispiele dafür – ist seelisch verstümmelt, weltkrank, innerlich vernichtet. Es gibt Raubtiere, die freiwillig verhungern, wenn sie gefangen sind.«[62] Der Zeitgeist mit einem in dieser Form zuvor nicht gekannten Sinn für Tierrechte verlangte nach einer humaneren Architektur für Tiere. Es fehlten jedoch bislang einheitliche rechtliche Regelungen, die einen wirkungsvollen Tierschutzgedanken auch mit dem Zoo verbanden.

60 Dürig, Arthur: Bauen im Zoo, in: Werk. Heft 11 / 1956 (Zoologische Gärten), S. 339.
61 Heck, Lutz in: Wasmuth, Günther (Hg.): Wasmuths Lexikon der Baukunst, Bd. V. Zoologischer Garten, Berlin 1932, S. 752ff.
62 Spengler, Oswald: Der Mensch und die Technik. Beitrag zu einer Philosophie des Lebens, München 1931, S. 21.

1933 wurde in Deutschland das Reichstierschutzgesetz verabschiedet, das bis heute als Grundlage für das geltende Tierschutzrecht Bestand hat. Bereits der erste Paragraf regelte unter anderem die Haltung, die Unterbringung und den Transport von Tieren: »Verboten ist, ein Tier unnötig zu quälen oder roh zu mißhandeln.«[63] Dieses erste Tierschutzgesetz war mit biologistischen und antisemitischen Inhalten verbunden; es entsprang einer politischen Ideologie, die auch den Menschen in Rassen einteilte und hierarchisierte. Mensch und Tier waren in der öffentlichen Wahrnehmung infolge der Darwin'schen Beobachtungen immer enger zusammengerückt. So hält der Arzt und Philosoph Ludwig Büchner schon 1855 in seinem Bestseller *Kraft und Stoff* fest:

»Ich sah im Antwerpener zoologischen Garten einen Affen, welcher ein vollständiges Bett in seinem Käfig hatte, in welches er sich abends hineinlegte und zudeckte wie ein Mensch. Er machte Kunststücke mit Reifen und Bällen, welche man ihm gegeben hatte, und wandte sich spielend in einer Weise an die Zuschauer, als ob er mit ihnen reden und ihnen seine Kunst zeigen wolle. Von demselben Affen hatte man beobachtet, daß er den Umrissen seines Schattens an der Wand mit dem Finger nachfuhr! Die ganze Erscheinung machte einen wehmütigen Eindruck, da man sich des Gefühls nicht erwehren konnte, es sei hier ein menschenartiges, überlegendes und fühlendes Wesen eingekäfigt.«[64]

Dass eine Architektur für Tiere im Sinne des Tierschutzgedankens dann doch länger auf sich warten ließ, ist auf die beiden Weltkriege zurückzuführen, die den Fokus der Öffentlichkeit auf andere Themen richteten als den Tierschutz. So stellen die Weltkriege mit ihren verheerenden Bombenangriffen und Zerstörungen nicht nur Einschnitte in die europäische und besonders deutsche Architekturlandschaft generell dar, sondern bilden auch Brüche in der Geschichte der Zootierhaltung. In der Zeit des Ersten Weltkriegs starben die Zootiere massenweise, aufgrund von Futtermangel. Angesichts der allgemeinen Not geriet die Frage nach neuen Tendenzen in der Architektur zur Unterbringung der Tiere vollkommen in den Hintergrund. In der Zwischenkriegszeit gingen mit dem erstarkenden Nationalismus in Deutschland diverse Zoogründungen einher, die sich auf heimische Tierarten konzentrierten. Dies spiegelte sich auch in einer neuen Anordnung der Tiergehege wider, wie sie etwa 1928 im Münchner Tierpark Hellabrunn zur Wiedereröffnung erprobt

63 Mit dem Tierschutzgesetz vom 24. November 1933 trat erstmals ein eigenes Fachgesetz für den Tierschutz in Kraft. Es kam wie auch das Reichsnaturschutzgesetz als Regierungsgesetz ohne Beteiligung des Reichstags im Reichskabinett durch förmlichen Kabinettsbeschluss zustande. Radkau, Joachim / Uekötter, Frank: Naturschutz und Nationalsozialismus. Reihe *Geschichte des Natur- und Umweltschutzes*, Bd. 1, Frankfurt 2003, S. 83.

64 Büchner, Ludwig: Kraft und Stoff. Empirisch-naturphilosophische Studien in allgemein-verständlicher Darstellung, Frankfurt am Main 1855, S. 109.

In 1933, an animal welfare law was passed in Germany, which still serves as the basis for animal welfare legislation today. Amongst other issues, the keeping, shelter, and transport of animals is regulated in the first paragraph: "It is forbidden to unnecessarily torture an animal or to brutally mistreat it."[64] This first animal welfare law was based on the biologistic and anti-semitic content of a political ideology that divided human beings into races and hierarchies. As a consequence of Darwin's observations, in the public perception of things, man and animal had come closer together. As Ludwig Büchner, the physician and philosopher, found in 1855 in his best-seller *Kraft und Stoff*:

"I watched an ape in the Antwerp zoo in his cage that had a complete bed. He lay down in it at night and covered himself like a human being. He created artful objects with strings and balls, which he had been given, playfully appealing to the audience, as if he wanted to talk with them and show them his creations. This same ape was observed tracing the outline of his own shadow on the wall with his finger! The circumstance of the cage left one wistful because the thought would not go away that this was a human-like being, capable of reflection and feeling."[64]

The occurrence of two world wars in the last century meant that an architecture for animals that reflected a concern for their welfare had to wait. There were other preoccupations than those of animal welfare. With their devastating aerial bombing and destruction, the two world wars caused a hiatus, not just in the European – and especially the German – architectural landscape, but also in the history of the keeping of zoo animals. During World War I, zoo animals died en masse because there was no fodder for them. In light of the general state of emergency the question of new impulses in the architecture for housing animals receded utterly in the background. In the period between the wars, along with the rise of nationalism, various zoos were founded, which were dedicated to domestic animals. This was also reflected in a new arrangement of the animal enclosures that were tried out in 1928 in the reopened Munich Zoo in Hellabrunn. Instead of organising criteria based on functional care or zoological systems, the animal stock was exhibited according to

Vogelperspektive des Münchner Tierparkgeländes Hellabrunn. Die Anordnung der Tierarten erfolgte nicht mehr nach pflegerisch-funktionalen oder zoologisch-systematischen, sondern nach deren geografischer Herkunft.
Bird's eye view of the Munich Zoo Hellabrunn, in which the arrangement of animal species was no longer based on nursing-functional or zoological-systematic, but on their geographical origin.
Baumgärtner, Georg August: Denkschrift zum Wiederaufbau des Münchner Tierparks Hellabrunn, München 1927

wurde. Die Tiere wurden nicht mehr nach pflegerischen oder zoologischen Kriterien ausgestellt, sondern nach ihrem geografischen Ursprung, um den Besuchern ein Bild von der Heimat und Lebensweise der Tiere zu vermitteln.

»Es wird beim Wiederaufbau des Tierparks Hellabrunn der allergrößte Wert darauf gelegt werden, zum ersten Male die deutschen Tiere lückenlos zu zeigen, was bisher noch nirgends geschehen ist. Grundsatz bei der neuen Anlage des Tierparks Hellabrunn ist es, wie schon früher ausgeführt, biologische Bilder zu schaffen, um so dem heutigen hohen Stande der biologischen Wissenschaft gerecht zu werden und den Anforderungen zu genügen, welche die moderne Pädagogik an eine Lehrstätte der Naturwissenschaft stellt. Jedes Gehege soll für eine bestimmte Tierart eingerichtet, einen Ausschnitt aus der Natur darstellen an jener Stelle, wo das betreffende Tier lebt.« [65]

Die Architekturwettbewerbe der ersten 30 Jahre des 20. Jahrhunderts zeigen einen Rückgang historisierender Entwürfe. Die Moderne zog auch in die Zoos ein; vor allem in London fand sie einen progressiv gestimmten Bauherrn vor, der zwei wegweisende Gebäude an Berthold Lubetkin, einen aus Russland stammenden konstruktivistischen Architekten, in Auftrag gab. Lubetkin war Mitbegründer von Tecton, einem Büro von emigrierten Architekten, das 1932 in London gegründet wurde, als die britische Architektur noch traditionell geprägt war. Zu den ersten Bauten zählen das Gorillahaus (1933) und der Pinguinpool (1934) des Londoner Zoos. Des Weiteren plante die Gruppe unter anderem den Zoo in Dudley. Heute sind diese einzigartigen Bauten Ikonen der britischen Moderne und stehen längst unter Denkmalschutz.
Der Avantgardist Lubetkin definierte zwei Gestaltungsansätze für Zoobauten: Entweder bedient sich die Architektur einer populären, vom Publikum nachgefragten Romantik wie bei Hagenbeck. Oder aber sie versucht ein architektonisches Statement abzugeben in Form einer abstrakten Bühne wie etwa im Zirkus – eine Haltung, die Lubetkin auch selbst vertrat. Für ihn waren die Aufträge für den Londoner Zoo ein doppelter Segen. Zum einen nutzte Lubetkin den Zoo als Experimentierfeld der Moderne, zum anderen überprüfte er die zentrale Frage seiner eigenen philosophischen Einstellung zur Moderne: die Frage nach der Stellung des Menschen in der Natur.
Während Lubetkin die dramatische Inszenierung der Tiere als Schauspiel in den Fokus stellte, zeichnete der niederländische Architekt Sybold van Ravesteyn zur gleichen Zeit im Rotterdamer Zoo ein vollkommen anderes Bild der Moderne. Hier spielten bereits die Standardisierung und die Erprobung von neuen Materialien wie Stahl, Stahlbeton und Glas eine

65 Baumgärtner, Georg August: Denkschrift zum Wiederaufbau des Münchner Tierparks Hellabrunn, München 1927, S. 46f.

animal specific geography in order to convey a certain idea of the homeland and way of life of the animal to the visitors.

"In the reconstruction of the Hellabrunn Zoo, great importance is attached to the fact that for the first time a complete collection of German animals is shown, which has never been done before. In the context of the rapid spread of the homeland defence movement it will become a complex that will be talked about throughout Germany. As has already been explained, the guiding tenet of the new zoo complex in Hellabrunn is to create biological images in order to measure up to the current high standards of biological science and to answer the demands that modern pedagogy places on a scientific institution dedicated to natural science. Each enclosure should be built for a certain species and show a segment from that place in nature where the animal in question lives." [65]

The larger architectural competitions during the first thirty years of the twentieth century reveal a return of historicising designs. The Modern was also in evidence in the zoos. It was especially welcome in London, where a progressively-oriented contractor gave commissions for two pioneering buildings to Berthold Lubetkin, the constructivist architect from Russia, co-founder of Tecton. The firm, whose members were mostly emigrants, was established in 1932 in London, at a point when British architecture was still predominantly traditional. Amongst the first Tecton buildings were the Gorilla House (1933) and the Penguin Pool (1934) in the London Zoo. In addition, the group also planned the Dudley Zoo. Today, these unique buildings are icons of the British Modern, long since protected monuments.
The avant-gardist Lubetkin defined two design approaches for zoo buildings: the architecture could appeal to a Romantic that was popular with the public like that of Hagenbeck, or it could make an architectural statement in the form of an abstract stage, like that in the circus, an attitude represented by Lubetkin. The London Zoo commissions were a twofold blessing for him. Lubetkin used the zoo as a field for experimentation for the Modern, while examining the central question of his own philosophical attitude toward the Modern, namely the question of the position of man in nature. While

Gorillahaus im Londoner Zoo.
Architektur: Tecton Group (1933).
Gorilla house in the London Zoo.
Architecture: Tecton Group (1933).
Foto: RIBA 28680

Der Pavillon für Elefanten und Nashörner im Londoner Zoo. Eine skulpturale Architektur in außergewöhnlichen Formen und Volumen mit großer Bildhaftigkeit. Architektur: Casson Conder & Partners (1965).
The Elephant and Rhinoceros Pavilion in the London Zoo. A sculptural architecture of exceptional shape and volume, with great imagery. Architecture: Casson Conder & Partners (1965).
Foto: Riba A 51043

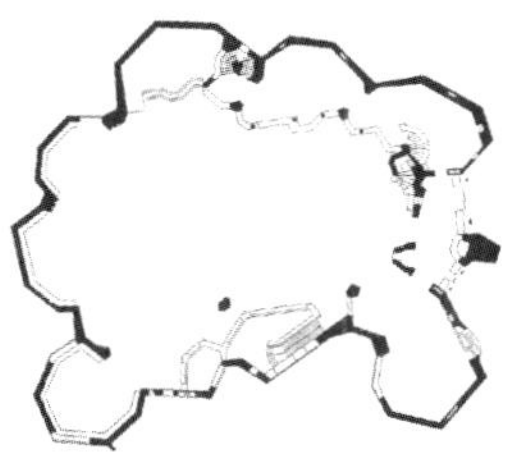

Wallfahrtsdom, Velbert-Neviges. Wie beim Elefantenpavillon im Londoner Zoo präsentiert sich hier ein skulpturaler Zentralraum auf freiem polygonalem Grundriss, beschirmt von einem mächtigen Faltdach. Architektur: Gottfried Böhm (1968).
Pilgrimage church, Velbert-Neviges. Such as the elephant pavilion in the London Zoo, a sculptural central space is presented on a free polygonal floor plan, shielded by a mighty chiselled roof. Architecture: Gottfried Böhm (1968).
Foto: Thomas Robbin

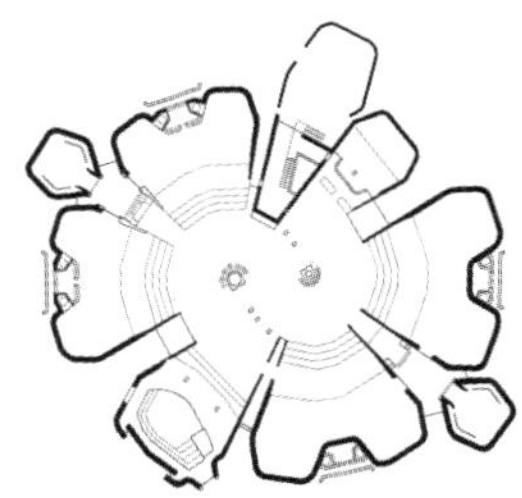

große Rolle und ebneten den Weg für eine Zooarchitektur, in der Glasflächen ein wichtiges Gestaltungselement werden sollten. In der Architektursprache van Ravesteyns steht der gut gestaltete Raum im Vordergrund, nicht die Art der Bauaufgabe.[66] Dass die Planung des Diergaarde Blijdorp in seinen strengen Symmetrien und den anmutig geschwungenen Linien beinahe glamourös wirkte, ist van Ravesteyns Affinität und Vorliebe für Kurven geschuldet: »Sie geben eine große Entwurfsfreiheit und ermöglichen flexible Grundrisse und Raumstrukturen.«[67] Erwartungsgemäß standen van Ravesteyns Zoobauten ebenso unter Kritik wie die Planungen Lubetkins, denn »auch ein Gewächshaus kann wie eine eifersüchtige Frau sein, die keine Schönheit neben sich ertragen kann und dieser Kampf gegen Orchideen und exotische Pflanzen fällt sichtbar schwierig aus«[68].

66 de Vries, Joh.: Diergaarde Blijdorp. Den Haag 1986, S. 19ff.
67 de Vries: a. a. O., S. 19ff. (Übersetzung: Natascha Meuser).
68 Ebenda.

Lubetkin was focusing on the animals in a dramatic staging, at the same time in the Rotterdam Zoo Sybold van Ravesteyn was presenting a completely different image of the Modern. In Rotterdam, the testing and standardisation of new materials like steel, reinforced concrete, and glass took centre stage, paving the way for a zoo architecture in which glass surfaces would become a important design element. In Ravesteyn's architectural language the well-designed space occupied the foreground and not the building task.[66] With its rigorous symmetries and gracefully curved line, the Diergaarde Blijdorp has an almost glamourous effect, owing to Ravesteyn's affinity and predilection for curves: "They convey a great design freedom and make possible more flexible floor plans and spatial structures."[67]

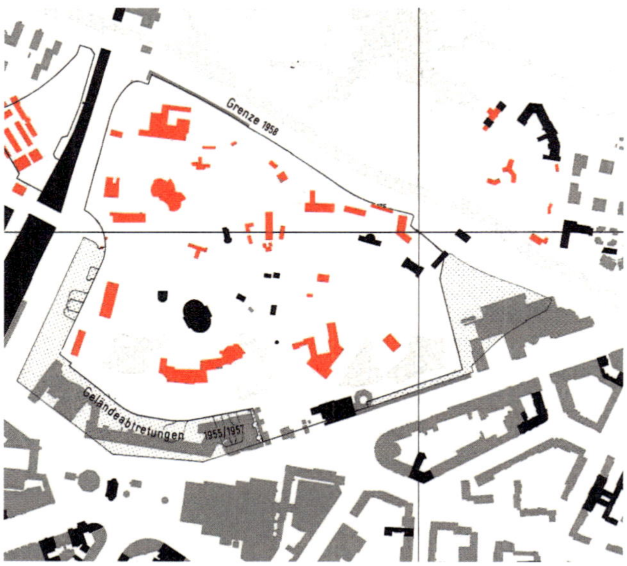

Zoologischer Garten Berlin

1 um 1940
around 1940

2 Kriegszerstörung und Abriss bis 2001
War damages and demolition until 2001

3 Neue Gebäude 1953 bis 2001
New buildings, from 1953 to 2001

Zeichnungen: Senatsverwaltung für Stadtentwicklung Berlin

Weitgehend speiste sich die Architektur jedoch nach wie vor aus erprobten Typologien und Bauelementen und befand sich auch in der Zeit der Moderne weiter auf der Suche. Eines der wenigen herausragenden Beispiele für Zoobauten der dritten Generation ist der 1965 von den Architekten Casson Conder & Partners für den Londoner Zoo realisierte Elefanten- und Nashornpavillon. Der skulpturale Bau mit dem weitgehend stützenfreien Zentralraum war seiner Zeit weit voraus. Das Architekturerlebnis stand hier bereits im Vordergrund. Über polygonalem Grundriss üben insgesamt 13 mächtige Türme eine nahezu kultische Wirkung aus, im Spannungsfeld zwischen nüchterner Moderne und einer neu gewonnenen Formfreiheit im Stil des Brutalismus. Das Gebäude wurde im Rahmen der Nachkriegs-Sanierungsmaßnahmen (Masterplan 1958) des Londoner Zoos als erster Großbau auf etwa 1.300 Quadratmeter Grundfläche ausgeführt und blieb vorerst, bis auf wenige Ausnahmen, einer der letzten selbstbewussten architektonischen Fußabdrücke in der baulichen Entwicklung des Zoos. Denn aufgrund eines neu aufkommenden Verständnisses von einer sich der Natur gestalterisch unterwerfenden Zooarchitektur galten Formalismus und Funktionalismus spätestens nach der Ölpreiskrise in den frühen Siebzigerjahren als überholt.
In Deutschland führten die politischen Veränderungen ab 1933 auch zu Veränderungen in der Zoolandschaft. Im Zuge der nationalsozialistischen Bemühungen, regionale Traditionen und Nationalbewusstsein zu fördern, erhielten zahlreiche Zoos finanzielle und materielle Unterstützung. So wurden etwa die Zoos in Osnabrück (1936), Augsburg (1937) oder Nürnberg (1939) neu gegründet und mit mitteleuropäischen Nutz- und Wildtieren bestückt. Die nationalsozialistische Propaganda hatte auch Einfluss auf die Architektur im Zoo. Errichtet wurden überwiegend Bauten mit Steildach und im jeweiligen regionalen Baustil. Aus heutiger Sicht erscheint beispielsweise der Tiergarten Nürnberg wie ein Freilichtmuseum mitteldeutscher Sandsteinarchitektur. In künstlich geschaffenen Felsgehegen wurden Bären, Wölfe und andere »deutsche« Tiere untergebracht.
Die Bombenangriffe des Zweiten Weltkriegs gingen auch an den zoologischen Gärten nicht spurlos vorüber. Beispielhaft für den deutschsprachigen Raum mögen die Zoos in Berlin, Dresden, Düsseldorf, Frankfurt, Köln und Königsberg stehen, die fast vollständig zerstört wurden. Während sich die Stadtplaner um Modellbilder des Wiederaufbaus bemühten, kämpften die Zoos selbst mit ganz anderen Problemen. Ein Großteil der Tierunterkünfte war zerstört und eine große Anzahl der Tiere verendet. Das Gebot der Stunde war, wie im Städtebau des Wiederaufbaus generell, mit allen zur Verfügung stehenden Mitteln beschädigte und teilzerstörte Gebäude wiederherzustellen sowie wieder nutzbar zu machen. Für kühne Idealplanungen, mit denen sich Neues aus der Kritik des Alten schaffen ließe, fehlten schlichtweg Visionen,

But as it customarily had, architecture continued to draw on proven typologies and structural elements and even during the Modern period was still exploring. One of the less outstanding examples of third generation zoo architecture is the elephant and rhinoceros pavilion realised in 1965 by Casson Conder & Partners for the London Zoo. The sculptural structure with a central space – almost free from supports – was far ahead of its time. The experience of architecture was the point here. A total of thirteen mighty towers distributed over a polygonal floor plan produce an almost cult-like effect in the tension between a sober Modern and a newly attained freedom of form in the Brutalist style. It became the first large scale building structure in the framework of the post-war renovation measures (Master plan 1958) of the London Zoo, and was built on approximately 1,300 square metres of floor area. For the time being, with few exceptions, it was one of the last assertive architectural footprints in zoo building development. With the newly emerging understanding of zoo architecture based on subjugation to nature, by the time of the oil crisis at the latest, formalism and functionalism had become outdated.
The political changes beginning in 1933 also led to changes in the zoo landscape in Germany. In the wake of attempts by the National Socialists to encourage regional traditions and national consciousness, many zoos received financial and material assistance. New zoos were founded in Osnabrück (1936), Augsburg (1937), and Nuremberg (1939) and furnished with Central European domestic and wild animals. National Socialist propaganda also influenced zoo architecture. The new buildings featured primarily pitched roofs in the architectural style of the relevant region.
The aerial bombings of World War II didn't leave the zoos unscathed. For instance, in German speaking Europe, the zoos in Berlin, Dresden, Düsseldorf, Frankfurt, Cologne, and Königsberg were almost completely destroyed. While urban planners focused on reconstruction models, zoos faced unique challenges. Many animal enclosures were destroyed, and numerous animals had died. Reconstruction and urban planning mainly revolved around restoring damaged buildings with available resources. Procedures and structures that

had developed since the inception of the zoos were now determining the starting situation for the reconstruction as well as the profile and identity of the entire complex. The manifesto, published in 1947 in the magazine *Baukunst und Werkform*, formulated a radical rejection of history: "The legacy that has been destroyed should not be historically reconstructed. What emerges must be dedicated to new tasks in a new form."[69] It was a call that was interpreted variously in the zoos. In addition, it was politically impossible to make the argument that the resources, that were scarce to begin with, should be used for the reconstruction and operation of animal enclosures. Nothing during that time of need was more important, including for animals, than the organisation of food staples and the supplying of heat, as well as the maintenance of urban infrastructure. In many population centres, the rubble that had been removed was used "to create leisure parks. Hilly and mountainous urban landscapes were heaped up on flat terrain. The fact that the rubble that had been created in places where human beings had lived and suffered was almost always used to facilitate carefree leisure time activities cast a macabre shadow over those decisions."[70] Therefore the willingness in many locations to reopen the zoos to the public as quickly as possible was all the more remarkable.

What happened was predictable, given the needs of the time. In the face of dire adversity the zoo projects that were realised were always functional buildings that expressed the need to lock up the animals, and the idea of a habitat that was as natural as possible was suppressed. Hygienic aspects constantly occupied the foreground. These had far-reaching influences on the planning and design of new zoo buildings. The planning and new construction of zoological gardens in the GDR was handled differently. Interestingly enough, this activity was supervised by the cultural divisions of the towns. The zoos were to fulfil a legally prescribed educational task as scientific schools for the people.[71] Due to the legal requirement, the demand was now expressed to clearly define the zoo as a cultural institute. For the first time, local public institutions were established for the development of zoos, directors were appointed, and systematic research work was planned. Heinrich Dathe, who became director of

Protagonisten und vor allem die finanziellen Mittel. Abläufe und Strukturen, die sich seit Bestehen der Tiergärten herausgebildet hatten, bestimmten auch weiterhin die Ausgangssituation für den Aufbau sowie das Profil und die Identität der Gesamtanlage. Die radikale Ablehnung der Geschichte und der 1947 als Manifest für den Wiederaufbau Deutschlands in der Zeitschrift *Baukunst und Werkform* formulierte moralische Appell: »Das zerstörte Erbe darf nicht historisch rekonstruiert werden, es kann nur für neue Aufgaben in neuer Form entstehen.«[69] wurden in den Zoos unterschiedlich gehandhabt. Zudem war in der Nachkriegszeit politisch kaum zu argumentieren, dass die ohnehin knappen finanziellen Ressourcen für den Aufbau und den Betrieb von Tiergehegen genutzt werden sollten. Nichts war in der Notzeit dringender, auch für Tiere, als die Organisation von Grundnahrungsmitteln und der Wärmeversorgung sowie die Instandsetzung der städtischen Infrastruktur. In vielen Ballungszentren wurden die abtransportierten Trümmer genutzt, um »mit den Schuttkippen Freizeitparks herzustellen. Aus flachen Terrains wurden hügelige und bergige Stadtlandschaften. Dass sich die Trümmer von Orten, an denen Menschen gelebt und gelitten hatten, fast immer in Stätten unbeschwerter Freizeittätigkeiten verwandelten, gibt diesen Entscheidungen einen makabren Beigeschmack.«[70] Umso bewundernswerter war vielerorts die Bereitschaft, die Zoologischen Gärten so schnell wie möglich wieder der Bevölkerung zugänglich zu machen.

Das pragmatische Ergebnis war charakteristisch für die Not der Zeit. Die trotz aller Widrigkeiten realisierten Projekte waren fast durchweg funktionale Zweckbauten, die den Gedanken an ein natürliches Habitat zurückdrängten. Hygienische Aspekte wurden immer wichtiger und beeinflussten die Planung und Gestaltung der Zoobauten stark. Eine Besonderheit stellen die Planungen und Neugründungen der Zoologischen Gärten in der DDR dar, die bemerkenswerterweise den Kulturabteilungen der Kommunen unterstanden. Die Zoos sollten als »naturwissenschaftliche Schulen des Volkes« eine gesetzlich festgeschriebene Bildungsaufgabe erfüllen.[71] Durch die gesetzliche Regelung war nunmehr ein Anspruch formuliert, der den Zoo eindeutig als Kulturinstitut etablierte. Erstmals wurden die örtlichen staatlichen Organe zur Entwicklung der Tiergärten festgelegt, alle Leiter der großen Tiergärten bestimmt und eine planmäßige

69 Baukunst und Werkform. Eine Folge von Beiträgen zum Bauen, hg. von Alfons Leitl, Heidelberg 1947, S. 29ff.

70 Pehnt, Wolfgang: Deutsche Architektur seit 1900, München 2005, S. 256.

71 Statut für Grundsätze der Tierparks vom 31.10.1971. Vgl. Dathe, Heinrich (Hg.): Tiergärten der Deutschen Demokratischen Republik, Berlin 1987, S. 3. Dazu auch Schädlich, Matthias: Die Entwicklung der Haltungsbedingungen von Wildtieren im Freistaat Sachsen im Zeitraum von 1996 bis 2001 unter besonderer Berücksichtigung der Haltungsbedingungen von Großbären (Ursidae), Leipzig 2002, S. 12.

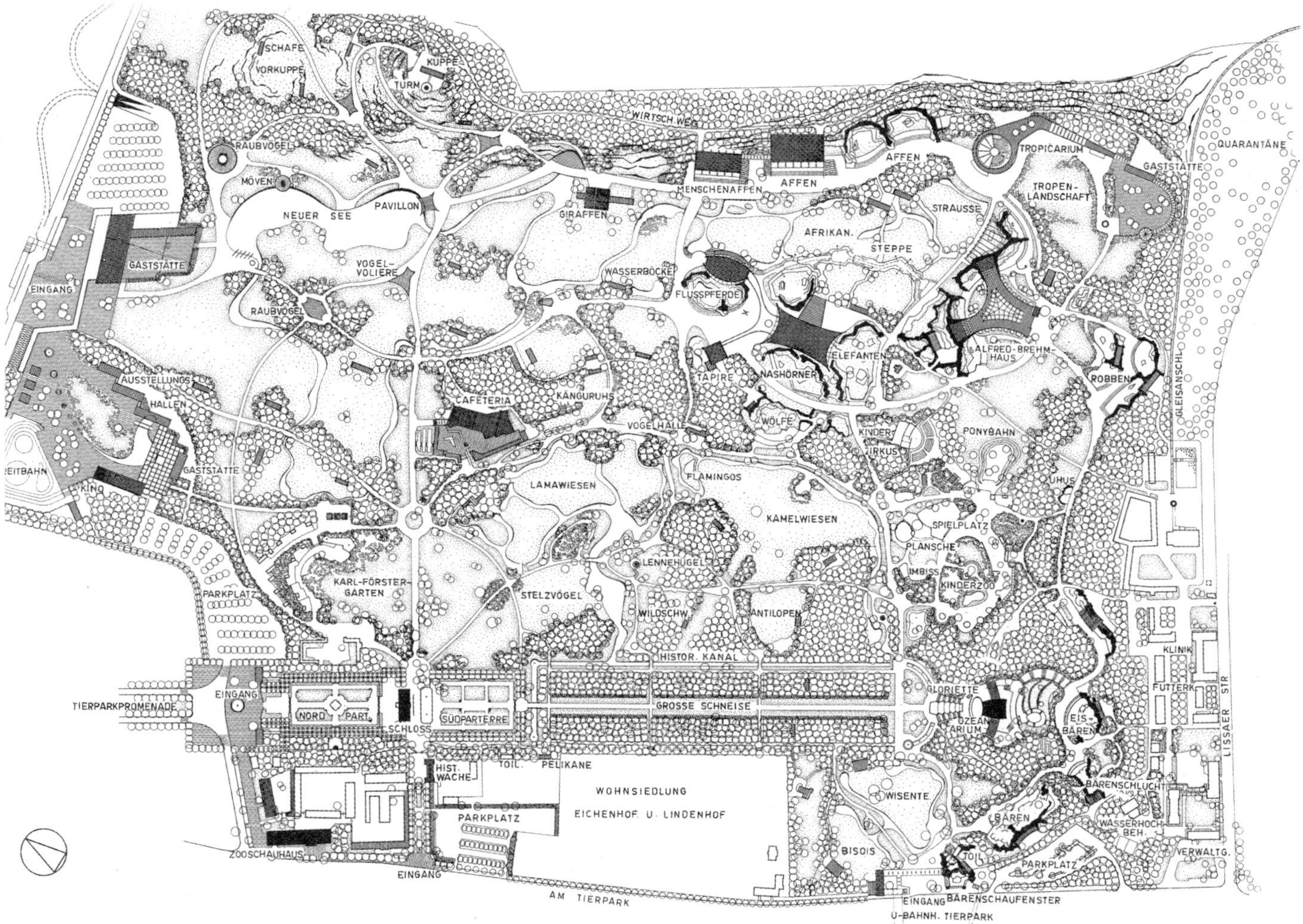

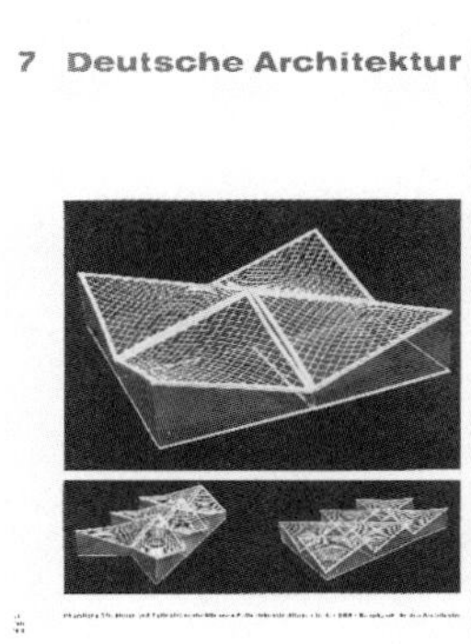

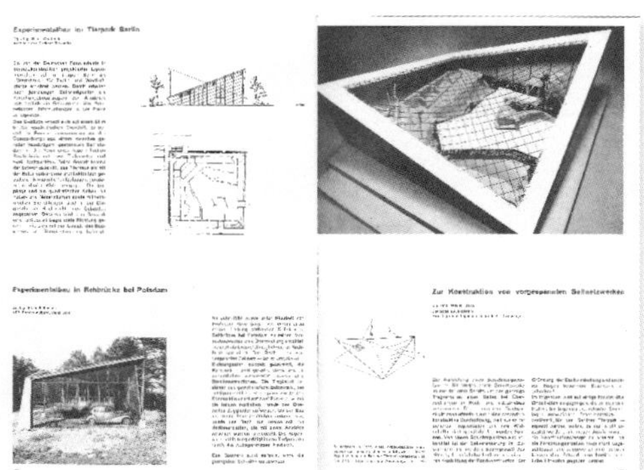

Oben: Perspektivplan Tierpark Berlin-Friedrichsfelde.
Top: Perspective plan of the Berlin-Friedrichsfelde Zoo.
Deutsche Architektur, Heft 8/1964

Links: Ein von der Deutschen Bauakademie projektierter Seilnetz-Experimentalbau wurde nicht realisiert.
Left: One of the projected rope network experimental construction, by the German Academy of Construction, was not realised.
Deutsche Architektur, Heft 7/1962

1963 wurde im Tierpark Berlin das Alfred-Brehm-Haus eröffnet, ein Universalwärmehaus in Form einer liegenden Sphinx mit einer Gesamtfläche von 5.300 Quadratmetern und 41.500 Kubikmeter umbautem Raum. Im Zentrum des Gebäudes erhebt sich eine 16 Meter hohe Stahl-Glas-Konstruktion: die Tropenhalle mit 1.100 Quadratmeter Fläche und 13.000 Kubikmeter umbautem Raum.
In 1963, the Alfred Brehm House was opened at Tierpark Berlin, a universal warming house in the shape of a horizontal sphinx with a total area of 5,300 square metres and 41,500 cubic metres of enclosed space. At the centre of the building is a 16-metre-high steel and glass construction: the tropical hall with an area of 1,100 square metres and 13,000 cubic metres of enclosed space.
Akademie der Künste AK 18 F. 13/AK 18 Foto 16 (oben)

Forschungsarbeit verordnet. Heinrich Dathe, ab 1954 Direktor des Ost-Berliner Tierparks, schreibt 1987, dass man »ohne Übertreibung von einer Blütezeit des Tiergartenwesens in der DDR«[72] sprechen könne. Der Zoo als Bildungspark sollte das allgemeine kulturelle Niveau und die Kraft der sozialistischen Gesellschaft verkörpern. Mit staatlicher Unterstützung und mithilfe der Bevökerung entstanden in der DDR allein über 100 kleinere Tiergärten, Heimtiergärten sowie größere Zoologische Gärten neu: 1950 der Zoologische Garten Magdeburg, 1954 der Tierpark Cottbus, 1955 der Tierpark Berlin, 1956 der Zoologische Garten Rostock, 1959 der Thüringer Zoopark Erfurt und 1974 der Zoologische Garten Schwerin.

Der Ost-Berliner Tierpark Friedrichsfelde spielte als Hauptstadtzoo eine besondere Rolle. Mit dem imposanten Bau des Alfred-Brehm-Hauses verkörperte die über 160 Hektar große Anlage Anfang der Sechzigerjahre die kulturelle Wertstellung der Volkseinrichtung Zoo. Untrennbar mit diesem Bauwerk und erst recht mit der Entwickung der Zooarchitektur in der DDR ist der Name des Architekten Heinz Graffunder verbunden. Graffunder war – und das ist den wenigsten bekannt – der bedeutendste Architekt in der DDR, der sich der Typologie von Zoobauten verschrieben hatte. Das Kollektiv Graffunder konzipierte und errichtete Gebäude, Anlagen und Masterpläne für Zoologische Gärten im Staatsauftrag, darunter für den Tierpark Berlin-Friedrichsfelde 1954–1964 und 1983–1984 sowie für Cottbus, Erfurt und Rostock im Zeitraum zwischen 1955 und 1966. Viele der Entwürfe, darunter ein viel diskutierter Seilnetz-Experimentalbau und ein Multifunktionsbau für Wassertiere, die für den Tierpark Friedrichsfelde entwickelt wurden, verschwanden jedoch aus Finanzierungsnöten in den Zoo-Archiven.[73]

Obwohl diese Dokumentation den Fokus auf Zoobauten im deutschsprachigen Raum legt, werden hier drei experimentelle Konzepte aus Nordamerika als Beispiele für den Einfluss zeitgenössischer Architektur und Theorie auf die Zooarchitektur skizziert. In dem Entwurf eines Prototypen für ein Hexagonalhaus des Landschaftsarchitekten, Architekten, Bauingenieurs und Hochschullehrers Alfred Caldwell für den Zoologischen Garten Omaha (1955) etwa zeigt sich der Einfluss der Kybernetik in Form von wabenförmigen Strukturen. Dies war ein typisches Architekturmotiv bis in die Siebzigerjahre hinein. Die Namen der Baukünstler, mit denen Caldwell zusammenarbeitete, lesen sich wie das Who-is-Who der US-amerikanischen Bauzunft des 20. Jahrhunderts: Frank Lloyd Wright, Jens Jensen, Mies van der Rohe oder Ludwig Hilberseimer. Für die Zoologischen Gärten in Montreal (1954) und in Omaha im US-Bundesstaat Nebraska (1955) entwickelte er sehr unterschiedliche

72 Dathe, Heinrich: a. a. O., S. 4.

73 Graffunder, Heinz: Experimentalbau im Tierpark Berlin, in: Deutsche Architektur, Heft 7 / 1962, S. 402f.

the Tierpark Berlin in 1954, wrote in 1987 that one could speak "without exaggeration of a blooming of the zoological garden in the GDR".[72] The zoo as educational facility was there to embody the general cultural level and the force of socialist society. Over 100 smaller zoological gardens – zoos for domestic animals and larger zoological gardens – were created with state support and the aid of the population in the GDR: in 1950 the Magdeburg Zoo, in 1954 the Cottbus Zoo, in 1955 the Tierpark Berlin, in 1956 the Rostock Zoo, in 1959 the Erfurt Zoo Park in Thuringia, and in 1974 the Schwerin Zoo.

The main city zoo in East Berlin, the Tierpark Berlin, played a special role. At the beginning of the 1960s the over 160 hectares facility and its impressive Alfred Brehm House embodied the cultural value the zoo had as a peoples' institution. The building, and indeed the entire development of zoo architecture in the GDR, is unthinkable without naming Heinz Graffunder. Graffunder was, which is not generally known, the most important architect in the GDR, who had devoted himself to the typology of zoo buildings. The Graffunder collective conceived and built buildings, facilities, and master plans for zoological gardens commissioned by the GDR, amongst them, the Tierpark Berlin from 1954–1964 and 1983–1984 and facilities in Cottbus, Erfurt, and Rostock in the period between 1955 and 1966. Many designs, including a much discussed experimental tensile structure building and a multi-functional building for aquatic animals developed for the Tierpark Berlin, were filed away in the zoo archives for financial reasons.[74]

Although this work will focus on zoo buildings in German speaking countries, three experimental concepts from North America will be presented. This may advance the proposition that zoo architecture has always been influenced by contemporary currents in architecture and theory. For example, the design by the architect, landscape architect, structural engineer, and university professor Alfred Caldwell, of a prototype for a six-sided building for the Omaha Zoo (1955) shows the influence of cybernetics with a hive-shaped structure. This was a typical architectural shape recurringly found until the 1970s.

Entwurf des Architekturbüros Voigt & Fourre für einen 17 Hektar großen Zoologischen Garten in Minnesota, USA: Die architektonische Gestaltung bezieht sich auf das Bauwerk als Ganzes und vermeidet dadurch die typische Stilvielfalt der Pavillonarchitekturen.
Designed by Voigt & Fourre Architects for a 17 hectares zoo in Minnesota, USA: the architectural design relates to the building as a whole, avoiding the typical stylistic diversity of pavilion architectures.
Progressive Architecture, Heft 11 / 1965, S. 195ff.

The list of architects with whom Caldwell collaborated reads like a Who's Who of the American twentieth century fraternity: Frank Lloyd Wright, Jens Jensen, Mies van der Rohe, or Ludwig Hilberseimer. Caldwell developed different concepts for the zoological gardens in Montreal (1954) and in Omaha (1955), both however expressed the zeitgeist. In Omaha, Caldwell used a hive structure, while in Montreal a steel architecture he was inspired by Ludwig Mies van der Rohe. Both concepts broke with the usual animal building as part of the landscape (Hagenbeck), as well as the original cage architecture. Caldwell referenced tendencies that Sybold van Ravesteyn had already realised in 1938 in the Rotterdam Diergaarde Blijdorp for his overall plans for Omaha and Montreal. In his memoirs Caldwell writes: "If we were able to work with pre-fabrication in the spirit of nature, then reservations against that kind of construction could no longer prevail."[74] The unrealised Master plan of Voigt & Fourre, for a zoo in Minnesota shows the new tendencies in contemporary zoo planning, where the zoo is understood as an overall work of architecture. Instead of a pavilion in the park, the zoo is a large building complex compactly uniting all functions. Although later, architecture for animals changed only gradually against a backdrop of increasing

Konzepte, die jedoch beide dem Zeitgeist entsprachen. Während Caldwell sich in Omaha der additiven Wabenstruktur bediente, ließ er sich in Montreal von der Stahlarchitektur seines Professorenkollegen Ludwig Mies van der Rohe inspirieren. Beide Konzepte brachen mit dem tradierten Bild vom Tiergebäude, das sich selbst zum Teil der Landschaft macht (Hagenbeck), sowie mit der ursprünglichen Käfigarchitektur. Mit seinen architektonischen Gesamtplanungen für Omaha und Montreal knüpfte Caldwell an Tendenzen an, die etwa Sybold van Ravesteyn 1938 im Rotterdamer Diergaarde Blijdorp umgesetzt hatte. In seinen Memoiren schreibt Caldwell: »Wenn es uns gelingen würde, mit dem Fertigbau ganz im Sinne der Natur umzugehen, dann könnten die Einwände gegen die Vorfabrikation und abstossende Uniformität nicht mehr aufrechterhalten werden.«[74] Auch der unrealisierte Masterplan des US-amerikanischen Architekturbüros Voigt & Fourre für einen Zoologischen Garten in Minnesota zeigt die neuen Tendenzen in der zeitgenössischen Zooplanung. Hier wird der Zoo als Gesamtbauwerk verstanden. Nicht der Pavillon im Park kommt in der Entwurfsplanung zur Ausführung, sondern der Zoo als ein großer Baukomplex, der alle Funktionen kompakt vereint. Die Architektur der Tiergebäude änderte sich in den folgenden Jahren lediglich graduell. Zwar wurde, gerade vor dem Hintergrund des erstarkenden Tierschutzgedankens, zunehmend auf neue Haltungsformen der

74 Zitiert nach: Blaser, Werner: Architektur und Natur. Das Werk von Alfred Caldwell, Basel / Boston / Stuttgart 1984, S. 76.

Vorbild Mies van der Rohe: Alfred Caldwells unrealisierter Entwurf von Stahlbauten für den Zoologischen Garten Montreal (1954).
Inspiration by Mies van der Rohe: Alfred Caldwell's unrealised draft of steel constructions for the Montreal Zoo (1954).
Domer, Dennis (Hg.): Alfred Caldwell, Baltimore / London 1997, S. 49

Im Modellfoto wird Caldwells Idee für Montreal deutlich. Die scheinbare Auflösung der Wand als transparente Fassade erhöht das Naturerlebnis im Innenraum.
The model reveals Caldwell's idea for Montreal. The wall's apparent resolution as a transparent facade enhances the experience of nature within.
Blaser, Werner: Architektur und Natur, Stuttgart 1984, S. 67

Tiere geachtet. Dafür traten jedoch die Betrachter in den Hintergrund. Gebaut wurde auch im deutschsprachigen Raum funktional. Hintergrund war die Erkenntnis: »Die natürlichen Verhältnisse können im Zoo nicht einfach imitiert werden – weder in räumlicher noch in diätetischer noch in sozialer Beziehung, sondern es geht hier viel eher um eine logische bzw. biologische, d. h. sinnvolle Transposition der natürlichen Territoriumsverhältnisse auf die der künstlichen Territorien im Zoo.«[75]
Dies hatte allerdings für den Betrachter Folgen, die im weiteren Verlauf als unschön und unangenehm empfunden wurden. Die Künstlichkeit der Umgebung wurde von der Architektur betont, anstatt kaschiert zu werden: »So lebt der heutige Zoogestalter nicht mehr in der Illusion, er mache den Tigern oder den Eisbären mit Felsgestaltungen eine besondere Freude – dafür sinnt er intensiv über den Bodenbelag nach, der über Wohlbehagen und Gesundheit bei den verschiedenen Bewegungsweisen entscheidet und den Aktivitäten der Tiere viele Möglichkeiten bietet. Der Gestalter verzichtet aber auch darauf, vor dem Beschauer ein dürftiges Traumbild von Feld oder Wüste, von Orient oder Polarzone aufzubauen; er sieht heute keinen Grund mehr, die für das Tier und den Pfleger unerlässlichen Bauten zu tarnen; im Gegenteil, er benützt diese Gebäude als Möglichkeit zu freier künstlerischer Gestaltung im Rahmen der Zweckbestimmung. Zu diesen Zwecken gehört

75 Hediger, Heini: Vom Zwinger zum Territorium, in: Kirchshofer, Rosl (Hg.): Zoologische Gärten der Welt, Innsbruck 1966, S. 20.

concern for animal welfare, new forms of keeping animals were introduced. But that meant that the viewer receded in the background. Functional building was also employed in German speaking countries. The reason was the recognition that: "Natural conditions can't simply be replicated, either in terms of spatial, dietary, or social relations. Instead what is going on is more a logical and biological, i.e, appropriate transposition of natural territorial relations to the artificial circumstances in the zoo."[75]
For the visitors, this of course had consequences, which, as things developed, were considered less attractive and actually unpleasant. The artificiality of the environs was emphasised instead of concealed by the architecture: "The designers of today's zoos no longer entertain the illusion that they are making the tigers or polar bears particularly happy. They will instead spend some time pondering the composition of the floor that is crucial for the comfort and health of the animals in their various modes of motion and that offers them many possibilities for activity. But the designers also refrain from putting on a scanty show of the plains or the desert, of the Oriental or polar regions. They no longer see a reason to disguise buildings that are indispensable for animal and keeper. To the contrary,

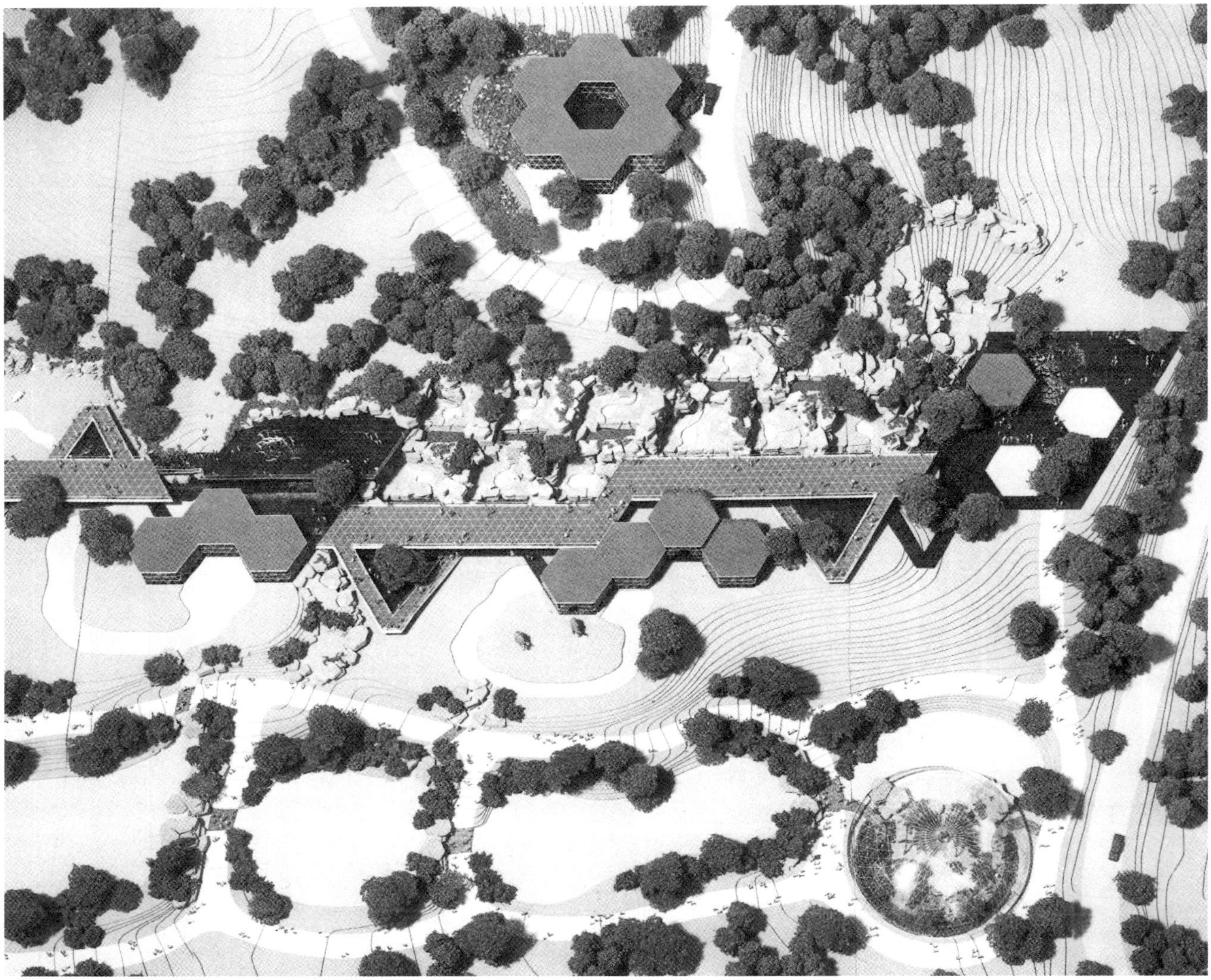

Caldwells Entwurf für den Zoologischen Garten Omaha (1955) zeigt eine lineare Besucherführung mit hexagonalen Baukörpern, die zu multifunktionalen Räumen, Tiergehegen oder Themenbereichen kombiniert werden können. Die Modelle veranschaulichen, dass die Architektur an der Baukybernetik orientiert ist und das vielschichtige System eines Zoos baulich verbildlicht.
Caldwell's design for the Omaha Zoo (1955) shows a linear visitor access, flanked by hexagonal structures, which can cluster like multifunctional room configurations, animal buildings, or thematic areas. The model images illustrate how architecture is oriented in its formfinding on building cybernetics and the complex system of a structurally illustrated zoo.
Blaser, Werner: Architektur und Natur, Stuttgart 1984, S. 75

Rechts: Vorbild Buckminster Fuller: Alfred Caldwells unrealisierter Entwurf einer Voliere für den Zoologischen Garten Omaha (1956).
Right: Inspiration by Buckminster Fuller: Unrealised aviary design for the Omaha Zoo by Alfred Caldwell (1956). Art & Architecture, Issue 2/ 1960, Los Angeles, p.20

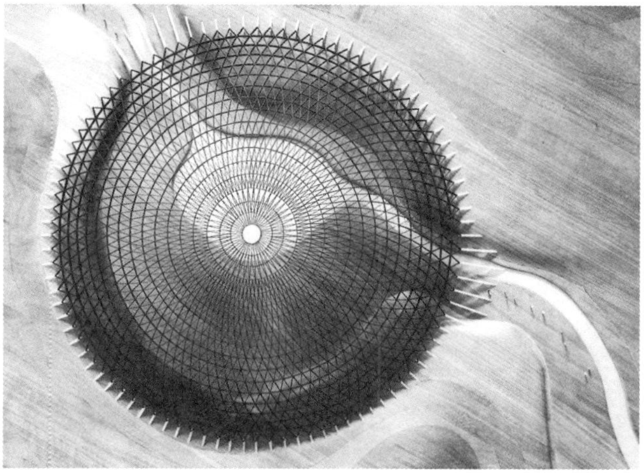

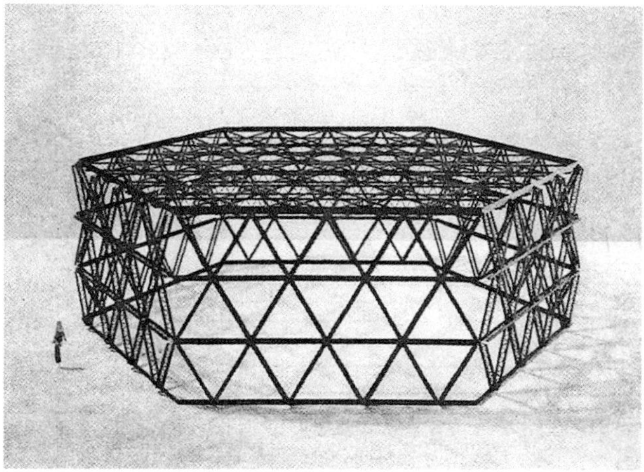

nicht allein das, was der Tiergärtner an praktischen Dingen fordert, sondern auch die Erhöhung der Lebensfreude beim Besucher, die Schaffung von neuer ›Augenweide‹, womit ein altes Wort unserer Sprache schon lange bezeichnet, was der neue erweiterte ›Funktionalismus‹ der modernen Architektur seit einiger Zeit wieder als lebensnotwendig zur Geltung bringt. Nur daß uns der Architekt heute diese Freude der Augen nicht mehr durch den Umweg über intellektuelle Genüsse des Wissens um fremde Zonen verschafft, sondern durch das freie Spiel der Farben, Flächen, Linien und Baukörper.«[76] Das inzwischen denkmalgeschützte Alfred-Brehm-Haus des Berliner Tierparks, 1963 mit 5.300 Quadratmetern als damals größtes Tierhaus der Welt eröffnet, zeichnet sich entsprechend durch naturfarbene Wandkacheln im Großkatzengehege aus – eine Entsprechung zur Natur hat die Materialität dennoch nicht.

An die Stelle von natürlich anmutenden Landschaftsgärten traten Gehege, die mit damals modernen Materialien, etwa dem allgegenwärtigen Sichtbeton, den gleichen Zweck zu erfüllen suchten: »Nachdem sich herausgestellt hatte, dass die für die einzelnen Tierarten bedeutungsvollen Ökofaktoren der Wildbahn nicht durch schlichte Imitate im Zoo zu artgemäßen Handlungsfaktoren werden, sondern durch solche Elemente, die unter den spezifischen Zoobedingungen den gleichen Bedeutungswert gewinnen (funktionelle Substitution

76 Portmann, Adolf: Das Halten von Tieren in zoologischen Gärten, in: Werk Nr. 11 / 1956 (Zoologische Gärten), S. 338.

they use the building for an opportunity to exercise freedom of design in the framework of intended use. In addition to satisfying the practical needs of the zoo keeper, this freedom includes heightening the enjoyment of the visitors by creating a new 'feast for the eyes', which the newly expanded 'functionalism' of modern architecture in the last period has rediscovered as essential. The difference is that, today, the architect no longer presents this feast via the roundabout way of intellectual enjoyment of familiarity with foreign regions, but through the free interplay of colours, surfaces, lines, and structures.[76] The Alfred Brehm House of the Tierpark Berlin, now under monument protection, with its 5,300 square metres of space was the largest zoo in the world when it was opened in 1963. The Big Cat enclosure, characterised by wall tiles in natural colours can not considered natural in its materiality. In place of seemingly natural landscape gardens, enclosures were built with materials that were modern for the times such as the ubiquitous exposed concrete, and which were intended to fulfil the same purpose: "It was found that for individual species significant ecological features of the wilderness could not simply be replicated in the zoo to create species appropriate spheres of action. Although under specific zoo conditions an equivalent value

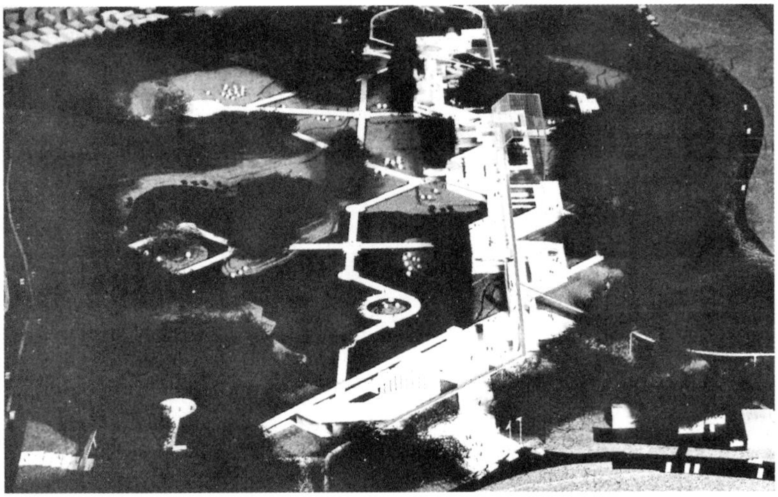

Der Masterplan-Entwurf des Architekturbüros Perry, Dean, Hepburn & Stewart für den Franklin Park Zoo in Boston zeigt eine lineare Ausrichtung der Besuchererschließung, die netzartig von unterschiedlichen Baukörpern flankiert wird.
The master plan design by the architecture firm Perry, Dean, Hepburn & Stewart for the Franklin Park Zoo in Boston shows a linear visitor access, flanked by different structures.
Architectural Forum, Heft 5/1968

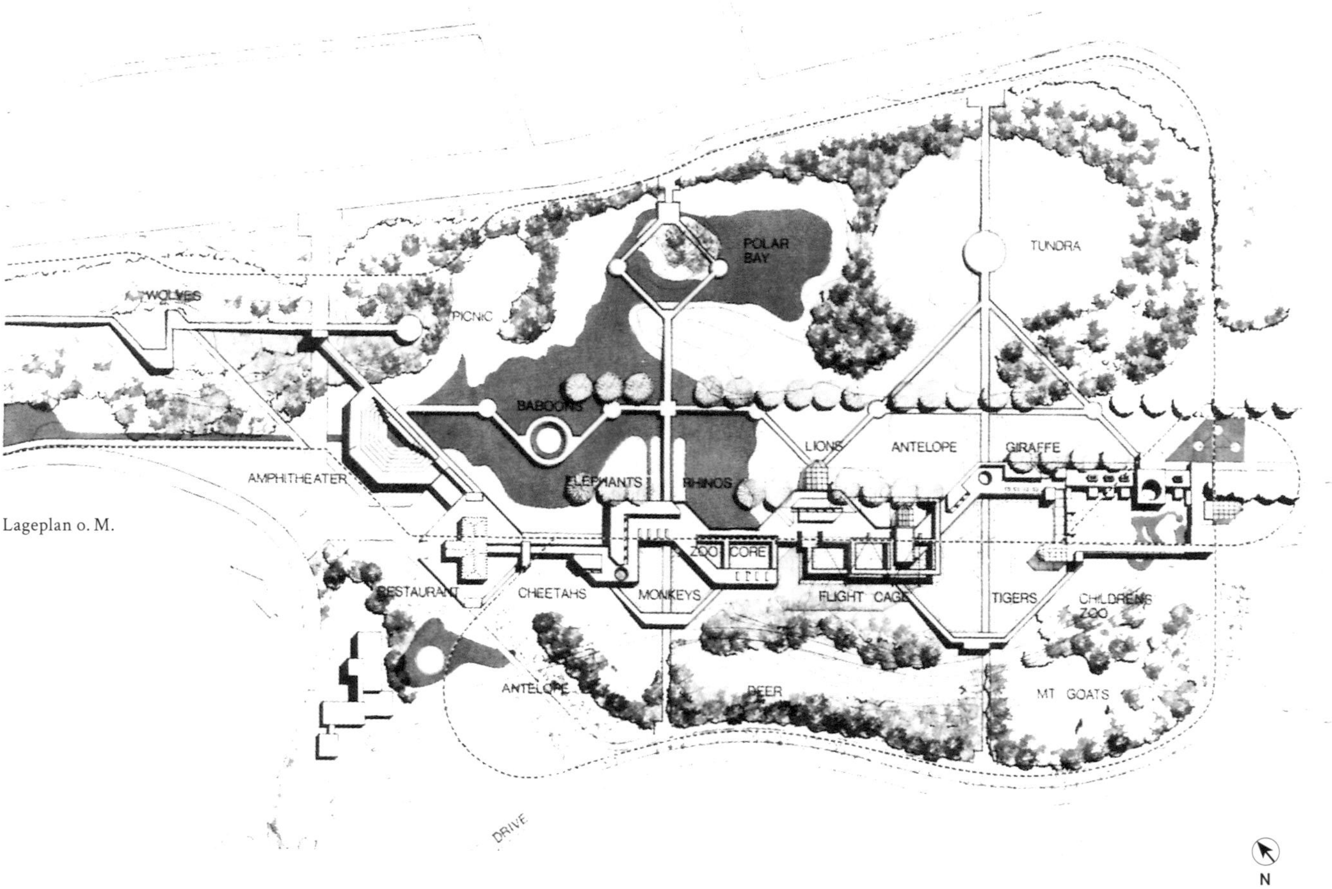

Lageplan o. M.

Tiergebäude und Themenbereiche schließen sich als multifunktionale Raumkonfigurationen an das streng geometrische Wegenetz an. Die Skizzen zeigen bis zu fünf Besucherebenen, teilweise unterirdisch und auf Hochpfaden. Entwurf des Büros Perry, Dean, Hepburn & Stewart für den Franklin Park Zoo Boston (1968).
Animal buildings and thematic areas are connected as multifunctional room configurations to the strict geometric network of paths. The sketches show up to five visitor levels, some underground and some on elevated paths. Design by the architecture firm Perry, Dean, Hepburn & Stewart for the Franklin Park Zoo Boston (1968).
Architectural Forum, Heft 5/ 1968

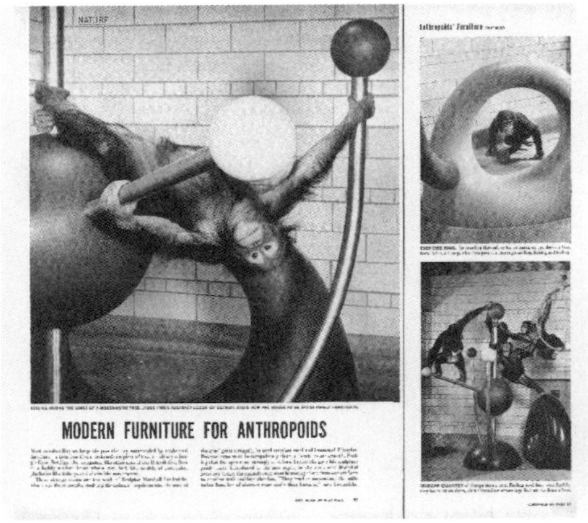

Klettergerüste aus Edelstahl und Glasfaserstoffen.
Climbing frames in stainless steel and fibreglass.
Life Magazine: Modern furniture for anthropoids in Detroit Zoo, 20 June 1955, p. 59 onwards.

Die große Eisbärenanlage im Rostocker Zoo zählte bei ihrer Eröffnung 1969 zu den modernsten Bärenanlagen im deutschsprachigen Raum.
The large polar bear facility in the Rostock Zoo was one of the most modern bear facilities in the German-speaking world at its opening in 1969.
Foto: Zoo Rostock 1970

could be obtained (functional substitution of the relevant ecological factors), many animal keeping systems have a technical, sterile appearance, especially if hygienic considerations were in the foreground."[77]
A famous example was the concrete ice floe made for the polar bear cage. The architecture only began to change when the concern for animal welfare increased. Although architects still tried to satisfy the needs of zoo visitors, animal well-being became increasingly important. The efforts of the zoo architects and zoo biologists were now "focused on providing wild animals in the zoo with the most natural life possible, which means an existence under the most natural spatial conditions in the most natural family or herd group with the most natural fodder possible"[78]. New scientific knowledge led to an expansion of the parameters of enclosure design. Instead of simply becoming larger, the space was now being defined by individual needs: "Behavioural research has dispensed with the remnants of romantic attitudes. It was pointed out that the living space of wild animals is not a free zone of roaming in the wild. It is instead a rather well defined area sometimes very obviously structured by the animals, for instance with preferred locations of different levels of refuge. That has given the human enclosure designer new tasks, namely, instead of simply giving

der relevanten Ökofaktoren), nahmen viele Haltungssysteme ein technisches und steriles Aussehen an, zumal dann, wenn hygienische Gesichtspunkte im Vordergrund standen.«[77]
Erst mit der zunehmenden Verbreitung des Tierschutzgedankens wandelte sich auch die Architektur. Die Bemühungen sowohl der Zooarchitektur als auch der Tiergartenbiologen waren nun »darauf ausgerichtet, Wildtieren im Zoo ein möglichst natürliches Leben zu bieten, d. h. ein Dasein unter möglichst natürlichen Raumbedingungen im natürlichen Familien- oder Herdenverband bei einem möglichst natürlichen Futter«[78]. Durch neue wissenschaftliche Erkenntnisse erweiterte sich der Spielraum bei der Gehege-Gestaltung. Der Raum wurde zunehmend nicht mehr quantitativ, sondern qualitativ nach individuellen Bedürfnissen definiert: »Die Verhaltensforschung hat aufgeräumt mit bedeutenden Resten romantischer Auffassung; sie erkennt, daß die Lebensräume der Wildtiere nicht freie Zonen wilden Schweifens sind, sondern oft recht eng umgrenzte Raumbezirke von zuweilen sehr auffälliger, vom Tier gestalteter Struktur, so etwa mit bevorzugten Orten von verschiedener Wertstufe der Geborgenheit. Damit hat auch der menschliche Gestalter des Geheges neue Aufgaben erhalten: nicht einfach möglichst viel freier Raum, sondern dem

77 Dittrich, Lothar: Die Geschichte der zoologischen Gärten in Deutschland, in: Dittrich, Lothar / Nogge, Gunther (Hg.): Zootierhaltung. Tiere in menschlicher Obhut. Grundlagen, Frankfurt am Main 2012, S. 18.
78 Hediger, Heini: Vom Zwinger zum Territorium, in: a. a. O., S. 9.

Von einer freizeitorientierten zu einer ökologisch handelnden Gesellschaft durch Wissensvermittlung im Zoo.
From leisure-oriented to an ecologically acting society, with knowledge transfer in the zoo.
Grafik: Natascha Meuser

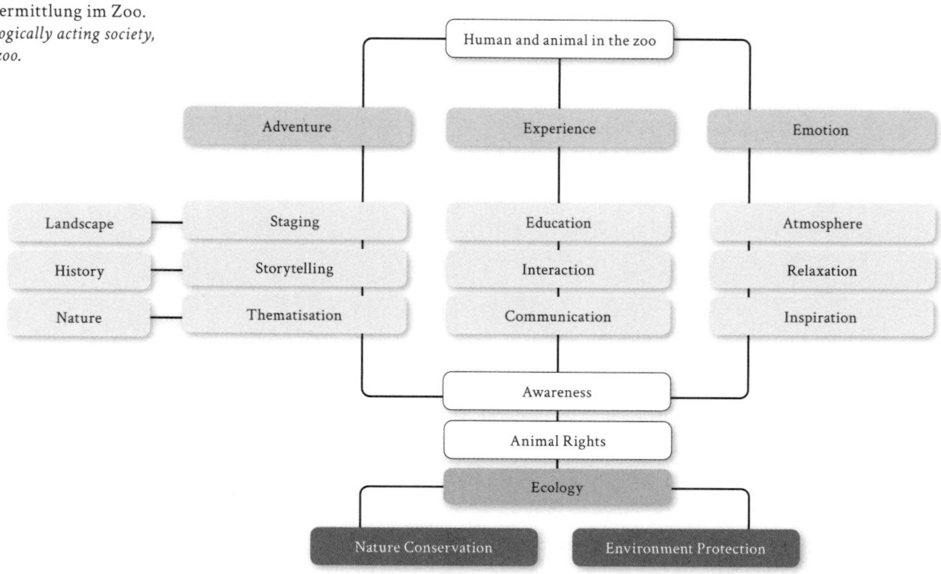

Tier – nicht nur uns – gemäße Situationen waren zu finden.«[79] Damit kann nicht nur der Raum anders gestaltet werden, sondern auch die Form der Begrenzung: »In den 1960er Jahren wurde im Zoo Hannover erkannt, dass die Fähigkeit zu territorialem Verhalten auch vieler in der Wildbahn nomadisch lebender Arten für die Begrenzung ihrer Gehege genutzt werden konnte. Sofern die Tiere solcher Arten, vornehmlich von Huftieren, in ihren Gehegen ihre wichtigsten Bedürfnisse angemessen befriedigen können, haben sie nicht die Absicht, das vertraute Gehege zu verlassen und akzeptieren ihr Zoogehege als Lebensraum. Zur Begrenzung ihrer Gehege genügen optisch bescheidene Grabensperrungen, die sie an sich physisch jederzeit überwinden könnten. Zahlreiche Gehegezäune verschwanden aus den Zoos und wurden durch schmale Grabensperrungen ersetzt, die den Besuchern ein relativ nahes Herangehen an die Gehege ermöglichten.«[80] Der Zoo sollte nun architektonisch nicht mehr das Gefängnis repräsentieren. Stattdessen wurde er zur Lebenswelt uminterpretiert. Dementsprechend definiert Hediger 1966 den vom Tier bewohnten Raum um in ein Eigenheim und charakterisiert das Wildtier im Zoo: »... als ein Grundbesitzer, ein Territoriumsbesitzer. Sein Bestreben ist also nicht darauf ausgerichtet, möglichst rasch den ihm zugewiesenen Raum zu verlassen und in die Freiheit zu gelangen, sondern es ist bemüht, seine Wohnung oder sein Grundstück zu verteidigen und für sich zu behalten.«[81]

the animals as much space as possible, to find those situations that are appropriate for the animals and not just for us."[79]

This goes hand in hand with the fact that not only the space can be conceived differently in its extension, but also the type of the delimitation of space can be made more discreet, taking into account the peculiarities of different species and genera. The zoo was no longer supposed to architecturally represent the prison. Instead it was reinterpreted as a living environment. In keeping with this new orientation, in 1966, Hediger redefined the space inhabited by the animals as a homestead and described the wild animal in the zoo: "... as a landowner, a territorial overlord. Therefore it will not try to leave the space assigned it as quickly as possible and break out into freedom. Instead, it is concerned with defending its house or property, keeping it for itself."[81]

79 Portmann, Adolf: Das Halten von Tieren in zoologischen Gärten, in: a. a. O., S. 338.
80 Dittrich, Lothar: a. a.O., S. 18.
81 Hediger, Heini: Vom Zwinger zum Territorium, in: a.a.O., S. 7.

Ein Bauwerk, das seiner Zeit weit voraus war:
das Vogelhaus im Zoo San Diego (1922).
Building typology far ahead of its time:
the aviary in the San Diego Zoo (1922).
Foto: Natalie Fiocre/San Diego History Center

Schmetterling, Fisch und Zweig, zur Hälfte zerstört durch Umwelteinflüsse.
Sondermarke der Deutschen Bundespost zum Umweltschutz mit dem Nennwert von 60 Pfennig (1981).
Butterfly, fish, and tree branch, half destroyed by environmental influences.
Special stamp on environmental protection by the Deutsche Bundespost with the nominal value of 60 Pfennig (1981).
Gestaltung: Heinz Schillinger

Zooarchitektur der vierten Generation:
Verlandschaftlichung der Bauten/Einhausung der Natur

Seit Bestehen der Zoos haben maßgeblich Architekten ihre bauliche Gestalt geprägt. Vor knapp 200 Jahren standen Ausstellungsbauten im Kolonialstil für die Sehnsucht nach dem Unbekannten, Hagenbecks Landschaftspanoramen täuschten vor gut 100 Jahren Naturnähe vor, und die hygienischen Bauten der Moderne mit ihrer konsequenten architektonischen Umsetzung tierpsychologischer Erkenntnisse verhalfen den Zoos in der Mitte des 20. Jahrhunderts immerhin zu Zuchterfolgen. All dies war ein symbiotisches Konstrukt zwischen Nutzer und Gestalter im Spiegel der jeweiligen Gesellschaft. Mit der Emanzipation der Zoologie sollte nun auch die Architektur in ihrer gestalterischen Geste eine bewusste Naturnähe verkörpern. Charakteristisch für die Zoobauten der vierten Generation ist, dass ab den Siebzigerjahren eine Verlandschaftlichung der Architektur zu beobachten ist. Die Architektur verschwand aus den zoologischen Parkanlagen, und mit ihr verschwanden die Architekten. Zoodirektoren übernahmen vermehrt die gestalterische Leitung und strebten an, als Entwurfsverfasser genannt zu werden. Tierparkdirektor Heinrich Dathe erwähnt in seinen Memoiren und Publikationen über den Ost-Berliner Tierpark seinen Architekten Heinz Graffunder und das Planungsteam kaum. Dennoch prägte Heinz Graffunder zwischen 1954 und 1989 Zoobauten und beeinflusste die internationale Diskussion darüber, weit über die DDR hinaus. Für das Konzept des Tierparks Berlin und das Alfred-Brehm-Haus erhielt er 1969 den Nationalpreis I. Klasse, immerhin

Fourth Generation Zoo Architecture:
The Treatment of Buildings as Landscape and the Housing of Nature

Architects have determined the structural design of zoos since they were first created. Almost two hundred years years ago it was colonial-style exhibition spaces that satisfied the fascination with the unknown. One hundred years later, Hagenbeck's landscape panoramas imitated nature, while in the modern period, the hygienic buildings, with their rigorous architectural application of knowledge of animal psychology helped in part to create breeding success in the zoos in the mid-twentieth century. All of this was a symbiotic construct between user and designers in the societal mirror of the time. Along with the emancipation of zoology, the gesture of architectural design was supposed to consciously embody a certain proximity to nature.
A distinguishing feature for fourth generation zoo buildings that can be observed is that, beginning in the 1970s, the integration of buildings in landscape and the widespread incorporation of architecture in nature accelerated. Architecture disappeared from the zoo facilities, and along with it, so did the architects. From then on, the zoo directors increasingly took over at the drawing board. Amongst others, they especially insisted on being named as the

Begehbare Volieren als Vorläufer der heutigen immersiven Landschaften, ein wichtiger Impulsgeber für die Ökologie-Bewegung.
Walk-in aviaries as the "original refuge" of today's immersive landscapes and an important impulse generator for the ecology movement.
Postkarte: Bird Cage in the St. Louis Zoo, 1904

Begehbare Voliere aus den Dreißigerjahren: eingehauste Natur in Form von Regenwald, Feuchtgebiet und Buschland (Melbourne Zoo).
Walk-in aviary from the 1930s: enclosed nature in the form of rainforest, wetland, and scrubland (Melbourne Zoo).
Foto: Jacqueline Wales

authors of the designs. For example, the Tierpark Berlin zoo director, Heinrich Dathe, only briefly mentioned his most important architect, Heinz Graffunder and his plan collective in his memoirs and countless publications about the new buildings he authorised. That, in spite of the fact that between 1954 and 1989 Heinz Graffunder planned many zoos and left his mark on the international debate about zoo buildings far beyond the GDR.[82] The predominant role of zoologists in shaping the planning and design of animal enclosures, encompassing the constantly evolving planning criteria and the intricate personnel dynamics within zoos, situated as arenas between cultural policy, conservation efforts, and the demands of urban entertainment centers, warrants further exploration.

David Hancocks emerged as a steadfast advocate against the exclusion of architecture from zoos. He was a former director of various zoos in the US and one of the very few critics of zoo architecture. This could also have to do with the fact that Hancock himself was a practicing architect and had written in various publications, concerning appropriate housing for animals in the zoo. His criticism was directed at contemporary buildings that were supposed to imitate nature.

eine der höchsten Auszeichnungen für Bürger der DDR.[82] Über die dominierende Einflussnahme von Zoologen bei der Planung und Gestaltung von Tiergehegen – von immer unfangreicheren Planungsparametern bis hin zur personellen Struktur des Tierparks als Spielball zwischen Kulturpolitik, Naturschutz und Urban Entertainment Center – kann nur gemutmaßt werden. Zum Verschwinden der Architektur im Zoo hat sich unermüdlich David Hancocks geäußert, ehemaliger Direktor von verschiedenen Zoos in den USA und einer der wenigen Kritiker der Zooarchitektur überhaupt. Dies mag daran liegen, dass Hancocks selbst praktizierender Architekt war und sich in verschiedenen Publikatonen mit der angemessenen Behausung für Tiere im Zoo befasst hat. Seine Kritik ist gegen zeitgenössische Bauten gerichtet, die die Natur nachahmen wollen. »Der Hauptunterschied im Vergleich der Tierunterbringungen von vor einem Jahrhundert ist die Hülle der Tiergebäude, die im Wesentlichen künstlich ist und meist eine Verzerrung der natürlichen Welt widerspiegelt. Seit Zoos eine eigentümliche Designsprache entwickelt haben, die ich am besten als ›tarzanesque‹ beschreiben möchte, erinnern mich moderne Zoos oftmals an das B-Movie-Set einer Hollywood-Version Afrikas.«[83]

82 Vgl. Meuser, Natascha: Heinz Graffunder. Bauten und Projekte für Zoologische Gärten in der DDR 1954–1989, Berlin 2021.

83 Hancocks, David: Beyond the Animal: Exhibiting and Interpreting Nature, Symposium *The Future of Zoos*. The Canisius College, Institute for Human-Animal Relations and Buffalo Zoological Gardens, February 2012 (Übersetzung: Natascha Meuser).

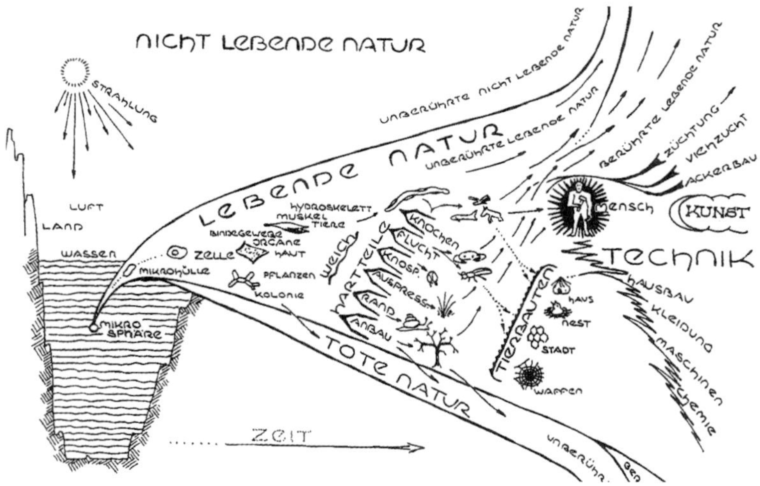

Skizze »Nicht lebende Natur–tote Natur–Technik«. Gemeinsam mit dem Biologen und Anthropologen Johann Gerhard Helmcke versuchte Frei Otto, natürliche Prozesse und Konstruktionen zu verstehen und deren Prinzipien unter Einbeziehung verschiedener Wissenschaften und Fachgebiete in die Architektur und Tragkonstruktion einzubringen.
Sketch "Non-Living Nature–Dead Nature–Technique". Together with the biologist and anthropologist Johann Gerhard Helmcke, Frei Otto tried to understand natural processes and constructions by including various sciences and specialist areas into the architecture and supporting structures.
Zeichnung: Frei Otto, 1960, in: Meissner, Irene / Möller, Eberhard: Frei Otto. forschen, bauen, inspirieren, München 2015, S. 18

Vor diesem Hintergrund ist es umso interessanter, die Ursprünge dieser vierten Generation von Zoobauten zu erörtern. Dazu bedarf es eines Rückblicks in die Mitte des vergangenen Jahrhunderts und auf den Schweizer Zoologen Heini Hediger, der in seinen Publikationen[84] darauf hingewiesen hat, dass Tiere wie Menschen eine klare und differenzierte Raumstrukturierung benötigen. Das Tier, so ist bis heute Stand der Diskussion, muss nicht mehr nur im Gehege überleben können, nach Hediger muss es sich dort vor allem wohlfühlen.[85] Doch welchen architektonischen Ausdruck findet diese neue Raumgestaltung, die den Maßstab und die Psychologie des Tieres im Fokus hat? Es sind Tiergehege, die die Natur in der Kulturlandschaft des Zoos nachahmen, ganze Biotope mit Netzkonstruktionen oder pneumatischen Strukturen einhausen, und Bauten, die sich bis zur Unkenntlichkeit eingraben. Nicht mehr der Mensch ist das Maß der Dinge. Die Natur bestimmt die Regeln der vom Menschen zu errichtenden Bauten. Das Tier wird »für den Beschauer aus seiner isolierten Schauobjektsituation gelöst und gewissermaßen in die Geborgenheit einer Landschaft zurückversetzt«[86].
Die Themen Ökologie und Ressourcenschonung sowie der Abschied vom permanenten Wachstum beschäftigten die Gesellschaft der 68er-Generation,

84 Vgl. Hediger, Heini: Wildtiere in Gefangenschaft. Ein Grundriss der Tiergartenbiologie, Basel 1942; vgl. auch ders.: Skizzen zu einer Tierpsychologie im Zoo und im Zirkus, Basel 1954.
85 Hutchins, Michael / Hancocks, David / Crocket, Carolyn: Naturalistic solutions to the behavioral problems of captive animals, in: Der Zoologische Garten, Heft 54 / 1984, S. 28–42.
86 Brägger, Kurt / Geigy, Rudolf / Lang, Ernst M. / Studer, Peter / Wackernagel, Hans: 100 Jahre Zoologischer Garten Basel 1874–1974, Basel 1974, S. 84.

Against this backdrop, it becomes even more interesting to discuss the origins of fourth generation zoo buildings. For a look back into the middle of the last century, a visit will help with the Swiss zoologist, Heini Hediger, who had pointed out in his publications[84] that animals, like humans, need clearly differentiated spatial structuring. The animal, according to the current status of the discussion, should not just survive in the enclosure.[85] Hediger said it must above all have a feeling of well-being. But what is the architecture that expresses this new spatial design focused on the scale and psychology of the animal? There are animal enclosures that imitate nature in the cultural landscape of the zoo, whole biotopes that house net constructions or pneumatic structures and buildings that have become unrecognisably buried. The human being is no longer the measure of all things. Nature is providing the rules for what human beings build. The animal has "been freed for the visitor from his isolated situation on display and in a certain way has been returned to the comfort of a landscape"[86]. The subjects of ecology and resource conservation preoccupied the 1968 generation, whose calls for a paradigm shift in science and economy were accompanied by decoupling from permanent growth. It was the time when the industrialised world began

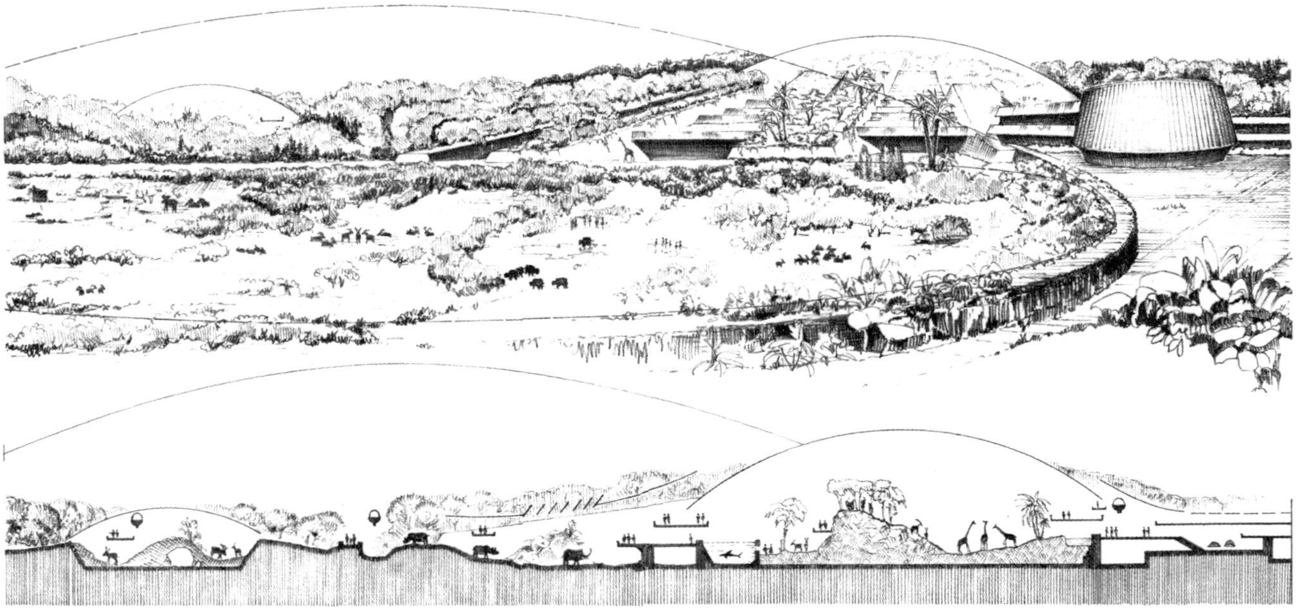

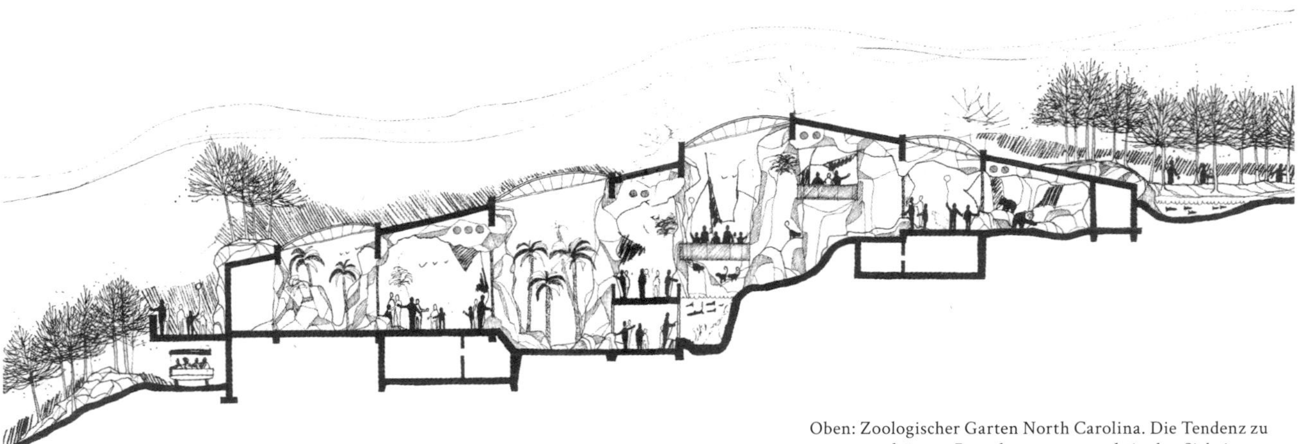

Oben: Zoologischer Garten North Carolina. Die Tendenz zu wettergeschützten Besucherwegen wurde in den Siebzigerjahren immer stärker. Auch Mobilität für längere Wege spielte eine zunehmende Rolle.
Top: North Carolina Zoo. The tendency of weather-protected visitor paths got ever bigger in the 1970s. Mobility also played an increasing role for longer distances.

Hediger übte früh Kritik an den Zoo-Utopien und »Monsterhallen«. Anstelle von riesigen stützenfreien Kuppeln riet er zu kleineren, untereinander durch wettergeschützte Wege verbundenen Bauten.
Hediger criticised the zoo utopias and "monster halls" early on. Instead of huge pillar-free domes, he recommended smaller buildings connected by weather-protected paths.
Hediger, Heini: Zoologische Gärten. Gestern-Heute-Morgen, Bern 1977

deren Forderungen nach politischen Reformen von naturwissenschaftlichen und ökonomischen Paradigmenwechseln begleitet wurden. Es war die Zeit, in der die Industriestaaten die Folgen der Ausbeutung der vorhandenen Ressourcen zu spüren begannen. Im Jahr 1972 beherrschte vor allem eine kritische Studie den intellektuellen Diskurs: *Die Grenzen des Wachstums*[87]. »Kaum je hat eine mathematische Formulierung gesellschaftlicher Zusammenhänge ein so großes Aufsehen erregt wie das Welt-Modell des Club of Rome, das einen jähen Zusammenbruch der menschlichen Gesellschaft voraussagt, wenn Wirtschafts- und Bevölkerungswachstum weitergehen.«[88] Die Rezension des Ökonomen Bruno S. Frey in der *Neuen Zürcher Zeitung* eröffnete eine Generaldebatte über die Zukunft der Menschheit. Diese Studie war eine von mehreren zeitgenössischen Publikationen, die mit beängstigenden Zukunftsentwürfen und grundsätzlichen Fragen zur Verstädterung aufwarteten.[89]
Wie die zeitgleiche Ölpreiskrise leitete die Studie des *Club of Rome* ein Umdenken in den westlichen Staaten ein und führte zu einem gesellschaftlichen Kodex, der heute wie selbstverständlich das Handeln in Politik, Kultur und Wirtschaft begründet. Ihr Einfluss auf die Architektur ließ nicht lange auf sich warten. Der Architekturtheoretiker Ákos Moravánszky beschreibt 2003 die Auswirkungen der Umweltbewegung und des Ökologiebewusstseins auf das Planen und Bauen als Furcht vor zukünftigen Entwicklungen: »Die Natur wird zur Projektion von Zivilisationsängsten, von Dissonanzen des modernen Lebens, und zugleich wird von ihr eine heilende Wirkung erwartet.«[90] Es kehre sich der Wunsch des Publikums zu ökologischer Wahrhaftigkeit, zur Fusion von Landschaft und Architektur. Der Gedanke, Architektur und Natur zu einem funktionierenden Ökosystem zu vereinen, ist eines der Grundprinzipien der Tiefenökologie[91] und greift vor allem dort, wo Mensch, Tier und Pflanze zusammenkommen, also auch im Zoo. Der Mensch soll eben nicht als völlig einzigartig oder von Gott auserwählt betrachtet werden. Er soll lernen, sich mit Bäumen, Tieren und Pflanzen, ja mit der gesamten Ökosphäre

87 Meadows, Dennis u. a.: Die Grenzen des Wachstums. Bericht des *Club of Rome* zur Lage der Menschheit, Stuttgart 1972.

88 Frey, Bruno S.: Die Grenzen des Wachstums. Eine kritische Analyse der Thesen des »Club of Rome«, in: Neue Zürcher Zeitung vom 6. August 1972, S. 15f.

89 Vgl. Lauritzen, Lauritz (Hg.): Städtebau der Zukunft. Tendenzen, Prognosen, Utopien, Düsseldorf 1969.

90 Moravánszky, Ákos (Hg.): Architekturtheorie im 20. Jahrhundert. Eine kritische Anthologie, Wien / New York 2003, S. 271.

91 Die Tiefenökologie ist eine 1972 von dem norwegischen Philosophen Arne Næss initiierte Umweltbewegung. Næss war nicht der Erste, der von der Idee einer radikalen Veränderung in der menschlichen Beziehung zur Natur träumte, aber er prägte den Begriff der Tiefenökologie und half, ihm eine theoretische Grundlage zu geben. Tiefenökologie wird so bezeichnet, da sie tiefer gehende Fragen über den Ort des menschlichen Lebens stellt und darüber, wer wir eigentlich sind.

to feel the consequences of resources exploitation. In 1972 one critical study dominated the intellectual debate: *The Limits of Growth*[87]. "Hardly any other mathematical formulation of social context has generated such a discussion as the Club of Rome world model, which predicted an abrupt collapse of human society if growth in the economy and the population continue."[88] The review, written by the economist, Bruno S. Frey in the *Neue Zürcher Zeitung* touched off a general debate about the future of humanity. This study was one of several publications at the time that featured fearsome scenarios for the future and fundamental questions about urbanisation.[89]
The oil crisis occurred at the same time the Club of Rome study compelled a rethinking in the Western world, leading to a social codex, which is accepted as a matter of course in the conduct of politics, culture, and economy. The influence on architecture was not long in coming. In 2003, the architecture theoretician Ákos Moravánszky described the effects of the environmental movement and ecological consciousness on planning and building as fear in the face of future developments: "Nature becomes a projection of civilisation fears, of dissonances of modern life, and at the same time it is expected to produce a healing effect."[90] The public longs for a return to ecological truthfulness; a fusion of landscape and architecture. Uniting architecture and nature in a functioning ecosystem is one of the basic principles of deep ecology[91] addressing humans, animals, and plants, in the zoo as well. Humans should no longer be considered as completely unique and chosen by God. They should instead learn to identify with trees, animals, and plants – the entire ecosphere. "One recognizes, to be brief about it, a gradual retreat of the human primate, that is, of the egocentric attitude of the animal keeper outside the needs of the animal itself, an ever greater concern for the higher and lower forms of life entrusted to us."[92]

This awareness increasingly penetrated popular consciousness in the 1960s, the animal is a feeling creature. The myth of nature as freedom is jettisoned: nature harbours death, destruction, and pain. Human beings finally realised that anthropocentricism was a defective way of viewing things. This led to a rethinking in the planning of new zoo complexes. The first partially artificial landscapes were created as giant architectural volumes, which with their scalable hills attempted to enclose nature and control the climate. Individual animal complexes were consolidated more and more frequently in themed areas that presented a single region or ecosystem.

While during the nineteenth century, green belts were created within which enclosures were distributed, from now on the enclosures were integrated in the park landscape. One of the early examples is the aviary, by Frei Otto, for the Munich Hellabrunn Zoo, in 1980. Another was the monkey house built five years earlier in the Krefeld Zoo, which in contrast with Frei Otto's artful membrane structure still looked like a giant greenhouse. "The technical requirements to generate and maintain a certain climate in very large halls, and the possibility in a zoo to keep a community of animals healthy and stable led (...) to the emergence of alien landscapes under glass, like jungle or desert buildings in which a segment of a given fauna could be displayed in one of the ecological sub-systems of its environment."[93] The first rope-net roofs and pneumatic constructions were built. Once again, connections between zoology and architecture showed the way. Just as the biologist wishes to observe the animal in the greatest possible freedom, the architect also strove to have his buildings appear light and natural. However here were only a few successful examples of such designs. Most lacked the money and sufficient time to test out experimental constructions and to ride out a long design process. In the architectural theory debate, the demand could be easily formulated. The adherents of an architecture who wanted to harmonize nature and building, pointed to the Modern period in the 1920s:

zu identifizieren. »Man erkennt, um es kurz zu sagen, ein allmähliches Zurücktreten des menschlichen Primats, d. h. der egozentrischen Einstellung des Tierhalters hinter die Ansprüche des Tieres selbst, ein immer stärkeres Besorgtsein um die Bedürfnisse der uns anvertrauten höheren und niederen Lebewesen.«[92] Diese Erkenntnis gelangte in den Sechzigerjahren verstärkt in das Bewusstsein der Menschen. Aufgeräumt wird dagegen mit dem Mythos der Freiheit, denn die Natur ist auch ein Ort des Todes, der Zerstörung und des Schmerzes. Der Mensch erkannte endlich, dass Anthropozentrismus – die Mensch-Zentriertheit – eine fehlgeleitete Sichtweise ist. Dies führte auch zu einem Umdenken in der Planung neuer Zoo-Anlagen. Die ersten teilweise artifiziellen Landschaften entstanden als riesige architektonische Volumen, die mit ihren begehbaren Hüllen versuchten, die Natur einzuhausen und das Klima zu kontrollieren. Immer häufiger wurden einzelne Tieranlagen zu Themenbereichen zusammengeschlossen, die eine Region oder ein Ökosystem präsentierten.

Waren ab dem 19. Jahrhundert Grünanlagen entstanden, in denen die Gehege verteilt wurden, erfolgte fortan eine Integration der Gehege in die Parklandschaft. Eines der frühen Beispiele hierfür ist die 1980 von Frei Otto errichtete Voliere für den Münchner Tierpark Hellabrunn. Ein weiterer Vertreter ist das fünf Jahre zuvor entstandene Affentropenhaus im Krefelder Zoo, das im Gegensatz zu Frei Ottos kunstvollen Membranbauten aber äußerlich noch einem großen Treibhaus ähnelt. »Die technischen Voraussetzungen, in sehr großen Hallen ein ganz bestimmtes Klima zu erzeugen und zu erhalten, und die tiergärtnerischen Möglichkeiten, eine größere Tiergemeinschaft gesund und stabil halten zu können, führten (...) zur Entstehung fremdländischer Landschaften unter Glas, wie etwa Urwald- oder Wüstenhäuser, in denen ein Ausschnitt aus der entsprechenden Fauna in einer ihren Ökosystemen nachempfundenen Umwelt gezeigt werden konnte.«[93] Erste Seilnetzdächer und pneumatische Konstruktionen wurden realisiert. Einmal mehr lassen sich Zusammenhänge zwischen Zoologie und Architektur beschreiben. Denn so wie der Zoologe das Tier in größtmöglicher Freiheit beobachten möchte, strebte der Architekt nun danach, seine Bauten leicht und natürlich erscheinen zu lassen. Allerdings entstanden nur wenige gestalterisch gelungene Beispiele. Meist fehlten Geld und Zeit, um experimentelle Konstruktionen zu erproben und sich auf einen langen Gestaltungsprozess einzulassen. In der architekturtheoretischen Debatte ließ sich die Forderung jedoch leicht formulieren. Die Anhänger einer Baukunst, die Natur und Bauen miteinander in

92 Brägger, Kurt / Geigy, Rudolf / Lang, Ernst M. / Studer, Peter / Wackernagel, Hans: 100 Jahre Zoologischer Garten Basel 1874–1974, Basel 1974, S. 8.

93 Dittrich, Lothar: Zootierhaltung. Tiere in menschlicher Obhut. Grundlagen. Die Geschichte der Zoologischen Gärten in Deutschland, Frankfurt am Main 2004, S. 19.

Einklang bringen möchte, beriefen sich auf die Moderne der Zwanzigerjahre des 20. Jahrhunderts: »Der Wunsch, Natur und Architektur miteinander zu verbinden, lässt sich von den organisch-kristallinen Architekturvisionen von Hermann Finsterlin über die offenen Grundrisse von Ludwig Mies van der Rohe und die schwebenden Architekturen von Arata Isozaki bis hin zu aktuellen Ansätzen von Sou Fujimoto verfolgen.«[94] Die öffentliche Kritik ließ kein gutes Haar an der neuen Baukunst im Zoo, im Gegenteil: Ernüchterung zeigte sich auf breiter Front. »Enttäuschend unvollständig erscheint der Zoo ohne seine exotisch gestalteten Tierhäuser. Ausgeschnitten aus der profanen Außenwelt, im dumpfen Halbdunkel des Heulagers, im schneidenden Geruch des Raubtierurins wirken das mampfende Nashorn und der knochenmalmende Löwe seltsam eindringlich, sinnlich näher und zugleich fremder als in der schnöden Realität tagheller Sandplätze und Gräben. Unwirkliche Sonderräume, die sie sind, fristen Zootierhäuser, kaum gewürdigt, ihr Dasein auf dem Hinterhof der Kunstgeschichte.«[95]

Aber was folgt aus dem Wunsch, Natur und Architektur miteinander zu verbinden, für den Zoo im Spiegel seiner Bauten? Erneut fand eine Rückbesinnung auf die Landschaftsarchitektur statt und die Architektur selbst wurde zur Landschaftssimulation. Die Grenzen zwischen baulich überformter Landschaft und landschaftlich artikuliertem Bau lösten sich immer mehr auf. Ähnlich wie bei Hagenbeck 70 Jahre zuvor wurde der Versuch einer Wiederherstellung und Kultivierung von kunstvoll arrangierten Lebensräumen gestartet, auf einen Bruchteil ihrer eigentlichen Größe reduziert oder im Originalmaßstab kopiert. Zunehmen kam der Begriff »Tarnung« ins Spiel. Die Architektur wurde zur Camouflage. Genau wie im Militärbereich errichtete man getarnte, teilweise unterirdische Bauten oder landschaftlich modellierte Strukturen, wenn auch in einem anderen Zusammenhang. Diese Entwicklung setzte in den frühen Siebzigerjahren ein; heute wird mit diesen sogenannten immersiven Planungen die Zooarchitektur überformt und unsichtbar gemacht. Der Besucher wiederum wandelte sich vom Betrachter der Szenerie zu einem Statisten innerhalb dieser Inszenierung – er wurde selbst Teil der künstlichen Welt. Hier stellt sich die Frage: Wo liegt, jenseits komplexer Inszenierungen und aufwendiger Tarnung, das architektonische Verständnis von Natürlichkeit? Gemessen an den Schäden, die der Natur zugefügt werden, ist das Reden über Ökologie, Natur- und Tierschutz selbst eine reine Inszenierung. Ein komplexes, diskussionswürdiges Thema.

94 Ragon, Michel: Ästhetik der zeitgenössischen Architektur, Neuchatel 1968.
95 Precht, Richard David: Der Elefant im Palastgarten, in: DIE ZEIT, Ausgabe 34 / 1997 am 14. August 1997.

"The desire to combine nature and architecture can be traced in the organic-crystal lined visions of Hermann Finsterlin, through the open floor plans of Ludwig Mies van der Rohe and the floating architectures of Arata Isozaki, to the current approach of Sou Fujimoto."[94] Public criticism had nothing good to say about new zoo architecture. To the contrary: disillusionment was widespread. "Without its exotically designed enclosures, the zoo seems disappointingly incomplete. Cut off from the profane outer world, in the gloomy half-darkness where the hay is stored, in the penetrating urine odour of the predatory animal, the munching rhinoceros, and the bone crunching lion are weirdly vivid, sensually nearer and at the same time stranger than in the despicable reality of sand courts and trenches in broad daylight. Special, unreal spaces that they are, zoo buildings are living out the memories of their existence in the backyard of art history."[95]

But what was the consequence for the zoo, of the desire to combine nature and architecture as reflected by its buildings? Once again there was a return to landscape architecture with the architecture itself becoming a landscape simulation. The boundaries between structurally overburdened landscape and building articulated as landscape became more and more blurred. Similar to Hagenbeck seventy years prior, the attempt was launched to reconstitute and cultivate artfully arranged living spaces, reduced to a fraction of their original size or copied in the original scale. At the same time, the term 'camouflage' was employed. The architecture became camouflage. Just as in the military arena, disguised, in part subterranean buildings or structures modelled on landscape were erected, albeit in another context. This development began in the early 1970s; today with this so-called immersive planning zoo architecture has become transformed and invisible. Now the visitors change from observers of the scenery to extras within the stage set: they become parts of an artificial world. The question arises: where, beyond the complicated sets and expensive camouflage, is an architectural notion of naturalness? Compared with the damage incurred by nature, the talk about ecology, nature, and animal welfare is purely theatrical. It is indeed a complex subject worthy of discussion.

KEEP OFF
THE SAND

1

2

3

4

5

6

7

8

Links: Der Desert Dome im Henry Doorly Zoo in Nebraska, die weltweit größte Indoor-Wüstenlandschaft.
Left: The Desert Dome at the Henry Doorly Zoo in Nebraska, the world's largest indoor desert landscape.
Architekt: John Armknecht, Stanley How Architects (2002)
Foto: Alan Haynes

Voliere
Studie (1958)
Ort: Saint Louis Zoo / Missouri
Architekt: Frei Otto
Nerdinger, Winfried: Frei Otto. Das Gesamtwerk, Basel 2005, S. 203

Climatron Gewächshaus
Die erste vollklimatisierte Gebäudehülle in Plexiglas
Ort: Missouri Botanical Garden
Architekt: Thomas C. Howard
Eröffnung: 1960
Foto: Jet Lowe

Voliere
Die erste Aluminium-Netzstruktur in Großbritannien
Ort: London Zoo
Architekt: Cedric Price
Eröffnung: 1964
Foto: RIBA

Voliere
Eine funktionale und zugleich elegante Bogenkonstruktion
Ort: National Zoo / Washington
Architekt: Richard Dimon / DMJM
Eröffnung: 1963
Foto: Brian Vosburg

Mitchell Park Domes
Jede der drei Kuppeln steht stellvertretend für eine Klimazone
Ort: Mitchell Park / Milwaukee
Architekt: Donald L. Grieb Associates
Eröffnung: 1967
Foto: Jamie Johnson

Voliere
Ursprünglich Ausstellungsgebäude für die Weltausstellung 1964
Ort: Queens Zoo / New York
Architekt: Richard Buckminister Fuller
Eröffnung: 1968
Foto: Karl Hartig

Tropical Display Dome
Die Kuppel hat einen Durchmesser von 28 Metern und ist 9 Meter hoch
Ort: Brisbane Botanic Gardens
Architekt: Jake de Vries, City Council
Eröffnung: 1977
Foto: Czardases

Möwenflugkäfig
Von der Getreidelagerhalle zur Voliere mit Felsrückwand
Ort: Tierpark Friedrichsfelde / Berlin
Architekt: unbekannt
Eröffnung: 1984
Foto: Tierpark Berlin

Oben: Masoala-Regenwald-Halle im Zoo Zürich, Architekten: Gautschi Storrer.
Top: Masoala Rainforest Hall in the Zurich Zoo, architects: Gautschi Storrer.
Gautschi Storrer Architekten (2003)

Mitte links: Lester E. Fisher Great Ape House im Lincoln Park Zoo, Chicago, Architekten: Brenner Danforth Rockwell (1973).
Centre left: Lester E. Fisher Great Ape House at Lincoln Park Zoo, Chicago, architects: Brenner Danforth Rockwell (1973).
Foto und Zeichnung: Lincoln Park Zoo

Mitte rechts: Nashorn- und Tapirhaus im Tierpark Hellabrunn / München, Architekten: Kochta + Lechner (1991).
Centre right: Rhino and tapir house at Hellabrunn Zoo / Munich, architects: Kochta + Lechner (1991).
Luftfoto: Kochta + Lechner

Neben dem Wissen über den natürlichen Lebensraum der Tiere war es nun besonders wichtig, Geschichten zu erzählen. Die neue Ausrichtung auf das Tierwohl in der Gehegegestaltung zeigte sich darin, dass den Tieren nicht nur eine gute Präsentation für die Besucher geboten wurde, sondern auch Versteck- und Rückzugsmöglichkeiten. Der Zooaufenthalt wurde für die Zoogäste zum Suchspiel, der einstige Museumsbesuch mit lebendigen Exponaten hatte sich zur Safari gewandelt – inklusive der Ungewissheit, ob das Tier überhaupt betrachtet werden kann. Um den Besuchern das Gefühl zu geben, die Tiere in ihrer natürlichen Umgebung zu beobachten, wurden Hagenbecks Präsentationskonzepte auf die Spitze getrieben, insbesondere mit den sogenannten Immersionsgehegen. In diesen Anlagen, die der Besucher selbst durchschreitet, sind die Begrenzungen optisch kaum wahrnehmbar. Als besonders geeignet erwies sich der Kuppelbau, der wie eine künstliche Halbkugel ein Stück exotische Welt in den Zoo holte.

Die neue Denkweise, die nicht mehr von einer baulich sichtbaren Trennung von Tier und Mensch ausging, veränderte auch die Wegeführung in den Tierhäusern. »Der Weg berührt nirgends mehr unmittelbar das Tiergehege; Vegetationsgürtel, Wasser- oder Trockengraben liegen trennend dazwischen. Die Tiergehege liegen nicht mehr gleichzeitig auf beiden Seiten entlang des Weges, sondern in rhythmischer Ordnung bald rechts bald links, im Wechsel mit offener Vegetation. Die Wege führen mehr oder weniger direkt zu bestimmten Standorten, von welchen sich der Einblick in ein einziges Tiergehege öffnet; sie entsprechen aber immer einem flanierenden Spazierengehen. Die vielen nicht festgelegten Einblicke, die jeder Besucher selbst aussuchen oder sich überraschend bieten lassen kann, erhöhen die Aktivität seiner Betrachtung und verhindern, daß er wie in einer Ausstellung oder Sammlung von Gehege zu Gehege geht. Durch den ständigen Wechsel von lockenden Aus- und Einblicken mit Partien, die die Fortsetzung und die Tiere verbergen, erhält der Spaziergang erst Gliederung und Spannung.«[96]

Der Trend zum Immersionsgehege, bei dem die Grenzen zwischen der baulich überformten Landschaft und dem landschaftlich artikulierten Bau verschwimmen, dient selbstverständlich zunächst einmal in großen Teilen dem unbeschwerten Zooerlebnis des Besuchenden, der auf diese Weise nicht den Eindruck hat, gefangene Tiere zu betrachten, selbst wenn dies letztlich immer noch der Fall ist. Seit Hagenbecks Panoramazoo hat sich in dieser Hinsicht also nicht wirklich Grundlegendes geändert. Eher wächst die Zahl der offenen Fragen. Denn der Mensch, so Hediger, klammere sich seit jeher »an jene Wunschvorstellung von einem paradiesischen Zustand, in dem die Tiere sich

96 Brägger, Kurt/Geigy, Rudolf/Lang, Ernst M./Studer, Peter/Wackernagel, Hans: 100 Jahre Zoologischer Garten Basel 1874–1974, Basel 1974, S. 87f.

In addition to the awareness of natural living space, from this point on, there was a great interest to be told a story. The new attention to animal well-being in the design of the enclosure was not just clear to see by the way that animals were presented to the visitors. Now they were granted the possibility to hide, retire, and to retreat. The visit to the zoo had become a game of hide-and-seek for the visitor and what used to be a visit to the museum with live specimens had become a safari, replete with the uncertainty of whether the animal could be viewed at all. In order to give the visitors the feeling that they were witnessing the animals in their natural surroundings, Hagenbeck's presentation concept was carried to the extreme with so-called immersion enclosures; facilities with hardly perceptible boundaries, which the visitors themselves traversed. The typology of the domed structure was especially well suited for this kind of setting because it facilitated importing an artificial slice of an exotic world in the zoo.

The new way of thinking which no longer assumed a structural separation of the animal from the human being also changed the routing through the zoos: "At no point does the path impinge upon the animal enclosure; green belts, moats or trenches are interposed. The animal enclosures are no longer located on both sides along the walkway. Now they occur at regular intervals, sometimes on the left, sometimes on the right, interspersed with exposed vegetation. The walkways lead more or less directly to certain vantage points with a view into a single animal enclosure without at any point losing the sense of a stroll through the forest. There are many informal views that visitors can seek out or discover, which add a new dimension to the activity of simply walking from one cage to the next and looking at the animals. By permanently alternating attractive vistas and more intimate glimpses with sections that hide the intervening space and the animals, the passageway is organised and develops tension."[96]

Of course the immersion enclosure trend, in which the boundaries are dissolved between architecturally transformed landscape and landscape-articulated architecture, was in first approximation conducive to a carefree visit to the zoo for the visitors, who no longer had the impression they were looking at captured animals, even if that was still in fact

the case. From that standpoint, nothing had really changed since Hagenbeck's panorama zoo. The open questions multiplied, for example, whether the zoo was marketed as an arbitrarily blended ecosystem or whether the intimated freedom of the wild animal was not in fact wishful thinking on the part of the viewers. Because human beings, according to Hediger, still cling to "a wish for a state of paradise in which the animals rejoice in unbridled freedom, where birds will sail at will through the aether, singing and rejoicing with a zest for life and overflowing with joy".[97] In that sense, the landscaping with immersion enclosures in zoos was also just another image projected by human beings. On the other hand, Hediger also pointed out that the term of freedom – as it applies to the animal world as well as to the world of humans – cannot be applied without scrutiny. He marvels: "It's basically astounding how long it has taken until the fact that the animal living in a natural state in the so-called wild was not free at all, but instead was quasi imprisoned in sections of terrain that were designated as territory."[98] For Hediger, the extent of the so-called freedom of the animals roaming through their precincts was in first approximation a reaction to scarcity of food, which animals in human custody never experience except during times of crisis. In point of fact, the size of a territory depends on the need for food (prey) and the productivity of the ground (forage plants).[99]
The controlled freedom of the animals in their territory in the zoo was architecturally attainable because new materials and methods of construction spurred on the typology of the shell structures: plastic made its entrance in architecture. The new material led to formal experiments with shells and hyperbolic paraboloids. Heini Hediger had long been making the case to examine the organic forms and take into account the one that most expressed the biological needs of the animals, "because the cube, that abstract section of space is as unbiological as the straight line"[100]. But the drafts remained as prototypes and were never executed individually. "These buildings, like many other ideas from the 1970s, were ahead of their times."[101]

vollkommener Ungebundenheit erfreuen, die Vögel nach Belieben durch den Äther segeln und aus überschäumender Lebenslust singen und jubilieren«[97]. Somit wäre also auch die Landschaftsgestaltung in Zoos mit Immersionsgehegen wieder nur ein Abbild menschlicher Projektionen. Andererseits weist bereits Hediger darauf hin, dass der Begriff der Freiheit auf die Tierwelt – und wohl auch auf die Menschenwelt – nicht unhinterfragt anzuwenden ist. Er wundert sich: »Im Grunde genommen ist es erstaunlich, wie lange es gedauert hat, bis das Territorium entdeckt wurde, die Tatsache also, dass das sogenannt frei lebende Wildtier im Naturzustand gar nicht frei lebt, sondern gewissermaßen eingesperrt in Geländeausschnitte von bestimmter Größe ist, die eben als Territorium bezeichnet werden.«[98] Für Hediger stellt die Größe der in der sogenannten Freiheit von den Tieren durchschweiften Reviere in erster Linie eine Reaktion auf Nahrungsknappheit dar, die für Tiere in menschlicher Obhut außerhalb von Krisenzeiten so nicht gegeben ist. Darüber hinaus hänge die Größe eines Territoriums vom Nahrungsbedarf (Beutetier) und von der Produktivität des Bodens (Futterpflanze) ab.[99]
Die kontrollierte Freiheit des Tieres in seinem Territorium im Zoo wurde baulich auch möglich, weil neue Materialien und Konstruktionsmethoden die Typologie der Flächentragwerke beflügelten: Kunststoff hielt Einzug in die Architektur. Das neue Material führte zu formalen Experimenten mit Schalen und hyperbolischen Paraboloiden. Diese innovativen Strukturen ermöglichten es, großflächige und transparente Überdachungen zu schaffen, die den Tieren eine naturnahe Umgebung und den Besuchern ein ungewöhnliches Zooerlebnis boten. Die Kombination aus fortschrittlichen Materialien und avantgardistischer Architektur verlieh den Zoos eine zeitgemäße Ästhetik und trug dazu bei, die Trennung zwischen Tier und Mensch in der Zoogestaltung weiter aufzulösen.
Heini Hediger hatte schon lange zuvor dafür plädiert, sich den organischeren Formen zuzuwenden und die den biologischen Bedürfnissen des Tieres am meisten entsprechende Gestalt zu berücksichtigen, »weil der Kubus, dieser abstrakte Raumausschnitt so unbiologisch ist wie die gerade Linie«[100]. Noch blieben die Entwürfe jedoch Prototypen und wurden nur vereinzelt ausgeführt. »Diese Gebäude waren – wie auch viele andere Ideen aus den siebziger Jahren – ihrer Zeit voraus.«[101]

97 Hediger, Heini: Vom Zwinger zum Territorium, in: Kirchshofer, Rosl (Hg.): Zoologische Gärten der Welt, Frankfurt am Main 1966, S. 8.
98 Hediger, Heini: Vom Zwinger zum Territorium, in: a. a. O., S. 7f.
99 Ebenda, S. 10f.
100 Hediger, Heini: Tiergartenbiologie und vergleichende Verhaltensforschung, in: Zeitschrift für Säugetierkunde, Bd. 21, Heft 1–2 / 1956, S. 17.
101 Ludwig, Matthias: Mobile Architektur. Geschichte und Entwicklung transportabler und modularer Bauten, Stuttgart 1998, S. 134.

Voliere im Münchner Tierpark Hellabrunn, 1980.
Gemeinsam mit dem Biologen und Anthropologen Johann Gerhard Helmcke versuchte Frei Otto, natürliche Prozesse und Konstruktionen zu erfassen und deren Prinzipien in die Architektur und Tragkonstruktion zu integrieren, indem er verschiedene wissenschaftliche Fachgebiete einbezog.
Together with Johann Gerhard Helmcke, the biologist and anthropologist, Frei Otto endeavoured to understand natural processes and constructions and to integrate their principles into architecture and load-bearing structures by incorporating various sciences and disciplines.
Quelle: Meissner, Irene / Möller, Eberhard: Frei Otto. forschen, bauen, inspirieren, München 2015, S. 18

Mit der Befreiung von den traditionellen Regeln der Architektur trat in der Zooarchitektur eine Verzahnung von Innenraum und Außenraum ein. Das Bauen für Tiere mit seiner naheliegenden Analogie zu organischen und scheinbar von Tieren geschaffenen Gebäudeformen wurde nun von technischen Entwicklungen beim Entwerfen und Konstruieren begleitet. »Die geometrisch charakteristischen Grundrißformen aus additiv aneinandergereihten Spiral- und Kreisteilen sollten als freimodelliertes Raumgebilde assoziativ einem natürlichen Lebensraum Höhle der Tiere nahekommen«,[102] erkennt etwa Stefan Endl-Storek in der Architektur des 1990 im Münchner Tierpark Hellabrunn errichteten Nashorn- und Tapirhauses. In der Tat ähnelt dessen Grundriss der Form einer Muschel.
Zudem wurde mit der Besinnung auf die Ökologie der Fokus vermehrt auf Bauten für Kleintiere gerichtet. Eingesetzt hatte diese Entwicklung bereits gegen Ende der Sechzigerjahre. In seinem Essay *How to Exhibit a Bullfrog*[103] legt der Zoologe William G. Conway 1968 dar, dass die gut konzipierte Darstellung von räumlich kleineren Lebensbereichen, beispielsweise von dem eines Ochsenfroschs, biologische und ökologische Zusammenhänge umfassend zu erklären vermag. Diese Tendenz schlug sich bedauerlicherweise bald auch in den einschlägigen Zoozeitschriften nieder. Die Architektur nahm immer weniger weniger Raum in der Öffentlichkeitsarbeit und in den internen Publikationsorganen der Zoologischen Gärten ein. Architekturprojekte wurden kaum mehr mit Plan und Bild dokumentiert und verschwanden so langsam aus der wissenschaftlichen Dokumentation.

102 Endl-Storek, Stefan: Beton-Konstruktionen. Nashorn- und Tapirhaus im Tierpark Hellabrunn, München, in: DETAIL, Heft 3, Juni / Juli 1992, Tafel IV.
103 Conway, William G.: How to exhibit a bullfrog: a bedtime story for zoo men, in: Curator. The Museum Journal, Vol. 11, Issue 4 / 1968, S. 310–318.

A meshing of interior and outside space began in zoo architecture with the liberation from the traditional architectural rules. Building for animals with its closely related analogy to organic forms, apparently created by animals, was now accompanied by technical developments in design and construction. In the architecture of the rhinoceros and tapir houses erected in 1990, in the Munich Hellabrunn Zoo, Stefan Endl-Storek saw that "The geometrically characteristic floor plan forms composed of compounded spiral and circular sections was intended as a freely shaped spatial construct to approximate the cave-like natural living space of the animals".[102] In fact, the floor plan resembled a clam shell.
Against an ecological backdrop, the focus turned increasingly to buildings for small animals. The trend had already begun at the end of the 1960s. In his 1968 essay *How to Exhibit a Bullfrog*[103] the zoologist William G. Conway explained that well-conceived settings of smaller living areas – for example that of a bull-frog – were capable of comprehensively presenting biological and ecological connections. Unfortunately, this tendency was soon picked up in the relevant zoo magazines. The architecture took up less and less space in public relations and internal organs of the zoological gardens. Architecture projects were hardly ever documented with blueprints and pictures, and slowly disappeared from scientific documentation.

Wettbewerbsentwurf für den Parc zoologique de Paris (2006, unrealisiert).
Competition design for the Parc zoologique de Paris (2006, unrealised).
Beckmann-N'Thépé / Artfactory

Linke Seite: Luftaufnahme des komplett neu geplanten Parc zoologique de Paris, Architektur: Bernard Tschumi Urbanistes Architectes mit Véronique Descharrières (2014).
Left page: Aerial view of the completely renovated Parc zoologique de Paris. Architecture: Bernard Tschumi Urbanistes Architectes with Véronique Descharrières (2014).
Véronique Descharrières Architecte

Zooarchitektur der fünften Generation: Markenbildung durch ikonische Großbauten

Anfang der Neunzigerjahre setzten die Umgestaltungen vieler traditioneller zoologischer Einrichtungen zu sogenannten Erlebniszoos ein und markierten damit den Beginn einer neuen Bewegung in der Zooplanung. »Thematisierung und Storytelling beherrschen die Erlebniszoos mittlerweile genauso gut wie die klassischen Freizeitparks und Spaßbäder.«[104] Der Leipziger Zoo etwa wurde von Grund auf umgestaltet, vom 1,7 Hektar großen Gondwanaland über die Löwensavanne Makasi Simba und die Menschenaffenanlage Pongoland bis hin zum Elefantentempel Ganesha Mandir, einem denkmalgeschützten Bau mit Elefantentauchbecken. »Die wichtigste Herausforderung beim Bau eines urbanen Zoos ist heute die Schaffung wirkungsvoller Illusionen: wilde Natur, Exotik, ausgedehnter Raum. Im Zoo von Paris mit seiner Fläche von 14,5 Hektar wird ein scheinbar grösserer Raum mit Hilfe von gartenkünstlerischen und dem Theater entliehenen Mitteln geschaffen: aufeinanderfolgende Bildebenen, Bühnenbild und Hors-champ, Sichtbares und Verstecktes. So entsteht die Landschaftskulisse.«[105]

Um neue Strategien für die Vermarktung der Zoos zu finden, wird seither zunehmend auf Architektur gesetzt, die anhand von bewusst eingesetzten

104 Goronzy, Frederic: Erlebniszoos. Das Tier als Erlebnis, in: Kagelmann, Hans Jürgen / Bachleitner, Reinhard / Rieder, Max (Hg.): ErlebnisWelten. Zum Erlebnisboom in der Postmoderne, Tourismuswissenschaftliche Manuskripte, Band 12, München / Wien 2004, S. 36.

105 Osty, Jacqueline: Die Verwandlung des Pariser Zoos, in: Anthos, Heft 2 / 2015, S. 44ff.

Fifth Generation Zoo Architecture: Brand Development With Iconic Large-scale Buildings

At the beginning of the 1990s many traditional zoological facilities were revamped as so-called adventure zoos, thereby inaugurating the era of a new movement in zoo planning. "Adventure zoos have meanwhile predominated by thematising and storytelling as have the classical recreation parks and fun swimming pools."[104] For example, the Leipzig Zoo was redesigned from the ground up, from 1.7 hectare-large Gondwanaland to the lion savannah Makasi Simba, and the ape facility Pongoland to the elephant temple Ganesha Mandir, a listed building with an elephant plunge basin. "The most important challenge today in the construction of an urban zoo is the creation of effective illusions: untamed nature, exotic surroundings and an expanse of space. In the Paris Zoo with its 14.5 hectares area, an apparently greater area has been created with means borrowed from gardening and the theatre: consecutive levels of imagery, theatre setting, and hors champs – the visible and the hidden. That is how the landscape scenery evolved."[105]

Oben: Entwurf für die Erweiterung des Aquazoo Löbbecke Museums (2023).
Top: Design for the expansion of the Aquazoo Löbbecke Museum (2023).
Meuser Architekten GmbH

Links: Wettbewerb Ozeanium Basel (2012).
Left: Ozeanium Basel competition (2012).
Zaha Hadid Architects

Themen und Wiedererkennungswerten das Erlebnis steigert. Schließlich ist das Besuchererlebnis die virtuelle Ware, mit der der Zoo handelt. Der Besucher soll in weitgehend klischeehafte Bildwelten eintauchen. Diese sinnlichen Erfahrungen lassen sich leichter in einer gesamtheitlich gestalteten Umgebung generieren. Eine gleichzeitig erfolgende Standardisierung der Anlagen wird in Kauf genommen. Der Zoo avanciert zum Teil des Stadtmarketings und zur Kombination aus populärem Schaubetrieb und Bildungs- und Forschungsstätte. »Ähnlich wie das Konzept der Maschine die kulturelle und kommerzielle Produktion während des Zeitalters vom Ersten Weltkrieg bis zum Zweiten Weltkrieg (...) durchdrungen hat und als Metapher für Standardisierung, Spezialisierung und Präzision diente, ist die Marke zum Symbol für die aktuellen, mit dem Informationszeitalter verbundenen Verbraucherwerte geworden: Individualisierung, Differenzierung, Wahrnehmung und Kommunikation.«[106]

Auf der anderen Seite entstehen in den Zoos singuläre ikonische Bauten, die wiederum die Aufmerksamkeit vom Tier abziehen. Ein Beispiel ist das 3.400 Quadratmeter große Elefantenhaus, das Norman Foster 2002–2008 für den Kopenhagener Zoo gebaut hat. Das Tier tritt in Konkurrenz zum Bauwerk, in dem es lebt. Es zeichnet sich für die Tierbauten eine Entwicklung ab, die vergleichbar ist mit jener modernen Museumsarchitektur, bei der diskutiert wird, ob in Gebäuden, die sich selbst als Kunstwerke generieren, überhaupt noch Kunst ausgestellt werden kann, da die Aufmerksamkeit des Betrachters komplett von der Architektur absorbiert wird. Möglicherweise liegt das größte Problem darin, dass – um Frank O. Gehry zu folgen – es keinen Konsens darüber gibt, was ein Zoo ist und was ein Zoo braucht. Über den Bautypus des Museums hat sich der Kalifornier nach seinem spektakulären Bau des Guggenheim-Museums in Bilbao in einem Interview geäußert. Darin lehnt er die allgemein geforderte Neutralität der Architektur bei Ausstellungsbauten ab. Seine These lässt sich auch auf Zoobauten übertragen: »Jeder Architekt, den ich höre, spricht von der Neutralität der Architektur, und alle bauen Museen, die neutral zu sein versuchen, tatsächlich aber in ihrer Neutralität scheitern, weil sie nicht wissen, wie man sie erreicht. Einige Architekten detaillieren die Wände, Fenster, Oberlichter, Böden und Türen zu Tode. Auf der Suche nach Neutralität in der Architektur folgen sie einem so überwältigenden Detailfetischismus, dass manche, wenn auch nicht alle Kunstwerke von eben diesen Details überwältigt werden.«[107]

106 Klingmann, Anna: Architektur und Brands. Plädoyer für eine Marke der Nachhaltigkeit, in: Telepolis, 20. Mai 2006, http://www.heise.de/tp/artikel/22/22667/1.html (zuletzt abgerufen am 11. Juli 2016).

107 Das Museum als Skulptur. Gespräch mit Frank O. Gehry zum Guggenheim Museum Bilbao, in: Mack, Gerhard: Kunstmuseen. Auf dem Weg ins 21. Jahrhundert, Basel / Berlin / Boston 1999, S. 23.

In order to find new strategies for marketing zoos, more emphasis has been placed on architecture that enhances the quality of the experience by consciously choosing certain themes and recognition factors. Ultimately, the experiences of the visitors are what is marketed by the zoo. The visitors are supposed to immerse themselves in worlds dominated by clichés. These sensual experiences are easier to generate in surroundings that have been subjected to an overall design. A standardisation of the facilities is taken into account. The zoo is promoted as a part of the city's marketing strategy as a popular attraction with an educational and research bonus. "Similar to the concept of the machine, when the cultural and commercial production, during the period between World War I and World War II (...) had become established and served as a metaphor for standardization, specialisation and precision, the brand name has become the symbol for the current consumer values of the information age: individualisation, differentiation, perception, and communication."[106]

On the other side, certain iconic buildings have been created in the zoos, which draw attention away from the animal. A good example is the 3,400 square metres elephant house Norman Foster built from 2002–2008 for the Copenhagen Zoo, where the animal competes for attention with the building in which it lives. A zoo architecture discussion has arisen, comparable with that of modern museum architecture, where the question has become whether art can be exhibited at all in buildings, which themselves are presented as works of art, if the attention of the visitor is completely absorbed by the architecture. The greatest problem, if one is to believe Frank O. Gehry, there is no consensus of what a zoo is and what it needs. After finishing his Guggenheim Museum in Bilbao, Gehry rejected the idea of architectural neutrality for exhibition spaces in an interview. This idea can also apply to zoo buildings. "Every architect I hear talks about the neutrality of architecture, they all build museums that try to be neutral, but they fail to be neutral because the architects don't know how to do that. Some architects detail to death the walls, windows, skylights, floors, and doors. In their search for neutrality in architecture, they succumb to such an overwhelming detail fetishism, that some, if not all of the art works are overwhelmed by just these details."[107]

Der ikonische Turm der Nashornanlage, inspiriert von einer indischen Pagode, setzt ein weiteres architektonisches Markenzeichen im Berliner Zoo.
The iconic tower of the rhino enclosure, inspired by an Indian pagoda, is another architectural landmark at Berlin Zoo.
dan pearlman markenarchitektur

Das 2023 eröffnete Aquarium (Sea of Cortez Research Center) im mexikanischen Mazatlán wird in wenigen Jahren von Kletterpflanzen umhüllt sein.
The aquarium (Sea of Cortez Research Centre) in Mazatlán, Mexico, which opened in 2023, will be covered in climbing plants in a few years' time.
Tatiana Bilbao Estudio

To what extent must zoo architecture address the question of architectural neutrality? Or is this type of exhibition building characterised by exactly the opposite of neutrality? Is there an ersatz world, in which the question of an appropriate architecture is not caught between neutrality and extravagance but is located instead somewhere between real and artificial nature? Is the zoo an Intellectual Temple of Learning or a pure Urban Entertainment Centre? Clear answers are not forthcoming, as long as the discussion about a twenty-first century zoo architecture is not conducted on a broader front.
A look back in the past may provide an approach for a new impulse. In addition to education, recreation, and research, the zoo biologist Heini Hediger identifies nature conservation as a central pillar in the zoo construct. In fact, the zoo as such is always presented as a reference to the natural surroundings and the living conditions of the zoo animals. The information about nature conservancy and biodiversity projects is also presented together with appeals to make a financial contribution on the spot. The zoo becomes the modern Noah's Ark, where species threatened with extinction (because of environmental or extensive hunting) can survive until their natural living space has been adjusted to their needs.
When speaking about current tendencies in

Inwieweit muss sich die Zooarchitektur mit der Frage nach architektonischer Neutralität auseinandersetzen? Oder geht es bei diesem Typus Ausstellungsbau gerade um das Gegenteil von Neutralität? Eine künstliche Ersatzwelt, in der die Frage nach einer angemessenen Architektur nicht im Spannungsfeld von Neutralität und Extravaganz, sondern von realer Natur und künstlicher Natur liegt? Der Zoo als intellektueller Bildungstempel oder als lautes Urban Entertainment Center? Eine Antwort lässt sich nicht klar formulieren, solange der Diskurs über eine Zooarchitektur des 21. Jahrhunderts nicht auf breiter Ebene geführt wird. Ein Blick in die Vergangenheit mag daher ein Ansatz für neue Impulse sein.
Neben Bildung, Erholung und Forschung setzt der Tiergartenbiologe Heini Hediger den Naturschutz als zentralen Pfeiler ins Konstrukt der Zoos. In der Tat wird der Zoo als Ganzes immer mehr als Verweis auf die natürliche Umgebung und die Lebensbedingungen der Zootiere präsentiert. Über Natur- und Artenschutzprojekte wird nicht nur informiert, sondern es werden auch Möglichkeiten zur sofortigen Spende angeboten. Der Zoo stellt sich dar als moderne Arche Noah, in der vom Aussterben bedrohte Spezies überleben können, bis ihr natürlicher Lebensraum wieder an ihre Bedürfnisse angepasst ist.
Sprechen wir von aktuellen Tendenzen in der zeitgenössischen Zooarchitektur, fällt der Blick unweigerlich auf neuere Masterpläne, die sich bei genauerem Blick als eine Modernisierung bestehender Anlagen entpuppen. Dies trifft auf den Parc zoologique de Paris (Bernard Tschumi Urbanistes Architectes mit Véronique Descharrières, wiedereröffnet 2014) ebenso zu

Im dänischen Zoo Givskud entwarf BIG einen kreisförmigen Platz, der die Besucher spiralförmig aufnimmt und auf die angrenzenden Bereiche, die Kontinente repräsentieren, verteilt. *At Givskud Zoo in Denmark, BIG designed a circular plaza that welcomes visitors in a spiral and distributes them to the neighbouring areas representing continents. Bjarke Ingels Group*

Mitten im Wald vor Sankt Petersburg soll ein Archipel entstehen. Auf den kreisförmigen Inseln werden Spezies von unterschiedlichen Kontinenten untergebracht. *An archipelago is to be created in the middle of the forest near St Petersburg. Species from different continents will be housed on the circular islands.*
TN Plus / Beckmann-N'Thépé / Intarsia

wie auf den Masterplan Zootopia Givskud (Bjarke Ingels Group, vorgestellt 2014). In Dänemark wie auch im russischen Sankt Petersburg (TN Plus / Beckmann-N'Thépé / Intarsia, Wettbewerb 2010) entwarfen die Architekten neue Themenwelten, die dem Trend der Entertainment-Architektur folgen. Diese Profilierung eines Mottos, das bereits im Namen eine eigene Geschichte erzählen oder zumindest eine Erwartungshaltung beim Besucher aufbauen will, lässt sich auch auf der Ebene der Bauten beobachten. Formuliert ein Zoo kein Gesamtmotto, werden immer häufiger bestehende Anlagen umbenannt und mit exotischen Fantasienamen versehen, die dem Unterhaltungswert mehr dienen als dem wissenschaftlichen Anspruch, der Keimzelle des Zoologischen Gartens.

Markenarchitektur beginnt folglich bereits bei der Namensgebung. War früher im Orientierungsplan der Elefant im Elefantenhaus zu finden, muss der Besucher heute schon genauer suchen und findet etwa im Zoo Zürich eine Herde Elefanten in der Kaeng-Krachan-Anlage, deren Bezeichnung einem Nationalpark in Thailand, gelegen zwischen der Hauptstadt Bangkok und dem Nachbarland Myanmar, entsprungen ist. Opfert die wissenschaftliche Institution also ihr Selbstverständnis zugunsten von Wirtschaftsprüfern und Marketingstrategen? Das wäre zu bedauern. Andererseits ist und bleibt der Zoo ein Wirtschaftsunternehmen, das – sofern in staatlichem Besitz – nicht unbedingt schwarze Zahlen, wohl aber Besucherzahlen vorzuweisen hat. Der Natur- und Artenschutz ist somit nur zu bewerkstelligen, wenn die Institution des Zoos vor Ort politisch und damit auch finanziell unterstützt werden kann.

contemporary zoo architecture, one runs inevitably into new master plans, which when examined more closely are revealed to be nothing more than a modernisation of existing facilities. This pertains to the Parc zoologique de Paris (by Bernard Tschumi Urbanistes Architectes / Véronique Descharrières, reopened in 2014) as well as to the master plan Zootopia Givskud (Bjarke Ingels Group, presented in 2014). In Denmark, as well as in Saint Petersburg in Russia (TN Plus / Beckmann-N'Thépé / Intarsia, competition in 2010), the architects designed new theme worlds that continue the entertainment architecture trend. This profiling of a motto that tells a story about the institution – or at least attempts to create an expectation on the part of the visitor – can be read from the buildings. If a zoo has not formulated an overall motto, what frequently happens is that existing facilities are renamed with exotic fantasy names, emphasising the entertainment value more than the academic standard – the real germ cell of a zoological garden.

Branded architecture therefore starts with the choice of a name. If the elephant used to be found on the map in the elephant house, the visitors have to look a bit closer now. For example in the Zurich Zoo, they come across a herd of elephants in the Kaeng Krachan complex, named after a national

park in Thailand, located between the capitol city of Bangkok and neighbouring Myanmar. Does that mean the scientific institution has sacrificed its identity in favour of accountants and marketing strategists? That would be regrettable. The zoo is and shall remain an economic entity but to the extent that it is state owned, it doesn't necessarily have to turn a profit, although it must produce respectable numbers of visitors. Nature conservation and species protection can only be managed if the zoological institution is supported both politically and financially. So, in order to attract visitors, the zoological gardens are turning increasingly to American-style theme parks as an example. Animal Kingdom, opened in 1998 in the Walt Disney World Resort in Orlando, Florida, was a pioneer in that regard. As they are in Disneyland, the parks are subdivided in themes that are intended to transmit an all-embracing experience of the world of animals, with a pedagogical once-over to the visitors. The zoo visit becomes a journey through the world. "When he entered the Jardin des Plantes the sight of a palm tree directed his thoughts to distant countries", wrote Gustave Flaubert in his *Sentimental Education.*
Instead of the animals, the main selling point for a season ticket to the zoo is the playground. Zoo shops, an important source of income, are distributed throughout the park, always coordinated with the thematic zone. The same is true for the restaurants, increasingly trimming their menus to the countries from which the animals come. Zoo restaurants, where visitors could snack on their way to the next exhibit, have now become gastronomic adventures, coming into their own as exclusive locations after the parks have closed.
Animal keeping is oriented to modern points of view. The key concept is called behavioural enrichment whereby incentives are created for zoo animals to combat boredom and counteract hospitalism. But the main point here is also the experience of the visitors. The task of the architecture is to bring them in the vicinity of the animal, at the same time avoiding presenting the animal as imprisoned. The net effect is highly charged emotional architecture. The concept is carried to an extreme through immersion architecture with enclosures that the zoo visitors can traverse, seemingly overcoming the last boundary between them and the animals.

Um Besucher anzulocken, nehmen sich die Zoologischen Gärten deshalb immer mehr die Freizeitparks US-amerikanischer Prägung zum Vorbild. In den USA war das 1998 eröffnete Animal Kingdom im Walt Disney World Resort in Orlando / Florida in Vorreiter. Wie in Disneyland sind die Parks in Themenwelten unterteilt, in denen dem Besuchenden ein ganzheitliches Erlebnis der Tierwelt vermittelt werden soll, wenngleich mit pädagogischem Anstrich. Der Zoobesuch wird zur Weltreise. »Ging er in den Jardin des Plantes, so versetzte der Anblick einer Palme ihn in ferne Länder«, schreibt schon Flaubert in seiner *Schule der Empfindsamkeit.* Hauptverkaufsargument für die Zoo-Jahreskarte ist dann zuweilen nicht mehr der Tierbestand, sondern der Spielplatz. Zooshops – eine wichtige Einnahmequelle – werden über den Park verteilt, stets thematisch dem Umfeld angepasst. Gleiches gilt für die Gastronomie, die ihr kulinarisches Angebot ebenfalls zunehmend auf die Herkunftsländer der in der Nähe gehaltenen Tiere abstimmt. Das Zoorestaurant, an dem der Besuchende früher den Imbiss für zwischendurch einnahm, wird so zur Erlebnisgastronomie und glänzt insbesondere nach abendlicher Schließung des Parks als exklusive Location.
Als Vorreiter dieser Entwicklung in Europa kann der Erlebnis-Zoo Hannover gelten. In den Neunzigerjahren von der Schließung bedroht, wurde die Anlage vom damaligen Zoodirektor Klaus-Michael Machens und dem Architekten Kieran Stanley zu einer Erlebniswelt nach US-amerikanischem Vorbild transformiert. In Hannover – wie auch seit 2015 in Berlin, wo das Büro dan pearlman für die beiden Standorte Zoo und Tierpark vergleichbare Ziel- und Entwicklungsplanungen erarbeitet hat – wird die in den Jahrzehnten zuvor in den Zoologischen Gärten angestrebte Natürlichkeit wieder durch Exotismus ersetzt. Bis heute wurden sieben Themenwelten gestaltet, unter anderem ein Dschungelpalast, ein nachempfundener australischer Outback und ein Gorillaberg in der Tradition früher Affenfelsen. Die Eisbären schwimmen in einem Becken, das an den Hafen einer kanadischen Küstenstadt erinnern soll. Da Eisbären gemeinhin eher selten Hafenbecken aufsuchen, muss dies als suggerierte Natürlichkeit eingeordnet werden, die dem Zoobesucher einen Hauch von Lokalkolorit vermittelt, mit der Wirklichkeit jedoch nichts zu tun hat. Die Tierhaltung ist an modernen Gesichtspunkten orientiert. Das Stichwort hierfür ist *Behavioral Enrichment*: Es werden Anregungen für die Zootiere geschaffen, damit diese sich nicht langweilen und an Hospitalismus leiden müssen. Doch im Zentrum steht auch hier wieder das Erlebnis des Besuchers. Die Architektur soll ihn einerseits nahe an das Tier führen, das er andererseits nicht als in Gefangenschaft lebend wahrnehmen soll. Dadurch wird sie hochgradig emotionalisiert. Auf die Spitze getrieben wird die Immersionsarchitektur mit Gehegen, die der Besuchende selbst betreten kann, wodurch die letzte Barriere zu den Tieren zu fallen scheint.

Zudem soll der Kontext so gestaltet sein, dass der Zoo nicht nur mit den Eintrittskarten Einnahmen generiert. Heute werden im Zoo Natur und Wildnis so präsentiert wie früher der Exotismus. Die Tiere und ihre Gehege stehen für ein ganzheitliches Bewusstsein und eine weltoffene Haltung. Was aber ist das für eine Natur, die nachgebaut und präsentiert wird? Der Zeitgeist ist auch hier wieder die Größe, an der sich die Zoologischen Gärten in ihrer Gestaltung und Ausrichtung orientieren. So möchten Eltern ihren Kindern glückliche Tiere in Gehegen zeigen. Doch werden hier nicht einfach Walt-Disney-Filme nachgespielt, in denen der König der Löwen keinen seiner Untertanen erlegen muss, um satt zu werden? Den meisten Eltern dürfte es schwerfallen, ihre Kinder in Zoologische Gärten mitzunehmen, in denen die Raubtiere ihre Nahrung selbst jagen, bevor sie sie verspeisen. Was in Europa tabuisiert wird, ist jedoch beispielsweise in China eine Besucherattraktion.

Die Brutalität der Natur wird in den Zoos der westlichen Kultur lediglich in gesellschaftlich akzeptierten Ausschnitten gezeigt. Das aber ist eine Aufgabe, an der die Zooarchitektur letztlich scheitert. Der natürliche Lebensraum der Spezies wird nur angedeutet. Ihn ganz zu kopieren, muss misslingen. Wenn aber Tieren ein Recht auf eine verbesserte Haltung zugesprochen wird, was bedeutet das für die Tiere, deren Unterbringung rein logistisch nicht zu bewerkstelligen ist? Andererseits hat Hediger konstatiert, dass auch das in der Natur frei lebende Wildtier an sein Territorium und damit an gewisse natürliche Barrieren gebunden ist.[108] Ohne Hedigers Erkenntnisse zum Territorium des Tieres und zur Architektur im Zoo, die unter anderem auf den Untersuchungen des französischen Zoologen Gustave Loisel basieren, wäre die heutige Debatte über eine angemessene Architektur für Tiere kaum vorstellbar. Was Loisel zu Beginn des 20. Jahrhunderts für die Haltung und Behausung von exotischen Wildtieren vorgedacht hatte, führte Hediger knapp ein halbes Jahrhundert später in den deutschsprachigen Raum ein und setzte es fort. Die Schriften beider Zoologen haben bis heute kaum etwas von ihrer Grundsätzlichkeit eingebüßt. Ein modernes Zoogebäude, um es in den Worten von Loisel und Hediger zu sagen, ist im Idealfall ein Mehrzweckbau mit einem wissenschaftlichen Anspruch, der in seiner Architektur den neuesten Haltungsbedingungen der Tiere, die in ihm leben sollen, entspricht. Würden wir diese Forderungen auf zukünftige Bauten übertragen, hieße das, dass der Zoo zu einer wissenschaftlichen Erlebnisstätte entwickelt werden müsste, in der das Entertainment zugunsten des Edutainment zurücktritt, der Tierbestand zu- und die Artenvielfalt abnimmt (also eine Spezialisierung erfolgt) und die Wissensvermittlung mit einem gesteigerten Naturerlebnis einhergeht.

108 Hediger, Heini: Vom Zwinger zum Territorium, in: Kirchshofer, Rosl (Hg.): Zoologische Gärten der Welt, Frankfurt am Main 1966, S. 7.

In addition, the offer must be designed so that income is not dependent on admission tickets alone. Nature and wilderness are presented in the zoo today the way that exoticism used to be. The animal enclosures stand for an integrated consciousness and an open-minded attitude. But what kind of nature is that which is replicated and put on display? The zeitgeist that influences the orientation of zoo design is also a factor here. Parents naturally want to show their children happy animals in enclosures that don't look like detention facilities. But are these not just Walt Disney films, in which the Lion King isn't compelled to slay his subjects in the interest of a full stomach? Most parents would have a difficult time taking their children to zoos where the predators had to hunt down their food before devouring it. Then again, a taboo in Europe is an attraction for visitors in China. In the Western zoos, the brutality of nature is shown in socially acceptable sized portions. But that's a task that zoo architecture ultimately fails to accomplish. The natural living space of the species is only intimated. Trying to copy it outright is doomed to failure. But if the animals are to be granted a right to improved keeping, what does that mean for the animals whose accommodation is simply logistically impossible? Hediger had already postulated that an animal living in the wild is indeed bound by his territory and thereby by certain natural barriers.[108]

Without Heini Hediger's insights concerning the animal's habitat and zoo architecture, which are based in part on the research of the French zoologist Gustave Loisel, the current debate about an appropriate architecture for animals can hardly be imagined. What Loisel, at the beginning of the twentieth century, had mapped out for the keeping and housing of exotic wild animals, was introduced and continued in the German speaking world almost fifty years later by Hediger. The writings of both zoologists have forfeited almost none of their fundamental significance today. To borrow from the formulations of Loisel and Hediger, a modern zoo building is ideally a multi-purpose building with scientific requirements, with architecture reflecting the latest zoo keeping standards for the animals within.

In den zeitgenössischen Zoologischen Gärten spielen Themenarchitektur und Storytelling zunehmend eine größere Rolle. Die mehrheitlich ikonischen Bauten zählen zu den wirksamen Marketingwerkzeugen. Von links oben nach rechts unten:
Themed architecture and storytelling are playing an increasingly important role in contemporary zoological gardens. The mostly iconic buildings are among the most effective marketing tools. From top left to bottom right:

Masoala-Halle (2003), Zürich
Gautschi-Storrer Architekten
Foto: Gautschi-Storrer Architekten

Sea of Cortez Research Center (2023), Mazatlán Aquarium
Tatjana Bilbao Estudio
Visualisierung: Tatjana Bilbao Estudio

Elefantenanlage (2008), Kopenhagen
Foster + Partners
Quelle: Foster + Partners

Yukon Bay (2010), Hannover
dan pearlman Markenarchitektur
Foto: Frank Roesner

Gondwanaland (2011), Leipzig
Henchion + Reuter Architekten
Foto: Henry Pfeifer

Nashornhaus (2023), Berlin
dan pearlman Markenarchitektur
Foto: DOM publishers

Greenhouse (2014), Paris
Bernard Tschumi Urbanistes Architectes
Foto: Véronique Descharrières

Monsoon Forest (2016), Chester
dan pearlman Markenarchitektur
Foto: Commission Air Ltd.

»Schauhäuser entwickeln sich zunehmend zu ökologischen Wissensspeichern mit einem stärkeren Fokus auf multimediale Bildungsziele. Architektur und Szenografie sind dabei wichtige Bestandteile der Bildungsarbeit.«

"Showhouses are increasingly evolving into repositories of ecological knowledge, with an emphasis on multimedia educational objectives. Architecture and scenography are important components of the educational work."

Natascha Meuser

Aquarienbauten
Entwicklung der Schauaquaristik

Die Bauaufgabe Großaquarium stellt Architekten und Experten vor vielfältige Herausforderungen. Die Auseinandersetzung mit dem Thema aus der Perspektive der Architektur soll ein tieferes Verständnis für das komplexe Zusammenspiel von Design, Technologie und Bildung ermöglichen. Durch diese Betrachtung wird eine fundierte Grundlage geschaffen, um die Planung und Entwicklung von Großaquarien mit einem ganzheitlichen und kritischen Fokus anzugehen.

Seit der Klimarahmenkonvention der Vereinten Nationen, die 1992 in Rio de Janeiro verabschiedet wurde, ist die damalige wissenschaftliche Forderung nach intakten ökologischen Kreisläufen zu einer globalen Bewegung angewachsen. Überall auf der Welt sind die Folgen des Klimawandels inzwischen spürbar geworden. Während in Sibirien die Permafrostgebiete im Sommer zu tauen beginnen und sich im Mittelmeerraum Waldbrände zu einer jährlich wiederkehrenden Tragödie entwickelt haben, schlagen Wissenschaftler immer lauter Alarm aufgrund schmelzender Polkappen und des dadurch verursachten Anstiegs des Meeresspiegels. Manche Forscher prognostizieren inzwischen, dass das schmelzende Süßwasser der Grönlandgletscher den Salzgehalt des Atlantiks absenken könnte. Würde dieses Szenario eintreten, so die Hydrologen und Klimaexperten, könnte der Golfstrom versiegen und das Wetter in Europa würde sich deutlich verändern. Dieser Wandel unserer Umwelt ist die Folge von massiv gestörten Zyklen der natürlichen Elemente, deren Ursache der Mensch ist. Der anthropogene Treibhauseffekt, ausgelöst durch unsichtbares Kohlendioxid (u. a. durch die Verbrennung fossiler Rohstoffe) und Methan (u. a. aufgrund der Massenhaltung von Rindern), wird allerdings erst sichtbar, wenn die entstandenen Schäden unseren Lebensalltag beeinflussen. Doch diese Wetterextreme haben sich über Jahrzehnte aufgebaut und werden als neue Normalität akzeptiert werden müssen.

Aquarium Buildings

The task of building a large aquarium presents architects and experts with a variety of challenges. Examining the topic from the perspective of architecture should enable a deeper understanding of the complex interplay between design, technology and education. This approach creates a sound basis for understanding the planning and development of large aquariums from a holistic and critical perspective.

Since the United Nations Framework Convention on Climate Change was adopted in Rio de Janeiro in 1992, the scientific demand of that time for intact ecological cycles has grown into a global movement. Everywhere in the world the consequences of climate change are now conspicuous. In Siberia areas of permafrost begin to melt in the summer. In the Mediterranean region forest fires have become an annually recurring tragedy. And scientists are sounding the alarm ever louder about melting polar caps and the consequent rise in the sea level. Many researchers are now predicting that melting freshwater from glaciers in Greenland could reduce the salinity of the Atlantic. Should this happen, hydrologists and climatologists fear that the Gulf Stream will peter out and the weather in Europe change dramatically.

Todesfalle Plastikmüll: Verschlucktes Plastik gelangt in den Darm der Meeresschildkröte und schränkt ihre Fähigkeit ein, Nahrung zu verdauen.
Plastic gauze death trap: swallowed plastic ends up in the intestines of the sea turtle and limits its ability to digest food.
Foto: Jakub Gojda

Todesfalle Fischernetz: Seelöwe mit Nylonschnüren und einem Stück Fischernetz um den Hals, das ihm eine tiefe Wunde zugefügt hat.
Fishing net death trap: a sea lion with nylon lines and a piece of fishing net around its neck; the net has inflicted a deep wound.
Quelle: Greenpeace

The changes in the environment are the consequence of massive man-made disturbance of cycles in the natural elements. The anthropogenic greenhouse effect, set off by invisible carbon dioxide (including from the burning of fossil fuels) and methane (including due to the widespread rearing of cattle), only becomes visible, however, when the resulting damage affects our everyday lives. These extremes of weather have built up over decades and will have to be accepted as the new normality.
Our treatment of the seas – which in our European culture we have observed only from the edges – is just as ignorant. When in the fifteenth century conquerors and colonialists started sailing over the open seas, they found a new, completely unknown world. On water the adventurers were at the mercy of nature. They had more respect for the sea than for the peoples they encountered on the new coasts. Thus only a fraction of the oceans had been investigated before the middle of the twentieth century. It was only then that the first heroes ventured into the depths of the oceans in diving bells – not to hunt targets with submarines, but motivated by the engineer's eagerness to fathom the boundaries of what was technically possible. What deep-sea divers such as Jacques-Yves Cousteau (1910–1997) and other pioneers found was completely unknown

Ebenso ignorant gehen wir mit den Meeren um, die wir in unserer europäischen Kultur immer nur von den Rändern betrachtet haben. Als die Eroberer und Kolonialisten ab dem 15. Jahrhundert über die offenen Meere segelten, begegnete ihnen eine neue, gänzlich unbekannte Welt. Auf dem Wasser waren die Abenteurer der Natur ausgeliefert. Vor dem Meer hatten diese Männer mehr Respekt als vor den Völkern, auf die sie an den neuen Küsten trafen. So waren die Weltmeere bis zur Mitte des 20. Jahrhunderts nur zu einem Bruchteil erforscht. Erst dann wagten sich erste Helden in Taucherglocken in die Tiefen der Ozeane – nicht mit U-Booten auf der Jagd nach Zielen, sondern mit der Motivation von Ingenieuren, die Grenzen des technisch Machbaren auszuloten. Was Tiefseetaucher wie Jacques-Yves Cousteau (1910–1997) und andere Pioniere vorfanden, waren komplett unbekannte Welten, die sich in beeindruckenden Bildern so bunt wie eine Blumenwiese präsentierten. Mit den immer waghalsigeren Forschungsfahrten schien sie bezwingbar zu werden. Cousteau, der mit seinen mehr als 100 Filmen über Unterwasserwelten unser Bild der Ozeane geprägt hat, gehörte auch zu den ersten Forschern, die sich für deren Erhalt engagierten. Die Cousteau-Gesellschaft setzt sich nicht nur für die Erforschung der Meere, sondern auch für ihren Schutz ein. Gegründet wurde sie 1973, inspiriert durch den *Club of Rome* und seinen Bericht über die Grenzen des Wachstums. Meeresforschung ist seitdem immer mit der Sorge um die zunehmende Verschmutzung der

Unterwasserwelt im südpazifischen Bora-Bora: farbenfrohe Fische als Indikator für den Sehnsuchtsort in einer intakten Natur.
Underwater world in Bora-Bora in the South Pacific: vividly coloured fish as an indicator of a desirable location in intact nature.
Quelle: travelphotobloggers.com

Unterwasserwelt vor den Seychellen im Indischen Ozean: Korallenbleiche aufgrund der globalen Erwärmung. Diese Korallen sterben ab.
Underwater world near the Seychelles in the Indian Ocean: coral bleaching caused by global warming. These corals are dying.
Foto: Rainer von Brandis

Ozeane verbunden. Vor allem seitdem die Nutzung von Satelliten auch für zivile Institutionen und Nichtregierungsorganisationen möglich ist, steht nahezu jeder Winkel der Erde unter Dauerbeobachtung, auch die Meere. Was uns die Fotos und Messungen von den Veränderungen der Natur durch menschliche Eingriffe zeigen, ist faszinierend und erschreckend zugleich. Neben den steigenden Wassertemperaturen, die aufgrund der daraus resultierenden Abnahme des Sauerstoffgehalts zum Artensterben führen, werden weitere Umweltprobleme sichtbar: Überdüngung der Meere durch Stickstoffeintrag über Grundwasser, Bäche und Flüsse aufgrund intensiven Ackerbaus; Plastikmüll, der ungefiltert in die Meere gespült wird, sowie Fischernetze, die achtlos auf hoher See über Bord geworfen und zu tödlichen Fallen für Meereslebewesen werden. Die Liste der durch den Menschen verursachten Umweltbelastungen der Meere könnte noch fortgeführt werden.

Aufgrund der Mahnungen, die rund um den Erdball von anerkannten Wissenschaftlern immer wieder formuliert werden, und der sichtbar gewordenen Abhängigkeit des Klimas von der Sauberkeit und Regenerationsfähigkeit der Weltmeere ist der Faktor Wasser zum zentralen Thema avanciert, wenn es um die Zukunftsfähigkeit unseres Planeten geht. Dem gestiegenen Umweltbewusstsein und der Erkenntnis, dass der Ausstoß von Treibhausgasen unmittelbar auch die Weltmeere schädigt, ist das neue Interesse für die Ozeane und Meere geschuldet. Dies spiegelt sich im Informationsangebot im Internet und im Fernsehen

worlds which in pictures looked as strikingly colourful as meadows of flowers. Increasingly daring research trips made these realms seem conquerable. Cousteau, whose more than 100 films on underwater worlds shaped our image of the oceans, was also one of the first researchers to commit himself to their conservation. The Cousteau Society campaigns not just for research into the seas but also for their protection. It was founded in 1973, inspired by the Club of Rome and its report on the limits of growth. Ever since, sea research has gone hand in hand with concerns about the increasing pollution of the oceans. Especially since civil institutions and nongovernmental organisations gained access to the use of satellites, almost every corner of the earth, including the seas, has been under constant observation. What the photos and measurements reveal of the changes to nature caused by human intervention is both fascinating and shocking. In addition to rising water temperatures, which lead to a decline in oxygen levels and thus to species extinctions, further environmental problems are becoming conspicuous: overfertilisation of the seas through nitrogen input via groundwater, streams, and rivers due to intensive agriculture; plastic rubbish washed unfiltered into the seas; and fishing nets, which are carelessly thrown overboard on the

Der Seattle Aquarium Ocean Pavilion in Washington wird neuen öffentlichen Raum schaffen und die Zugänglichkeit zwischen der Stadt und dem Hafenviertel verbessern (2024).
The Seattle Aquarium Ocean Pavilion in Washington will create new public space and improve accessibility between the city and the waterfront.
Architektur: LMN Architects

wider – aber auch in der Popularität von maritimen Bildungseinrichtungen. Meeresmuseen und Aquarien erleben einen neuen Boom, und das nicht nur bezüglich der Besucherzahlen, sondern auch hinsichtlich der Quantität der Bauten.

In den vergangenen drei Jahrzehnten hat sich die Anzahl der öffentlichen Schauaquarien verdreifacht. Allein in China stieg ab 1991 die Zahl der Aquarienhäuser von sechs auf heute 225. Dies spiegelt auch die Popularität bei den Besuchern wider. Nach Schätzungen der WAZA, des Weltverbandes der Zoos und Aquarien, und der Mitglieder des Internationalen Aquarium-Netzwerks (IAN / IAC) besuchten 2018 rund 700 Millionen Menschen weltweit ein Aquarium, davon allein 150 bis 200 Millionen in China. Diese Zahl wird von keiner anderen Gruppe naturschutzorientierter Einrichtungen übertroffen. Kontinuierlich entstehen neue Häuser oder es werden veraltete Ausstellungskonzepte neuen Bildungszielen angepasst. Auffällig dabei ist, dass bei Aquarien selten mit dem Fischbestand, zumeist aber mit baulichen Superlativen geworben wird: größtes Fassungsvermögen eines Tanks, dickste Scheibe eines Beckens oder längster begehbarer Glastunnel. Doch welche grundlegenden architektonischen Prinzipien und entwurfsbestimmenden Kategorien definieren diese Bauaufgabe? Wie kann man die Eigenart der Architektur eines Aquariums anhand von Vergleichsobjekten ersichtlich machen? Und inwieweit bildet eine Bauaufgabe immer auch einen Bautypus aus – oder bedient sie sich

high seas and become fatal traps for marine life. This list of environmental damage to the seas caused by humankind could be continued.

Following repeated warnings from renowned scientists regarding the earth and in view of the climate's now very clear dependence on the world ocean's cleanness and ability to regenerate, water has become central to our plant's viability. The increase in environmental consciousness and the awareness that emissions of greenhouse gases are directly damaging the oceans too have led to a new interest in oceans and seas. This is reflected in the volume of information available on the Internet and TV – but also in the popularity of maritime educational facilities. Maritime museums and aquariums are experiencing a new boom, and that goes not just for visitor numbers but also for how these buildings have proliferated.

Over the past three decades the number of public aquariums has tripled. In China alone the number of aquarium buildings has grown from six in 1991 to 225 today. This is also a measure of aquariums' popularity with visitors. According to estimates by WAZA (the World Association of Zoos and Aquariums) and members of the International Aquarium Network (IAN / IAC), in 2018 approximately 700 million people worldwide visited an aquarium, of whom 150–200 million did so in China alone. This figure

Das 4.000 Quadratmeter große Odysseo ist das erste Ozeanarium von Mauritius und wurde 2021 unter dem Motto *Lernen-Lieben-Schützen* eröffnet.
Odysseo is the first Oceanarium of Mauritius and was opened to the public in 2021. The 4,000-squaremetres facility follows its mantra Learn–Love–Protect.
Foto: Bernardo Nascimento

Das Design der kinetischen Haut für das New York Aquarium auf Coney Island entstand in Zusammenarbeit mit Portico und ESKW Architects (2022).
The design of the kinetic skin for the New York Aquarium on Coney Island was created in collaboration with Portico and ESKW Architects.
Foto: Susan Chin, WCS

lediglich vorgefundener Typen? Gemessen an der Zahl ihrer Nutzer ist die Bauaufgabe Aquarium nach wie vor unterdurchschnittlich in der Debatte über zeitgenössische Architektur vertreten – und Fachliteratur über Aquarienbauten ist rar. Ziel soll es daher sein, bei der Untersuchung das Gemeinsame all dieser Bauten sowie zugleich ihre individuellen Unterschiede und Charakteristika herauszustellen, um dem entwerfenden Architekten und seinem Auftraggeber – dem Zoologen – Planungsparameter und Qualitätskriterien für ein nachhaltiges Gebäude an die Hand zu geben. Denn diese Bauaufgabe gehört zu einer Kategorie, die hohe Anforderungen an die innenräumliche Gestaltung bei einem hohen Grad an Technisierung stellt.

Doch was bedeutet das für Gebäude, die das Verhältnis des Menschen zur Natur darstellen sollen? Wie drückt sich das zeitgenössische Edutainment in Raum- und Ausstellungsdesign aus? Schließlich geht es doch inzwischen um weit mehr als um eine bloße Nachbildung der Natur und die schlichte Anrührung von Emotionen, sondern vor allem um den Respekt vor der Natur und um den menschlichen Wunsch, sich als Teil eines großen Ganzen zu fühlen. Entsprechend entwickeln sich die Schauhäuser mehr und mehr zu ökologischen Wissensspeichern und verfolgen Bildungsziele auf multimedialen Ebenen. Dies wirft auch die Frage auf, wie die architektonische Gestaltung von Schauaquarien dazu beitragen kann, den Besuchern ein tieferes Verständnis für die Bildungsarbeit dieser Einrichtungen zu vermitteln.

is surpassed by no other group of facilities oriented on conserving nature. The process of erecting new buildings or adapting obsolete display concepts to new educational goals never stops. Interestingly, advertising for aquariums rarely focuses on what fish they contain; for the most part, it uses superlatives referring to the aquarium's structures: the largest capacity of a tank, the thickest pane of glass in a tank, or the longest walkable glass tunnel. But what are the fundamental architectural principles and formative categories that define this architectural brief? How can we use comparisons to bring out what is distinctive about this architecture? And to what extent does an architectural brief always shape a type of building – or does it use only found types? Given the number of aquarium users, the debate on contemporary architecture includes relatively little discussion of how to design aquarium buildings. Specialist literature on these buildings is rare.

This text accordingly sets out to use research to identify both what is common to all these buildings and what makes them different from one another; the aim is to make available to architects and their clients (zoologists) planning parameters and qualitative criteria for a sustainable building. In this respect the Institute for Zoo Architecture sets out to be a communication platform between clients and architects.

Das Phillip and Patricia Frost Museum of Science in Miami vereint ein Wissenschaftsmuseum, ein Planetarium und ein Aquarium unter einem Dach.
The Phillip and Patricia Frost Museum of Science in Miami combines a science museum, planetarium, and aquarium under one roof.
Gestaltung: Grimshaw Architects

The history of aquarium construction goes way back to the time when man began to explore and preserve the secrets of the underwater world. As early as the 7th century, fish were kept in ponds and clay pots in Japanese and Chinese cultures. However, these early aquariums were quite simple and were often used to display exotic fish for royal collections or as status symbols. The animals could only be viewed from above. The ability to look inside an aquarium and view the fish from a different perspective only became possible with the development of glass vessels in the 19th century. These were initially simple glass containers that were often used for private collections of exotic fish. These containers were small and primitive and offered little space for the animals. The technology for maintaining water quality was limited and many fish only survived for a short time in captivity. It was the development and availability of glass that made the construction of aquariums in their current form possible and triggered a veritable boom, which became a social phenomenon thanks to two book publications: those by Philip Henry Gosse in England (*A Naturalist's Rambles on the Devonshire Coast*, 1853; *The Aquarium*, 1854) and an article by Emil Adolf Roßmäßler in the magazine *Die Gartenlaube* in 1856 entitled *Der See im Glas*. It was also Gosse who planned the first publicly accessible aquarium at London Zoo in 1853, which marked the beginning

Die Geschichte des Aquarienbaus reicht weit in die Zeit zurück, als der Mensch begann, die Geheimnisse der Unterwasserwelt zu erforschen und zu bewahren. Bereits im 7. Jahrhundert wurden in japanischen und chinesischen Kulturen Fische in Teichen und Tongefäßen gehalten. Diese frühen Aquarien waren jedoch recht einfach und dienten oft der Präsentation exotischer Fische für königliche Sammlungen oder als Statussymbole. Die Tiere konnten nur von oben betrachtet werden. In ein Aquarium direkt hineinzuschauen und die darin schwimmenden Lebewesen aus einer anderen Perspektive zu betrachten, wurde erst mit der Entwicklung und Verfügbarkeit von größeren Glasgefäßen im 19. Jahrhundert möglich. Diese Behälter waren zunächst noch primitiv und boten den Tieren nur wenig Platz. Die Technik zur Aufrechterhaltung der Wasserqualität war begrenzt und viele Fische überlebten in Gefangenschaft nur kurze Zeit.

Einen regelrechten Boom, der sich zu einem gesellschaftlichen Phänomen auswuchs, lösten in England zwei Buchveröffentlichungen von Philip Henry Gosse aus (*A Naturalist's Rambles on the Devonshire Coast*, 1853; *The Aquarium*, 1854) sowie in Deutschland ein Artikel von Emil Adolf Roßmäßler in der Zeitschrift *Die Gartenlaube* von 1856 mit dem Titel *Der See im Glas*. Gosse war es auch, der 1853 das erste für das Publikum zugängliche Aquarium im Londoner Zoo plante; dies markiert den Beginn des öffentlichen Interesses an Aquarien. Der Fortschritt der Produktionsmethoden sowie die verbesserten Materialeigenschaften von Glas erlaubten eine zunehmende Größe der Wasserbehälter.

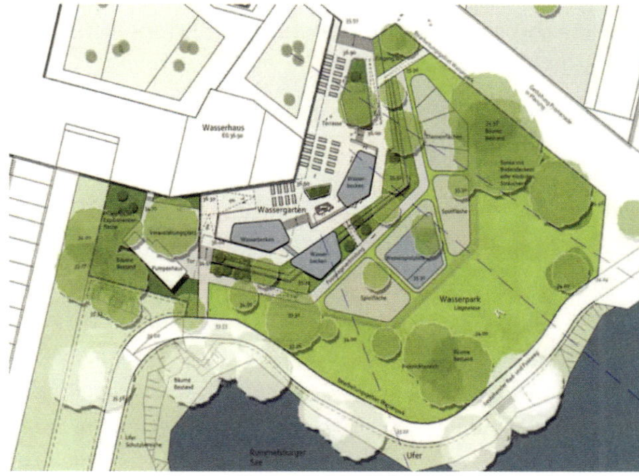

Ocean Berlin ist ein hochmodernes Aquarium, das von Coral World International in Berlin entwickelt wird. Es soll den Standort als führendes Zentrum für authentische Umweltveränderungen in Europa etablieren.
Ocean Berlin is a state-of-the-art aquarium being developed by Coral World International in Berlin. It is intended to establish the location as a leading centre for authentic environmental change in Europe.
Visualisierung: Coral World International

Komplexere Systeme wurden entwickelt, darunter auch Konstruktionen für Meerwasseraquarien. Die folgenden Jahrzehnte brachten zudem Fortschritte in der Filtertechnologie und bei der Kontrolle der Wasserqualität. Nach dem Zweiten Weltkrieg entwickelte sich die Aquarientechnologie weiter. Es wurden verbesserte Filter, Beleuchtungs- und Heizsysteme konzipiert, um die Lebensbedingungen für die in den Aquarien gehaltenen Tiere zu optimieren. Zugleich wuchs das Umweltbewusstsein, was zu einem verstärkten Fokus auf Nachhaltigkeit und auf den Schutz gefährdeter Arten führte. In den Fünfziger- und Sechzigerjahren erlebten öffentliche Aquarien einen regelrechten Boom. Überall auf der Welt entstanden eindrucksvolle Einrichtungen, wie etwa das Monterey Bay Aquarium in Kalifornien oder das New England Aquarium in Boston. In diesen Anlagen wurde bereits großer Wert auf Bildung und Umweltschutz gelegt.
In den letzten Jahrzehnten des 20. Jahrhunderts vollzog sich in der Aquarientechnik eine weitere Revolution. Große Fortschritte wurden in den Bereichen Wasserfiltration, Beleuchtung (LED-Technologie), Steuerungssysteme und Überwachung der Wasserqualität erzielt. Dies führte zu präzisen Kontrollmöglichkeiten der Lebensbedingungen der Tiere. Moderne Aquarien setzen verstärkt auf Nachhaltigkeit und den Schutz der Artenvielfalt. Sie beteiligen sich an Zuchtprogrammen für bedrohte Arten, erforschen Ökosysteme und tragen zur Vermittlung des Wissens um die Auswirkungen des Klimawandels auf die Meereswelt bei.

of public interest in aquariums. Larger and more complex systems were developed, including designs for seawater aquariums. This era also saw advances in filtration technology and water quality control. In the decades following the Second World War, aquarium technology continued to develop. Improved filters, lighting and heating systems were developed to optimise the living conditions for the animals kept. At the same time, environmental awareness grew, leading to an increased focus on sustainability and the protection of endangered species. In the 1950s and 1960s, public aquariums experienced a boom. Impressive facilities such as the Monterey Bay Aquarium in California or the New England Aquarium in Boston were established all over the world. These institutions already placed great emphasis on education and environmental protection. In the last decades of the 20th century, aquarium technology underwent another revolution. Great progress was made in the areas of water filtration, lighting (LED technology), control systems and water quality monitoring. This led to precise control options for the living conditions of the animals. Modern aquariums are increasingly focussing on sustainability and the protection of biodiversity. They are involved in breeding programmes for endangered species, research ecosystems and contribute to understanding the effects of climate change on the marine environment.

Historische und zeitgenössische Aquarienbauten
(Auswahl)

Das Handbuch *Aquarienbauten* (herausgegeben von Jürgen Lange und Natascha Meuser, Berlin 2022) präsentiert unter anderem eine Analyse von über 50 historischen und zeitgenössischen Aquarien anhand von ausführlichen Textbeschreibungen sowie anschaulichen Bildern und Plänen. Damit dient das Handbuch nicht nur als Inspirationsquelle für Architekten und Designer, sondern auch als Informationsquelle für Wissenschaftler, Umweltschützer und alle, die sich für die Bauaufgabe Aquarienbau interessieren. Eine Auswahl von historischen Bauten wird im Folgenden kurz vorgestellt.

The *Aquarium Buildings* manual (edited by Jürgen Lange and Natascha Meuser, Berlin 2022) presents, among other things, an analysis of over 50 historical and contemporary aquariums using detailed text descriptions as well as illustrative images and plans. The handbook thus serves not only as a source of inspiration for architects and designers, but also as a source of information for scientists, environmentalists and anyone interested in the task of building aquaria. A selection of the historical buildings is briefly presented below.

The Fish House, London (1853)
Aquarium de Paris (1861)
Hamburg Aquarium (1863)
Aquarium de Paris (1867)
Berliner Aquarium Unter den Linden (1869)
Crystal Palace Aquarium, London (1871)
Brighton Aquarium (1872)
Aquarium at the Prater, Vienna (1873)
Manchester Aquarium (1873)
Stazione Zoologica Anton Dohrn, Naples (1874)
Aquarium in the Zoological Garden, Frankfurt (1877)
Natura Artis Magistra Aquarium, Amsterdam (1882)
Acquario Romano, Rom (1887)
New York Aquarium (1896)
Aquarium de Paris (1900)
Belle Isle Aquarium, Detroit (1904)
Acquario Civico di Milano (1906)
Aquarium in Leipzig Zoological Garden (1910)
Oceanographic Museum, Monaco (1910)
Aquarium in the Zoological Garden, Berlin (1913)
Mappin Terraces Aquarium, London (1914)
Steinhart Aquarium, San Francisco (1923)
John G. Shedd Aquarium, Chicago (1929)
Aquarium Tropical, Paris (1931)
Qingdao Aquarium (1932)
Enoshima Aquarium (1954 / 2004)
Vancouver Aquarium (1956 / 2014)
Haus des Meeres, Vienna (1958 / 2007 / 2020)
Aquarium and terrarium, Stuttgart (1967)
New England Aquarium, Boston (1969)
Coral World, Eilat (1974 / 1991)
National Aquarium, Baltimore (1981)
Monterey Bay Aquarium (1984)
Aquazoo, Düsseldorf (1987 / 2017)
Kaiyūkan Aquarium, Osaka (1990)
Texas State Aquarium, Corpus Christi (1990)
Nausicaá, Boulogne-sur-Mer (1991)
Tennessee Aquarium, Chattanooga (1992)
Salmon Hometown Chitose Aquarium (1994)
Two Oceans Aquarium, Cape Town (1995)
National Marine Aquarium, Plymouth (1998)
Oceanário de Lisboa (1998)
Burgers' Ocean, Arnhem (2000 / 2017)
Aquamarine Fukushima, Iwaki (2000)
Okinawa Churaumi Aquarium, Motobu (2002)
The Deep, Hull (2002)
L'Oceanogràfic, Valencia (2003)
AquaDom at DomAquarée, Berlin (2004)
Mora River Aquarium, Mora (2006)
Ozeaneum, Stralsund (2008)
The Lost Chambers Aquarium, Dubai (2008)
Tianjin Haichang Polar Ocean Park (2010)
Antalya Aquarium (2012)
S.E.A. Aquarium, Singapore (2012)
Den Blå Planet (The Blue Planet), Kastrup (2013)
Chimelong Ocean Kingdom, Hengqin (2014)
Moskvarium, Moscow (2015)
Aquatika, Karlovac (2016)
Primorsky Oceanarium, Vladivostok (2016)
AQUATIS Aquarium-Vivarium, Lausanne (2017)

As with Joseph Paxton's Crystal Palace for London's Great Exhibition of 1851, the Fish House was inspired by iron-and-glass greenhouse architecture.
Source: Zoological Society of London, Guide to the Gardens of the Zoological Society of London, London, 1854

The Fish House

London, Großbritannien
1853

Die Erkenntnis, dass ein Aquariumgebäude nicht allein als architektonischer Glaskasten gestaltet werden darf, lässt sich aus dem Bau des ersten öffentlichen Aquariums im Londoner Regent's Park im Jahr 1853 ableiten. Der britische Naturforscher Philip Henry Gosse (1810–1888) erlag damals der Verlockung, das gesamte Gebäude in Glas zu errichten, doch diese Entscheidung erwies sich im Nachhinein als fehlerhaft. Denn die Helligkeit im Innenraum verursachte unerwünschten Algenwuchs – mit anschließendem Fischsterben und trübem Wasser. Die Lichtverhältnisse wurden daraufhin angepasst und die Glasfassade größtenteils verhängt. Im Gegensatz zu der Pracht der englischen Gewächshaustypologie, die sich im 19. Jahrhundert entfaltete, war das Fish House ein eher bescheidenes Bauwerk. Mit seinen 120 Quadratmetern, die sich auf einer Fläche von 6 × 20 Meter verteilten, folgte die Gebäudeform den haustechnischen Anforderungen. Die Ausstellung bestand aus einer Reihe von museal aneinandergereihten kleineren Vitrinen. In der Mitte des Raums waren diese teilweise abgedeckt, um vor Sonne und Staub geschützt zu sein. Platziert wurden die Vitrinen auf einfachen Holzrahmen oder Tischen. Beide Enden der 1,8 Meter tiefen und 2,4 Meter langen Behälter sowie deren Böden waren aus robusten Schieferplatten gefertigt. Der Fortschritt der Produktionsmethoden sowie die verbesserten Materialeigenschaften von Glas erlaubten eine zunehmende Größe der Aquarien. Der Erfolg des Fish House im Londoner Zoo war der Startschuss für zahlreiche Neugründungen in den Folgejahren.

That a building for an aquarium should not be designed as an architectural glass box was probably made clear by the world's first public aquarium, built in Regent's Park in London in 1853. The British naturalist Philip Henry Gosse (1810–1888) unwisely succumbed to the temptation to make the entire building of glass. The brightness of the interior triggered undesirable growth of algae, causing fish to die and the water to turn murky. The lighting conditions were then adjusted and most of the glass façade was covered. In contrast with the magnificence of most English glasshouses, the Fish House was a rather modest building. With a floor area of 120 square metres on a footprint of 6 × 20 metres, it had a shape which met the requirements regarding building technology. The exhibition consisted of a line of smaller display cases placed next to one another like in a museum. In the middle of the room some of the cases were covered to protect them from sun and dust. They stood on simple wooden frames or tables. The floors and both ends of the 1.8-metre-deep and 2.4-metre-long containers were made from strong slate slabs. Advances in production methods and improved specifications of the glass soon allowed aquariums to grow in size. The success of the Fish House at London Zoo was the starting signal for numerous new projects in the following years.

Left: the building's entrances faced the park's promenade.
Illustration: Journal Universel, Paris, 1861
Right: promenade with gallery-like arrangement of the identically large tanks.
Source: Musée Carnavalet, Histoire de Paris

Aquarium de Paris

Paris, France
1861

Whereas Philip Gosse was influenced by the monumental architecture of the Crystal Palace in London, in the interior design of the Aquarium de Paris Gabriel Davioud and Jean-Pierre Barillet-Deschamps were inspired by elite art museums and the dioramas – darkened showcases – that were popular at the time. Their quest for an architectural form led to the setting of new international standards. The building was a gallery-like volume with its long side facing the park. Access was through two end buildings whose gables likewise alluded to the main façade. The gallery-like arrangement of the tanks was structurally compatible with both the load-bearing structure and the aquatic equipment in the heavy tanks. The public area was arranged as a promenade; large windows on one side overlooked the garden, while on the other side the tanks were windows into the underwater world. To make the tanks seem larger, the side walls were clad with mirrors. In the approximately 40-metre-long and 10-metre-wide promenade the tanks were no longer arranged on tables but lined up like pictures in a gallery. William Alford Lloyd here avoided the main mistake of previous aquariums – the lack of constant circulation of the water – by installing a deep storage container, from which water was then pumped out to refresh the water in the aquarium.

Während Philip Henry Gosse in London von der Monumentalarchitektur des Londoner Crystal Palace beeinflusst war, ließen sich Gabriel Davioud und Jean-Pierre Barillet-Deschamps bei der Innenraumgestaltung des Pariser Aquariums vom elitären Kunstmuseum und von den damals populären Dioramen – abgedunkelten Schaubühnen – inspirieren. Auf der Suche nach einer architektonischen Form gelang es den Architekten, internationale Maßstäbe zu setzen. Bei dem Gebäude handelt es sich um ein galerieartig ausgebildetes Bauvolumen mit zum Park orientierter Längsseite. Die Erschließung erfolgte über zwei Kopfbauten, deren Giebel ebenfalls zur Schauseite Bezug nahmen. Die galerieartige Anordnung der Becken ließ sich baukonstruktiv sowohl mit dem Tragwerk als auch mit der Wassertechnik der schweren Becken verbinden. Der öffentliche Bereich war als Wandelhalle angelegt – auf der einen Seite große Fensterflächen, die in den Garten zeigten, auf der anderen Seite die Beckenfenster in die Unterwasserwelt. Um die Becken optisch zu vergrößern, wurden die Seitenwände zusätzlich mit Spiegeln verkleidet. In dem etwa 40 Meter langen und zehn Meter breiten Wandelgang waren die Becken nicht mehr auf Tischen angeordnet, sondern wie Bilder in einer Galerie aufgereiht. Den Hauptfehler der bisherigen Aquarien, den Mangel an beständigem Umlauf des Wassers, vermied der Aquarist William Alford Lloyd hier, indem er einen Tiefbehälter zur Wasserspeicherung anlegte und aus diesem mittels Pumpen für eine Erneuerung des Aquarienwassers sorgte.

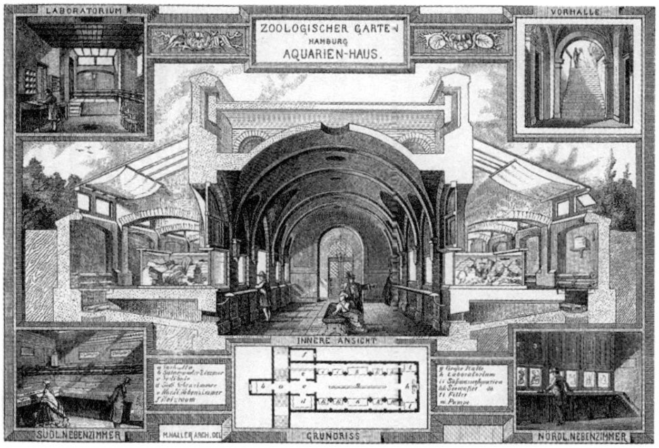

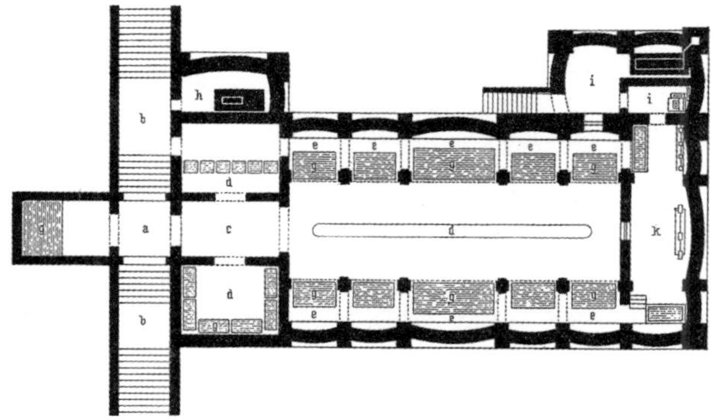

Left: cross-section. Source: Historische Museen Hamburg/ Museum für Hamburgische Geschichte
Right: floor plan of the aquarium.
Source: Handbuch der Architektur: Gebäude für Sammlungen und Ausstellungen, Darmstadt, issue 4/ 1893

Hamburg Aquarium
Hamburg, Germany
1863

Hamburg war nach London die erste Stadt, die die Verbindung zum Zoologischen Garten nutzte, um in dessen Nachbarschaft ein Aquarium zu errichten – in Deutschland das erste Aquarium überhaupt. Entworfen hatte es der britische Aquarienhändler William Alford Lloyd, der damit als Planer größere Bekanntheit und vor allem nachfolgende Aufträge erlangte. Um möglichst gleichmäßige Temperaturen in den Wassertanks und den Räumlichkeiten zu erhalten, wurde das Gebäude hier erstmals bis auf die Dachkonstruktion unter die Erdoberfläche gesenkt. Über einen bedeckten Portikus führte eine zweiflügelige Treppe in die gewölbte Ausstellungshalle, zwischen deren Wandpfeilern sich zehn verschieden große Glasscheiben mit dahinter liegenden Becken und ein schmaler Wärtergang befanden. An den zentralen Raum schlossen sich vier kleinere Salons an sowie Räume für die haustechnischen Anlagen und für die für damalige Verhältnisse innovative Pumpentechnik. Aufmerksamkeit erregte Lloyd nicht zuletzt auch mit seinen Grundsätzen der Planung: a) für die Tiere: reines Wasser von gleichmäßiger Temperatur, gute Zirkulation desselben und ausreichende Beleuchtung; b) für den Betrachter: ausreichend Platz für bequeme Standpunkte zum Beschauen und zur Zirkulation; c) für den Betrieb: doppelte Anzahl an Maschinen und Pumpenanlagen für den ständigen Umlauf des Wassers, Hochbehälter zur Erzeugung des nötigen Drucks in den Leitungen, Tiefbehälter zum Klären und Reinigen.

Hamburg was the first city after London to use the connection to its zoo to build an aquarium in the latter's vicinity. This was Germany's first ever aquarium. The project brought increased recognition and, most importantly, further commissions for its designer, the British aquarium dealer William Alford Lloyd. To maintain, as far as possible, uniform temperatures in the water tanks and the rooms, the building was for the first time submerged under the surface of the ground up to its roof. A two-flight staircase led through a covered portico to the vaulted exhibition hall, between whose wall pillars were ten glass panels of different sizes with, behind them, tanks and a narrow passage for keepers. Abutting the central space were four smaller salons and rooms for building equipment and the pumps, which were innovative for the time. Lloyd's planning principles were also notable: a) for the animals: clean water of uniform temperature, good circulation of water, and sufficient illumination; b) for visitors: sufficient room to be convenient for viewing and circulation; c) for the operator: double the number of machines and pumping systems to keep the water in constant circulation; an elevated container to create the necessary pressure in the pipes; a deep container for purification and cleaning.

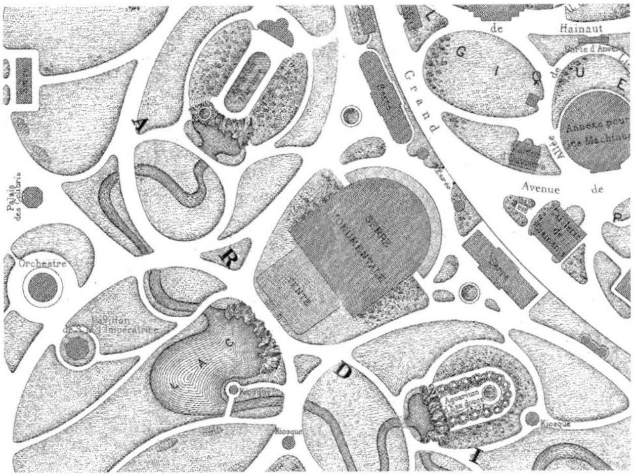

Site plan and illustration of the World Exhibition in Paris (1867), idealised representation, detail: marine and freshwater aquarium. Source: Exposition Universelle de Paris, Illustrée 1867. Publication Internationale autorisée par la commision impériale

Aquarium de Paris

Paris, France
1867

The ground-breaking innovation in aquarium construction goes back to a project which would probably today be described as conversion of a military site. There was an old underground quarry at Colline de Chaillot (Chaillot Hill) in the Champ de Mars exhibition grounds. Napoleon subsequently housed parts of his cavalry here. Two partly underground, free-standing buildings stood on the hill with, between them, a large greenhouse overlooking the lake. The seawater aquarium consisted of a two-storey grotto with a glasshouse above it. The load-bearing structure of cast-iron columns and iron frame was supplied by the entrepreneur Gustave Eiffel. Inadvertently, what was built here was the first immersive aquarium in which visitors could watch the fish above their heads too. For the freshwater aquarium the painter Edouard Bétencourt deployed a patented process which he had devised for the aquarium at Boulogne-sur-Mer the year before. Artificial stalactites and stalagmites created the impression of a system of grottoes interspersed with niches and set the style for future aquarium buildings. Helped by further refinement of cement as a construction material, use was made of the technique of rocaillage. This allowed the substitution of natural stone with lime mortar and rough stone for artificial rocky formations. The load-bearing structure was usually an iron framework with inserts of wire mesh.

Was hier im Jahr 1867 als bahnbrechende Innovation im Aquarienbau umgesetzt wurde, geht auf eine Planung zurück, die man heute wohl als Konversion einer Militärfläche bezeichnen würde. Genutzt wurde ein alter unterirdischer Steinbruch am Chaillot-Hügel auf dem Ausstellungsgelände des Champ de Mars. In diesem hatte Napoleon zwischenzeitlich Teile seiner Kavallerie untergebracht. Die beiden auf Hügeln errichteten, teilweise unterirdischen Gebäude flankierten als Einzelbauten das große Gewächshaus oberhalb des Sees. Das Seewasseraquarium bestand aus einer zweigeschossigen Grotte und wurde von einem Glashaus überdeckt. Die Tragstruktur aus Gusseisensäulen und Eisengerippe lieferte der Unternehmer Gustave Eiffel. Unbeabsichtigt entstand hier das erste immersive Aquarium, in dem der Besucher die Fische auch über Kopf betrachten konnte. Für das Süßwasseraquarium wandte der Maler Edouard Bétencourt ein patentiertes Verfahren an, das er bereits im Vorjahr für das Aquarium von Boulogne-sur-Mer entwickelt hatte. Durch künstliche Stalaktiten und Stalagmiten entstand die Anmutung eines mit Nischen durchsetzten Grottensystems, was stilbildend für folgende Aquarienbauten sein sollte. Im engen Zusammenhang mit der Weiterentwicklung des Baumaterials Zement wurde die Technik der *rocaillage* angewandt. Sie ermöglichte es, Naturstein durch Kalkmörtel und Sandbruchsteine zu ersetzen, um damit künstliche Felsenlandschaften auszubilden. Als Tragkonstruktion diente meist ein Eisenskelett mit Drahtgittereinlagen.

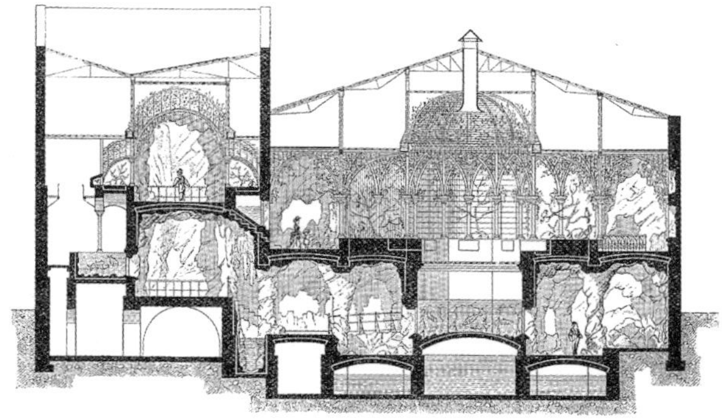

Left: the Berlin Aquarium, original drawing by E. Koch.
Source: Allgemeine Illustrirte Zeitung, vol. 35, 1875/1876, p. 577
Right: cross-section by Otto Lindheimer.
Source: Josef Durm et. al. (ed.): Handbuch der Architektur. Vierter Teil. Gebäude für Erziehung, Wissenschaft und Kunst, Darmstadt 1893, p. 466f.

Berliner Aquarium Unter den Linden

Berlin, Germany
1869

Nachdem er 1866 als erster Direktor des 1863 gegründeten Zoologischen Gartens Hamburg zurückgetreten war, wurde Alfred Brehm, nicht zuletzt durch sein *Illustriertes Tierleben* zu Berühmtheit gekommen, in Berlin treibende Kraft zur Gründung eines Aquariums. Geplant war es als Ergänzung des 1844 eröffneten Zoologischen Gartens. Durch einen schmalen Eingang an der Schadowstraße gelangte der Besucher über einen etwa 300 Meter langen Gang, der mit Gestein und Tierdarstellungen auf dem Fußboden ausgestaltet war, zur eigentlichen Ausstellung, zum Beispiel zur Geologischen Grotte, einem zentralen Lichtschacht, dessen mit originalem Steinmaterial erfolgte Auskleidung einen Querschnitt der Erdkruste darstellte. Der Rundweg endete mit einer verkleinerten Nachbildung der Blauen Grotte von Capri. Vom Ausgang aus war durch künstliche Tropfsteinsäulen hindurch noch ein letzter Blick zurück auf die große Aquariumhalle möglich sowie ein Besuch des im Parterre und im Souterrain des Vorderhauses untergebrachten Restaurants. Die Funktionsräume mit den großen Wasserzisternen waren im Untergeschoss untergebracht.

Obwohl es zeitweise als erfolgreichstes Aquarium der Welt galt, litt das Berliner Haus langfristig unter den beengten Verhältnissen in der Innenstadt, die Umbauten erschwerten und Erweiterungen undenkbar erscheinen ließen. Es schloss deshalb am 30. September 1910. Übrig blieben einige wenige Bauteile, die 1913 bei der Neugründung des Aquariums am Kurfürstendamm eingesetzt wurden.

After retiring in 1866 as the first director of Hamburg's Zoological Garden, which had been founded in 1863, Alfred Brehm, well-known not least for his *Illustriertes Tierleben* (*Illustrated Life of Animals*), was the driving force behind the establishment of an aquarium in Berlin. This was planned as an addition to the Zoological Garden, which had opened in 1844. Through a narrow entrance on Schadowstrasse visitors passed through an 300-metre-long passageway, decorated with rocks and images of animals on the floor, to reach the exhibition itself. This included the Geological Grotto, a central lightwell whose cladding, executed with original stone materials, represented a cross-section of the earth's crust. The visitor route ended with a reduced-size replica of the blue grottoes of Capri. The way out allowed you to take a last look back through artificial stalactite columns at the large aquarium hall and led to the restaurant situated in the ground and semi-basement storeys of the front building. The functional rooms containing the large water cisterns were in the basement. Once hailed as the world's leading aquarium, the Berlin facility eventually faced challenges due to its central city location, which hindered renovation and precluded expansion. As a result, it closed on 30 September 1910, although some of its components were reused when the aquarium moved to Kurfürstendamm in 1913.

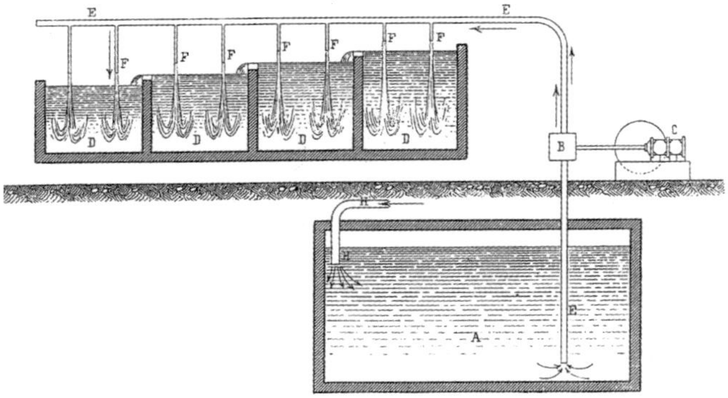

Left: sketch of aquarium systems by William Alford Lloyd.
Source: Josef Durm et. al. (eds.): Handbuch der Architektur. Vierter Teil. Gebäude für Erziehung, Wissenschaft und Kunst, Darmstadt, 1893, p. 462
Right: view into the long hall, contemporary drawing.
Source: Crystal Palace Park Trust, London

Crystal Palace Aquarium

London, Great Britain
1871

When industrialisation spread in England in the second half of the nineteenth century, the introduction of steam machines made it possible to construct new types of building fitted with advanced technology. The aquarium at the Crystal Palace was an important advance in building equipment: the use of machines for the first time allowed the water to be kept in constant circulation. The engineer who designed the aquarium was William Alford Lloyd, who additionally took into account the fact that a constant flow of saltwater would have permanently damaged the metal pipes. At the marine aquarium in London Lloyd, an autodidact who was the first wholesaler of aquarium equipment in the world, for the first time made use of durable vulcanite pipes. He also improved the system of continuous water circulation that he had himself developed; the water circulated as far as possible in the dark and with strictly controlled temperatures and oxygen supply. Only minor losses from circulation, such as minor leaks or evaporation, were replaced. Besides the public display tanks, the facility provided tanks for scientific research. A spacious public passage featured uniform-sized display windows. Sadly, the Crystal Palace was ravaged by fire in 1936, and most of the aquarium building was subsequently demolished in 1941.

Die Industrialisierung in England erlangte in der zweiten Hälfte des 19. Jahrhunderts Breitenwirkung. So erlaubte der Einsatz von Dampfmaschinen den Bau von neuen Gebäudetypen mit hoher technischer Ausstattung. Das Aquarium am Londoner Crystal Palace galt 1871 hinsichtlich seiner Haustechnik als bahnbrechend, da es erstmals gelungen war, dank maschineller Hilfe das Wasser permanent umzuwälzen. Planender Ingenieur dieser Anlage war William Alford Lloyd, der zudem berücksichtigt hatte, dass ein Salzwasserdurchfluss die Metallrohre dauerhaft geschädigt hätte. Lloyd, ein Autodidakt, der als weltweit erster Großhändler für Aquaristik in die Geschichte eingegangen ist, setzte im Londoner Meerwasseraquarium erstmals strapazierfähige Vulkanit-Rohre ein. Auch professionalisierte er das von ihm selbst entwickelte System der kontinuierlichen Wasserzirkulation, die so weit wie möglich im Dunkeln und bei streng geregelten Temperaturen und Sauerstoffzufuhr erfolgte. Nachgefüllt wurde nur, was durch kleinere Lecks oder Verdunstung dem Kreislauf verloren ging. Neben Schauaquarien für das zahlende Publikum standen diverse Becken für wissenschaftliche Studien zur Verfügung. Während für das Publikum ein breiter, langer Gang vorgesehen und mit gleich großen Schaufenstern bestückt war, nutzten die Aquarienpfleger die Rückseite der Schauaquarien in einem schmalen Gang, dem zudem die nicht öffentlichen Becken zugeordnet waren. Wie der Crystal Palace ist auch das Aquariumgebäude zerstört.

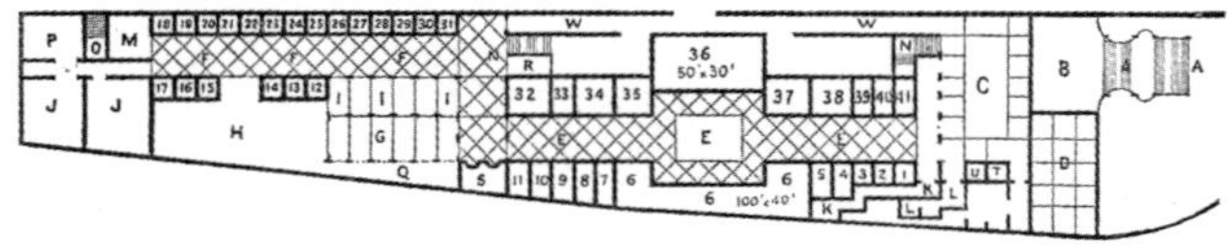

Left: drawing by Eugenius Birch, 1872.
Source: Nature, issue 8/ 1873 (October 23 edition), p. 533
Right: plan of Brighton Aquarium (1896).
Source: National Library of Scotland

Brighton Aquarium

Brighton, Great Britain
1872

An Küsten und Ufern zu bauen war für Eugenius Birch Herausforderung und Muße zugleich. Als Baumeister von Brücken und Stegen hatte er sich in der viktorianischen Gesellschaft einen Namen gemacht und kannte sich daher mit den Tücken des Wassers aus. In Brighton errichtete er auf dem Grundstück einer ehemaligen Militäranlage in der Nähe eines beliebten Vergnügungspiers einen Aquarienbau, der bis heute Bestand hat. »Die Architektur bewegt sich in freien mittelalterlichen Formen, die hie und da in moderne Renaissanceformen übergehen«, heißt es in der vom Architekten- und Ingenieurverein Berlin herausgegebenen *Deutschen Bauzeitung* vom 14. November 1874. Um die terrassenförmig angelegte Promenade nicht zu verstellen, wurde das eingeschossige Gebäude mit seiner Längsfront zwischen zwei Stützmauern eingespannt, deren Höhe die Sichtlinie nicht beeinträchtigte. Über eine Freitreppe gelangten die Besucher in einen tiefer liegenden Vorhof. Der erste Raum diente als Eingangshalle, Lese- und Spielsaal. Der operative Teil des Aquariums bestand aus sich auf beiden Seiten der Haupthalle erstreckenden, gut beleuchteten Korridoren sowie einzelnen, von hinten illuminierten Wasserbassins. Ein zentraler Saal wurde von einem bläulichen Oberlicht erhellt und war mit Sitzgelegenheiten für die Besucher ausgestattet. Dort befanden sich ein Großbecken, ein Konzertsaal, ein Gewächshaus mit Wasserfall sowie ein weiterer zweischiffiger Gang mit kleineren Becken und Vitrinen.

For Eugenius Birch building on coasts and shores was both a challenge and a hobby. He made his name in Victorian society as a designer of bridges and jetties and was therefore well acquainted with the difficulties posed by water. In Brighton he erected an aquarium building on a former military site near a popular amusement pier; the aquarium survives to this day. "The architecture moves in a freely interpreted medieval style which here and there transitions into a modern Renaissance style," says a piece dated 14 November 1874 in *Deutsche Bauzeitung*, a journal published by the architectural and engineering association of Berlin. In order not to block the terrace-shaped promenade, the single-storey building with its long façade was inserted between two supporting walls whose height did not affect the sightline. Visitors descended an open-air staircase to reach a deeper-lying forecourt. The first room served as an entrance hall, reading room, and games room. The operational part of the aquarium consisted of well-illuminated corridors stretching on both sides of the main hall and individual back-lit water basins. The central hall was lit by a bluish skylight and had seating for visitors. It contained a large tank, a concert hall, a greenhouse with a waterfall, and a second two-aisled passage with smaller tanks and display cases.

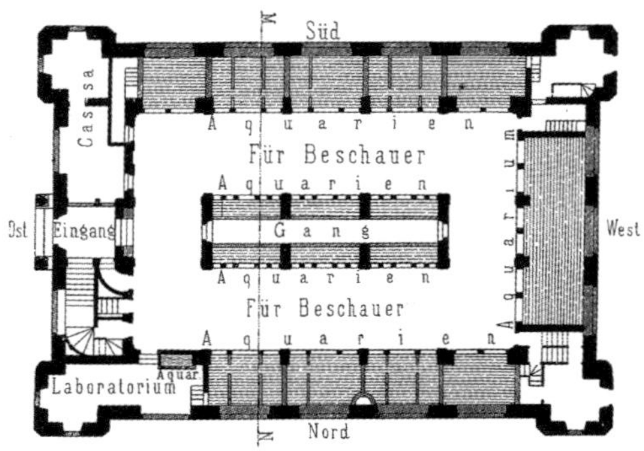

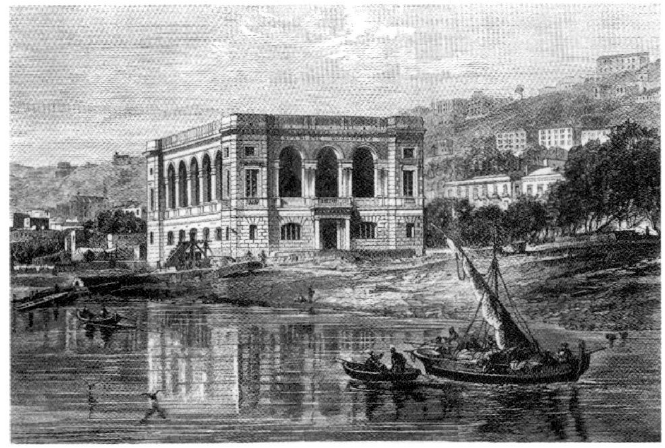

The ground floor of the original building housed the display aquariums, which were open to the public. The second floor contained the large laboratory hall, the working and study aquariums, and other work areas for 20 researchers. *Source: Josef Durm et. al. (eds.), Handbuch der Architektur. Entwerfen, Anlage und Einrichtung der Gebäude, 6th half volume/ issue 2, Darmstadt, 1888, p. 327*

Stazione Zoologica Anton Dohrn

Naples, Italy
1874

When Anton Dohrn visited the just opened aquarium in Berlin in 1869, he had long dreamt of establishing an oceanic research station. What his Berlin colleague Alfred Brehm, who was to become known for animal encyclopedias, had created in the dense metropolitan city, Dohrn realised five years later on the Gulf of Naples. Whereas Brehm used the entrance fees to the exhibition building in Berlin to finance publications, Dohrn's wish was to make the revenue from his aquarium available to international scientific circles. Anton Dohrn had the Stazione Zoologica continually extended. In 1905 the ensemble of four blocks was complete. The symmetrical main building consists of a central hall with wings on both sides. A bridge led to the administrative building. Another factor contributing to the architectural harmony was that Dohrn himself was an architect and supervised the design and construction. His scientific ambitions are clearly legible in the façade. The socle storey, where the display aquariums generated revenue from visitors, produced the necessary profits to finance an ideal working environment on the imposing floor above for scientists from all over the world. Even if Anton Dohrn never achieved the popularity of an Alfred Brehm, he enjoyed very high recognition in the scientific circles of the time. "You have done a great service to science," wrote Charles Darwin in 1897.

Als Anton Dohrn 1869 das soeben eröffnete Aquarium in der preußischen Hauptstadt Berlin besuchte, war sein Traum von einer Meeresforschungsstation längst geboren. Was sein Berliner Kollege Alfred Brehm, der mit Tierlexika bekannt werden sollte, in der Dichte der Großstadt geschaffen hatte, realisierte Dohrn fünf Jahre später am Golf von Neapel. Während Brehm die Eintrittsgelder des Berliner Schauhauses auch dazu nutzte, um Publikationen voranzutreiben, wollte Dohrn die Einnahmen aus seinem Aquarium internationalen Wissenschaftszirkeln zur Verfügung stellen. Anton Dohrn ließ die Stazione Zoologica immer wieder erweitern. 1905 war das Ensemble aus vier Bauteilen abgeschlossen. Das symmetrisch aufgebaute Haupthaus besteht aus einer Zentralhalle mit beidseitigen Flügelbauten. Über eine Brücke erreichte man das Verwaltungsgebäude. Die architektonische Harmonie wurde auch dadurch gewährleistet, dass Dohrn selbst als Architekt Entwurf und Bau überwachte. Seine wissenschaftlichen Ambitionen sind klar in der Fassade ablesbar. Im Sockelgeschoss, wo die Schauaquarien Einnahmen durch Besucher ermöglichten, wurde der notwendige Gewinn erwirtschaftet, um in der darüberliegenden repräsentativen Beletage ein optimales Arbeitsumfeld für Wissenschaftler aus der ganzen Welt zu schaffen. Auch wenn Anton Dohrn nie die Popularität eines Alfred Brehm erlangte, genoss er in den zeitgenössischen Wissenschaftszirkeln höchste Anerkennung. So schrieb Charles Darwin 1897: »You have done a great service to science.«

Source: Otto Lindheimer, 'Aquaria' in Josef Durm et. al. (eds.), Handbuch der Architektur. Vierter Teil. Gebäude für Erziehung, Wissenschaft und Kunst, Darmstadt, 1893, p. 467

Aquarium im neuen Zoologischen Garten Frankfurt
Frankfurt, Deutschland
1877

Wie einst viele Aquarienbauten war auch das Frankfurter Aquarium mit dem Zoologischen Garten verbunden. Als komplett unterirdische Anlage beschränkte sich seine äußere Gestaltung auf einen künstlichen Hügel. Eine Burgruine mit Wasserturm schmückte die Erdaufwerfung und bot zusätzlich nutzbaren Raum als Gehege für Gebirgstiere. Über eine malerisch gestaltete Felsschlucht gelangte der Besucher in das tiefer gelegene Gebäude. An eine Vorhalle schloss die über sechs Meter hohe und 110 Quadratmeter große Haupthalle an. Zwischen den Verstärkungspfeilern befanden sich an beiden Längswänden verschieden hohe Schaubecken. Um einen beständigen Wasserumlauf zu generieren, war die Höhe der Behälter so gewählt, dass das Wasser sich von den größeren in die kleineren Bassins in einem beständigen Überlauf ergießen sollte. In zwölf Seewasser- und zwei Süßwasseraquarien mit nachgebildeten Landschaften konnten die Besucher einheimische Fische beziehungsweise Meerestiere aus der Nord- und Ostsee sowie dem Mittelmeer betrachten. Die einzelnen Aquarien waren jeweils 2,20 Meter tief und 2,80 Meter breit. Das Salzwasser wurde künstlich hergestellt. Die Technik, Dampfmaschine, Gaskraftmaschine und Rotationspumpen waren an der Kopfseite des Baus unter dem Turm platziert. Besonders zu erwähnen ist der Museums- und Schulungsraum, in dem auch Tiere konserviert wurden. Da die Investition des Aquariums auf dem Kredit einiger Mitglieder des Verwaltungsrats beruhte, wurde ein Sondereintritt eingeführt, der weit über 100 Jahre erhalten blieb.

Like many aquarium buildings of this time, the Frankfurt aquarium was linked to the city's zoo. Since it was situated entirely underground, its exterior design amounted to nothing more than an artificial hill. A ruined castle with a water tower decorated this heap of earth and offered additional usable space as an enclosure for mountain animals. A picturesque canyon led visitors to the deeper-lying building. Between the reinforcement pillars display tanks of various heights stood along both long walls. To keep the water in constant circulation, the containers were designed with different heights so that the water would pour from the larger basins into the smaller ones in a constant overflow of water. In 12 seawater and two freshwater aquariums with replicated landscapes visitors could observe native fish and maritime animals from the North and Baltic seas and the Mediterranean. The individual aquariums were each 2.20 metres deep and 2.80 metres wide. The saltwater was produced artificially. The equipment, steam engine, gas power engine, and rotary pumps were at the side end of the building under the tower. Especially notable is the museum and training room, where animals were also preserved. Funded through a loan from its board members, the aquarium established a unique entrance fee that endured for over a century.

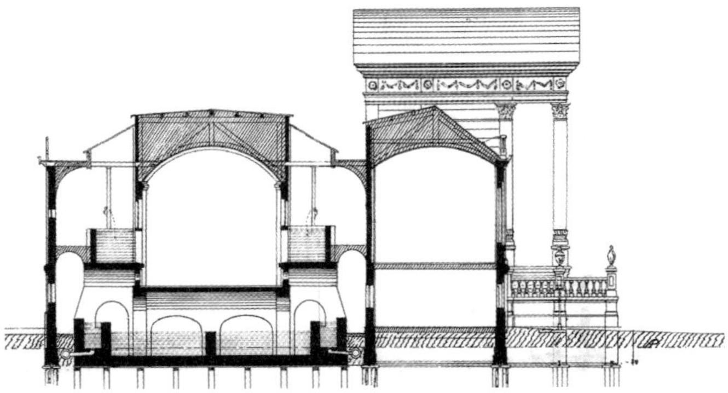

Source: Charles Atwood Kofoid (Department of the Interior, United States Bureau of Education), 'The Biological Stations of Europe, Bulletin', issue 4/1910
Foto: Koninklijk Zoologisch Genootschap Natura Artis Magistra, Amsterdam

Natura Artis Magistra Aquarium

Amsterdam, Netherlands
1882

In 1877 Amsterdam Zoo acquired a plot of land on Plantage Middenlaan as a site for an aquarium. It was not just this building's design that caused a sensation: the technology used in its construction was also new for its time. To carry the weight of more than one million litres of water and ten tonnes of glass panes, 1740 wooden piles were driven into the ground. The building designed by Gerlof Bartholomeus Salm and his son, Abraham Salm, opened to the public in 1882. In addition to the aquarium, it also housed the zoological laboratories of the University of Amsterdam, an auditorium, and a zoological museum. Those studying here were permitted, under certain restrictions, to use the facilities of the zoo and the aquarium for their research. The 29-×-87-metre, two-storey building has a floor area of 2700 square metres. A vaulted structure carries the heavy display tanks. The walls of the tanks consisted of 65-centimetre-thick solid masonry. They were clad with cement and illuminated by angled skylights. In addition to various functional rooms, the basement storey contained three reservoirs capable of holding almost 120 cubic metres of seawater. This has been a listed building since 1972. In 1997, a comprehensive renovation project was undertaken to meticulously restore the aquarium building to its original state.

1877 erwarb der Zoologische Garten Amsterdam ein Grundstück an der Plantage Middenlaan, um dort ein Aquarium zu errichten. Nicht nur der Entwurf für dieses Gebäude sorgte für Aufsehen, auch die beim Bau verwendeten Techniken waren für die damalige Zeit neu. Um das Gewicht von über einer Million Liter Wasser und zehn Tonnen Glasscheiben zu tragen, ließ man insgesamt 1.740 Holzpfähle in den Boden rammen. 1882 wurde das von Gerlof Bartholomeus Salm und seinem Sohn Abraham Salm entworfene Gebäude der Öffentlichkeit übergeben. Neben dem Aquarium waren in dem Haus auch die zoologischen Laboratorien der Universität Amsterdam, ein Hörsaal und ein zoologisches Museum untergebracht. Den Studierenden war es unter gewissen Einschränkungen erlaubt, die Einrichtungen des zoologischen Gartens und des Aquariums für ihre Forschungen zu nutzen. Bei einer Abmessung von 29 × 87 Meter bietet das Haus auf zwei Geschossen über 2.700 Quadratmeter Grundfläche. Eine Gewölbekonstruktion trägt die gewichtigen Ausstellungsbecken. Die Wände der Tanks bestanden aus 65 Zentimeter dickem, massivem Mauerwerk. Sie waren mit Zement ausgekleidet und wurden durch schräge Oberlichter illuminiert. Im Kellergeschoss befanden sich neben diversen Funktionsräumen drei Reservoirs, die knapp 120 Kubikmeter Meerwasser aufnehmen konnten. Seit 1972 steht das Gebäude unter Denkmalschutz. Eine umfassende Renovierung im Jahr 1997 ermöglichte es, den Bau weitgehend in seinen Originalzustand zurückzuversetzen.

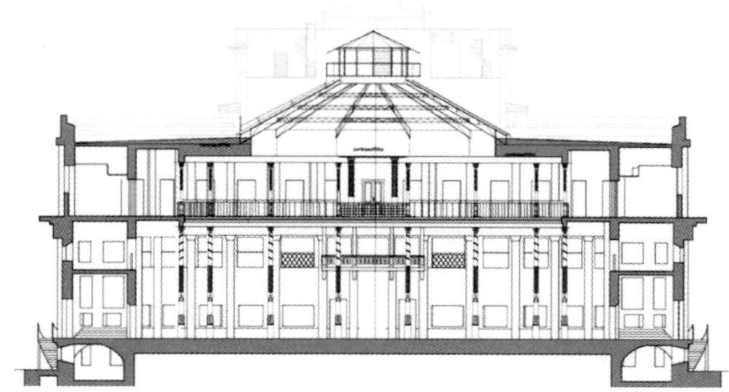

Source: Handbuch der Architektur, volume IV/6th half-volume, issue 4, p. 470

Acquario Romano

Rome, Italy

1887

Seit der Gründung des Königreichs Italien im Jahr 1861 war der italienische Staat bestrebt, die Wissenschaften zu fördern, um so auf Augenhöhe mit den anderen europäischen Staaten zu stehen. Im Zuge dieser Bemühungen entstand auch das Aquarium in Rom. Errichtet wurde das Gebäude von Ettore Bernich, einem Architekten Schweizer Herkunft. Die Ausstellungskonzeption entwickelte der Ichthyologe Pietro Garganico aus Como. Sein damals als äußerst modern geltender pädagogischer Ansatz war es, die Tierschau mit einer Fischzucht zu kombinieren, um so den Freizeitwert zu steigern. Folgerichtig integrierte er eine Bibliothek und ein ichthyologisches Labor in das Haus. Die Eingangsseite des zweigeschossigen ovalen Baus akzentuierte ein prächtiges Portal mit Figurengruppen. Im Innenraum, einer elliptischen Halle mit gusseiserner Galerie, waren die Besucher ringsum von Wasserbecken umgeben. Auch wenn der Platz aufgrund des Gebäudes zuweilen als Piazza dell'Acquario bezeichnet wird, diente das Bauwerk lediglich drei Jahre seinem ursprünglichen Zweck. 1891 ging es in den Besitz der Stadt Rom über. Später wurde das Haus als Veranstaltungsort genutzt und fiel zunehmend der Vernachlässigung anheim. Dies hatte allerdings den Vorteil, dass es auch keinen seinen ursprünglichen Charakter verfälschenden Modernisierungen ausgesetzt war und heute nach einer grundlegenden Restaurierung als Casa dell'Architettura immer noch eine Vorstellung vom Originalzustand vermitteln kann.

With the establishment of the Kingdom of Italy in 1861, the Italian government actively promoted scientific endeavours to achieve parity with its European counterparts, including the establishment of the Rome Aquarium as one such project. The building was designed by Ettore Bernich, an architect of Swiss origin. The display concept was devised by the ichthyologist Pietro Garganico from Como. Garganico's educational approach, regarded at the time as exceptionally modern, was to combine displaying animals with a facility for breeding fish, to increase recreational value. He accordingly integrated a library and an ichthyological laboratory into the building. The entrance side of the two-storey, oval structure was emphasised by a magnificent portal with groups of figures. Inside, in an elliptical hall with a cast-iron gallery, visitors were surrounded by water tanks on all sides. Even if the public square is sometimes called 'Piazza dell'Acquario' due to the fact that the aquarium building still stands here, this structure only served its original function for three years. In 1891, it became Rome's municipal seat and later served as an events venue, gradually falling into disrepair. Surprisingly, this neglect preserved its original character, as modernizations were avoided. Now, after a significant restoration, it is known as Casa dell'Architettura and still retains much of its initial charm.

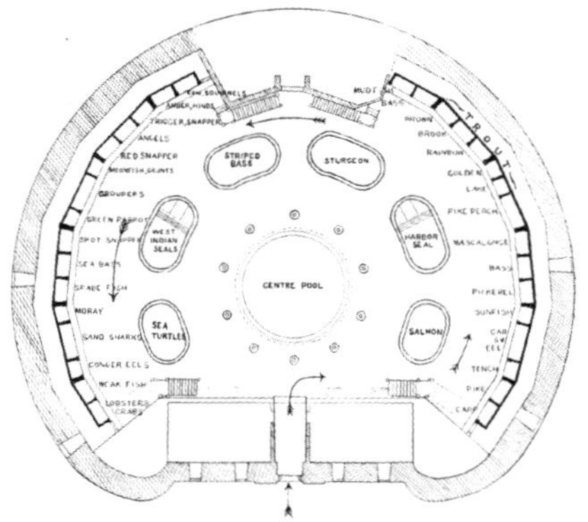

Seven large floor tanks were arranged at regular intervals in the interior. Masonry tubs were installed along the outer façade; these were maintained via a rear supply corridor.
Source: Charles Haskins Townsend: Guide to the New York Aquarium. Under the Direction of the New York Zoological Society, New York, 1937

New York Aquarium
New York City, USA
1896

New York had already had the Great New York Aquarium in Manhattan in 1876–1881 when the New York Aquarium opened at Castle Clinton in 1896. This was the second largest of the approximately 40 large aquariums that were established before the end of the nineteenth century. The circular sandstone fort had been handed over by the military in 1821, integrated into the artificial peninsula, and used for a while as a leisure site. In 1855–1890 the building had served as an immigration station. Its location in itself solved two problems which bear upon an aquarium's practicality and operation. Its position at the end of the island of Manhattan, where two large rivers meet near the harbour, in the immediate vicinity of all connections with all districts of the city made the aquarium building equally accessible to all parts of the population but also ensured a continuous supply of salt water, delivered by tanker ships. The round shape of the fort was adapted, with just a few alterations, to its use as an aquarium. Immediately upon entering, visitors' attention was drawn by seven large floor tanks. Their gaze was next directed to the wall tanks, arranged in two tiers. There were also recesses for terraria. The aquarium closed in 1941 due to underground construction for the Brooklyn Battery Tunnel. Today, it functions as both a museum and a terminal for ferries to Ellis Island and the Statue of Liberty.

Nachdem es 1876–1881 bereits das Great New York Aquarium in Manhattan gegeben hatte, eröffnete 1896 im Castle Clinton das New York Aquarium als das zweitgrößte unter den etwa 40 Großaquarien, die bis Ende des 19. Jahrhunderts gegründet wurden. Die kreisförmige Sandsteinfestung war 1821 militärisch aufgegeben, in die künstliche Halbinsel integriert und zwischenzeitlich als Vergnügungsstätte genutzt worden. 1855–1890 hatte das Bauwerk dann als Einwanderungsstation gedient. Allein sein Standort löste zwei Probleme, die mit der Nützlichkeit und dem Unterhalt eines Aquariums verbunden sind. Die Lage am Ende der Insel Manhattan, am Zusammenfluss zweier großer Flüsse und am Hafen sowie in unmittelbarer Nähe zu sämtlichen Verbindungslinien mit allen Stadtteilen machte das Gebäude einerseits für alle Schichten der Bevölkerung gleichermaßen zugänglich und sorgte andererseits für eine kontinuierliche Versorgung mit Salzwasser, das von Tankschiffen angeliefert wurde. Die runde Form des Forts wurde mit nur wenigen Änderungen an die Aquariennutzung angepasst. Gleich beim Eintreten zogen sieben große Bodentanks die Aufmerksamkeit der Besucher auf sich. Danach wurde der Blick auf die in zwei Etagen angeordneten Wandbecken gelenkt. Hinzu kamen Vertiefungen für Terrarien. Das Aquarium musste 1941 aufgrund von Tiefbauarbeiten für den Brooklyn-Battery-Tunnel schließen. Heute dient das Gebäude als Museum und als Abfertigungsstätte für die Fähren nach Ellis Island und zur Freiheitsstatue.

Photo: Zoo Leipzig, 1910

Historical interior photograph (1927).
Source: Panthera. Mitteilungen des Zoologischen Gartens Leipzig, 1990

Aquarium in Leipzig Zoological Garden

Leipzig, Germany
1910

Als der Jugendstilbau 1910 im Leipziger Zoologischen Garten fertiggestellt war, galt es die Becken mit Attraktionen aus den heimischen Gewässern und den Weltmeeren zu befüllen. Das Leipziger Zoo-Publikum, das sich an immer ausgefalleneren Exoten in den Tiergärten erfreute, war durch die Importe von Flora und Fauna verwöhnt. Wie schwierig es war, ein privat betriebenes Aquarium wirtschaftlich erfolgreich zu führen, hatte die Berliner Aquarium Commandit-Gesellschaft schmerzhaft zu spüren bekommen: Der nicht kostendeckende Betrieb hatte sie in den Ruin getrieben – was dem Leipziger Zoologischen Garten ein solides Startkapital einbrachte. Denn das Berliner Aquarium Unter den Linden ging im selben Jahr bankrott, in dem Leipzig sich mit einer neuen Attraktion schmücken wollte. Kurzerhand übernahm der Leipziger Zoo drei Monate nach der Eröffnung seines eigenen Aquariums nicht nur den größten Teil der lebendigen »Konkursmasse« aus Berlin, sondern auch gleich die passenden Tierschilder – die handgemalten Fliesen sollten bis zum Umbau des Aquariums im Jahr 2019 im Übergang zwischen Alt- und Neubau hängen. Ein eigens gecharterter Expresszug brachte die empfindliche Fracht von Berlin sicher in das knapp 200 Kilometer entfernte Leipzig. Die Strategie ging auf. Schon im April 1913 konnte der Leipziger Zoo sein Aquarium um ein Terrarium erweitern. Zum neuen Berliner Zoo-Aquarium, das im August 1913 seine Tore öffnete, bestand ein enger wissenschaftlicher Kontakt mit verschiedenen Forschungseinrichtungen.

When this Liberty-style building was completed in Leipzig's Zoological Garden in 1910, the aim was to fill the tanks with attractions from German waters and the world's oceans. The Leipzig Zoo public, which enjoyed seeing ever more extraordinary exotic species at zoos, had been spoiled by imports of flora and fauna. The difficulty of making a privately operated aquarium financially successful had been painfully felt by the Berlin Aquarium Limited Partnership, whose operation had failed to cover its costs and driven it to ruin. This, however, brought the Leipzig Zoological Garden a substantial start-up capital. The Berlin Aquarium Unter den Linden went bankrupt the very year in which the city of Leipzig acquired its new attraction. Without further ado, three months after opening its aquarium, Leipzig Zoo took over not only the bulk of the Berlin aquarium's living bankruptcy assets but also the animal signs (these hand-painted tiles hung in the passageway between the old and new buildings until the aquarium's reconstruction in 2019). A specially chartered express train brought the sensitive freight from Berlin safely to Leipzig, almost 200 kilometres away. The strategy worked. In April 1913 Leipzig Zoo was able to add a terrarium to its aquarium. It had close scientific contact with the new aquarium at the Zoological Garden in Berlin, which opened its doors in August 1913.

Photos: Musée Océanographique & Aquarium de Monaco. Guide illustré, 23. edition (undated)

Musée Océanographique de Monaco

Monaco

1910

This building's structure is dizzying: the building seems fused with the cliff. The Musée océanographique de Monaco is an example of architecture which has grown out of its context. Its proud appearance contains something of the romanticism of Neuschwanstein, the castle which Ludwig II of Bavaria had built on the ruins of a fortress erected on a rocky outcrop between 1869 and 1886. Mention might also be made, however, of the Neo-Gothic madness of the Swallow's Nest Castle on fragile Cape Ai-Todor in the Crimea. These are all buildings which impose their presence on their spectacular surroundings in a manner that perhaps defies nature too. We may also detect in the Musée océanographique de Monaco an element of solidity and power. The principality of Monaco is essentially a place where architecture is insubstantial and changes with the whims of the moment; the façades and interiors of hotels and second homes are usually decorated with plaster and stucco. By contrast, the Oceanographic Museum is clad with stone (Turbie limestone and Botticino from Brescia), some of which is finely chiselled. The whole conveys a feeling of stability. Contemporary critics did justice to the new museum. The 28 May 1910 issue of *La Construction Moderne* attributed to it "perfect taste and a slightly austere appearance, as is optimal for an establishment of this kind" .

Die Konstruktion ist schwindelerregend – das Gebäude scheint eins mit der Klippe zu sein. Das Ozeanografische Museum von Monaco gehört zu jenen Architekturen, die aus ihrem Kontext heraus entstanden sind. In dieser stolzen Erscheinung steckt ein wenig von der Romantik, die auch Neuschwanstein zueigen ist, das Ludwig II. von Bayern zwischen 1869 und 1886 auf den Ruinen einer auf einem Felsvorsprung errichteten Festung bauen ließ. Man könnte aber auch den neogotischen Wahn des Schwalbennest-Schlosses (1911) auf dem zerbrechlichen Ai-Todor-Kap auf der Krim anführen – dies sind alles Bauwerke, die spektakuläre Orte nutzen, um ihnen ihre Präsenz aufzuzwingen und vielleicht sogar der Natur zu trotzen. Es gibt zudem ein Element der Solidität und Macht in diesem Museum. Das Fürstentum Monaco ist eigentlich ein Ort, in dem die Architektur leicht ist und nach der Mode des Augenblicks variiert. So schmücken in der Regel Putz- und Stuckornamente die Fassaden und Innenräume der Hotels und Zweitwohnsitze. Im Gegensatz dazu ist das Ozeanografische Museum mit Stein (Turbie-Kalkstein und Botticino aus Brescia) verkleidet, der zum Teil fein gemeißelt ist. Das Ganze vermittelt ein Gefühl von Stabilität. Die zeitgenössischen Kritiker hatten nicht unrecht. In *La Construction Moderne* vom 28. Mai 1910 wurde dem Bau »ein vollkommener Geschmack und eine etwas strenge Erscheinung, die am besten zu einem Etablissement dieser Art passt«, attestiert und er als »ein Denkmal, an dem die Jahre wenig Schaden anrichten werden«, begrüßt.

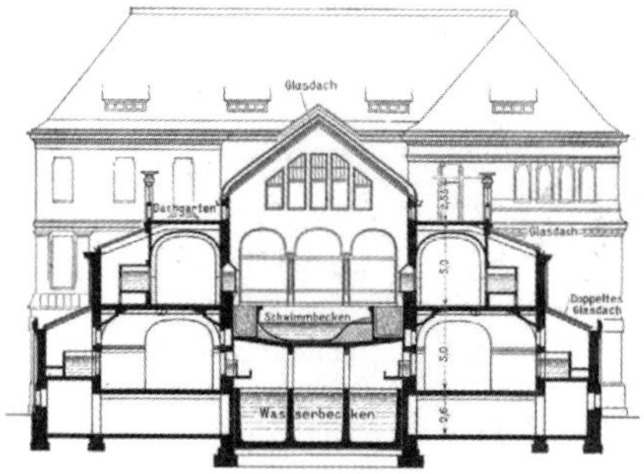

Street façade and plan (second floor) of the Berlin aquarium, 1913. Source: the archive of Berlin Zoological Garden (AZGB)

Aquarium in the Zoological Garden, Berlin

Berlin, Germany

1913

Nach Plänen der Berliner Architekten Carl Zaar und Rudolf Vahl entstand der dreigeschossige Bau des Aquariums an der heutigen Budapester Straße auf dem Gelände des Zoologischen Gartens. Das Büro Zaar & Vahl hatte bis dahin bereits mehrere Stilbauten im Zoo geplant. Auf einer Grundfläche von 53 Meter Länge und 35 Meter Breite befindet sich zur Straßenseite die Süßwasser- und zur Gartenseite die Seewasserabteilung, in den oberen beiden Geschossen sind das Terrarium und das Insektarium untergebracht. Herzstück des Baus ist die zentrale, 170 Quadratmeter große Krokodilhalle, die sich über zwei Geschosse erstreckt. Im Zweiten Weltkrieg schwer beschädigt, wurde das Haus 1952–1959 vereinfacht wiederaufgebaut. 1978–1983 erfolgten die Sanierung und eine Erweiterung um einen achteckigen Anbau für die Beherbergung geräumiger Becken für Meeresschildkröten und fünf großer Landschaftsaquarien für tropische Süß- und Meerwasserfische. Zugleich wurde das alte Gebäude umgebaut. Um die frühere Anordnung der Becken in Reihen entlang der Wände zu vermeiden und mehr Raum hinter der Kulisse zu schaffen, platzierte man die Becken weiter verstreut. Eine Besonderheit der Fassade sind die Tierdarstellungen von Heinrich Harder, die beim Wiederaufbau in den Fünfzigerjahren nicht rekonstruiert wurden. 1977 entdeckte man sieben Originalentwürfe der Halbfresken und unter dem Fassadenputz Reste der alten Mosaike, die Hans Joachim Ihle 1980–1983 rekonstruierte. Der Bildhauer gestaltete auch die Klinkerfassade des Aquarium-Anbaus.

The three-storey aquarium on today's Budapester Strasse was built to a design by Carl Zaar and Rudolf Vahl on land belonging to the Zoological Garden. The firm of Zaar & Vahl had already designed several period buildings at the zoo. On a 53-×-35-metre footprint the aquarium's freshwater section faces the street; the seawater section, whose top two floors house the terrarium and the insectarium, overlooks the garden. This building's main attraction is the central 170-square-metre crocodile hall, which stretches over two storeys. Badly damaged in World War II, the building was reconstructed in a simplified form in 1952–1959. In 1978–1983 it was renovated, and an octagonal extension was added to house spacious tanks for turtles and five large landscape aquariums for tropical freshwater and seawater fish. At the same time the old building was reconstructed. To create more room behind the scenes, the tanks were dispersed more widely. A distinctive feature of the façade is the depictions of animals by Heinrich Harder; these were not reconstructed during the rebuilding in the 1950s. In 1977 seven original designs for the half-frescoes were discovered, together with, under the façade plaster, the remains of the old mosaics. These were reconstructed by Hans Joachim Ihle in 1980–1983. The sculptor also designed the clinker façade of the aquarium extension.

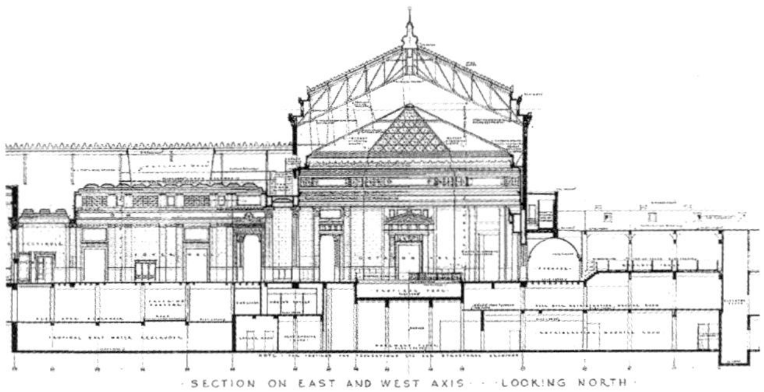

East-west section and plan of ground floor.
Drawing: Graham, Anderson, Probst & White

John G. Shedd Aquarium
Chicago, USA
1929

Design work on the John G. Shedd Aquarium began in 1924, when John Groves Shedd, the second president of Marshall Field & Co, donated a large sum for its construction in the hope that it would show "the great diversity of sea creatures under one roof". The architects Graham, Anderson, Probst & White designed the aquarium in the Beaux Arts style championed by Graham's mentor, David Burnham. The aquarium's significance was not, however, limited to its size or location. Under Walter H. Chute (the aquarium's second director, 1928–1964), the aquarium pioneered the use of railway wagons to transport fish and invertebrates collected for exhibitions and studies. The rotunda tank with its luxuriant growth of plants and fish and reptiles remained an attraction for 40 years until it was replaced with an enormous cylindrical coral-reef-community tank. 1991 saw the opening of the Abbott Oceanarium with its pavilion for marine mammals. This connects with Lake Michigan through its large glass front. Today the aquarium is one of the main elements of an impressive museum campus in the middle of the city; this brings together three important institutions on the shore of the lake: the Field Museum, the Adler Planetarium, and the Shedd Aquarium. The aquarium's exhibition space has doubled since its inauguration.

Die Planungen für das John G. Shedd Aquarium begannen 1924, als John Groves Shedd, zweiter Präsident von Marshall Field & Co., eine große Summe für den Bau spendete, von dem er hoffte, dass er »die größte Vielfalt an Meereslebewesen unter einem Dach« zeigen würde. Die Architekten Graham, Anderson, Probst & White entwarfen das Aquarium im Beaux-Arts-Stil (für den sich Grahams Mentor Daniel Burnham stark gemacht hatte) und mit Elementen der klassischen griechischen Architektur, um es baulich besser an das benachbarte Field-Museum anzupassen. Die Bedeutung des Aquariums beschränkte sich jedoch nicht nur auf Größe oder Standort. Unter Walter H. Chute (der 1928–1964 als zweiter Direktor fungierte) leistete das Aquarium Pionierarbeit beim Einsatz von Eisenbahnwaggons für den Transport von Fischen und wirbellosen Tieren, die für Ausstellungen und Studien gesammelt wurden. Das Rotundenbecken mit seinem üppigen Pflanzenwuch sowie Fischen und Reptilien blieb 40 Jahre eine Attraktion, bis es durch ein riesiges zylindrisches Korallenriff-Gemeinschaftsbecken ersetzt wurde. 1991 wurde das Abbott-Ozeanarium mit einem Pavillon für Meeressäugetiere eröffnet. Verbindung zum Lake Michigan hält es durch seine große Glasfront. Das Aquarium stellt heute eine der Hauptkomponenten eines beeindruckenden Museumscampus mitten in der Stadt dar. Dieser vereint drei wichtige Institutionen am Seeufer: das Field-Museum, das Adler-Planetarium und das Shedd-Aquarium. Die Ausstellungsfläche hat sich seit der Einweihung verdoppelt.

Photo: Qingdao City Construction Archives

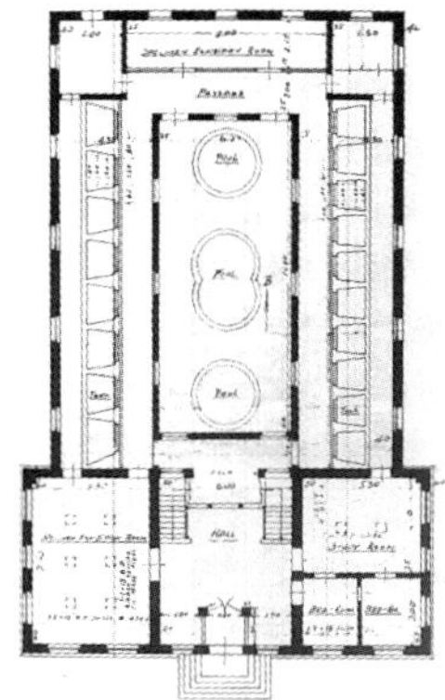

Qingdao Aquarium
Qingdao, China
1932

1932 eröffnete nach zweijähriger Bauzeit das Qingdao Aquarium, vormals das Qingdao Marine Science and Technology Museum, als erstes chinesisches Schauaquarium. Jahrzehntelang sollte es das einzige Haus dieser Art in China bleiben; erst 1978 wurde als zweites Aquarium im südlichen Teil des Landes das Beihai Aquarium seiner Bestimmung übergeben. Das Qingdao Aquarium befindet sich nordöstlich des berühmten Lu-Xun-Parks von 1929 an der Huiquan-Bucht im Gelben Meer, einem der bekanntesten Seebäder Chinas. Federführend bei dem Projekt war der Pädagoge und Philosoph Cai Yuanpei, Rektor der Universität Peking. Das Ursprungsgebäude, die Specimen Hall of Marine Life, ist einer traditionellen chinesischen Festung mit den typischen blauen Ziegeln und grünen Fliesen nachempfunden. Im Laufe der Zeit wurde dieses Bauwerk um vier über Tunnel verbundene Hallen auf insgesamt 10.000 Quadratmeter Ausstellungsfläche erweitert: Das 1936 erbaute Meeresbiologische Museum ist das älteste und größte Depot für Meerestiere in China. Das Biologische Süßwassermuseum stellt vor allem Süßwasserfische, Amphibien und Reptilien aus, während in dem 1966 gegründeten Robbenmuseum Pinguine, Seelöwen, Robben und Schildkröten besichtigt werden können. Im Jahr 2007 entstand mit dem Fantastic Jellyfish Palace die erste Quallenhalle auf dem chinesischen Festland. Sie beherbergt mehr als 300 Quallenbecken. Eine temporäre Ausstellungshalle präsentiert die neuesten Erkenntnisse der Meeresforschung.

When Qingdao Marine Science and Technology Museum (now: Qingdao Aquarium) opened in 1932 following two years' construction, it was the first public aquarium in China. For decades it remained the only building of this kind in the country; Beihei Aquarium in the south of China, the country's second aquarium, started operating only in 1978. Qingdao Aquarium is situated north-east of the famous Lu-Xun-Park (1929) on Huiquan Bay in the Yellow Sea, one of China's best known seaside resorts. The project was led by the pedagogue and philosopher Cai Yuanpei, rector of the University of Peking. The original building, the Specimen Hall of Marine Life, is modelled on a traditional Chinese fortress with typical blue bricks and green tiles. In time, this building was extended by the addition of four halls linked by a tunnel and occupying a total exhibition area of 10,000 square metres: the marine biological museum is the oldest and largest repository for sea animals in China. The biological freshwater museum exhibits primarily freshwater fish, amphibia, and reptiles, whereas the Seal Museum, founded in 1966, has penguins, sea lions, seals, and turtles. The Fantastic Jellyfish Palace, an architectural marvel built in 2007, was the first jellyfish hall on the Chinese mainland; it houses more than 300 jellyfish tanks. A temporary exhibition hall presents the latest findings in marine research.

In dieser Publikation wird die Entwicklung von Architektur und Ausstellungsdidaktik der künstlichen Unterwasserwelten umfassend dargelegt. Basierend auf der Analyse von mehr als 50 historischen und zeitgenössischen Aquarienbauten formulieren die Herausgeber zehn Entwurfsparameter für die Gestaltung, die für künftige Bauten als Leitfaden dienen können.

This publication provides a comprehensive account of the development of architecture and exhibition didactics for artificial underwater worlds. Based on the analysis of more than 50 historical and contemporary aquarium buildings, the editors formulate ten design parameters that can serve as guidelines for future buildings.

Aquarium Buildings. Construction and Design Manual
Edited by Jürgen Lange and Natascha Meuser,
Forewords by Theo B. Pagel and Philippe Vallette
Further contributions by Peter Chermayeff,
Claudia Luxbacher, Motofumi Tai, and Dieter Balkow

Grundlagen des Entwurfs
Theory of Design

Entwurfsparameter für eine Typologie der Zoobauten
Design Parameters for a Typology of Zoo Buildings

Bautypologien und Bildwirkung
Building Typologies and Visual Impact

Zehn Parameter
Ten Parameters

»Erst durch eine intensive fachliche Diskussion kann eine neue Bautypologie wie das *Bauen für Tiere* reifen und sich in der Architekturgeschichte als eigenständige Baugattung emanzipieren.«

“A new building typology such as ‘building for animals’ can only mature and emancipate itself as an independent building genre in the history of architecture through intensive professional discussion.”

Natascha Meuser

Entwurfsparameter für eine Typologie der Zoobauten

Das architektonische Entwerfen basiert auf der Interpretation von Typologien. Wie in der Zoologie hilft diese Systematisierung, ein Grundverständnis zur Wissensvermittlung zu schaffen. Dabei unterliegt auch die Architektur einer Evolution: Eine neue Form basiert immer auf bestehenden Konstruktionen und Materialeigenschaften.

Der italienische Architekt Federico Babina hat sich in den vergangenen Jahren einen Namen mit Illustrationen gemacht, die bekannte Bauten in den Kontext anderer Themenfelder setzen. Unlängst hat Babina Architektur und Zoologie in seinen Illustrationen vermählt und eine Serie von Bauten vorgestellt, die animalische Formen aufweisen und sich deshalb für Analogien zur Tierwelt eignen. Dem in Barcelona tätigen Architekten ist damit zeichnerisch etwas gelungen, was in den 150 Jahren der modernen Zooarchitektur nur unbefriedigend gelöst wurde. Er hat den Gebäuden ein Gesicht gegeben – mehr ironisch, weniger wissenschaftlich. Der Pariser Eiffelturm erlebt eine Reinkarnation als Giraffe, Jørn Utzons Opernhaus in Sydney findet sich auf dem Rücken eines Krokodils wieder, und Frank Lloyd Wrights New Yorker Guggenheim-Museum präsentiert sich als spiralisierendes Schneckenhaus. Binnen weniger als zwei Sekunden ist die Analogie hergestellt und damit das Ziel des Illustrators erreicht. Doch wie vertragen sich Baukunst und Arterhaltung im Zoologischen Garten?
Die Architektur ist freilich nicht der größte Feind im Zoo, wie es etwa William G. Conway vor fast einem halben Jahrhundert provokant formuliert hat. Größere Gefahren birgt das Unwissen über das Potenzial von Architektur einerseits und das Unwissen über das Territorium des Tieres andererseits. Ziel soll daher sein, den Zoologen und den an der Planung von Tiergebäuden beteiligten Berufsgruppen zu zeigen, wie komplex sich die Zooarchitektur in der Trias von Theorie, Geschichte

Basic Design Parameters for a Typology of Zoo Buildings
Architectural design is based on the interpretation of typologies. As in zoology, this systematisation helps to create a basic understanding for the transfer of knowledge. Architecture is also subject to evolution: a new form is always based on existing constructions and material properties.

In recent years, Italian architect Federico Babina has gained acclaim for his illustrations, where he combines familiar buildings with various contexts, like architecture with zoology, depicting buildings with animalistic forms that draw parallels to the animal world. The Barcelona architect has somewhat succeeded in doing with drawings what in 150 years of modern zoo architecture has only unsatisfactorily been attempted. He simply gave the buildings a face, more ironic than scientific. The Eiffel Tower is reincarnated as a giraffe, Jørn Utzons opera house in Sydney has clambered on the back of a crocodile, and Frank Lloyd Wright's New York Guggenheim Museum has become a spiral-shaped snail shell. Within a few seconds, the analogy is made and the illustrator has accomplished his mission. But how does architecture and species-survival get along within the zoological garden?

This work will therefore show zoologists and professional groups, involved in the planning of buildings for animals, how complex zoo architecture truly is in the triad of theory, history, and typology. The question posed in this section is not one of style or design. The focus is on what is called type in zoology as well as architecture. In architecture, the *type* is the primordial form, the archetype, the basic form shared by similar or related buildings. In that regard the type depends"not so much on the image of something to copy or completely imitate as it does on an idea which the model serves as a rule"[1]. This chapter will examine whether in the planning of zoo buildings, structures that clearly define an independent type are discernible. The question is posed: to what extent can a certain order be recognised, based on this type, which in turn can lead to further developments and form variations. This does absolutely does not mean that the buildings must show any external similarities. If the investigation shows that the zoo building architecture is a clearly recognizable type, the question then becomes whether the type in the time frame under investigation – from the beginning of the last century until today – has changed at all and which role historical forms have played in the establishment of a fixed typology. Three theses will be considered and discussed: *1. Building type and architectural form, independent of each other.* This means that there is no debate about style and building forms. The focus is on the abstract type, to a certain extent the common denominator amongst the buildings being compared. *2. Typology means order.* This applies to zoology as well as to architecture. However – and that is a major difference – zoology is based on scientific lawfulness, while architecture as a design discipline at best sets rules that can be followed, from which deviations are permitted in the framework of a creative process. The goal is to find a clearing in the multi-layered thicket of the architecture debate in order to find a shared level of communication and understanding. *3. New materials and structures. They could become the basis of a new building type.* As part of the engineering discipline, architecture is subject to the constant need for modernisation and improvement. Since the investigation of territory as the living space of a species we know, the space used by animals and that used by humans is fundamentally comparable.

und Typologie darstellt. Es geht bei der Fragestellung nicht um Stil oder Gestaltung, sondern um den Begriff des *Typus*, der in der Zoologie ebenso zu Hause ist wie in der Architektur. In der Architektur ist der *Typus* die Urgestalt, das Urbild, die Grundform, die ähnlichen oder verwandten Bauten zugrunde liegt. Dabei bezieht sich der Terminus *Typus* »nicht so sehr auf das Bild einer zu kopierenden oder vollständig nachzuahmenden Sache als auf eine Idee, die dem Modell als Regel dient«[1]. Diskutiert wird, ob bei der Planung von Zoobauten Strukturen erkennbar sind, die einen eigenständigen Typus klar definieren und inwieweit aus diesem Typus heraus eine bestimmte Ordnung zu erkennen ist, die weitere Entwicklungen und Formvariationen zulässt. Dabei müssen die Gebäude keineswegs äußerliche Ähnlichkeiten aufweisen.
Sollte sich zeigen, dass Zoobauten klar als Typus erkennbar sind, ist der Frage nachzugehen, ob sich der Typus in dem untersuchten Zeitraum, von Anfang des vergangenen Jahrhunderts bis heute, überhaupt verändert hat und welche Rolle die historischen Formen bei der Ausbildung einer festen Typologie gespielt haben. Bei der Betrachtung werden drei Thesen aufgestellt und diskutiert: *1. Bautypus und architektonische Form sind unabhängig voneinander.* Dies bedeutet, dass keine Debatte über Stil und Bauformen geführt wird. Im Fokus steht der abstrakte Typus, gewissermaßen der kleinste gemeinsame Nenner der zu vergleichenden Bauten. *2. Typologie heißt Ordnung.* Dies gilt in der Zoologie ebenso wie in der Architektur. Allerdings – und darin besteht der wesentliche Unterschied – geht die Zoologie von naturwissenschaftlichen Gesetzmäßigkeiten aus, während die Architektur als gestaltende Disziplin allenfalls Regeln aufstellt, die befolgt werden können und von denen im Rahmen eines kreativen Prozesses auch abgewichen werden darf. Es gilt im Dickicht der vielschichtigen Architekturdebatte Anker zu setzen, um sich auf einer gemeinsamen Kommunikations- und Verständnisebene zu treffen. *3. Neue Materialien und Konstruktionen können einen neuen Bautypus hervorbringen.* Als Ingenieurdisziplin unterliegt die Architektur permanentem Modernisierungs- und Verbesserungsbedarf. Während sich Veränderungsprozesse in der Evolution von Generation zu Generation vollziehen, kann im Bauwesen aus Erfindungen und Entdeckungen geschöpft werden, was zur Ausbildung neuer Formen und Typen führt.

1 Quatremère de Quincy, Antoine-Chrysostome: Encyclopédie Méthodique. Architecture, Bd. 3, Paris / Panchoucke / Lüttich / Plomteux 1825, S. 543ff. Die Definition wurde von Aldo Rossi aufgenommen in: Rossi, Aldo: Die Architektur der Stadt. Skizze zu einer grundlegenden Theorie des Urbanen, Düsseldorf 1973, S. 27.

Seit der Erforschung des Territoriums als Lebensraum einer Spezies wissen wir, dass die Nutzung eines Raums in der Tierwelt und bei Menschen grundsätzlich vergleichbar ist. Denn auch Tiere gliedern ihren Wohnraum in bevorzugte Schlaf- und Ruheplätze, Stellen für die Körperpflege (Bade- und Sonnenplätze, Suhlen, Wälzplätze sowie Scheuerstellen wie Bäume oder Felsen), Fress- und Trinkstellen, Vorratsstellen, Markierungs- und Kotstellen oder Straßen (Wechsel). Unabhängig von der jeweiligen Abgrenzung (Tier: Markierungen, Nahrungsgebiet; Mensch: Wand, Decke, Boden) des Heims oder seiner Größe bleibt das Tier wie der Mensch größtenteils in seinem territorialen Raum.[2] Das Tier markiert »seinen Raum« intuitiv durch Zeichen und Rituale, in vielen Fällen durch Nestbauten, Höhlen oder ähnliche Konstruktionen; der Mensch gestaltet die baulichen Grenzen des von ihm genutzten Raums in Form von Wand, Decke und Boden. Aber kann aufgrund dieser – intuitiven oder bewussten – Ähnlichkeiten der Rückschluss gezogen werden, dass es sich bei einer Behausung für Wildtiere wie beispielsweise Elefanten oder Primaten um Wohnbauten handelt? Schließlich ist das einzige Unterscheidungsmerkmal zwischen dem Territorium des Menschen und dem Territorium des Tieres die Feuerstelle.[3] Der Herd oder Feuerplatz stellt das erste soziale Element der Architektur dar, das den ersten Keim der menschlichen Gesellschaft gebildet hat: indem sich die Familien am belebenden und nährenden Feuer versammelten und erste Bündnisse und soziale Ordnungen schufen sowie erste religiöse Zeremonien ins Leben riefen.[4] Wie verhält es sich dagegen mit dem Territorium des Tieres? Der Lebensraum eines Wildtieres ist vor allem von vier Parametern geprägt: Feindvermeidung, Fluchtmöglichkeit, frei zu bestimmende Aktionsräume und Aufenthaltsbereiche. In Gefangenschaft muss der Mensch diese Faktoren künstlich herstellen und mit den geänderten Umweltbedingungen beziehungsweise mit der für das Tier unnatürlichen Umgebung in Einklang bringen. Mensch und Wildtier kommen sich nirgendwo sonst dauerhaft so nahe.

Zoos, Zoologische Gärten, Tiergärten, Tierparks oder Wildparks – die Bezeichnungen sind vielfältig und nicht immer trennscharf – stellen eine Sonderform der kultivierten Koexistenz von Mensch und Tier dar. Die Tiere werden nicht in primärer Sicht als Nutztiere gehalten, also in dem Sinne, dass ein direkter wirtschaftlicher Nutzen aus diesem

2 Walther, Fritz: Huftierterritorien und ihre Markierung, in: Hediger, Heini (Hg.): Die Straßen der Tiere, Braunschweig 1967, S. 26f.

3 Hediger, Heini: Freiheit und Gefangenschaft im Leben des Tieres, in: Ders.: Wildtiere in Gefangenschaft, Sonderabdruck aus der Ciba Zeitschrift, Heft 54 / 1938, S. 1850ff.

4 Semper, Gottfried: Kleine Schriften, hg. von Hans und Manfred Semper, Berlin / Stuttgart 1884, Reprint: Mittenwald 1979, S. 285ff.

After all, animals organise their living space in places reserved for sleep and rest, places for grooming, (bathing, sunning, wallowing, and rolling, and places for scratching, like trees or rocks), feeding and drinking places, storage areas, places for marking and defecation, or streets (transit areas). Independent of the relevant demarcation of the home or its size (animal: markings, food supply area; human: wall, ceiling, floor), animals as well as humans keep to their territorial space.[2] The animal marks 'its space' intuitively with signs and rituals, often with nest building, caves, or similar constructions while the human defines the structural boundaries of its space with walls, ceilings, and floors. But based on these intuitive or conscious similarities, can it be concluded that dwellings for wild animals, like those for elephants or primates, be considered residential constructions? The only feature that distinguishes the human territory from that of the animal is the fireplace.[3] The hearth or fireplace represents the social element of architecture that becomes the core of human society: at the point when families first gathered around life-giving and nourishing fire, created the first alliances and social order, and initiated the first religious ceremonies.[4] How does that compare with the conduct of the animals in their territories? The living space of a wild animal is determined by four parameters: predator avoidance, means of escape, freely determinable spheres of action, and places to stay. Humans must create these conditions for captured animals, aligning altered environmental settings with the unnatural surroundings they experience. Zoos represent unique settings where humans and wild animals frequently interact closely.

Zoos, zoological gardens, animal parks, or wildlife parks are some of the many designations that, although they are not always so strictly defined, all represent a special form of cultivated coexistence of man and animal. The animals are not primarily kept as livestock, that is, for an explicitly economic purpose, based on that coexistence. Zoos today also serve research purposes and the preservation of species. The latter includes breeding programmes for the purpose of releasing endangered species back in the wilderness. In that regard the original character of the zoo has changed from that of a "public oriented garden facility with enclosures and housing

Darstellung von »Umgebung« (= »Milieu«) und »Umwelt« des Hundes: Die grau getönten Gegenstände bilden die »Umgebung«, die schwarzen die »Umwelt« des Hundes. Nach Heini Hediger (1938).
Representation of the 'surroundings' (='milieu') and 'environment' of the dog: The grey-tinted objects form the dog's 'surroundings', the black ones, the 'environment'.
Hediger, Heini: Wildtiere in Gefangenschaft, in: Sonderabdruck aus der Ciba Zeitschrift, Heft 54, Basel 1938, S. 1856

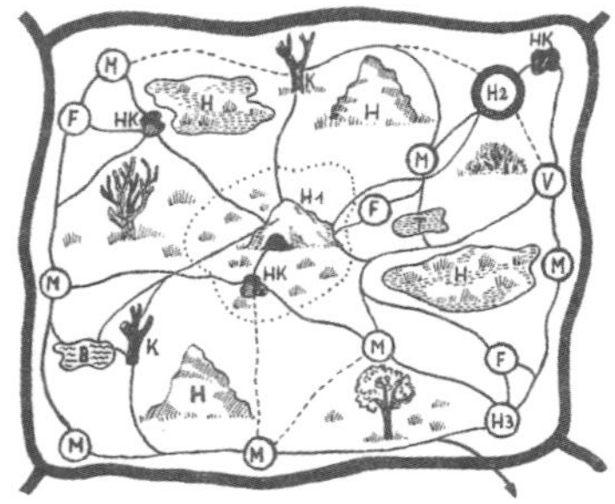

Schema of a mammal territory by Heini Hediger (1954)

H 1 First-level site (most secure place)
H 2 Second-level site
H 3 Third-level site
H Obstacle
HK Urinary and faeces site
K Comfort site (eg. scouring tree)
B Bathing site
F Eating site
V Supply site
T Watering site
M Markings site

▬ Territory boundaries
.... Protection zone
— Primary path
---- Secondary path

for the presentation and keeping of live and mostly exotic animals"[5]. One special feature of contemporary zoological gardens and animal parks is that man and animal share the living space. Most often, the complexes are located in densely populated areas, in general in residential areas because they are dependent on visitor access. This situation can in no way be construed as a natural territory for the animal. However, if it is not for animals native to the area, the living space can be simulated. The wild animal is still imprisoned. It will not be able to exercise its natural instinct to move freely about and must be prevented from fleeing.
Three factors are highly important in this context: the confinement, the presentation, and, increasingly, the transmission of knowledge. The German Federal Act for the Protection of Nature defines a zoo in § 42 as a "permanent facility in which species of wild animals are kept for purposes of demonstration at least seven days in the year". The fact that "animals of wild species" by definition are 'kept' means that they are prevented from freely roaming about. They are provided with grounds more or less adapted to their needs, which they cannot leave. These grounds are provided for the purpose of presentation. The animals should not simply be confined. They should also be easily visible. In the past few years, a third

Zusammenleben gezogen wird. Heute dienen Zoos auch der Erforschung und dem Erhalt von Tierarten; dies schließt Zuchtprogramme ein, um gefährdete Arten wieder in der freien Wildbahn auszusetzen. Insofern hat sich der Zoo von seinem ursprünglichen Charakter einer »publikumsorientierten Gartenanlage mit Gehegen und Tierhäusern zur Präsentation und Haltung lebendiger, meist exotischer Wildtiere«[5] entfernt. Eine Besonderheit heutiger Zoologischer Gärten und Tierparks ist, dass sich Mensch und Tier den Lebensraum teilen. Denn meist befinden sich die Anlagen in stark besiedelten Gebieten, im weitesten Sinne innerhalb der Wohnbebauung, da sie auf Besucher angewiesen sind. Von einem natürlichen Territorium des Tieres kann also keine Rede sein. Der Lebensraum kann – sofern es sich nicht um einheimische Tiere handelt – allenfalls simuliert werden. Das Wildtier bleibt eingesperrt; es wird in seinem natürlichen Bewegungsinstinkt beschränkt beziehungsweise muss an der Flucht gehindert werden.
Wichtig in diesem Kontext sind drei Faktoren: die Einsperrung, die Präsentation und zunehmend die Wissensvermittlung. Das Bundesnaturschutzgesetz definiert einen Zoo in § 42 als eine »dauerhafte Einrichtung, in der lebende Tiere wild lebender Arten zwecks Zurschaustellung während eines Zeitraums von mindestens sieben Tagen

5 Seidl, Ernst (Hg.): Lexikon der Bautypen. Funktionen und Formen der Architektur, Stuttgart [2]2002, S. 589.

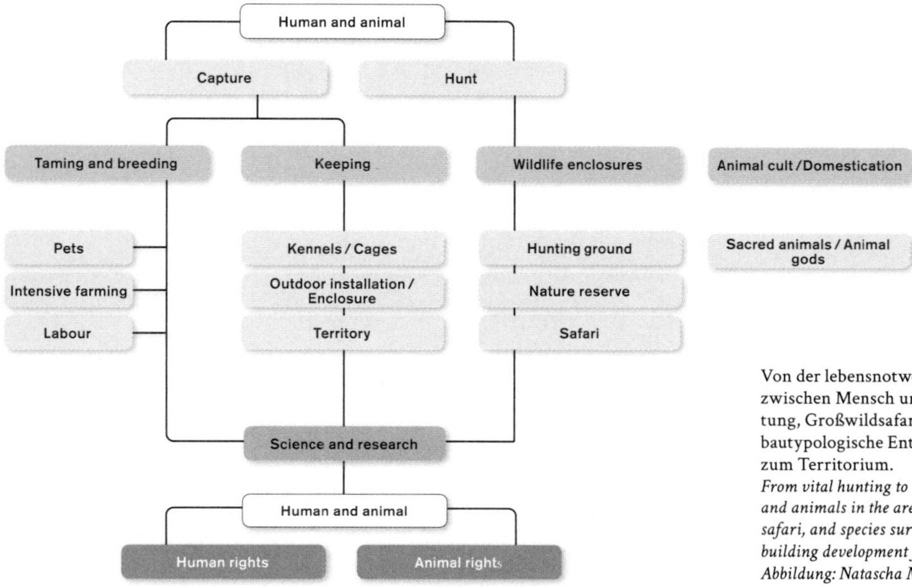

Von der lebensnotwendigen Jagd zum Tierschutz: das Verhältnis zwischen Mensch und Tier im Spannungsfeld von Nutzhaltung, Großwildsafari und Artenschutz. Im Zentrum steht die bautypologische Entwicklung vom Zwinger über das Gehege zum Territorium.
From vital hunting to animal rights: The relationship between humans and animals in the area of tension between conservation, big game safari, and species survival. At the centre stands the typological building development from kennel, enclosure, to territory.
Abbildung: Natascha Meuser

im Jahr gehalten werden«. Dass die »Tiere wild lebender Arten« laut Definition »gehalten« werden, heißt, dass sie am freien Herumlaufen gehindert werden. Es wird ihnen ein mehr oder minder an sie angepasstes Gelände zugewiesen, das sie nicht verlassen können. Dies erfolgt zum Zweck der Präsentation. Die Tiere sollen somit nicht nur eingesperrt werden, sondern müssen zugleich gut sichtbar sein. In den vergangenen Jahren ist der dritte Aspekt hinzugekommen: Neben der Unterhaltung des Publikums durch die inszenierte Präsentation des Tieres übernehmen Zoos zunehmend auch politische Aufgaben (etwa die Vermittlung von Umweltschutzzielen) und leisten einen Beitrag zur Wissensvermittlung (etwa durch ein Informationsangebot, das dem eines Naturkunde- oder Wissenschaftsmuseums entspricht).
Die Architektur im Zoo kann nicht einfach als eine Mischung aus Gefängnis, Theater und Museum betrachtet werden. Natürlich gibt es viele Parallelen zu diesen Gebäudetypen. Dennoch haben sich im Laufe der 150-jährigen Geschichte der Zooarchitektur, in der typenbildende Bauten erhalten geblieben sind, klare Unterscheidungsmerkmale herausgebildet. Diese wurden sowohl von technologischen Fortschritten in der Baubranche als auch von Erkenntnissen aus der Tierbiologie beeinflusst. Erstmals lässt sich die Herausbildung einer Typologie bei der Haltung von Vögeln feststellen. Wurde diese Spezies früher in einem Gitterkäfig gehalten und von außen betrachtet, gilt es heute fast schon als selbstverständlich, dass der Besucher durch eine

aspect has been added: in addition to entertaining the public with the staged presentation of the animals, zoos increasingly were assigned political tasks (such as publicising environmental protection goals) and have made a contribution to the transmission of accessible knowledge (for example, by offering accessible zoological, natural history or scientific information).
But zoo architecture is by no means a prison, theatre, and museum hybrid. There are of course many analogies to those building types. But over the 150 year history of zoo architecture, from the building types that have survived until today, clear distinguishing features have emerged, which have been influenced by structural engineering developments as well as animal biology research. A typology first emerged for the keeping of birds. Birds were formerly kept in mesh cages and observed from outside. Today, almost universally, the visitors are led through a lock or dark corridor into the aviary that is covered with a net in which the birds can fly freely. "However, in contrast to all other zoo buildings, cages for birds and the aviaries that succeeded them have evolved into their own type: the development proceeded rigorously from the cage with bars to ever larger enclosures with ever less visible flying spaces."[6] The aviary opened in 1961, in the Wassenaar Zoo in Holland,

Leon Battista Albertis *De re aedificatoria* (*Über das Bauwesen*), entstanden 1443 – 1452, ist die erste Abhandlung der Neuzeit über die Baukunst und blieb über einen langen Zeitraum hinweg die bedeutendste Schrift zur Architekturtheorie.
Leon Battista Albertis "De re aedificatoria" originated in 1443 – 1452, is the first treatise of modern times on construction and remained for a long time the most important work on architectural theory.

can be considered a prototype. At 122 × 18 metres, the new hall, with a fine meshed screen made of metal, became a model for all subsequent aviaries.[7] To date, typological parameters for all zoo buildings have not emerged, which has to do with the fact that the relatively small number of those buildings were designed by a few architects under the strong influence of zoologists.

"Measured against the total volume of construction tasks, the percentage of the buildings for animals is so little that there was no architectural expression for them. What happened is what usually happens when new tasks have to find a building form: the nearest building types are enlisted as models. Just as the first churches were built like market halls and the first train stations like churches, buildings for animals changed according to size and location. Touching naivety is just as much displayed as a clever use of the free space, all of it under the rubric of architecture."[8]

Since the 1990s, a shift in architectural culture is discernible. New zoo projects are being increasingly decided by competitions. Therefore, builders are defining spatial programmes and project parameters from the beginning, while individual architects are no longer directly commissioned to complete a functional design. New construction projects in zoological gardens have meanwhile become public events and are already publicised by zoo administrations

Schleuse oder einen Dunkelkorridor die Voliere betritt, die von einem Netz umspannt ist und in der die Vögel frei umherfliegen können. »Vogelkäfige und in ihrer Nachfolge Volieren haben jedoch im Gegensatz zu allen anderen Zoobauten ihren eigenen Typus gefunden: Die Entwicklung ging konsequent vom Stabkäfig auf immer größere und immer weniger sichtbare Flugräume zu.«[6] Als Prototyp gilt die 1961 im Zoo der niederländischen Stadt Wassenaar eröffnete Erweiterung der Voliere. Mit einer Größe von 122 × 18 Metern wurde die neue Halle, bei der sich zwischen Holzelementen eine feinmaschige Gaze aus Metall spannt, zum Vorbild für nachfolgend erbaute Aviarien.[7] Dass sich typologische Parameter bislang noch nicht für alle Zoobauten herausgebildet haben, hängt mit den verhältnismäßig wenigen Gebäuden zusammen, die im vergangenen Jahrhundert von wenigen Architekten und unter intensiver persönlicher Einflussnahme von Zoologen entworfen wurden.

»Der Anteil der Bauten für Tiere am Gesamtvolumen der Bauaufgaben war immer so gering, dass sich kein eigener Ausdruck für sie fand. So geschah und geschieht, was immer dann auftritt, wenn neue Aufgabenstellungen in eine Form gebracht werden müssen: die nächstliegenden Gebäudetypen werden als Vorbilder herangezogen. So wie die ersten Kirchen wie Markthallen und die ersten Bahnhöfe wie Kirchen gebaut wurden, so wechselten die Tierbauten je nach Größe und Lage ihre Vorbilder. Rührende Naivität findet sich ebenso wie die raffinierte Nutzung des Freiraums, der hier für die Architektur steht.«[8]

Seit den Neunzigerjahren des 20. Jahrhunderts ist diesbezüglich jedoch ein baukultureller Wandel zu verzeichnen. Zunehmend werden die Entwürfe neuer Zoo-Bauprojekte über Wettbewerbsverfahren entschieden. Dies hat zur Folge, dass Bauherren einerseits im Vorfeld Raumprogramme und Projektparameter definieren müssen und andererseits nicht mehr nur ein einzelner Architekt im Direktauftrag einen funktionalen Entwurf realisiert. Neubauprojekte in Zoologischen Gärten sind inzwischen zu öffentlichen Ereignissen geworden und werden von den Zooverwaltungen bereits nach dem Wettbewerbsentscheid, also weit vor der Fertigstellung, in die Öffentlichkeitsarbeit eingebunden. Insofern kann eine bautypologische Analyse heute auf

6 Schunck, Eberhard: Architektur kritisch. Ästhetische Wahrheit, in: Der Architekt, Heft 12 / 1982, S. 23.
7 Vgl. Gerrits, H. A. / Diedrich, W. W.: New Wing Added to the Bird Hall at Wassenaar Zoo, in: Jarvis, Caroline u. a.: The International Zoo Yearbook, Vol. III, Issue 1, London 1962, S. 52f.
8 Schunck, Eberhard: Architektur kritisch. Ästhetische Wahrheit, in: a.a.O.

eine große Vielfalt von Entwürfen zurückgreifen. Es soll deshalb der Versuch unternommen werden, auf der Basis von seit dem Jahr 2000 realisierten Entwürfen gebäudekundliche Parameter für weitere Zoobauten (Elefanten, Affen und Großkatzen) zu formulieren. Voraussetzung dafür ist eine Annäherung an die spezialisierte Gattung *Bauen für Tiere* über die Typologien Gefängnis, Theater und Museum. Interessanterweise kehrt die Typologie der Zoobauten mit den neuesten Entwicklungen – der Integration museumsähnlicher Elemente – zu ihren Wurzeln zurück.

»Unter dem Einfluss der naturphilosophischen Diskussion des 18. Jahrhunderts entstand vor allem für die bürgerliche Gesellschaft auch der Zoo. Zum Prototyp in formaler und funktionaler Hinsicht wurde das Muséum National d'Histoire Naturelle (1793, Paris), das sich im Zuge der Reorganisation des Jardin du Roy und aus dem Tierbestand der königlichen Menagerie entwickelte. Es war museal organisiert und verbreitete sich im 19. Jahrhundert als urbane Institution in ganz Europa. Ausgestellt wurde das lebende Tier. Zeitgenössische Beschreibungen des Muséum charakterisieren es als Park, in dem Tiere nach ästhetischen Gesichtspunkten in Gehegen und Käfigen unterschiedlicher Form und Größe präsentiert wurden. (...) Die Form der Tierhäuser und die Bepflanzung der Gehege sollten im Rahmen der klimatischen Möglichkeiten die Herkunftsländer der Tierarten nachempfinden, was zu einem bemerkenswerten Form- und Stilpluralismus der Tierhausarchitektur führte.« [9]

Es gilt für die Entwicklung der Typologie festzuhalten, dass Zooarchitektur zunächst von einer Stilvielfalt geprägt war, die keine Konventionen kannte. Abgebildet werden sollte die Exotik der Kolonien und ihrer für den europäischen Bürger nahezu unerreichbaren Tierwelt. In der Zeit nach dem Ersten Weltkrieg, also während der ersten Neuordnung Europas im 20. Jahrhundert, entstanden zu wenige Neubauten, so dass eine typologische Entwicklung nicht gegeben war. Aufgrund fehlender Quantität und einer gewissen Stagnation lohnt sich ein Blick auf die Entwicklung der Begrifflichkeiten innerhalb der Zooarchitektur. Der folgende Abschnitt befasst sich daher mit der Semantik der deutschen Sprache, um auch von diesem Aspekt Rückschlüsse auf die bautypologische Bedeutung ziehen zu können.

9 Seidl, Ernst (Hg.): Lexikon der Bautypen. Funktionen und Formen der Architektur, Stuttgart [2]2002, S. 589f.

right after the competition has been decided, that is, long before completion. The analysis of an architectural type can draw on a wide range of designs. For that reason, on the basis of the designs realised since 2000, an attempt will be made to formulate architectural parameters for other zoo buildings (elephants, monkeys, and big cats). The prerequisite is an approach to a genre of *building for animals*, based on the typologies of prisons, theatres, and museums. Interestingly enough, with the latest developments of integration of museum-like elements, the typology of zoo buildings is going back to its roots.

"Under the influence of the natural philosophy discussion in the eighteenth century, the unfolding of natural history (Histoire Naturelle) and the impressions of exotic worlds, above all for civil society, there was the zoo. The prototype from a formal and functional standpoint was the Muséum National d'Histoire Naturelle (1793, Paris) that developed in the wake of the reorganisation of the Jardin du Roy and the animal inventory of the royal menagerie. It was organised as a museum and became an urbane institution throughout Europe in the nineteenth century. In it, the live animal was exhibited. Contemporary descriptions of the Muséum characterise it as a park where animals are presented according to aesthetic points of view in enclosures and cages of different forms and sizes. (...) Within the limits of the on-site climate, the form of the animal buildings and the planting of the enclosure were intended to recreate the animals' countries of origin, which led to a remarkable pluralism of form and style in animal building architecture." [9]

It is important to note, for the development of typology, that zoo architecture was initially characterised by a variety of styles that knew no conventions. Pictured was the exoticism of the colonies and their almost unattainable wildlife for the European citizen. In the period after World War I, i.e. during the first reorganization of Europe in the twentieth century, too few new buildings were built, so that a typological development was not given. Due to the lack of quantity and a certain stagnation, it is worth taking a look at the development of concepts within zoo architecture. The following section therefore deals with the semantics of the German language in order to be able to draw conclusions from this aspect on the architectural typological significance.

The similarity of early zoo enclosures with prison facilities is still reflected today in our language. In 1966, Heini Hediger writes: "Until the middle of our century, the term Zwinger was still commonly used for spaces in which bears, lions, tigers, or other predators were kept in zoological gardens (...). In the zoo, a bear or lion Zwinger indicated an old-fashioned, dreary, musty, gaol-like cage with thick iron bars, bent inwards, if possible". He continues: "As every dictionary will tell you, *Zwinger* comes from *zwingen*, that is to compel (...)".[10] There are still a few zoo buildings, which that term aptly describes. However Hediger maintains that the situation had already completely changed in his time and the buildings no longer resembled prisons. He dismissed what he considered – for the most part – the outdated opinion entertained in isolated circles where there were no animals, which viewed the zoo animals as prisoners "who were mainly innocent convicts full of grief, sadness, and feelings of revenge, longing for the lost 'golden age of freedom' and possibly dying from homesickness."[11]
The idea of the Zwinger as rooted in the minds of human beings is indisputable. The comparison was not always unilateral. In the case of Honoré de Balzac, an imprisoned figure wanders "around in her cell like the white bear in the Jardin des Plantes in his cage."[12] And more recently, Kurt Tucholsky once compared a prison he visited with a zoo: "A few are located on level ground; and above, a small balcony with an iron railing ran all around the courtyard, along all four walls. From there one could gain access to the cages on the upper floor. On every door a painted wooden sign is attached, which indicates who used to be locked in there. Just like in a zoo, the only thing that is missing is the dedication: Donated by Consul Friedheimer."[13]
After a paradigm shift in zoo architecture had been completed with Hagenbeck at the beginning of the twentieth century, the animal, was released from the Zwinger to the enclosure (in German, *Gehege*, from Middle High German for *hegen*, to protect or care for). The terminology shifted from the compulsion of the cage to the cosy protection zone where the animal was presented to the zoo spectators between panorama and trenches. This optical liberation from imprisonment opened up new possibilities for architects to present wild animals in front of

Die Nähe der frühen Zoogehege zum Bereich der Gefangenenunterbringung spiegelt sich bis heute in unserer Sprache wider. »Bis gegen Mitte unseres Jahrhunderts war die Bezeichnung Zwinger für Räume, in denen Bären, Löwen, Tiger oder andere Raubtiere in zoologischen Gärten untergebracht waren, noch durchaus gebräuchlich (...). Im Zoo hat man sich z. B. unter einem Bären- oder Löwenzwinger einen altmodischen, von dicken Eisenstangen und womöglich einwärts gebogenen Spitzen starrenden engen, düsteren, muffigen kerkerartigen Käfig vorzustellen«, schreibt Heini Hediger 1966, und fährt fort: »Zwinger kommt – wie jedes Lexikon ausführt – von zwingen, Zwang ausüben (...).«[10] Von den Zoogebäuden, auf die diese Charakterisierung zutrifft, sind heute noch einige erhalten. Hediger behauptet allerdings, dass sich die Situation bereits zu seiner Zeit vollkommen gewandelt habe, die Bauten also keine Gefängnisse mehr seien. Er verwirft die seines Erachtens zum größten Teil überwundene, nur in einzelnen tierfremden Kreisen noch anzutreffende Auffassung, nach der Zootiere als Gefangene zu bedauern seien, »und zwar vorwiegend als unschuldige Strafgefangene, die sich voller Gram, Trauer und Rachegefühlen nach der verlorenen ›goldenen Freiheit‹ zurücksehnen und unter Umständen an Heimweh sterben«[11].
Unbestreitbar ist, dass die Vorstellung des Zwingers in den Köpfen der Menschen verhaftet war. Hierbei ging der Vergleich nicht immer nur in eine Richtung. Bei Balzac schweift eine eingesperrte Figur in ihrer »Zelle umher wie der weiße Bär des Jardin des Plantes in seinem Käfig«[12]. Und Kurt Tucholsky vergleicht ein vom ihm besuchtes Gefängnis mit einem Zoo: »Zu ebener Erde liegen einige; und oben, rings um den ganzen Hof herum, an allen vier Mauern entlang, läuft eine kleine Galerie mit einem Eisengeländer, von der aus man in die obern Käfige gelangen kann. Vor jeder Tür ist ein Holzschild angebracht, auf dem steht gemalt, wer da einmal eingesperrt war. Wie in einem zoologischen Garten, man vermißt den Zusatz: Geschenk des Herrn Konsul Friedheimer.«[13]
Nachdem sich mit Hagenbeck zu Beginn des 20. Jahrhunderts ein Paradigmenwechsel in der Zooarchitektur vollzogen hatte, konnte das Tier – vereinfacht ausgedrückt – vom Zwinger in das Gehege (mittelhochdeutsch: *hegen* = schützen, umsorgen) entlassen werden.

10 Hediger, Heini: Vom Zwinger zum Territorium, in: Kirchshofer, Rosl (Hg.): Zoologische Gärten der Welt, Frankfurt am Main 1966, S. 6.
11 Hediger, Heini: Vom Zwinger zum Territorium, in: a. a. O., S. 6.
12 Balzac, Honoré de: Glanz und Elend der Kurtisanen, Berlin 2015, S. 278.
13 Tucholsky, Kurt: Vierzehn Käfige und einer. Glossen und Essays. Gesammelte Schriften (1925).

Die Begrifflichkeit änderte sich vom zwanghaften Käfig zum behaglichen Schutzbereich, in dem das Tier zwischen Panorama und Graben dem Zoobesucher präsentiert wurde. Mit dieser optischen Befreiung aus der Gefängnishaft eröffneten sich für Architekten neue Möglichkeiten zur Präsentation der Wildtiere vor künstlich gestalteten Bühnenbildern. In den thematischen Lebenswelten konnten exotische Spezies gitterlos und ohne Beeinträchtigung des Blickwinkels zur Schau gestellt werden. Mit Hedigers tierpsychologischen Überlegungen zum Lebensraum eines Wildtieres in Gefangenschaft und der Einführung des Begriffs »Territorium« begann im deutschsprachigen Raum ein neues Kapitel in der Zooarchitektur. Das Tier wähnt sich innerhalb der territorialen Grenzen, also der Begrenzungen durch Gräben, Zäune oder Mauern, in scheinbarer Freiheit, die jedoch vom Menschen kontrolliert wird. Auch wenn die Gehegegrößen inzwischen analog dem Kenntnisstand um das Tierwohl angepasst wurden, muss jedes gefangene Tier in dem nachempfundenen Lebensraum mit andersartigen Anforderungen an sein neues Milieu zurechtkommen.

Typenbildende Faktoren und Ordnungsprinzipien

Nachfolgend sollen die Aspekte Zwang, Schutzbefehl und Freiheitskontrolle – mit diesem Dreiklang lässt sich das Verhältnis zwischen dem Einsperrenden und dem Eingesperrten wohl am besten beschreiben – vor dem Hintergrund der bautypologischen Entwicklung diskutiert werden. Zugleich wird untersucht, welchen Einfluss die wesentlichen Ziele eines Zoogebäudes – das Schützen, die Inszenierung und die Publikumsbildung – auf die architektonische und gestalterische Umsetzung der Gebäude im Zoologischen Garten haben. Es geht also um eine Grundlagenforschung der Zooarchitekur, die bislang nur isoliert und in Einzelaspekten betrieben wurde. Eine Typologie der Zoobauten hat sich deshalb noch nicht flächendeckend bilden können. Drei vergleichbare Gebäudegattungen aber, deren Typologien wissenschaftlich anerkannt sind, liefern ein Repertoire an Gestaltungsschemata, die auch bei Zoobauten vertreten sind:

- Gefängnisbau (Sicherheit und Raumbeschränkung)
- Bühnenbau (Darstellung und Präsentation)
- Museumsbau (Bildung und Pädagogik)

artificially designed stage settings. Exotic species could now be exhibited in the theme-oriented surroundings without Zwinger and without hampering the vantage point.

A new chapter in zoo architecture began in the German speaking world with Hediger's considerations of animal psychology in captivity and the introduction of the term territory. Even if the term is borrowed from the theory of the state, there was an analogy to the zoological garden. Similar to the sovereign territory that is subject to the control and authority of the state the territory can also be defined by the zoo. Within the territorial boundaries, defined by the trenches, fences, or walls, the animal imagines itself in a freedom that is controlled by human beings. Even if the size of the enclosure were considered suitable for the well-being of the animal, every captured animal must cope with the artificial living space, with its own set of demands on the new surroundings. In contrast to the Hediger landscape panoramas, the visitor is presented with a far more natural environment; this one guarantees the wild animal places to hide and private zones that a stage-like spectator area with an optimal view would deny.

Factors Shaping Type and Ordering Principles

As a consequence, the aspects of compulsion, the protection mandate, and control of freedom, a triad that best describes the relationship between the captors and the captured, comprise the discussion background of the building-typological development. At the same, the investigation will examine what influence the major goals of a zoo building, namely protection, staging, and education of the public have on the architectural and design realisation of a building in the zoo. This is a basic research of zoo architecture, which until now has investigated individual aspects in isolation. This means that a comprehensive typology of zoo buildings has yet to be created. However, taking three comparable building species whose typologies have been scientifically ascertained will provide a repertoire of design outlines that also pertain to zoo buildings:

- Prison construction (safety/spatial limitation)
- Theatre construction (showcasing/presentation)
- Museum construction (education/pedagogy)

The declared goal of this investigation is to find a general validity of the zoo building type and to locate it in the system of clearly defined building tasks. Thus, the derivation of the historically-created identity plays a role equal to the analysis of contemporary zoo buildings. Ten distinct design parameters are intended to spell out the framework conditions by which future buildings could be planned. The thrust of the work is to place zoo architecture on a scientific basis. Because in the planning of zoo buildings, in addition to architecture, landscaping, and engineering considerations, other scientific and technical disciplines come into play, which serve the design on a meta-level, like zoology and museum pedagogy. The overall aim is to conceptualise a building in accord with its intended purpose. The interdisciplinarity needed to do that belongs to the architecture genus: "architecture embodies a plurality of different forms of knowledge, expressing in its works their specific configurations in various designs in building form."[14] According to Günter Abel this occurs horizontally and vertically: "In the horizontal point of view, the object is the interaction of several forms of knowledge in a given time, culture, and situation, as well as in the light of different problems posed (...). From the goal of the vertical perspective on the one hand is the path from the initial design to the concrete instructions on the construction site, and on the other hand, it is the path from the early building phase to contemporary works of architecture."[15]

Type Generation through Architectural Form

In the context of Günter Abel's thoughts about the knowledge-forms of architecture, in his *Call for a Theory of Practice* (*Plädoyer für eine Theorie der Praxis*)[16] Werner Oechslin summarised the ideas of Karl Friedrich Schinkel on the ordering principles in architecture. Accordingly there are three foundations of architectural form: "forms of construction", "forms which are generated by the usual historical reality", and lastly "significant forms which derive their example from nature".[17]

Eine Allgemeingültigkeit des Typus Zoobauten zu finden sowie diesen in das System der klar umrissenen Bauaufgaben einzuordnen, ist erklärtes Ziel der Untersuchung. Die identitätsstiftende historische Herleitung spielt dabei eine ebenso bedeutende Rolle wie die Analyse zeitgenössischer Zoobauten. In zehn formulierten Entwurfsparametern soll zum Ausdruck kommen, unter welchen Rahmenbedingungen künftige Bauten geplant werden können. Insgesamt soll diese Arbeit zur Verwissenschaftlichung der Zooarchitektur beitragen. Denn bei der Planung von Zoobauten kommen neben der Architektur, der Landschaftsgestaltung und dem Ingenieurwesen weitere naturwissenschaftliche und technische Disziplinen zum Tragen, die dem Entwurf als Meta-Ebene dienen, wie die Zoologie und die Museumspädagogik. Übergeordnetes Ziel ist es, ein Gebäude gemäß seiner Zweckbestimmung zu konzipieren. Diese Interdisziplinarität ist der Architektur immanent: »Architektur verkörpert eine Pluralität unterschiedlicher Wissensformen und bringt in ihren Werken deren spezifischen Konfigurationen in unterschiedlichen Gestalten zur baulichen Manifestation.«[14] Dies erfolge, so Günter Abel weiter, horizontal und vertikal: »In horizontaler Hinsicht geht es um das Zusammenspiel mehrerer Wissensformen in einer gegebenen Zeit, Kultur, Situation sowie im Lichte unterschiedlicher Problemstellungen (...). In vertikaler Hinsicht geht es zum einen um den Weg vom ersten Entwurf bis zur konkreten Anleitung auf der Baustelle, zum anderen entlang der Geschichte der Architektur um den Weg von den ersten Anfängen des Bauens bis zu den Architekturwerken der Gegenwart.«[15]

Typenbildung durch die architektonische Form

Im Kontext von Günter Abels Überlegungen zu den Wissensformen der Architektur hat Werner Oechslin in seinem *Plädoyer für eine Theorie der Praxis*[16] die Gedanken Karl Friedrich Schinkels über Ordnungsprinzipien in der Baukunst zusammengefasst. Demnach gebe es drei Grundlagen der architektonischen Form: »die Formen der Construction«, die »Formen, welche durch herkömmliche geschichtliche Wirklichkeit erzeugt werden«, und schließlich »Formen, die, an

14 Abel, Günter: Die Wissensformen der Architektur. Plädoyer für eine Vernetzung von Wissensforschung und Architekturtheorie, in: Eckert, Dieter (Hg.): Die Architektur der Theorie. Fünf Positionen zum Bauen und Denken, Berlin 2014, S. 45.

15 Ebenda.

16 Vortrag *Plädoyer für eine Theorie der Praxis* anlässlich der Emeritierung von Fritz Neumeyer am 8. Juni 2012 im Musterraum der Bauakademie Berlin, in: Eckert, Dieter (Hg.): Die Architektur der Theorie. Fünf Positionen zum Bauen und Denken, Berlin 2014, S. 13–29.

sich bedeutsam, ihr Vorbild aus der Natur entlehnen«.[17] Damit liefern Schinkel / Oechslin eine Basis der Typologie-Lehre, die der Form- und damit der Stillehre entspringt. Dieser Ansatz lässt sich zweifelsohne auf alle Bautypen anwenden. Für eine gebäudekundliche Systematisierung der Zooarchitektur können jedoch weitere Parameter angewandt werden, die teils auf das ausgestellte Tier an sich bezogen sind und teils der klassischen Analysemethode folgen.

Typenbildung durch die Spezies

Eine Typologisierung von Zoobauten kann zunächst über die jeweilige Tierart erfolgen, da Gehege nur in wenigen Fällen von verschiedenen Tierarten genutzt werden können. Solche Ausnahmen sind möglich und auch sinnvoll: Beispielsweise können sich Löwen tagsüber in einem Außengehege aufhalten, in dem nachts Wölfe umherstreifen. Die zeitlich getrennte Nutzung derselben Gehege fördert den Instinkt der Tiere, sich wie in der Natur auf andere Arten einstellen zu müssen. Grundsätzlich lassen sich Tierhäuser nach Großbauten für Elefanten, Affen und Großkatzen unterscheiden. Weitere markante Typologien können für Giraffen- und Antilopenhäuser sowie für Eisbär-, Pinguin- und Seesäugetiere (Seehunde / Seelöwen) identifiziert werden. In den vergangenen Jahren sind die traditionellen Tierhäuser jedoch durch Themenwelten ersetzt worden, in denen verschiedene Arten eines Habitats unter einem Dach gehalten werden.

Typenbildung durch Dimensionierung

Zoobauten können des Weiteren ihrer Dimensionierung entsprechend (kleine Bauten, mittlere Bauten, große Bauten) klassifiziert werden. Denn die Bestimmung eines Größentyps erlaubt Rückschlüsse auf die Nutzung beziehungsweise die erforderliche Größe des Territoriums. Am deutlichsten ist dies bei den Bauten für Primaten und Elefanten ablesbar, auch wenn die Unterscheidungen zunächst ungenau gefasst sind.

- Zoobauten, die vom Bedürfnis des Zuschauers ausgehen
- Zoobauten, die vom Bedürfnis des Tieres ausgehen

Absolute Größenmaße wie der umbaute Raum oder die Grundfläche eines Gebäudes steigen bei zeitgenössischen Zoobauten stetig. Dies ist auf neue Erkenntnisse in der Erforschung der Tierterritorien zurückzuführen. Festgestellt werden kann aber auch, dass sich diese

17 Eckert, Dieter: a. a. O., S. 27.

Schinkel / Oechslin thereby offer a typology-teaching basis, derived from form and thereby from the teaching of style. This approach can be easily applied to all building types. However, for systematising building research of zoo architecture, parameters can be used that in part refer to the animal being exhibited and in part that use the classical analysis method.

Building Type Determined by Species

A zoo building typology can initially be based on the animal species. The species and characteristics of the wild animals differ so drastically that only in a few cases can the same enclosures be used for different species. Those exceptions are possible and make sense: for example, lions can occupy an outside enclosure during the day in which wolves roam at night. The shift approach for the same enclosure encourages the animals' instinct to adapt to other species, as they must in the wild. Animal enclosures as large-scale buildings can be fundamentally distinguished for elephants, monkeys, and big cats. Other striking typologies can be identified for giraffe and antelope buildings, as well as those for polar bears, penguins, and sea mammals (seals and sea lions). However, in recent years, the traditional animal buildings have been replaced by theme parks in which different species from one same habitat are kept under one roof. There, expressive architecture combines the zoologists' curated subjects.

Building Type by Scaling

Zoo buildings can furthermore be classified according to scale (small, medium, and large buildings). The determination of building size can lead to conclusions about the use and the necessary scope of the territory. This is very clear in the case of primates and elephants, even if the differences at first are not so precisely defined.

- Zoo buildings that reflect the needs of the visitors
- Zoo buildings that reflect the needs of the animals

The determination of the proportions of a zoo building with reference to a specific animal species underscores that the dependence of scale on the two points cited above is a factor. This means that building types can be classified according to scale.

Das Muséum National d'Histoire Naturelle in Paris, hier die Galerie der Paläontologie und der Vergleichenden Anatomie, gilt als Vorläufer des Zoologischen Gartens. Es wurde 1793 gegründet.
The Muséum National d'Histoire Naturelle in Paris, here the Gallery of Paleontology and Comparative Anatomy, is considered a forerunner of the zoological garden. It was founded in 1793.
Foto: Manuel Mossot

Die Paradijshal im Tierpark Wassenaar wurde 1961 eröffnet. Erstmals lief der Besucher durch das Gehege. Die Länge von über 120 Metern ermöglichte den Vögeln eine freie Flugbahn. Die Halle gilt als Prototyp der heutigen Voliere.
The Paradijshal in the Wassenaar Zoo was opened in 1961. For the first time, the visitor could walk freely through the enclosure. The length of over 120 m provided the birds with a free trajectory. The hall is considered the prototype of today's aviary.
Foto: Mathees Boor

Dimensions- und Voluminasteigerung nicht über alle Räume der Gebäude gleichermaßen erstreckt hat. Während sich die Abmessungen der Pfleger- und Nebenräume wenig oder kaum änderten, sind die Laufställe für die Tiere wesentlich größer geworden. Ein Elefantenhaus kann beispielsweise eindeutig durch seine Dimensionierung einer Baugattung zugesprochen werden; ebenso verhält es sich bei Häusern für Primaten – auch wenn die Größen nach wie vor variabel gehandhabt werden und allenfalls Mindestgrößen gesetzlich festgelegt sind. Neben dem Platzbedarf eines Tieres ist die Sichtbarkeit des Tieres und damit der maximal erforderliche Abstand zum Besucher ein weiterer maßgeblicher Aspekt bei der Festlegung der Dimensionierung des Gebäudes. Im Bühnenbau beispielsweise kann dieser Faktor bestimmt werden, indem die Tiefe des Zuschauerraums ins Verhältnis zur Bühnenöffnung gesetzt wird. Für die Typenbildung in der Zooarchitektur bedeutet das: Je mehr Einblicke in das Gehege möglich sind, etwa in Form von Aussichtsplattformen, Einsichten in unterirdische Höhlen oder Schaufenstern in Wasserbecken, umso komplexer ist das Gebäude ausgelegt. Neben der quantitativen Dimensionierung (Auslaufflächen oder Beckenvolumen) sind beim Entwurf eines Zoogebäudes vor allem auch qualitative Parameter (Rückzugsbereiche und Beobachtungspunkte) hinzuzuziehen, die sowohl dem Tier als auch dem Besucher zugute kommen.

In the course of the investigative period of this research work, the absolute dimensions like the enclosed space or the floor area of a building steadily increased, which means that contemporary zoo buildings display a greater surface area. This can be attributed to new knowledge gained from animal territory research. However it can also be seen that these increases in scale and volume did not extend equally to all the spaces of the buildings. While the dimensions of the custodial and side rooms hardly changed, the size of the animals' pens have substantially increased. For example, the building type of an elephant house can clearly be assigned by its dimensions and the same is true in buildings for primates, even if the sizes continue to vary and if minimum dimensions have been legally established. In addition to the animal's size and need for space, the visibility of the animal and therefore the maximum requisite distance from the visitor is another important design aspect influencing the size of the building. For example, in theatre construction this factor can be determined by setting the depth of the auditorium in relation to the stage. That allows one to establish the number of seating rows. In the case of zoo architecture type that means: the more

Typenbildung durch Grundrissanalyse

Die Typenbildung kann auch durch die Methodik der Grundrissanalyse erfolgen. Von allen Darstellungsformen ist die Grundrisszeichnung die abstrakteste sowie zugleich klarer grafischer Ausdruck von Zweck und Inhalt eines Gebäudes. »Denn die Grundrisszeichnung – der horizontale Schnitt durch einen Gebäudekörper – organisiert und ordnet die Entwurfsidee. Aber nicht jeder Raum lässt sich bei dem Bemühen um die geometrische Form in Scheiben schneiden. Wenn ein Gebäude zu kompliziert wird, kommt auch die Grundrissdarstellung an ihre Grenzen. Zeichnen heißt auch Denken und eine Form überhaupt erst finden. Zeichnen heißt aber auch, die Grammatik der Sprache zu beachten, um im Planungsprozess von den anderen am Bau Beteiligten unmissverständlich verstanden zu werden.« [18]

Für die Typenbildung der Zooarchitektur kann die Grundrissanalyse zunächst über eine farbige Markierung der Funktionsbereiche erfolgen. Bereits die in der Abbildung hier gezeigten Grundrisse offenbaren das Potenzial dieser Analysemethode. Schon bei der Betrachtung der Besucherbereiche (gelb markiert) werden die unterschiedlichen Entwurfsansätze erkennbar. Während das Frankfurter Affenhaus (1) dem Besucher unverstellte Einblicke bietet, gewährt das Erfurter Elefantenhaus (2) dem Tier einen vom Besucher nicht einsehbaren Rückzugsbereich. Das Raubtierhaus in Basel (3) wiederum – wie das Frankfurter Beispiel ein Bau der dritten Generation – ist von weitläufigen Besucherbereichen gekennzeichnet, die größere Flächen in Anspruch nehmen als die Innengehege der Tiere.

(1) (2) (3)

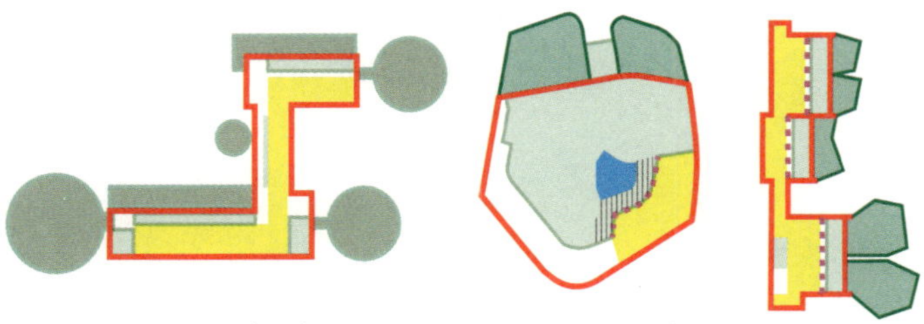

1 Affenhaus Frankfurt (1962)
2 Elefantenhaus Erfurt (2015)
3 Raubtierhaus Basel (1956)

Besucherbereich
Innengehege
Außengehege

18 Grundrissanalyse für Großbauten in Zoologischen Gärten: Die farbige Kennzeichnung von Funktionsbereichen erleichtert eine bautypologische Einordnung.
Meuser, Natascha: Zeichenlehre für Architekten. Handbuch und Planungshilfe, Berlin 2014, S. 123.

views into the enclosure, for example in the form of observation towers, views into subterranean spaces, or windows in water tanks, the more complex the building's layout must be. For the design of a zoo building, in addition to the quantitative scaling (for exercise areas or tank volumes) the qualitative parameters –like animals' retreat areas and observation points – are especially important to consider, for the benefit of the animals as well as the visitors.

Building Type According to Floor Plan Analysis

Building type can also be derived from the method of floor plan analysis. Of all the representation forms of floor plan analysis, this is the most abstract but at the same time provides a clear expression of the building's purpose and content, and which animal it might be housing. "The floor plan drawing, the horizontal section of a building structure, organises and orders the design idea. But not every space can be cut into slices by considering the geometric form. If the building is too complicated, the floor plan representation goes up against its limits. Drawing also means thinking about a form to begin with, but drawing also means observing the grammar of the language, in order to be clearly understood by the other parties involved in the planning process." [18]

For establishing a zoo architecture building type, the floor plan analysis can initially use colour coding. The depiction of the floor plans shown here reveals the potential of this method of analysis. The different design approaches are already clear to see by looking at the visitors' areas (in yellow). While the Frankfurt Primate House (1) offers the visitor genuine views, the Erfurt Elephant House (2) provides the animal with an area of retreat, invisible to the visitor. The Big Cats House in Basel (3), like the Frankfurt example – another building of the third generation – is characterised by spacious visitor areas that command more space than the animal enclosures inside the building.

»Die architektonische Symbolik verbindet das Gebäude mit seinem Inhalt. Im Zoo ist es naheliegend, dass sich diese Bildsprache auf das Tier und seine natürliche Umgebung bezieht.«

“The architectural symbolism connects the building with its content. In the zoo, it is obvious that this visual language relates to the animal and its natural environment.”

Natascha Meuser

Bautypologien und Bildwirkung

Gefängnis Theater Museum Natur Ereignis Symbol

Piktogramme der Bautypologien und Bildwirkungen, mit denen Zoobauten kategorisiert werden können.
Pictograms of building typologies and visual elements, with which zoo buildings can be categorised.
Icons: Mike Hermans

Die auf den folgenden Seiten beschriebenen Bautypologien (Gefängnis, Theater und Museum) und Wirkabsichten (Inszenierung von Natur, Ereignis und Symbol) sollen das Bindeglied sein zwischen der architektonischen Analyse vorhandener Altbauten und der Konzeption typengerechter Neubauten. Diese Methodik basiert auf Aldo Rossis These, dass ein Entwurf zunächst eine typologische Entscheidung voraussetzt. Sinngemäß formuliert hat der Theoretiker diesen Gedanken in einem Aufsatz im Jahr 1977, in dem er über seinen Wohnungsbau im Mailänder Gallaratese-Viertel schreibt: »Das wesentliche Merkmal dieses Gebäudes liegt in der typologischen Entscheidung, die hier getroffen wurde.«[18] Entwerfen setzt also beim Architekten die Entscheidung voraus, welche bautypologischen Ansätze verfolgt werden sollen. Das erfolgt meist intuitiv oder unbewusst. Soll der Entwurfsprozess von einer seltenen Bauaufgabe wie dem Bauen für Tiere jedoch gelenkt werden, muss zwischen Architekt und Bauherr ein Konsens hinsichtlich der architektonischen Projektziele bestehen. Freilich wird für die gewählte Analysemethode kein Anspruch auf Vollständigkeit erhoben. Vielmehr sollen sie zu Objekten der Debatte werden, um die Typologie der Zooarchitektur auf ein breiteres wissenschaftliches Fundament zu stellen. Denn erst durch eine intensive fachliche Diskussion kann eine Typologie reifen und sich in der Architekturgeschichte als eigenständige Baugattung emanzipieren.

18 Rossi, Aldo: Voraussetzungen meiner Arbeit, in: werk. archithese, Heft 3 / 1977, S. 38.

Building Typologies and Visual Impact

The building typologies (prison, theatre and museum) and intended effects (staging of nature, event and symbol) described on the following pages are intended to be the link between the architectural analysis of existing old buildings and the conception of new buildings in keeping with their type. This methodology is based on Aldo Rossi's thesis that a design first requires a typological decision. The theorist formulated this idea in an essay in 1977, in which he wrote about his residential building in Milan's Gallaratese district: "The essential characteristic of this building lies in the typological decision that was made here." Designing therefore requires the architect to decide which building typological approaches should be pursued. This is usually done intuitively or unconsciously. However, if the design process is to be guided by a rare building task such as building for animals, there must be a consensus between the architect and client regarding the architectural project objectives. Of course, the chosen method of analysis does not claim to be exhaustive. Rather, they are intended to become objects of debate in order to place the typology of zoo architecture on a broader scientific foundation. After all, it is only through intensive expert discussion that a typology can mature and emancipate itself as an independent architectural genre in the history of architecture.

Ästhetik des Zwangs
Zoobauten als Gefängnisbauten

The Aesthetics of Constraint
Zoo Buildings as Prisons
Without a doubt, zoo building typology originated from prison architecture. The demands created by locking away and spatial separation have hardly changed today. In the case of prison construction, the separation of the individual for reasons of discipline are paramount.[20] Of course, in the case of a zoo building, even if the point is not to discipline or tame the wild animals, the structural demands – especially for spatial separation – are comparable. Barriers can be utilised in zoo architecture as a design element, including natural barriers, such as pits, trenches, or bodies of water, semi-natural barriers like fences, gratings, or wire mesh, as well as man-made barriers like glass windows or electric fences. For animal enclosures, there is also a possibility for a psychological or dressed-up barrier. While in traditional prison architecture the spatial impediment is considered a design task, in zoo architecture, as with stage construction, the blurring of borders, between spectator and actor or in the case of the zoo, between visitor and animal, can be staged. This design approach also reflects the human being-animal relationship: the animal is placed in a stage-like setting, whereas in the prison-like building, it is simply displayed. An unobstructed view is typical for prison construction, which permits an optical control for all areas.

Die Typologie der Zoobauten hat zweifelsohne ihre Urprünge in der Gefängnisarchitektur. Die Anforderungen an ein Wegsperren beziehungsweise an eine räumliche Absonderung haben sich bis heute kaum verändert. Beim Gefängnisbau steht die Separierung des Einzelnen aus disziplinarischen Gründen im Vordergrund.[19] Wenngleich es bei einem Zoogebäude freilich nicht um eine Disziplinierung oder Zähmung des Wildtieres geht, so sind die baulichen Anforderungen – insbesondere an eine räumliche Abtrennung – vergleichbar. Absperrungen können in der Zooarchitektur als ein Gestaltungselement eingesetzt werden: in Form von natürlichen Absperrungen wie Gruben, Gräben oder Wasserflächen, seminatürlichen Absperrungen wie Zäunen, Gittern oder Drahtgeflechten sowie unnatürlichen Absperrungen wie Glasfenstern oder Elektrodrähten. Hinzu kommt bei Tiergehegen die Möglichkeit einer psychologischen oder dressierten Absperrung. Während in der traditionellen Gefängnisarchitektur das räumliche Hindernis als Gestaltungsaufgabe verstanden wird, kann in der Zooarchitektur wie beim Bühnenbau die Verschleierung der Grenze (Zuschauer / Schauspieler beziehungsweise Zuschauer / Tier) inszeniert werden. Dieser Entwurfsansatz spiegelt auch das Mensch-Tier-Verhältnis wider: So wird das Tier in einem bühnenartig gestalteten Gehege inszeniert, wohingegen es im Gefängnisbau lediglich gezeigt

19 Vgl. Winkelmann, Arne / Förster, Yorck: Gewahrsam. Räume der Überwachung, Heidelberg 2007, S. 59.

Käfighaltung im Zoo von Charkiw: Inszenierung des Tieres in einsehbarem Gehege mit Wärterschleuse im Hintergrund.
Cage-rearing in the Kharkiv Zoo: staging animals in the visible enclosure with a security portal at the back.
Foto: Filip Merdanow

Käfighaltung im Zoo von Kairo: Effizienz der Kontrolle durch Separierung des Einzeltieres mit Wärtergang zwischen Zuschauer und Tier.
Cages in the Cairo Zoo: control efficiency through separation of the individual animal with a security space between spectator and animal.
Foto: Faruk Mohamad

wird. Typisch für den Gefängnisbau ist die unverstellte Einsehbarkeit, die eine optische Kontrolle aller Bereiche zulässt. Auch wenn für unterschiedliche Tiergattungen unterschiedliche Raumgrenzen zur Anwendung kommen, handelt es sich doch immer um eine Ästhetisierung von Absperrung. Das schwere Elefantentor wird ebenso zum Gestaltungselement wie der Wassergraben in der Affenanlage oder das Stahlnetz im Leopardengehege.
Mit dem künstlichen Territorium wird für das Individuum ein Referenzrahmen für Freiheit gesetzt. In der Freiheit bestimmt diesen Rahmen das Tier selbst. Im Zoo legt der Mensch diesen Rahmen fest. Bei der Gestaltung eines Geheges ist also zwischen Sicherheitsaspekten des Menschen einerseits und einem Territorialanspruch des Tieres andererseits abzuwägen. Heini Hediger hat diesen Anspruch bereits 1948 formuliert: »Statt Zwinger gilt es Territorien zu bauen, natürliche Wohnräume. Das wird nicht durch einfaches Kopieren der Natur erreicht, sondern durch schöpferische Transposition der Verhätlnisse unter sorgfältiger Berücksichtigung der Gefangenschaftsbedingungen.«[20] Was Hediger damit ebenfalls gefordert hat, ist heute längst eine Entwurfsgrundlage: Denn zeitgenössische Zoobauten versuchen die Grenze zwischen Mensch und Tier verschwinden zu lassen und ermöglichen dem Tier ein respektvolles Dasein in der Gefangenschaft.

Even when different spatial enclosures are set up for different animal species, the object is always an aestheticisation of boundaries. The heavy gate to the elephant house is just as much a design element as the water moat in the primate facility or the steel mesh in the leopard enclosure.
The artificial territory is used to create a framework for the individual's freedom. The animals themselves determine this framework in the wild. The human being establishes this framework in the zoo. That means weighing human safety aspects against the territorial claim of the animals in the design of the enclosure. Heini Hediger formulated this requirement in 1948: "Instead of kennels, the goal is to build territories, natural living spaces. These are not simply copied from nature. They are built by creatively transposing the relationships with a careful consideration of the conditions of captivity."[21] What Hediger called for at the time has long since become a basis for design: contemporary zoo buildings attempt to eliminate the boundary between man and animal and grant the animal a respectable captive existence.

20 Hediger, Heini: Der Zoologische Garten als Asyl und Forschungsstätte, Basel 1948, S. 24.

Ästhetik der Perspektive
Zoobauten als Theaterbauten

The Aesthetics of Perspective
Zoo Buildings as Theatres
The development of the zoo architecture building type displays parallels to that of theatre construction. The common ground is the relationship between the spectator area and the stage. Just as the theatre has undergone a metamorphosis from a peep-box, or proscenium stage, to a total theatre, a similar transformation of zoo buildings occurred, from a cage in a room with limited visual contact, to an immersion space, where the distance between spectator and animal has been dissolved. In analogy to a theatre with actors, stage set, and spectators, the goal in the zoo is to simulate a representative scenery with artificial elements. In contrast to a stage setting, natural and nature-imitating elements comprise the scenery in zoo buildings. This aestheticisation of the perspective is a significant component of stage setting, regardless of whether the actors are wild animals or human beings. Like the stage, the enclosure is optically and physically limited. Of course, as a rule, what takes place on stage has been rehearsed and is identical for every performance. In a zoo enclosure, architectural or landscape elements must be deployed in order to influence the instinctive movement of animals, which they themselves determine. This is where the design plays a very special role, because the architect must assimilate the natural behaviour and

Die bautypologische Entwicklung der Zooarchitektur weist auch Parallelen zur Genese des Theaterbaus aus. Im Zentrum der Betrachtung steht das Verhältnis von Zuschauerraum und Bühnenraum. Wie das Theater eine Metamorphose vom Guckkastentheater zum Totaltheater vollzogen hat, kann eine vergleichbare Wandlung der Zoobauten nachgezeichnet werden: vom Käfigraum mit eingeschränktem Blickbezug zu einem Immersionsraum, in dem die Distanz zwischen Zuschauer und Tier aufgelöst scheint. Analog einer Theater-Inszenierung mit Schauspielern, Bühnenbild und Zuschauern gilt es im Zoo, die darzustellende Szenerie mit künstlichen Elementen zu simulieren. Im Gegensatz zur Theaterkulisse bilden bei Zoobauten natürliche und naturimitierende Elemente das Szenenbild. Diese Ästhetisierung der Perspektive ist ein wesentliches Element der Bühneninszenierung, unabhängig davon, ob kostümierte Schauspieler auftreten oder wilde Tiere. Das Gehege ist wie der Bühnenraum optisch und physisch eingegrenzt. Die Aktionen im Bühnenraum sind jedoch beim Theaterstück in der Regel einstudiert und laufen bei jeder Aufführung identisch ab. In einem Zoogehege müssen architektonische oder landschaftsarchitektonische Hilfsmittel eingesetzt werden, um die selbstbestimmten und instinktiven Bewegungen des Tieres zu leiten. Dem Entwurf kommt hierbei eine besondere Rolle zu, da sich der Architekt das natürliche Verhalten und das Bewegungsprofil einer Spezies für die räumliche Inszenierung aneignen muss. So ist es zum Beispiel nur folgerichtig, dass Baumtiere in einem abgesenkten Gehege leben und sich die Baumwipfel in Augenhöhe des Zuschauers befinden.

Zoo in Antwerpen: Nashornanlage vor Hinterhofkulisse.
Antwerp Zoo: rhinoceros outdoor space set within a backyard.
Foto: Pauwels / Vlaamse Gemeenschap

Zoo in London: Pinguin-Pool als architektonisches Statement der Moderne.
London Zoo: the Penguin Pool, an architectural statement of the modern age.
Foto: Natascha Meuser

Oder dass etwa bei Bauten für Großkatzen Heizschleifen in den Außengehegen die Chance vergrößern, das Tier publikumswirksam an einen bestimmten Ort zu binden. Inszenierungen in Dickhäuterhäusern sind beispielsweise Wasserbecken mit großflächigen Glasscheiben; diese ermöglichen Perspektiven, die in freier Natur kaum erlebbar sind. Die Adaption von Elementen des Theaterbaus in der Zooarchitektur hängt zudem mit dem ab den Sechzigerjahren zunehmenden Umweltbewusstsein und dem Aufkommen der Verhaltensbiologie zusammen. Der Architekturtheoretiker Jochen Meyer hat vor einigen Jahren für den Theaterbau festgehalten: »Theaterbauten als Medium zwischen Kunst und Wissenschaft machen den Anspruch geltend, dass beide Disziplinen im Idealfall zu einer Einheit zusammengeführt werden.«[21] Davon könnte für die Zooarchitektur abgeleitet werden: Zoobauten als Medium zwischen Zoologie und Wissenschaft machen den Anspruch geltend, dass beide Disziplinen im Idealfall zu einer Einheit zusammengeführt werden. Theater- und Zoobauten verbindet neben dem Bühnen- und Zuschauerraum auch das Proszenium. Dieser vorderste Bereich der Bühne schafft im Zoo räumliche Distanz, während er im heutigen Theater eine brandschutztechnische Funktion übernimmt. In beiden Fällen dient das Proszenium sicherheitsrelevanten Aspekten.

21 Meyer, Jochen: Theaterbautheorien zwischen Kunst und Wissenschaft, Zürich / Berlin 1998, S. 361.

movement profile of a species, in order to create a spatial setting. That means for example that arboreal animals live in a sunken enclosure with the treetops at the eye level of the visitors. Or that by raising the temperature in the outside enclosures in buildings for big cats, the animals will become accustomed to interacting with the public at a specific location. A typical setting for the elephant houses would be a pool with large-surface window panes providing perspectives that are hardly available in nature. Incorporating theatre structural elements into zoo architecture references an increasing environmental consciousness that goes back to the 1960s and the rise of behavioural biology. In the case of theatre construction, the architecture theoretician Jochen Meyer determined several years ago that: "Theatre buildings, as a bridge between art and science, make the claim that ideally both disciplines can be unified."[22] By extension, the same can be said for zoo architecture: zoo buildings, as a bridge between zoology and science, make the claim that ideally both disciplines can be unified. In addition to the stage and audience space, what theatre and zoo buildings have in common is the proscenium. In the case of the zoo, this proscenium area creates spatial distance, which in contemporary theatres fulfils a fire protection requirement. In both cases, the proscenium performs a safety relevant function.

Ästhetik der Erkenntnis
Zoobauten als Museumsbauten

Der Zoologische Garten, wie wir ihn heute kennen, hat sich als Institution aus dem Naturkundemuseum heraus entwickelt. Bautypologisch machte er zunächst einen Umweg über die Gefängnis- und Theaterarchitektur, um heute als wichtiger Bestandteil der Wissensvermittlung wieder Elemente des Museumsbaus zu integrieren. Insofern weisen Zoobauten der neueren Zeit wichtige Eigenschaften auf, wie sie auch für Museen typisch sind. Dazu zählen vor allem die Besucherführung (individuelle Bewegung im Raum), die Wissensvermittlung (sinnliche Wahrnehmung des Raums) und die Ausstellungsobjekte (Authentizität des Raums), wobei die Originalität im Kunstmuseum beispielsweise durch die Nähe zum Werk, im Zoo durch die Gegenüberstellung mit dem lebenden Tier gewährleistet ist. In der heutigen westlichen Gesellschaft, in der Bildung und Wissen wesentliche Bestandteile des Wertesystems darstellen und Informationen immer und überall zur Verfügung stehen, gilt es umso mehr durch ein methodisches Filtern der Informationen den Bildungsauftrag zu erfüllen. So kommt dem gestalteten Weg und dem damit verbundenen pädagogischen Ziel eine besondere Qualität zu. Während die Inszenierung im Theater Raum für individuelle Interpretationen lässt, muss die Wissensvermittlung im Museum präzise sein und der Wirklichkeit beziehungsweise dem allgemeinen Konsens des Wissens entsprechen. Das gilt insbesondere für eine Ausstellung von lebenden Tieren, zumal der Besucher in Anbetracht des authentischen Objekts eine Informationserwartung aufbaut. Ein idealer Spannungsbogen kann etwa erzeugt werden, indem der

Aesthetics of Knowledge
Zoo Buildings as Museums

The zoo as we know it today evolved as an institution from the natural history museum. At first, the zoo made a building-typological detour through prison and theatre architecture, emerging today as an important knowledge disseminator, by integrating museum construction elements. To that extent, contemporary zoo buildings display important characteristics that are also typical for museums. Foremost, amongst them are visitor management (movement of the individual in space), knowledge dissemination (sensual perception of the space), and object exhibition (authenticity of the space). In the art museum, originality depends on proximity to the work, while in the zoo, it is the juxtaposition of the living animal and the visitor. In contemporary Western society, in which education and knowledge are significant elements of the value system, and information is available everywhere at all times, it is all the more important to aid the educational mandate with a methodical information filter. The design chosen and the associated pedagogical goal thereby acquire a special quality. While in the theatre the stage setting allows space for individual interpretations, knowledge must be precisely conveyed in the museum, correspond to reality, and the general consensus of knowledge. That pertains especially to an

Die Evolution des Zoos: Ein zukünftiger Hybrid aus lebenden Tieren und Museumspädagogik. Lee Kong Chian Natural History Museum, Singapur.
The evolution of the zoo: a future hybrid of live animals and museum education. Lee Kong Chian Natural History Museum, Singapore.
Fotos: Natascha Meuser

Besucher vor der Begegnung mit dem Tier durch Informationsmedien sinnlich angesprochen und vorbereitet wird. Der Blick kann auf zentrale Aspekte gelenkt werden, getreu dem Motto Goethes: »Man sieht nur, was man weiß.« Heute gilt es als selbstverständlich, dass neben einer hohen Qualität der Zooarchitektur auch neueste Methoden der Wissensvermittlung zur Anwendung kommen, wie sie in Museen zum Standard geworden sind. Die Ästhetik der Erkenntnis ist ein Wert, der sowohl im Museum als auch im Zoo eingelöst werden kann. Das lebende Tier und die ihm zugeordneten Informtionsmedien erlauben dem Besucher, sich ein noch komplexeres Bild von der Spezies selbst, von ihrem Verhalten und ihrer Rolle im Ökosystem zu machen. Der zoologische Gedanke der Arterhaltung entspricht dem musealen Anspruch des Sammelns und Erhaltens – in beiden Fällen verbunden mit einer pädagogischen Absicht. Allerdings ist seit einigen Jahren für das Museum wie für den Zoo eine Entwicklung zu beobachten, die den traditionellen Anspruch der Wissensvermittlung konterkariert. Christian Schittich hat diesen Trend kürzlich treffend charakterisiert: »Die Tendenz geht immer mehr weg vom ehemals erhabenen Bildungstempel hin zur glanzvollen Erlebniswelt, die mit besonderen Effekten um die Gunst eines immer verwöhnteren Publikums buhlt.«[22]

22 Schittich, Christian: Vorwort, in: Ders. (Hg.) / Hoffmann, Hans Wolfgang: Museumsbauten. Handbuch und Planungshilfe, Berlin 2016, S. 9.

exhibition of living animals, to the extent that considering the authenticity of the object, namely the living animal, the visitor has an information expectation. For example, an ideal state of suspense can be created if the visitors are provided with sense-based information before they begin their experience with the animals. Their gaze can be focussed on central points, true to the motto of Goethe: "One only sees what one knows." Today it is taken for granted that in addition to high quality zoo architecture, the latest methods of knowledge transfer are employed, as in museums. The aesthetics of knowledge is a value that is as applicable in the zoo as it is in the museum. The living animals and their backdrop of information enable the visitors to form their own more complex impressions of the species, their behaviour, and their role in the ecosystem. The zoological imperative of species survival corresponds to the museum practice of collecting and preservation, in both cases combined with a pedagogical intent. But for some time now a development can be observed for museums as well as for zoos, which is at odds with the goal of knowledge transfer. Christian Schittich has recently aptly characterised this trend: "The tendency is to depart more and more from the formerly sublime temple of learning to a glamourous adventure world that vies with special effects for the favour of an ever more jaded public."[23]

Inszenierung des Naturerlebnisses

Giraffenfütterung als naturnahe Inszenierung im Paignton Zoo.
Feeding giraffes as a close-to-nature-enactment in the Paignton Zoo.
Foto: Susan Chiang / iStockphoto

Die Inszenierung dient einer Wirkabsicht und bedarf nicht zwingend theaterähnlicher Räume. Im Zoologischen Garten kommt die Inszenierung des Tieres mit natürlich anmutenden Bauteilen aus. Diese Simulation von Natur bedient sich gestalterischer Elemente (etwa Baumstümpfe aus Beton). Beim architektonischen Entwurf und der Inszenierung des Naturlebnisses steht daher die Nachbildung des natürlichen Habitats im Vordergrund. Eine derartige Inszenierung ist aber auch erreicht, wenn etwa in einem Giraffengehege die Besucher auf einen erhöhten Steg oder eine Plattform geführt werden, wodurch eine Begegnung auf Augenhöhe möglich wird. Ist darüber hinaus ein Füttern der Tiere ohne gesonderte Aufsicht zugelassen, wird das Gegenüber von Mensch und Tier noch authentischer. Auf den Punkt gebracht heißt das: Ein Naturerlebnis in der Zooarchitektur kann durch bauliche Konstruktionen (Wegeführung und Nachbau von Naturelementen), organisatorische Maßnahmen (Zulassung von individuellen Fütterungen) oder sogar durch die Tiergattung selbst unterstützt werden – schließlich bietet sich bei einer Giraffe bei letzterem Aspekt deutlich mehr Potenzial für eine authentische Begegnung als bei einer Giftschlange oder einem Krokodil.

Staging the Natural Environment

Staging serves a purpose and does not require a theatre space. The zoo is quite capable of staging the animal within nature-suggestive building elements. This simulation pertains to design elements, like tree trunks made of concrete. That means that in the case of the architectural design and staging of the encounter with nature, the imitation of the natural habitat is in the foreground. That kind of staging can be achieved when for example in a giraffe enclosure the visitors can view the creatures from a raised walkway or a platform that makes an eye-level encounter possible. If feeding the animals without supervision is permitted, contact between human beings and animals can be that much more authentic. To sum up: an experience with nature inside a zoo building can be supported with construction measures (routing systems and replication of natural elements), organizational measures (permission to feed the animals) or even by the particular species of animals. In the case of the particular species, there are more opportunities for authentic interaction with a giraffe than with a poisonous snake or a crocodile.

Inszenierung des
Events

Abendveranstaltung mit Blick auf Orang-Utans im Wiener Zoo.
Evening event with a view of the orangutans in the Vienna Zoo.
Foto: Franz Zwickl / artgraphicphoto

In den vergangenen Jahren haben sich Zoologische Gärten einen festen Platz im Kulturprogramm der Städte erobert. Dies betrifft nicht nur den Zoo als Institution zwischen Bildungseinrichtung und Forschungsstätte. Vielerorts ist der Zoologische Garten inzwischen zu einer Location geworden, die mit anderen außergewöhnlichen Veranstaltungsstätten konkurrieren kann. Dies beginnt mit der Teilnahme der Zooverwaltungen an einer *Langen Nacht der Wissenschaft* und reicht über die Bewerbung als Ort für Firmen- oder Familienveranstaltungen bis hin zum Angebot freiwilliger Arbeitseinsätze als Tierpfleger für die Besucher. Darüber hinaus inszeniert sich die Architektur selbst als Event. Beheimatet etwa das Haus mehr Attraktionen für Besucher (vom Restaurant mit Naturblick bis zum Souvenirladen mit Plüschtieren), rückt das Tier in den Hintergrund. Diesem ungewollten Nebeneffekt begegnen einige Zoos inzwischen mit der Inszenierung des Tieres als Attraktion. Im englischen Whipsnade etwa werden Elefanten in Gruppen über das Gelände geführt – und letztlich ist jede Tierfütterung ein Magnet für Jung und Alt. Die Grenzen zwischen Naturerlebnis und Attraktion verschwimmen – wobei das Event immer vom Menschen kontrolliert bleibt.

Staging the Event

Over the years, zoos have secured a permanent place in urban cultural programmes. This does not simply extend to the zoo as an educational institution and research facility. In many instances the zoological garden has become a location that can compete with other unusual event facilities. This begins with the participation of the zoo administrations in a "Long Night of the Sciences", extending to advertising the location for corporate or family events, to offering voluntary labour stints as animal caretakers for the visitors. The architecture also doubles as an event. To the extent that the facility itself becomes an attraction for visitors (from the restaurant with a view on nature, to the souvenir shop with stuffed animals), the animal recedes to the background. Some zoos have lately begun to counter this effect by staging the animal as a visitor attraction. For example, in the Whipsnade Zoo, elephants are conducted in groups across the grounds, feeding times remaining a popular event for young and old. The boundary between experience of nature and attraction blur, whereby the event is always one run by the human beings.

Inszenierung des Symbols

Indischer Elefant vor Elefantenrelief im Zoo Hannover.
Indian elephant in front of elephant relief in the Hanover Zoo.
Foto: Frank Roesner / dan pearlman

Staging Symbolism

The architectural symbolism unites the building with its content. It is obvious that this imagery refers to the animal and its natural environs within the zoo. But the zoo's symbolism can go further so that built elements from the context of a given species are employed. The interpretive leeway claimed by the architects is especially evident in the Hanover Zoo. Those expecting the usual elephant enclosure will find themselves in an Indian Maharajah palace instead, whose façade is decorated with building-high reliefs of elephant heads. The animal, as well as the architecture of India, have been enlisted for their symbolic power for the north German zoo's architecture. While the zoo buildings from the first half of the nineteenth century were always built in the colonial style as backdrops for the exotic animals living there, thereby extending the architecture parlante tradition, contemporary examples of symbolic zoo buildings reflect the late post-modern period, intended as an architecture of memory and association. The building endeavours to tell a story, and by using signs and decoration, becomes a signifier. The building typologies described in the previous pages (prison, theatre, and museum) and their intended effects (staging of nature, event, and symbolism) represent an important requirement for the design parameters.

Die architektonische Symbolik verbindet das Gebäude mit seinem Inhalt. Im Zoo ist es naheliegend, dass sich diese Bildsprache auf das Tier und seine natürliche Umgebung bezieht. Doch die Symbolik im Zoo geht weiter: Oft kommen auch bauliche Elemente aus dem Verbreitungsgebiet der jeweiligen Spezies zum Einsatz. Die vom Architekten beanspruchte Deutungshoheit ist im Zoo Hannover besonders ausgeprägt. Wer dort ein herkömmliches Elefantengehege sucht, findet sich in einem indischen Maharadscha-Palast wieder, dessen Fassade mit haushohen Reliefs mit Elefantenköpfen geschmückt ist. Hier avanciert sowohl das Tier als auch die Baukunst Indiens zur Symbolkraft norddeutscher Zooarchitektur. Hatten die ersten, in der Mitte des 19. Jahrhunderts errichteten Zoobauten Kolonialstile als Kulisse für die exotischen Tiere aufgegriffen und damit die Tradition der *architecture parlante* fortgesetzt, sind zeitgenössische Beispiele symbolischer Zoobauten eher einer Spätphase der Postmoderne zuzuordnen, die sich unter anderem als eine Architektur der Erinnerung und Assoziation versteht. Das Bauwerk übernimmt die Aufgabe, eine Geschichte zu erzählen, und wird durch die Verwendung von Zeichen und Schmuck zum Bedeutungsträger. Entwerfen setzt also beim Architekten die Entscheidung voraus, welche bautypologischen Ansätze verfolgt werden sollen. Das erfolgt meist intuitiv oder unbewusst. Um den Entwurfsprozess jedoch steuern zu können, muss zwischen Architekt und Bauherr ein Konsens über die architektonischen Ziele des Projekts bestehen.

»In Ausstellungsräumen, die sich der Darstellung und Erforschung der Natur widmen, geht es um weit mehr als eine bloße Abbildung. Hier strebt der Mensch danach, sich selbst als integralen Bestandteil eines größeren Ganzen zu begreifen.«

“Exhibition spaces, dedicated to the presentation and exploration of nature are about far more than mere illustration. It is about people recognising themselves as an integral part of a greater whole.”

Natascha Meuser

Zehn Parameter

Entwurfsparameter für Zoobauten zu formulieren, stellt auf den ersten Blick eine Herausforderung dar. Denn da eine rein bautypologische Untersuchung bislang nicht vorgenommen wurde, kann nicht auf eine anerkannte gebäudekundliche Grundlage zurückgegriffen werden. Wie lassen sich dann allgemeingültige Aspekte für einen Entwurf beschreiben? Aus der Analyse und detaillierten Bewertung von insgesamt mehr als 100 historischen und zeitgenössischen Großbauten in Zoos konnten erstmals Regelmäßigkeiten und Tendenzen abgeleitet werden, die für zukünftige Planungen relevant sein können. Freilich erhebt diese zehnteilige Liste nicht den Anspruch auf Vollständigkeit. Doch bei Beachtung dieser Parameter können Entwurf und Planung eines Zoogebäudes zielführender erfolgen. Der nachfolgende Abschnitt soll als Planungshilfe für die Entwicklung eines Entwurfs dienen. Zugleich kann er als Kommunikationsplattform herangezogen werden, wenn sich alle an Planung und Bau Beteiligte über ein optimales Gebäudekonzept verständigen wollen: Architekten, Fachplaner, Zoologen, Bauherren und Nutzer. Ausdrücklich wird darauf hingewiesen, dass es sich um architektonische und nicht um landschaftsarchitektonische Entwurfsparameter handelt. Damit soll auch zum Ausdruck gebracht werden, dass die Planung eines Zoogebäudes in der Verantwortung eines Architekten liegen sollte, der selbstverständlich von Anfang an einen Landschaftsarchitekten und Fachplaner für die Gebäudetechnik hinzuziehen sollte. Nur wenn es dem Architekten gelingt, von Beginn an mit Fachplanern für die Haustechnik und den Außenraum zusammenzuarbeiten, kann ein Entwurf entstehen, der sowohl den Bedürfnissen des Tieres und seiner Pfleger als auch dem Besucher – und damit dem Zoo insgesamt – gerecht wird.

Ten Parameters

Defining design parameters for zoo buildings is initially challenging because without a prior architectural typological analysis, there is no reference point to establish the architectural basis for such structures. What are the outlines of the generally valid aspects for a design? From the analysis of almost 100 buildings and a detailed evaluation of thirty historical and thirty-two contemporary large-scale buildings in zoological gardens regularities and trends can be discerned, which may be relevant for future designs. Although this ten-part list by no means claims to be complete, by observation of these parameters the design and planning of a zoo building can be carried out. The section that follows is intended to serve as a planning aid for the development of a design. It can also be used as a communication platform if all parties involved in planning and construction want to agree on an optimal building concept including architects, specialist planners, zoologists, building sponsors, and users. It should be stated at the outset that the concern here is architectural and not landscape architectural design parameters. That should also make it clear that the planning of a zoo building should be entrusted to an architect who will of course engage landscape architects and specialist planners. Only if the architect from the beginning creates a collaboration with specialist planners for building technology and the surrounding grounds, can a design emerge that successfully reflects the needs of the animals, their keepers, the visitors, and thereby the zoo.

Archizoo – ironische Illustrationen zur Typologie von tierähnlichen Bauten weltberühmter Architekten.

Archizoo – ironic illustrations of the typology of animal-like buildings by world-famous architects. Courtesy of Federico Babina

1
Erfindung einer neuen Welt
Aus welchen Regionen die Tiere kommen

Vor der ersten Entwurfsskizze gilt es zunächst die Frage nach den späteren Bewohnern des Tierhauses zu beantworten. In den vergangenen Jahren hat sich in Zoologischen Gärten und Tierparks der Trend abgezeichnet, Themenhäuser zu errichten, in denen die Fauna größerer Regionen – etwa der Eiswüsten (Arktis/Antarktis), der Tropen oder der Afrikanischen Savanne – vorgestellt wird. Allgemein lässt sich eine Tendenz »vom Tierhaus zur Themenwelt« erkennen. Diese Steigerung der inhaltlichen Komplexität wirkt sich auf die Architektur ebenso aus wie auf das museale Beiprogramm, das im Gebäude untergebracht werden muss. Für die Dramaturgie und Inszenierung von Gebäude und Fauna bedeutet dies zunächst, dass die »museale Sammlung« von einem Kurator beziehungsweise einem Zoologen zusammengestellt werden muss. Dies lässt sich bei Beispielen aus der jüngeren Vergangenheit gut ablesen. So basieren das Konzept des Breslauer Afrykariums und der Wettbewerbsentwurf für das neue Aquarium im georgischen Batumi auf der Komposition unterschiedlicher Habitate unter einem Dach, die in der Natur geografisch weit voneinander entfernt oder allenfalls einzeln in direkter Nachbarschaft liegen. In Breslau werden die Tierwelten fünf afrikanischer Wasserbiotope in verschiedenen Gebäudeteilen präsentiert. Für das geplante Aquarium in Batumi sind einzelne Baukörper für vier Meeresbiotope in Form von Kieselsteinen vorgesehen. Großmaßstäblicher geht dagegen Bjarke Ingels bei seinem Entwurf für ein ringförmiges Gebäude im dänischen Givskud vor: Dort sollen symbolisch die Kontinente Amerika, Asien und Afrika als eine »gemeinsame Welt« entstehen. Diese umweltpolitische Geste passt auch zum Konzept von Jan de Smets, der auf der südkoreanischen Insel Dochodo ein Konzept für ein »besseres Korea« plant.

Discovering a New World

The Regions the Animals Come From

Beginning with the first design sketches, the question of who the occupants are – who will move into the animal building – must be answered. In the recent past, a trend in zoos has emerged to build theme parks in which the fauna of larger regions, like the ice deserts of the Arctic or Antarctic, tropical regions, or the African savannah are presented. A general trend "from animal house to theme park" can be discerned. This increase in the content complexity exerts an influence on the architecture as well as the museum support programme housed in the building. To begin with, the staging for the dramaturgy of buildings and fauna means that the 'museum collection' must be assembled by a curator and a zoologist. This is a clear conclusion from recent experience. For example, the concept of the Afrykarium in Wrocław and the competition design for the new Aquarium in the Georgian port of Batumi is based on the composition of different habitats under one roof, which in nature are geographically disparate or at best adjacent to each other. The animal regions are presented in five African water habitats, in different sections of the building in Wrocław. Individual building structures for four ocean habitats comprised of pebbles are planned for the Batumi aquarium. In contrast, Bjarke Ingels applies a larger scale in his design for a ring-shaped building in the Danish town of Givskud: he symbolically depicts the continents of America, Asia, and Africa as "one world".

2
Städtebauliche Einbindung
In welchem urbanen Kontext sich der Zoo befindet

Urban Integration
The Particular Urban Context of the Zoo
Two opposing aspects emerge in the urban context: on the one hand, the institution of the zoological garden is dependent on an inner city or a proximate urban location in order to guarantee accessibility for visitors. On the other hand, a densely settled urban location may influence the behaviour of the animals and limit the zoo's expansion possibilities. First of all, there is the suburban location in the vicinity of other significant urban facilities. For instance the Wrocław Zoo is next door to the famous Max Berg Century Hall, opened in 1913 as an exhibition and fair facility, and still in use for large-scale events today. As a consequence, there are enough parking opportunities nearby. Located in the middle of the Tierpark Berlin is the early classical Friedrichsfelde Palace by Johann Arnold Nering (original design dating from 1685) with the gardens dating from 1821 by Peter Joseph Lenné and still an attraction for visitors today. In addition, there is the category of the inner city zoo like those in Cologne, Berlin, and Duisburg. Although they are lacking space for expansion, they are convenient to reach by highway or a main rail and are a welcome local recreation area for visitors fleeing big city stress. In the third category, lack of space is not an issue in the surrounding countryside. For example, the Helsinki facility is located on an island on the coast of the Gulf of Finland. And in Tbilisi a new zoo is planned to be built on an artificial reservoir on the outskirts of the city.

Bei der Betrachtung des städtebaulichen Kontexts ergeben sich zwei gegensätzliche Aspekte: Einerseits ist die Institution des Zoologischen Gartens auf eine innerstädtische oder stadtnahe Lage angewiesen, um eine gute Erreichbarkeit durch die Besucher zu gewährleisten. Andererseits kann eine urbane Lage in dichter Besiedlung sowohl das Verhalten der Tiere beeinflussen als auch die Erweiterungsmöglichkeiten des Zoos beeinträchtigen. Es haben sich bislang drei Kategorien herauskristallisiert, die den städtebaulichen Kontext charakterisieren. Zunächst gibt es die Stadtrandlage in Nachbarschaft zu anderen stadtbedeutenden Einrichtungen beziehungsweise Gebäuden. So befindet sich der Breslauer Zoo in direkter Nähe der berühmten Jahrhunderthalle von Max Berg, die 1913 als Ausstellungs- und Messehalle eröffnet wurde und bis heute für Großevents genutzt wird. Folglich sind in der Umgebung ausreichende Parkmöglichkeiten vorhanden. Mitten im Tierpark Berlin befindet sich das frühklassizistische Schloss Friedrichsfelde von Johann Arnold Nering (1685, ursprünglicher Entwurf) mit der 1821 von Peter Joseph Lenné gestalteten Gartenanlage – bis heute ein bedeutender Besuchermagnet. Des Weiteren gibt es die Kategorie des Innerstädtischen Zoos (Beispiele: Köln, Berlin und Duisburg): Durch Autobahn- oder Fernbahnanschluss verkehrsgünstig gelegen, sind diese Anlagen zwar mit fehlenden Expansionsmöglichkeiten konfrontiert, locken aber als Naherholungsgebiet für gestresste Großstädter viele Besucher an. Mit Platzmangel haben die Beispiele der dritten Kategorie Zoo im Umland nicht zu kämpfen. So handelt es sich bei der Anlage in Helsinki um eine Insel an der Küste des Finnischen Meerbusens. Für die georgische Hauptstadt Tbilisi soll ein neuer Zoo in einem Naherholungsgebiet an einem künstlichen Stausee entstehen.

3
Gebäudeform
Wie sich das Haus architektonisch präsentiert

Vor jedem Entwurf trifft der Architekt eine typologische Entscheidung, die die Gebäudeform maßgeblich beeinflusst. Ziel ist ein stimmiger Entwurf, der Nutzungsanforderungen erfüllt und innerhalb von Budget und Zeitplan umsetzbar ist. Nach dem eingehenden Studium von markanten Zoobauten lassen sich vier Haupt-Gebäudeformen identifizieren: die »dekorierte Kiste« (Robert Venturi), das Naturimitat, die »Konstruktion als Kunstform« (Otto Wagner) und das Bühnenbild. Darüber hinaus gibt es Sonderformen, die sich nicht direkt einer dieser vier Kategorien zuordnen lassen. Zudem nutzen Architekten vereinzelt Elemente von verschiedenen Gebäudeformen, so dass eine Identifikation erschwert wird. Im Großen und Ganzen kann man bei Zoobauten jedoch von diesen vier Haupt-Gebäudeformen sprechen. Die »dekorierte Kiste« ist von ihnen die vielleicht naheliegendste, da sie traditionelle Erwartungen an die Architektur bedient. Dass sie ganz und gar nicht langweilig aussehen muss, beweisen die zahlreichen Beispiele in diesem Buch. Das Naturimitat entspricht der Philosophie, die Natur in Form von ikonischer Architektur abzubilden. Dabei sind durch neue Entwurfs- und Planungswerkzeuge Bauten möglich geworden, die vor dem Einsatz von digitalen Hilfsmitteln noch undenkbar waren. Organisch geformte Häuser, die etwa wie ein Nest oder ein Walfischbauch aussehen, demonstrieren dem Besucher auf populäre Weise den Naturbezug. Etwas subtiler präsentiert sich die »Konstruktion als Kunstform«, bei der das Tragwerk zum Thema des Entwurfs und damit zur Gebäudeform wird. Beim Bühnenbild, der vierten Kategorie, stellt der Entwerfer ein zumeist geografisches Thema (Arktis, Tropen etc.) in den Vordergrund, das architektonisch umgesetzt wird.

Building form
How the Architecture is Presented

Architects, consciously or not, make a typological decision before designing, which greatly influences the building form. They aim for a coherent design meeting user requirements, while adhering to cost and completion schedules. According to in-depth studies of the more striking zoo buildings, four main building forms can be identified: the “decorated box” (Robert Venturi), nature imitation, “construction as art form” (Otto Wagner), and the stage set. There are other special forms that do not fall into either of these categories. In addition, architects will use separate elements of different building forms, making classification difficult. But by and large, these four main building types comprise the zoo buildings. The “decorated box” is perhaps the most familiar building form because it fulfils traditional architectural expectations. Nature imitation reflects the philosophy of depicting nature in the form of iconic architecture. Buildings have emerged with new designs and planning tools that before the application of digital aids were unthinkable. Organically shaped buildings resembling a nest or the belly of a whale are a popular demonstration to the visitor of the connection to nature. In a more subtle fashion the “construction as art form”, presents the support structure as a subject of design and thereby a building form. And for the stage set, the fourth category, the design most often places a geographical subject (the Arctic, the tropics, etc.) in the foreground, which is then realised in the architecture.

4
Erschließung und Wegeführung
Wie Besucher durch das Haus geleitet werden

Paths and Signposting
How Visitors Are Conducted through the Building

The path is the foundation of any design concept in buildings designed to educate, entertain and guide visitors, such as museums, art galleries and zoos. In order to create shorter distances between enclosures and buildings, zoos, frequented by many children, employ diverse pathways featuring attractive walkways, bridges, and paths. Internal access way design is a prominent architectural element in zoo buildings. The spatial characteristics can be typologically differentiated as 'over', 'through', and 'underneath'. In contrast to a museum, where the architecture takes a 'back seat' to the exhibit or at best supports the exhibit with its effect, routes in zoo buildings are very often themselves staged. The animal can't be everywhere and because of the size of the enclosures, the distances between them can hardly be shortened. It therefore stands to reason, that a bridge over water, like the one in the Arnheim Zoo (in the Jungle Hall) becomes an adventure playground. Or when a treetop path like the one in the Zurich Zoo (in the Rain Forest Hall) turns into a 7 metre-long spatial adventure, weaving over the ground, through the green foliage. At ground level, access points are equally impressive. In Hanover Zoo, visitors traverse an Indian palace, while in Vienna, a spiral path winds past penguins and polar bears. Memorable passages through water conduits and burrows engage visitors, merging architecture and zoology, making human behavior a vital part of these man-made animal environments.

Der Weg ist das Ziel – so abgegriffen sich dieser Satz anhört: Für Bauten, bei denen es um Wissensvermittlung, Unterhaltung und Besucherführung geht, gehört diese Losung zur Basis jeder Konzeption. Dies betrifft neben Museumsbauten oder Kunstgalerien auch Zoobauten – mit der Folge, dass in Zoologischen Gärten, wohl auch aufgrund des hohen Anteils an Kindern unter den Besuchern, eine Auswahl an verschiedenen Wegeführungen vorhanden ist. Auf diese Weise lassen sich große Distanzen zwischen zwei Gehegen beziehungsweise zwischen Gebäuden durch attraktive Gänge, Stege und Pfade psychologisch verkürzen. Überhaupt ist die innere Erschließung und deren Gestaltung das architektonisch prägendste Element in einem Tierhaus. Typologisch lassen sich die räumlichen Merkmale »darüber«, »hindurch« und »darunter« unterscheiden. Anders als in einem Museum, in dem sich die Architektur in ihrer »Lautstärke« gegenüber dem Ausstellungsobjekt zurücknimmt oder es bestenfalls in seiner Wirkung unterstützt, sind Wegeführungen in Zoobauten oft selbst inszeniert. Denn das Tier kann nicht permanent präsent sein, und aufgrund der Gehegegrößen lassen sich die Distanzen in einem Zoo kaum verringern. So ist es also nur folgerichtig, wenn ein Wassersteg wie etwa im Zoo Arnheim (Dschungelhalle) zum Abenteuerspielplatz wird oder sich ein Baumkronenweg wie im Zoo Zürich (Regenwaldhalle) als Raumerlebnis sieben Meter über dem Boden durch das Grün windet. Ebenerdig sind die Erschließungen nicht minder spektakulär gestaltet. Im Zoo Hannover werden die Besucher durch einen indischen Palast geführt, in Wien verläuft der Weg spiralförmig an Pinguinen und Eisbären vorbei. Hier verschmelzen Architektur und Zoologie: Der Mensch wird zum Teil der (vom Menschen gestalteten) Tierwelt.

5 Räumliche Absperrungen
Wie sich Zaun, Graben und Schaufenster gestalten lassen

Was früher auf Käfig und Gitterstange reduziert war, ist heute von einem großen Spektrum an räumlichen Absperrungen gekennzeichnet. Das hängt einerseits mit einem veränderten Bewusstsein für die Bedürfnisse des Tieres sowie andererseits mit dem bautechnischen Fortschritt zusammen. Auch wenn der herkömmliche Zaun noch nicht komplett aus dem Zoo verschwunden ist, bietet die heutige Bandbreite an technischen Möglichkeiten doch architektonischen Spielraum. Seit Hagenbecks gitterlosem Gehege, mit dem der Graben als Raumtrenner in die Zooarchitektur eingeführt wurde, ist Geländemodellierung zu einem wichtigen Parameter der Einfriedung geworden. Dazu zählen Gräben, Wasserbecken und künstlich geformte oder im Gelände vorhandene Erhebungen. In diesen Fällen sind lediglich niedrige Hindernisse erforderlich, um vor allem die Besucher davon abzuhalten, zu nahe heranzutreten. Hier werden Zäune oft durch dorniges Buschwerk ersetzt. Ein weiterer Grund für den Abschied von der Gitterstange liegt im technischen Fortschritt der Glasindustrie, der die Produktion geschosshoher Scheiben mit hoher Schlag- und Druckfestigkeit ermöglicht hat. So können Besucher Raubkatzen bis auf wenige Zentimeter Auge in Auge gegenübertreten oder beim Tauchgang die Luftblasen auf einem Eisbärenfell zählen. Ganz ohne schwere Zaunkonstruktionen kommt auch der moderne Zoo nicht aus. Bei schweren Tieren wie Elefanten, Nashörnern und Flusspferden müssen die Stahlpfosten tief im Boden verankert sein, um ihr Gewicht zu tragen. Masse bietet optimalen Schutz. Für kletternde und springende Tiere wie Affen und Großkatzen muss der Zaun an deren Anatomie angepasst sein. Ein Zaun ist immer ein integraler Teil des Entwurfs und kann nicht einfach aus einem Katalog ausgewählt und bestellt werden.

Spatial Barriers How to Shape Fences, Trenches, and Display Windows

The former use of cages and bars in zoos has been replaced today by a broad array of spatial barriers. That is partially due to a changed consciousness of the animals' needs as well as advances in structural engineering. Even if the common fence has not completely vanished from the zoo, the contemporary palette of technical possibilities offers architectural leeway. In addition to trenches, these include pools of water and the use of natural or artificially shaped hills on the grounds. Low impediments like these are needed simply to keep the visitors from getting too close to the animals. Fences are often replaced with thorny bushes. The technical advances of the glass industry, which can now produce impact and pressure resistant storey-high panes of glass, also contributed to the demise of cages with bars. Visitors can look a predatory cat in the eye at a distance of a few centimetres or count the bubbles in the fur of diving polar bears. But even the modern zoo can not do without heavy fence constructions. Simply on account of their weight, the pachyderms (elephants, rhinoceroses, or hippopotamuses) represent such a special problem that steel posts must be anchored to a depth below the earth that is equal to their height above the earth. Sheer mass is the best protection. In the case of climbing or jumping animals (monkeys or big cats), fence dimensions correspond to the animal's anatomy and physical capacities. A fence is always an integral part of the design and cannot simply be ordered from a catalogue.

6
Sicherheitsmanagement
Wie Mensch und Tier gegenseitig geschützt werden

Safety Management How Human Beings and Animals Can Be Mutually Protected

Safety management is without a doubt one of the most complex tasks of a zoo. It starts with the usual building code requirements (fire prevention, for example), extending to special regulations (like occupational safety), to evacuation and escape concepts for the entire facility (such as disaster control). This section will deal with a single aspect of this subject: physical security in facilities for pachyderms. The primary concern is to protect the human being from the animal, but also to protect the animals from themselves and each other. In addition, there is the fact that because of their sheer size and weight, pachyderms can only be moved on their own or with the aid of a crane. In the internal areas of the enclosures that are not open to the public, an important aspect in safety planning must include amongst others, the capability to separate one elephant from the herd. This can be done with locks whose gates can be moved vertically or horizontally. The doors and gates for zoo personnel must be designed in such a way that they cannot be squeezed shut by the animal by mistake. Since these steel installations require optimal anchoring in the ground and walls, they are one of the most significant design elements of the overall plan, for outdoors and indoors. As a rule, the material used is stainless or galvanised steel without sharp edges in order to reduce maintenance and danger caused by injury.

Das Sicherheitsmanagement gehört zweifelsohne zu den komplexesten Aufgaben eines Zoologischen Gartens. Es beginnt bei den herkömmlichen Anforderungen der Bauordnung (u. a. Brandschutz) und reicht über spezielle Verordnungen (u. a. Arbeitsschutz) bis hin zu Evakuierungs- und Entfluchtungskonzepten der Gesamtanlage (u. a. Katastrophenschutz). Hier soll daher an einem Teilaspekt die Besonderheit dieses Themas aufgezeigt werden: materielle Sicherheit in Anlagen für Dickhäuter. Dabei geht es um den Schutz des Menschen vor dem Tier, aber auch um den Schutz des Tieres vor sich selbst und vor Artgenossen. Hinzu kommt, dass Dickhäuter aufgrund von Größe und Gewicht entweder nur durch sich selbst oder aber mithilfe einer Krananlage bewegt werden können. Im nichtöffentlichen Bereich des Innengeheges ist ein wichtiger Aspekt bei der Sicherheitsplanung, dass beispielsweise die Trennung eines Elefanten von der Herde ermöglicht wird. Dies kann durch Schleusenanlagen erfolgen, deren Tore vertikal oder horizontal bewegt werden. Selbst Türen und Tore für Pfleger müssen so dimensioniert sein, dass das Tier sie nicht versehentlich eindrückt. Da diese Stahleinbauten eine optimale Verankerung im Boden und in den Wänden erfordern, gehören sie zu einem wesentlichen Gestaltungselement des Gesamtentwurfs (außen und innen). Als Material kommt in der Regel Edelstahl oder verzinkter Stahl ohne scharfe Kanten zur Anwendung, um den Instandhaltungsaufwand einerseits und die Verletzungsgefahr andererseits niedrig zu halten. Der Schutz gilt den Pflegern und den Tieren. In seltenen Fällen sind zusätzlich Elektrodrähte gespannt, entweder aus bauordnungsrechtlichen Gründen oder aus erzieherischen Gründen, um die Elefanten vor Neugierde oder Ungeschicklichkeit zu schützen.

7
Szenografie und Inszenierung
Wie Tier und Information attraktiv präsentiert werden können

Bei der Inszenierung des Tieres sind Architekt, Landschaftsarchitekt und Zoologe besonders gefordert. Hier müssen die Erwartungen des Besuchers erfüllt werden, das Tier optimal beobachten zu können. Es gilt aber auch das Tier in seinem Tagesablauf nicht zu stören. Aktivzonen und Ruheplätze müssen also für Tier und Mensch optimal in Einklang gebracht werden. Während das Tier im traditionellen Zoogehege (Käfig oder Innengehege) kaum Möglichkeiten hat, vor den Blicken der Besucher zu fliehen, gewährt das Territorium im Außenbereich eine kontrollierte Freiheit und gewisse Selbstbestimmung. Dem Besucher muss jedoch die Option geboten werden, sich selbst auf die Pirsch zu begeben und dem Tier »aufzulauern«. Durch gezielte architektonische Mittel kann dieser Naturgenuss verstärkt werden: durch Blicke von oben, aus ebener Perspektive oder den Blick von unten. Ein Hochstand etwa hat sich bei Giraffenanlagen durchgesetzt. Hier gehört es fast schon zum Standard, den Tieren in die Augen zu schauen und sie – in manchen Zoos erlaubt – mit frischen Blättern und Zweigen füttern zu können. Auch ein Steg über einem Wasserbecken gewährt über eine Öffnung im Boden neue Blicke auf das Tier. Ebenerdig kommen architektonische Inszenierungen dann zur Geltung, wenn der Blick gelenkt (etwa durch ein Schaufenster, wie in der Menschenaffenanlage in Stuttgart) oder durch unerwartete Transparenz der Abstand zwischen Tier und Mensch quasi aufgehoben wird (bodentiefe Vollverglasung, wie in der Serengeti-Anlage des Zoos Whipsnade). Die Inszenierung des Tieres hängt auch von der Inszenierung des Weges ab (vgl. Parameter 4), aber wenn sich etwa am Ende eines Kriechgangs eine gläserne Kuppel inmitten eines Geheges erhebt, werden die Besucher den Anblick eines Erdmännchens sicher nicht allzu schnell vergessen.

Scenography and Staging How Animals and Information Can Be Presented Attractively

The architect, landscape architect, and zoologist are especially called on in presenting the animal. This is where the visitors' expectations – to be able to optimally observe the animal – must be fulfilled. By the same token, the animals must not be disturbed in their daily routine. Active zones and rest areas for human beings and animals must be coordinated with each other. While the animals have hardly any opportunity to escape the gaze of the visitors in a traditional zoo enclosure (cages or indoor enclosures), the outdoor territory provides a modicum of freedom and a certain autonomy. However, the visitor must be given the opportunity to go on the hunt and to 'lie in wait'. Architecture can serve to enhance this enjoyment of nature, from vantage points; from above, a level perspective, or below. The view from above for the giraffe enclosures has become established. Architecturally staged ground level views can be created if the gaze can be diverted with the aid of a display window or when an unexpectedly transparent distance between animals and humans is created, with floor depth full glazing. The presentation of the animal also depends on the layout of the path, for example when at the end of a crawl way, a glass dome rises in the middle of an enclosure, visitors are given a view of a meerkat, which they will not soon forget. The Knies Kinderzoo in Rapperswil succeeded in creating special staging by having the squirrel monkeys crawl through see-through tubes made of chrome steel netting.

8
Signaletik und Didaktik
Wie Informationen ihren Adressaten erreichen

Signage and Didactics
How Information Reaches Intended Recipients
A good control system comes with few or even no signs. In the latter, the architecture must speak very graphically for itself, as in the Hanover Zoo, where 'narrative' buildings take over part of the orientation and information: West African round huts, a Canadian port facility, or an Indian palace are representative of the fauna in the tropical savanna, in the Arctic, and in South Asia. Of course, the forest can not be felled in all zoological gardens. The realisation that signage – the conception and design of guidance and orientation systems – is an independent design task, is increasingly gaining acceptance with zoo administrations. For the designing architect, this means involving a specialist at an early stage. Important in the conception and design is the sequence of departure, guidance, and destination points, which are in the complex development system of a zoological garden. Signage should, if possible, be consistent with the didactic concept and branding (see 10 – Architecture and brand development) of the zoo itself. This offers the opportunity to develop a barrier-free visitor guidance system and a modern didactic method aimed at a public effective overall concept. In a further step, the different information media can be defined editorially and creatively. It is advisable not to forego analogue information, as digital media must be maintained and updated constantly. However, the principle applies to both didactics and signage: less is more!

Ein gutes Leitsystem kommt mit wenigen oder sogar keinen Schildern aus. In letzterem Fall muss die Architektur sehr bildhaft für sich selbst sprechen, wie etwa im Zoo Hannover, wo »erzählende« Gebäude einen Teil der Orientierung und Informationsvermittlung übernehmen: Westafrikanische Rundhütten, eine kanadische Hafenanlage oder ein indischer Palast stehen jeweils stellvertretend für die Fauna in der tropischen Savanne, in der Arktis und in Südasien. Freilich lässt sich nicht in allen Zoologischen Gärten der Schilderwald fällen. Die Erkenntnis, dass die Signaletik, also die Konzeption und Gestaltung von Leit- und Orientierungssystemen, eine eigenständige Entwurfsaufgabe ist, setzt sich zunehmend auch in den Zooverwaltungen durch. Für den entwerfenden Architekten bedeutet dies, frühzeitig einen Fachplaner hinzuzuziehen, sofern er die Signaletik nicht im eigenen Leistungsbild stehen hat. Wichtig bei der Konzeption und Gestaltung ist die Abfolge von Start-, Leit- und Zielpunkten, die sich im komplexen Erschließungssystem eines Zoologischen Gartens mit anderen Wegen kreuzt. Die Signaletik sollte nach Möglichkeit mit dem didaktischen Konzept und dem Branding (siehe Parameter 10) des Zoos in Einklang stehen. Hier bietet sich die Möglichkeit, eine barrierearme Besucherführung und eine moderne Didaktik zu einem öffentlichkeitswirksamen Gesamtkonzept zu entwickeln. In einem weiteren Schritt können die unterschiedlichen Informationsmedien redaktionell und gestalterisch festgelegt werden. Es ist ratsam, auf analog vermittelte Informationen nicht zu verzichten, da digitale Medien permanent gewartet und aktualisiert werden müssen. Sowohl bei der Didaktik als auch bei der Signaletik gilt jedoch der Grundsatz: Weniger ist mehr!

9
Gestaltung
Was sich mit Materialwahl, Farbe und Licht erreichen lässt

Selbst in seiner vertrauten Disziplin hat der Architekt begrenzte Gestaltungsfreiheit, denn beim Entwurf eines Zoogebäudes muss er nicht nur die Bedürfnisse der Besucher, sondern auch mögliche Auswirkungen auf die Tiere berücksichtigen. Das fängt bei Farben an, die auf ein Tier als Bedrohung wirken können, geht über Beleuchtung, die eventuell sein Sehvermögen beeinträchtigt, und endet bei Materialien, die für das Tier ungesund sind. So ist es nur folgerichtig, dass beispielsweise in Elefantenanlagen verschiedene Bodenbeläge ausgeführt werden, um den Tieren mit ihren sensiblen Druckrezeptoren in den Fußsohlen Abwechslung zu bieten. Bei der Betrachtung von neueren Zoobauten offenbaren sich einige Trends: Neben der abbildhaften Imitation der Habitate gibt es immer öfter auch eine räumliche Abfolge mit Überraschungseffekten. So wurde ein Teil der Außenfassade der Elefantenanlage im Kölner Zoo in Betonfertigteilen mit Ornamenten in Elefantenhaut-Optik ausgeführt. In Singapur empfängt ein Raum der River-Safari-Anlage seine Besucher mit einem polierten Fußboden, der der Oberfläche eines Dschungelgewässers nachempfunden ist. Die Architekten der Gorilla-Anlage im London Zoo ließen sich wiederum vom Schmuckschild eines zentralafrikanischen Stammes inspirieren und nutzten es als Pattern für die Holzvertäfelung. Theatralische Räume haben Boltshauser Architekten für das Ozeanium in Basel (kreisrunde Fenster unter einem hell erleuchteten Fischbecken) und Gautschi Storrer Architekten für die Masoala-Halle in Zürich (Terrarien, die wie Wandgemälde wirken) entworfen. Eine besondere Schatztruhe wurde von Drei Architekten für das Aquarium in Batumi vorgeschlagen: Der Rundling spielt mit sich verändernder Beleuchtung bei Tag und Nacht, so dass sich das Gebäude geheimnisvoll am Seeufer präsentiert.

Design What the Selection of Material, Colour, and Light Can Do for Design

Even in their chosen discipline, architects have no claim to design freedom. An architect designs a zoo building not just for humans. What is pleasant for a visitor may be very harmful for an animal. That starts with colours that may be threatening for animals, or lighting that could impair their vision, or materials that stimulate appetite instead of creating harmony. For example in the elephant facility in Zoo Erfurt, eighteen different floor coverings are used in order to give the sensitive pressure receptors in the animals' feet some variation. Some trends can be observed in newer zoo buildings: in addition to descriptive imitation of habitats, there are often spatial sequences with surprise effects. For instance, a section of the outside wall of the elephant facility in the Cologne Zoo was finished with precast concrete parts, with an elephant skin texture and look. In Singapore, a polished floor that depicts the surface of jungle waters greets the visitors in one of the rooms of the River Safari facility. And the architects of the gorilla facility in the London Zoo were inspired by the ornamental shield of a Central African tribe, which they used as a pattern for the wood panelling. Boltshauser Architekten designed theatrical spaces consisting of circular windows beneath an illuminated fish pool for the Ozeanium in Basel while for the Masoala Hall in Zurich, Gautschi Storrer Architekten created terrariums with a painting-like effect on the wall.

10
Architektur und Markenbildung
Wie markante Gebäude Werbung für den Zoo machen

(1) Jugendstil-Tor im Tierpark Hagenbeck (Hamburg) und Elefantentor in Berlin: Briefmarkenblock der Deutschen Bundespost von 1994.
Art Nouveau Gate in the Hagenbeck Zoo (Hamburg) and Elephant Gate in Berlin: stamp block of the German Federal Post (1994).

(2) Architektur auf Kleingedrucktem: Nashornhaus in Budapest, Zoo-Eingangsgebäude in Pjöngjang (Eintrittskarte), Voliere in London und Alfred-Brehm-Haus in Berlin.
Architecture on small print: Rhino House in Budapest, Zoo Entrance Building in Pyongyang Aviary in London, and Alfred Brehm House in Berlin.

(3) Silhouette aus Giraffen und Wolkenkratzern: Logo des Bronx Zoo.
Silhouette of giraffes and skyscrapers: Logo of the Bronx Zoo.

(4) »Wilde Tiere haben sich in Paris niedergelassen.« Preisgekrönte Plakatserie mit Zootieren und Architekturikonen zur Wiedereröffnung des Parc Zoologique de Paris am 12. April 2014.
"Wild animals are moving to Paris" Award-winning poster series with zoo animals and architectural icons for the reopening of the Parc Zoologique de Paris, 2014.
Publicis Conseil / ubi bene

Architecture and Brand Development How Striking Buildings Create Advertising for the Zoo
The list of design parameters for zoo buildings would be incomplete without addressing the architecture as a point of identification. The idea that striking buildings contribute to the image of a zoo may seem far-fetched at first. But a closer look will show that big city zoos successfully use architecture for their public image. Instead of an image of their buildings in their logo, the Bronx Zoo depicts a high-rise silhouette between the legs of two giraffes. And for a series of posters for the reopening in 2014, the Parc Zoologique de Paris used internationally recognised buildings from Paris. Architecture is also used in miniature format for identifying wildlife parks and zoos; for example the official postage stamps that show zoo buildings, of course with animals as poster boys. This practice underscores the value that outside parties attach to the zoo as an institution and its architectural impact. This is no surprise. In a time when almost all zoos feature the same stock of exotic animals, a lion or an elephant does not represent a unique selling point, as might have been the case one hundred years ago. Zoos are differentiated from each other by the programs they offer (events in the zoo), by the upgrading of park facilities (local recreation factor), or simply by the increase in attraction in the form of unusual buildings. As most planning contracts are now awarded through public competitions, the improved quality of buildings and increased public awareness of architecture also impact zoos, ultimately benefiting them.

Die Auflistung von Entwurfsparametern für Zoobauten wäre unvollständig, würde sie nicht auch die Architektur als Identifikationsmerkmal thematisieren. Die Idee, dass markante Gebäude zum Image eines Zoos beitragen, mag auf den ersten Blick überraschend wirken. Bei genauerer Betrachtung wird jedoch deutlich, dass vor allem Zoos in städtischen Gebieten die Architektur geschickt für ihre Außendarstellung einsetzen. So führt der New Yorker Bronx Zoo im Logo zwar nicht die Gebäude seiner Anlage auf, schmückt sich aber mit einer Hochhaus-Silhouette, die zwischen den Beinen eines Giraffenpaars zum Vorschein kommt. Ebenso nutzte der Parc Zoologique de Paris für eine Plakatserie zur Wiedereröffnung 2014 international bekannte Bauten der französischen Hauptstadt. Auch in Miniaturformat dient Architektur zur Identifikation der Tierparks und Zoos. Auf Briefmarken etwa zeigen die staatlichen Ausgabestellen Zoobauten – selbstverständlich in Kombination mit Tieren. Diese Geste verdeutlicht den Wert, den Außenstehende der Institution Zoo und ihrem baukulturellen Beitrag beimessen. Das ist kaum verwunderlich. Denn in einer Zeit, in der nahezu alle Zoologischen Gärten über das gleiche Repertoire exotischer Tiere verfügen, stellt der Besitz eines Löwen oder eines Elefanten kein Alleinstellungsmerkmal mehr dar, wie es noch vor etwa 100 Jahren der Fall war. Eine Differenzierung der Zoos untereinander erfolgt heute durch eine Aufweitung des Beiprogramms (Veranstaltungen im Zoo), durch die Aufwertung der Parkanlagen (Naherholungsfaktor) oder durch Attraktivitätssteigerungen in Form von außergewöhnlichen Bauten. Dass ein Großteil der Planungsaufträge heute über öffentliche Wettbewerbsverfahren vergeben wird, trägt zur höheren Qualität der Architektur und zur wachsenden öffentlichen Wahrnehmung von Baukunst für Tierhäuser bei.

(1)

(2)

(3)

THE BRONX
ZOO

(4)

Checkliste

	Territorium *Territory*		**Arbeitsbereich** *Workspace*	
Raum *Space*	**Platzbedarf** Space requirements	**Gehegegröße** Enclosure size	**Zutritt und Notausgang** Access and emergency exits	**Beobachtung** Observation
	Rückzugsorte Retreats	**Fluchtraum** Refuge areas	**Futteranrichte und -anreichung** Passive/active food distribution	**Isolation und Quarantäne** Isolation and quarantine
Funktion *Function*	**Futterplatz** Feeding ground	**Kratzstellen und Suhlen** Scratching posts and wallows	**Reinigung** Cleaning	**Wartung** Maintenance
	Brutplatz Breeding grounds	**Kotstelle** Faeces post	**Wasser / Strom** Water / electricity	**Sicherheit** Security
Gestaltung *Design*	**Oberflächen-beschaffenheit** Surface quality	**UV-Licht und Schatten** UV light and shade	**Beschilderung / Arbeitsvorschriften** Signage and work regulations	**Orientierung** Orientation
	Vegetation Vegetation	**Wasserflächen** Bodies of water	**Aufenthaltsraum** Recreation room	**Licht und Beleuchtung** Lighting

Die Checkliste versteht sich als mögliche Kommunikationsplattform für Architekten, Zoologen und Bauherren. Sie ist in die Spalten *Territorium*, *Arbeitsbereich*, *Besucherbereich* und *Gebäude* sowie in die Zeilen *Raum*, *Funktion* und *Gestaltung* gegliedert. Für jedes Planungsprojekt muss die Checkliste entsprechend angepasst und im Bedarfsfall ergänzt werden.

This checklist is a possible communication platform for architects, zoologists, and builders. It is composed of four columns: Territory, Workspace, Visitors' Space, and Building as well as three double lines: Space, Function, and Design. For every planning project, the checklist is to be adapted accordingly and supplemented if necessary.

Besucherbereich *Visitors' space*

Einsehbarkeit Clear visibility	**Abgrenzung sichtbar / unsichtbar** Visible / invisible delimitations
Wegeführung Pathways	**Toiletten und Rastplätze** Toilets and rest areas
Altersgerechtigkeit Age adapted	**Barrierefreiheit** Accessibility
Sicherheitshinweise Safety instructions	**Informationsvermittlung** Information transmission
Naturbezug des Geheges Nature within the enclosure	**Signaletik** Signage
Attraktivität des Geheges Enclosure attractiveness	**Animatronik** Animatronics

Gebäude *Building*

Raumprogramm Space programme	**Fassade und Wände** Façades and walls
Decke und Dach Ceilings and roof	**Boden** Floors
Erneuerbare Energien Renewable energies	**Wärme und Kälte** Heating and cooling
Frischluft und Luftzirkulation Fresh air and air circulation	**Regenwasser und Schnee** Rainwater and snow
Bautypologie Building typology	**Denkmalschutz** Preservation order
Materialien und Farbe Materials and colours	**Materialien und Oberflächen** Materials and surfaces

Zoobauten als Ausdruck einer neuen Tierhaltung
Zoo Buildings as an Expression of New Animal Husbandry

——

Verschwimmende Grenzen
Blurring Boundaries

Verwilderte Baukunst
A Home for the Wild

Verräumlichte Habitate
Spatialised Habitats

»Die harmonische Integration von Architektur und Natur gewinnt besondere Bedeutung im Zoo, wo Mensch, Tier und Pflanze interagieren. Dies fördert die Identifikation des Menschen mit der gesamten Ökosphäre und unterstützt seine Lernprozesse.«

"The harmonious integration of architecture and nature is particularly important in zoos, where humans, animals and plants interact. This encourages people to identify with the entire ecosphere and supports their learning processes."

Natascha Meuser

Verschwimmende Grenzen

Die Architektur zoologischer Gärten hat sich im Laufe ihrer Geschichte immer wieder verändert. In den letzten Jahrzehnten wurde dort versucht, die natürlichen Lebensräume der Tiere nachzubilden, und seit ein paar Jahren, sie in Geschichten einzubetten.

Natascha Meuser: Verschwimmende Grenzen, in: DU, Ausgabe 900, Juli/August 2020, S. 80–87

Seit Bestehen der Zoos haben massgeblich Architekten ihre bauliche Gestalt geprägt. Vor 150 Jahren standen Ausstellungsbauten im Kolonialstil für die Sehnsucht nach dem Unbekannten. Hagenbecks Landschaftspanoramen täuschten vor gut hundert Jahren Naturnähe vor, und die hygienischen Bauten der Moderne mit ihrer konsequenten architektonischen Umsetzung tierpsychologischer Erkenntnisse verhalfen den Zoos in der Mitte des 20. Jahrhunderts immerhin zu Zuchterfolgen. Dies alles war ein symbiotisches Konstrukt zwischen Nutzer und Entwerfer im Spiegel der jeweiligen Gesellschaft. Mit der Emanzipation der Zoologie sollte nunmehr auch die Architektur in ihrer gestalterischen Geste eine bewusste Naturnähe verkörpern. Ab den Siebzigerjahren lässt sich die Verlandschaftlichung der Architektur einerseits und die regelrechte Einhausung der Natur andererseits beobachten. Die Architektur verschwand aus den zoologischen Parkanlagen, und mit ihr verschwanden die Architekten. Fortan übernahmen die Zoodirektoren vermehrt das gestalterische Ruder. Mitunter legten sie besonderen Wert darauf, sogar als Entwurfsverfasser genannt zu werden. Der Ostberliner Tierparkdirektor Heinrich Dathe beispielsweise nennt seinen wichtigsten Architekten Heinz Graffunder und dessen Plankollektiv in seinen Memoiren sowie in seinen unzähligen Veröffentlichungen über die von ihm verantworteten Neubauten nur marginal. Dabei plante Heinz Graffunder zwischen 1954 und 1989 immer wieder für Zoos und prägte die internationale Debatte über Zoobauten weit über die DDR hinaus. Für das Konzept des Tierparks Berlin und das Alfred-Brehm-Haus erhielt er 1969 den Nationalpreis erster Klasse, immerhin eine der höchsten Auszeichnungen für Bürger der DDR. Aber die dominierende Einflussnahme von Zoologen bei der Planung und Gestaltung von Tiergehegen – von immer umfangreicheren Planungsparametern über die zunehmenden Konkurrenzkämpfe zwischen den Zoos und ihren Zuchtprogrammen bis bin zur personellen Struktur des Tierparks als Spielball zwischen Kulturpolitik, Naturschutz und Urban-Entertainment-Center – kann nur gemutmasst werden. Zum Verschwinden der Architektur im Zoo hat sich unermüdlich David Hancocks geäussert, ehemaliger Direktor von verschiedenen Zoos in den USA und einer der wenigen Kritiker der Zooarchitektur überhaupt. Dies mag daran liegen, dass Hancocks selbst praktizierender Architekt war und sich in verschiedenen Publikationen mit der angemessenen Behausung für Tiere im Zoo befasst hat. Seine Kritik ist gegen zeitgenössische Bauten gerichtet, die die Natur nachahmen wollen. »Der Hauptunterschied im Vergleich der Tierunterbringungen von vor einem Jahrhundert ist die Hülle der Tiergebäude, die im Wesentlichen künstlich ist und meist eine Verzerrung der natürlichen Welt widerspiegelt. Seit Zoos eine eigentümliche Designsprache entwickelt haben, die ich am besten als ›tarzanesk‹ beschreiben möchte, erinnern mich moderne Zoos oftmals an das B-Movie-Set einer Hollywood-Version Afrikas.«

Vor diesem Hintergrund ist es umso interessanter, die Ursprünge dieser vierten Generation von Zoobauten zu erörtern. Dazu bedarf es eines Rückblicks in die Mitte des vergangenen Jahrhunderts und auf den Schweizer Zoologen Heini Hediger, der in seinen Publikationen darauf hingewiesen hatte, dass Tiere wie Menschen eine klare und differenzierte Raumstrukturierung benötigen. Das Tier, so ist bis heute Stand der Diskussion, muss nicht mehr nur im Gehege überleben können, nach Hediger muss es sich dort vor allem wohlfühlen. Doch welchen architektonischen Ausdruck findet diese neue Raumgestaltung, die den Massstab und die Psychologie des Tieres im Fokus hat? Es sind Tiergehege, die die Natur in der Kulturlandschaft des Zoos nachahmen, ganze Biotope mit Netzkonstruktionen oder pneumatischen Strukturen einhausen, und Bauten, die sich bis zur Unkenntlichkeit eingraben. Nicht mehr der Mensch ist das Mass der Dinge. Die Natur bestimmt die Regeln der vom Menschen zu errichtenden Bauten. Das Tier wird für den Beschauer aus seiner isolierten Schauobjektsituation gelöst und gewissermassen in die Geborgenheit einer Landschaft zurückversetzt. Die Themen Ökologie und Ressourcenschonung sowie der Abschied vom permanenten Wachstum beschäftigten die Gesellschaft der 68er-Generation, deren Forderungen nach politischen Reformen von naturwissenschaftlichen und ökonomischen Paradigmenwechseln begleitet wurden. Es war die Zeit, in der die Industriestaaten die Folgen der Ausbeutung der vorhandenen Ressourcen zu spüren begannen. Im Jahr 1972 beherrschte vor allem eine kritische Studie den intellektuellen Diskurs: *Die Grenzen des Wachstums*. Kaum je hat eine mathematische Formulierung gesellschaftlicher Zusammenhänge ein so grosses Aufsehen erregt wie das Weltmodell des *Club of Rome*, das einen jähen Zusammenbruch der menschlichen Gesellschaft voraussagt, wenn Wirtschafts- und Bevölkerungswachstum weitergehen. Die Rezension des Ökonomen Bruno S. Frey in der *Neuen Zürcher Zeitung* eröffnete eine Generaldebatte über die Zukunft der Menschheit. Diese Studie war eine von mehreren zeitgenössischen Publikationen, die mit beängstigenden Zukunftsentwürfen und grundsätzlichen Fragen zur Verstädterung aufwarteten.

Wie die zeitgleiche Ölkrise leitete die Studie des *Club of Rome* ein Umdenken in den westlichen Staaten ein und führte zu einem gesellschaftlichen Kodex, der heute wie selbstverständlich das Handeln in Politik, Kultur und Wirtschaft begründet. Ihr Einfluss auf die Architektur liess nicht lange auf sich warten.

Der Architekturtheoretiker Ákos Moravánszky beschreibt 2003 die Auswirkungen der Umweltbewegung und des Ökologiebewusstseins auf das Planen und Bauen als Furcht vor zukünftigen Entwicklungen: Die Natur werde zur Projektion von Zivilisationsängsten, von Dissonanzen des modernen Lebens, und zugleich werde von ihr eine heilende Wirkung erwartet. Es kehre sich der Wunsch des Publikums zu Ökologischer Wahrhaftigkeit, zur Fusion von Landschaft und Architektur.

Der Gedanke, Architektur und Natur zu einem funktionierenden Ökosystem zu vereinen, ist eines der Grundprinzipien der Tiefenökologie und greift vor allem dort, wo Mensch, Tier und Pflanze zusammenkommen, also auch im Zoo. Der Mensch soll eben nicht als völlig einzigartig oder von Gott auserwählt betrachtet werden. Er soll lernen, sich mit Bäumen, Tieren und Pflanzen, ja mit der gesamten Ökosphäre zu identifizieren. Man erkennt, um es kurz zu sagen, ein allmähliches Zurücktreten des menschlichen Primats, das heisst der egozentrischen Einstellung des Tierhalters, hinter die Ansprüche des Tieres selbst, ein immer stärkeres Besorgtsein um die Bedürfnisse der uns anvertrauten höheren und niederen Lebewesen. Diese Erkenntnis gelangte in den Sechzigerjahren verstärkt in das Bewusstsein der Menschen auch durch filmische

Naturdokumentationen wie etwa *Frei geboren – Königin der Wildnis*. Basierend auf dem 1960 erschienenen Roman *Born Free* von Joy Adamson, wird hier das Tier als empfindsames Wesen dargestellt. Aufgeräumt wird dagegen mit dem Mythos der Freiheit, denn die Natur ist auch ein Ort des Todes, der Zerstörung und des Schmerzes.

Der Mensch erkannte endlich, dass Anthropozentrismus – die Mensch-Zentriertheit – eine fehlgeleitete Sichtweise ist. Dies führte auch zu einem Umdenken in der Planung neuer Zooanlagen. Die ersten teilweise artifiziellen Landschaften entstanden als riesige architektonische Volumen, die mit ihren begehbaren Hüllen versuchten, die Natur einzuhausen und das Klima zu kontrollieren. Immer häuiger wurden einzelne Tieranlagen zu Themenbereichen zusammengeschlossen, die eine Region oder ein Ökosystem präsentierten. Waren ab dem 19. Jahrhundert Grünanlagen entstanden, in denen die Gehege verteilt wurden, fand fortan eine Integration der Gehege in die Parklandschaft statt. Eines der frühen Beispiele hierfür ist die 1980 von Frei Otto errichtete Voliere für den Münchner Tierpark Hellabrunn. Ein weiterer Vertreter ist das fünf Jahre zuvor entstandene Affentropenhaus im Krefelder Zoo, das im Gegensatz zu Frei Ottos kunstvollen Membranbauten aber äusserlich noch einem grossen Treibhaus ähnelt. Die technischen Voraussetzungen, in sehr grossen Hallen ein ganz bestimmtes Klima zu erzeugen und zu erhalten, und die tiergärtnerischen Möglichkeiten, eine grössere Tiergemeinschaft gesund und stabil halten zu können, führten (...) zur Entstehung fremdländischer Landschaften unter Glas, wie etwa Urwald oder Wüstenhäusern, in denen ein Ausschnitt aus der entsprechenden Fauna in einer ihren Ökosystemen nachempfundenen Umwelt generiert werden konnten. Erste Seilnetzdächer und pneumatische Konstruktionen wurden realisiert. Einmal mehr lassen sich Zusammenhänge zwischen Zoologie und Architektur beschreiben. Denn so, wie der Zoologe das Tier in grösstmöglicher Freiheit beobachten möchte, strebte der Architekt nun danach, seine Bauten leicht und natürlich erscheinen zu lassen. Allerdings entstanden nur wenige gestalterisch gelungene Beispiele. Meist fehlten Geld und Zeit, um experimentelle Konstruktionen zu erproben und sich auf einen langen Gestaltungsprozess einzulassen.

In der architekturtheoretischen Debatte liess sich die Forderung jedoch leicht formulieren. Die Anhänger einer Baukunst, die Natur und Bauen miteinander in Einklang bringen möchte, beriefen sich auf die Moderne der Zwanzigerjahre des 20. Jahrhunderts: Der Wunsch, Natur und Architektur miteinander zu verbinden, lässt sich von den organisch-kristallinen Architekturvisionen von Hermann Finsterlin über die offenen Grundrisse von Ludwig Mies van der Rohe und die schwebenden Architekturen von Arata lsozaki bis hin zu aktuellen Ansätzen von Sou Fujimoto verfolgen. Die öffentliche Kritik liess kein gutes Haar an der neuen Baukunst im Zoo, im Gegenteil: Ernüchterung zeigte sich auf breiter Front. »Enttäuschend unvollständig erscheint der Zoo ohne seine exotisch gestalteten Tierhäuser. Ausgeschnitten aus der profanen Aussenwelt, im dumpfen Halbdunkel des Heulagers, im schneidenden Geruch des Raubtierurins wirken das mampfende Nashorn und der knochenmalmende Löwe seltsam eindringlich, sinnlich näher und zugleich fremder als in der schnöden Realität tagheller Sandplätze und Graben. Unwirkliche Sonderräume, die sie sind, fristen Zootierhäuser, kaum gewürdigt, ihr Dasein auf dem Hinterhof der Kunstgeschichte«, schrieb Richard David Precht 1997 in der *Zeit*.

Aber was folgt aus dem Wunsch, Natur und Architektur miteinander zu verbinden, für den Zoo im Spiegel seiner Bauten? Erneut fand eine Rückbesinnung auf die Landschaftsarchitektur statt, und die Architektur selbst wurde zur Landschaftssimulation. Die Grenzen zwischen baulich überformter Landschaft und landschaftlich artikuliertem Bau lösten sich immer mehr auf. Ähnlich wie bei Hagenbeck siebzig Jahre zuvor wurde der Versuch einer Wiederherstellung und einer Kultivierung von kunstvoll arrangierten Lebensräumen gestartet, auf einen Bruchteil ihrer eigentlichen Grösse reduziert oder im Originalmassstab kopiert. Zunehmend kam der Begriff Tarnung ins Spiel. Die Architektur wurde zur Camouflage. Genau wie im Militärbereich errichtete man getarnte, teilweise unterirdische Bauten oder landschaftlich modellierte

Strukturen, wenn auch in einem anderen Zusammenhang. Diese Entwicklung setzte in den frühen Siebzigerjahren ein; heute wird mit diesen sogenannten immersiven Planungen die Zooarchitektur überformt und unsichtbar gemacht. Der Besucher wiederum wandelte sich vom Betrachter der Szenerie zu einem Statisten innerhalb dieser Inszenierung, er wurde selbst Teil der künstlichen Welt.

Neben der Kenntnis des natürlichen Lebensraums der Tiere war fortan vor allem gefragt, Geschichten zu erzählen. Am deutlichsten zeigte sich die neue Fokussierung auf das Tierwohl in der Gestaltung der Gehege dadurch, dass die Tiere nicht für den Besuchenden gut präsentiert wurden, sondern dass ihnen im Gegenzug auch Versteckmöglichkeiten und Rückzugsgebiete zur Verfügung gestellt wurden. Der Zoobesuch wurde für die Zoogäste zum Suchspiel, der einstige Museumsbesuch mit lebendigen Exponaten hatte sich zur Safari gewandelt – inklusive der Ungewissheit, ob das Tier überhaupt betrachtet werden kann. Um dem Besuchenden das Gefühl zu vermitteln, dass er die Tiere in ihrer natürlichen Umgebung observiert, wurde das Präsentationskonzept von Hagenbeck auf die Spitze getrieben mit sogenannten Immersionsgehegen – Anlagen, die der Besucher selbst durchschreiten muss und in denen Begrenzungen optisch kaum wahrnehmbar sind. Hierfür bot sich besonders die Typologie des Kuppelbaus an, da diese Gebäudeform wie eine künstliche Hemisphäre ein Stück exotischer Welt in den Zoo importiert.

Die neue Denkweise, die nicht mehr von einer baulich sichtbaren Trennung von Tier und Mensch ausging, veränderte auch die Wegeführung in den Tierhäusern. Der Weg berührt nirgends mehr unmittelbar das Tiergehege; Vegetationsgürtel, Wasser- oder Trockengraben liegen trennend dazwischen. Die Tiergehege liegen nicht mehr gleichzeitig auf beiden Seiten entlang des Weges, sondern in rhythmischer Ordnung bald rechts, bald links, im Wechsel mit offener Vegetation. Die Wege führen mehr oder weniger direkt zu bestimmten Standorten, von welchen sich der Einblick in ein einziges Tiergehege öffnet; sie entsprechen aber immer einem flanierenden Spazierengehen. Die vielen nicht festgelegten Einblicke, die jeder Besucher selbst aussuchen oder sich überraschend bieten lassen kann, erhöhen die Aktivität seiner Betrachtung und verhindern, dass er wie in einer Ausstellung oder Sammlung von Gehege zu Gehege geht. Durch den ständigen Wechsel von lockenden Aus- und Einblicken mit Partien, die die Fortsetzung und die Tiere verbergen, erhält der Spaziergang erst Gliederung und Spannung.

Der Trend zum Immersionsgehege, bei dem die Grenzen zwischen der baulich überformten Landschaft und dem landschaftlich artikulierten Bau verschwimmen, dient selbstverständlich zunächst einmal in grossen Teilen dem unbeschwerten Zooerlebnis des Besuchenden, der auf diese Weise nicht den Eindruck hat, gefangene Tiere zu betrachten, selbst wenn dies letztlich immer noch der Fall ist. Seit Hagenbecks Panoramazoo hat sich in dieser Hinsicht also nicht wirklich Grundlegendes geändert. Eher wächst die Zahl der offenen Fragen; etwa ob der Zoo nicht gar eine beliebig wirkende Melange als Ökosystem verkauft oder ob die suggerierte Freiheit des Wildtieres nicht auch lediglich ein Wunschkonstrukt des Menschen ist. Denn der Mensch, so Hediger, klammere sich seit jeher an jene Wunschvorstellung von einem paradiesischen Zustand, in dem die Tiere sich vollkommener Ungebundenheit erfreuen, die Vögel nach Belieben durch den Äther segeln und aus überschäumender Lebenslust singen und jubilieren. Somit wäre also auch die Landschaftsgestaltung in Zoos mit Immersionsgehegen wieder nur ein Abbild menschlicher Projektionen. Andererseits weist bereits Hediger darauf hin, dass der Begriff der Freiheit auf die Tierwelt, und wohl auch auf die Menschenwelt, nicht unhinterfragt anzuwenden ist. Er wundert sich: »Im Grunde genommen ist es erstaunlich, wie lange es gedauert hat, bis das Territorium entdeckt wurde, die Tatsache also, dass das sogenannt frei lebende Wildtier im Naturzustand gar nicht frei lebt, sondern gewissermassen eingesperrt in Gemäldeausschnitte von bestimmter Grösse ist, die eben als Territorium bezeichnet werden.« Für Hediger stellt die Grösse der in der sogenannten Freiheit von den Tieren durchschweiften Reviere in erster Linie eine Reaktion auf Nahrungsknappheit dar, die für Tiere in menschlicher Obhut ausserhalb von Krisenzeiten so nicht gegeben ist. Darüber hinaus hänge die Grösse eines Territoriums vom Nahrungsbedarf (Beutetier) und von der Produktivität des Bodens (Futterpflanze) ab.

Die kontrollierte Freiheit des Tieres in seinem Territorium im Zoo wurde baulich auch möglich, weil neue Materialien und Konstruktionsmethoden die Typologie der Flächentragwerke beflügelten: Kunststoff fand Eingang in die Architektur. Das neue Material führte zu formalen Experimenten mit Schalen und hyperbolischen Paraboloiden.

Heini Hediger hatte schon lange zuvor dafür plädiert, sich den organischeren Formen zuzuwenden und die den biologischen Bedürfnissen des Tieres am meisten entsprechende Form zu berücksichtigen, »weil der Kubus, dieser abstrakte Raumausschnitt, so unbiologisch ist wie die gerade Linie«. Noch blieben die Entwürfe jedoch Prototypen und wurden nur vereinzelt ausgeführt. »Diese Gebäude waren – wie auch viele andere Ideen aus den Siebzigerjahren – ihrer Zeit voraus«, schreibt Matthias Ludwig in seinem Buch *Mobile Architektur – Geschichte und Entwicklung transportabler und modularer Bauten.*

Mit der Befreiung von den traditionellen Regeln der Architektur trat in der Zooarchitektur eine Verzahnung von Innenraum und Aussenraum ein. Das Bauen für Tiere mit seiner naheliegenden Analogie zu organischen und scheinbar von Tieren geschaffenen Gebäudeformen wurde nun von technischen Entwicklungen beim Entwerfen und Konstruieren begleitet. »Die geometrisch charakteristischen Grundrissformen aus additiv aneinandergereihten Spiral- und Kreisteilen sollten als frei modelliertes Raumgebilde assoziativ einem natürlichen Lebensraum Höhle der Tiere nahekommen«, erkennt etwa Stefan Endl-Storek in der Architektur des 1990 im Münchner Tierpark Hellabrunn errichteten Nashorn- und Tapirhauses. In der Tat ähnelt dessen Grundriss der Form einer Muschel. Zudem wurde mit der Besinnung auf die Ökologie der Fokus vermehrt auf Bauten für Kleintiere gerichtet. Eingesetzt hatte diese Entwicklung bereits gegen Ende der Sechzigerjahre. In seinem Essay *How to Exhibit a Bullfrog* legt der Zoologe William G. Conway 1968 dar, dass die gut konzipierte Darstellung von räumlich kleineren Lebensbereichen, beispielsweise von dem eines Ochsenfroschs, biologische und ökologische Zusammenhänge umfassend zu erklären vermag. Diese Tendenz schlug sich bedauerlicherweise bald auch in den einschlägigen Zoozeitschriften nieder. Die Architektur nahm immer weniger Raum in der Öffentlichkeitsarbeit und in den internen Publikationsorganen der Zoologischen Gärten ein. Architekturprojekte wurden kaum mehr mit Plan und Bild dokumentiert und verschwanden so langsam aus der wissenschaftlichen Dokumentation.

Anfang der Neunzigerjahre setzten dann die Umgestaltungen vieler traditioneller zoologischer Einrichtungen zu sogenannten Erlebniszoos ein und markierten damit den Beginn einer neuen Bewegung in der Zooplanung. Thematisierung und Storytelling beherrschen die Erlebniszoos mittlerweile genauso gut wie die klassischen Freizeitparks und Spassbäder. »Die wichtigste Herausforderung beim Bau eines urbanen Zoos ist heute die Schaffung wirkungsvoller Illusionen: wilde Natur, Exotik, ausgedehnter Raum. Im Zoo von Paris mit seiner Fläche von 14,5 Hektar wird ein scheinbar grösserer Raum mithilfe von gartenkünstlerischen und dem Theater entliehenen Mitteln geschaffen: aufeinanderfolgende Bildebenen, Bühnenbild und Hors-champ, Sichtbares und Verstecktes. So entsteht die Landschaftskulisse«, schreibt Jacqueline Osty in ihrem Text *Die Verwandlung des Pariser Zoos.* Um neue Strategien für die Vermarktung der Zoos zu finden, wird seither zunehmend auf Architektur gesetzt, die anhand von bewusst eingesetzten Themen und Wiedererkennungswerten das Erlebnis steigert. Schliesslich ist das Besuchererlebnis die virtuelle Ware, mit der der Zoo handelt. Der Besucher soll in weitgehend klischeehafte Bildwelten eintauchen. Diese sinnlichen Erfahrungen lassen sich leichter in einer gesamtheitlich gestalteten Umgebung generieren. Eine gleichzeitig erfolgende Standardisierung der Anlagen wird in Kauf genommen. Der Zoo avanciert zum Teil des Stadtmarketings und zur Kombination aus populärem Schaubetrieb und Bildungs- und Forschungsstätte.

Auf der anderen Seite entstehen in den Zoos einige ikonenhafte Bauten, die wiederum die Aufmerksamkeit vom Tier abziehen.

Ein Beispiel ist das 3.400 Quadratmeter grosse Elefantenhaus, das Norman Foster 2002 bis 2008 für den Kopenhagener Zoo gebaut hat. Das Tier tritt in Konkurrenz zum Bauwerk, in dem es lebt. Es zeichnet sich für die Tierbauten eine Entwicklung ab, die vergleichbar ist mit jener modernen Museumsarchitektur, bei der diskutiert wird, ob in Gebäuden, die sich selbst als Kunstwerke generieren, überhaupt noch Kunst ausgestellt werden kann, da die Aufmerksamkeit des Betrachters komplett von der Architektur absorbiert wird. Möglicherweise liegt das grössere Problem darin, dass, um Frank O. Gehry zu folgen, es keinen Konsens darüber gibt, was ein Zoo ist und was ein Zoo braucht. Über den Bautypus des Museums hat sich der Kalifornier nach seinem spektakulären Bau des Guggenheim-Museums in Bilbao in einem Interview geäussert. Darin lehnt er die allgemein geforderte Neutralität der Architektur bei Ausstellungsbauten ab. Seine These lässt sich auch auf Zoobauten übertragen: »Jeder Architekt, den ich höre, spricht von der Neutralität der Architektur, und alle bauen Museen, die neutral zu sein versuchen, tatsächlich aber in ihrer Neutralität scheitern, weil sie nicht wissen, wie man sie erreicht. Einige Architekten detaillieren die Wände, Fenster, Oberlichter, Boden und Türen zu Tode. Auf der Suche nach Neutralität in der Architektur folgen sie einem so überwältigenden Detailfetischismus, dass manche, wenn auch nicht alle Kunstwerke von ebendiesen Details überwältigt werden.«

Inwieweit muss sich die Zooarchitektur mit der Frage nach architektonischer Neutralität auseinandersetzen? Oder geht es bei diesem Typus Ausstellungsbau gerade um das Gegenteil von Neutralität? Eine künstliche Ersatzwelt, in der die Frage nach einer angemessenen Architektur nicht im Spannungsfeld von Neutralität und Extravaganz, sondern von realer Natur und künstlicher Natur liegt? Der Zoo als intellektueller Bildungstempel oder als lautes Urban Entertainment-Center? Eine Antwort lässt sich nicht klar formulieren, solange der Diskurs über eine Zooarchitektur des 21. Jahrhunderts nicht auf breiter Ebene geführt wird. Ein Blick in die Vergangenheit mag daher ein Ansatz für neue Impulse sein. Neben Bildung, Erholung und Forschung setzt der Tiergartenbiologe Heini Hediger den Naturschutz als zentralen Pfeiler ins Konstrukt der Zoos. In der Tat wird der Zoo als Ganzes immer mehr als Verweis auf die natürliche Umgebung und die Lebensbedingungen der Zootiere präsentiert. Über Natur- und Artenschutzprojekte wird nicht nur informiert, sondern es werden auch Möglichkeiten zur sofortigen Spende angeboten. Der Zoo stellt sich dar als moderne Arche Noah, in der vom Aussterben bedrohte Spezies überleben können, bis ihr natürlicher Lebensraum wieder an ihre Bedürfnisse angepasst ist. Diese Vorstellung bat bereits Theodor W. Adorno in seiner philosophischen Schrift *Minima Moralia* (1951) seziert. »Die Zoologischen Gärten sind nach dem Muster der Arche Noah angelegt, denn seit sie existieren, wartet die Bürgerklasse auf die Sintflut. Der Nutzen der Tiergärten zur Unterhaltung und Belehrung scheint ein dünner Vorwand. Sie sind Allegorien dessen, dass ein Exemplar oder ein Paar dem Verhängnis trotze, das die Gattung als Gattung ereilt. (...) Dass aber zugleich das Tier im Käfig wirklich mehr leidet als in der Freianlage, dass also Hagenbeck tatsächlich einen Fortschritt der Humanität darstellt, besagt etwas über die Unausweichlichkeit des Gefängnisses. (...) Die Entwicklung der Technik hat damit aufgeräumt und die Exotik abgeschafft. Der auf der Farm gezüchtete Löwe ist so gebändigt wie das längst der Geburtenkontrolle unterworfene Pferd.«

Überträgt man Adornos Gedanken auf heute, hiesse das: Die reich mit Tieren bestückten Zoos in der industriellen und postindustriellen Welt wirken wie Symbole des Verfalls: Mehr als zwei Elefanten, zwei Giraffen, ein Nilpferd sind von Übel. Sprechen wir von aktuellen Tendenzen in der zeitgenössischen Zooarchitektur, fällt der Blick unweigerlich auf neue Masterpläne, die sich bei genauerem Blick als eine Modernisierung bestehender Anlagen entpuppen. Dies trifft auf den Parc Zoologique de Paris (Bernard Tschumi Urbanistes Architectes mit Veronique Descharrieres, wiedereröffnet 2014) ebenso zu wie auf den Masterplan Zootopia Givskud (Bjarke Ingels Group, vorgestellt 2014). In Dänemark wie auch im russischen Sankt Petersburg (TN Plus / Beckmann-N'Thepe / Intarsia, Wettbewerb 2010) entwarfen die Architekten neue Themenwelten,

die dem Trend der Entertainment-Architektur folgen. Diese Profilierung eines Mottos, das bereits im Namen eine eigene Geschichte erzählen oder zumindest eine Erwartungshaltung beim Besucher aufbauen will, lässt sich auch auf der Ebene der Bauten beobachten. Formuliert ein Zoo kein Gesamtmotto, werden immer häufiger bestehende Anlagen umbenannt und mit exotischen Fantasienamen versehen, die dem Unterhaltungswert mehr dienen als dem wissenschaftlichen Anspruch, der Keimzelle des Zoologischen Gartens.
Markenarchitektur beginnt folglich bereits bei der Namensgebung. War früher im Orientierungsplan der Elefant im Elefantenhaus zu finden, muss der Besucher heute schon genauer suchen und findet etwa im Zoo Zürich eine Herde Elefanten in der Kaeng-Krachan-Anlage, deren Namensgebung einem Nationalpark in Thailand, gelegen zwischen der Hauptstadt Bangkok und dem Nachbarland Myanmar, entsprungen ist. Opfert die wissenschaftliche Institution also ihr Selbstverständnis zugunsten von Wirtschaftsprüfern und Marketingstrategen? Das wäre zu bedauern. Andererseits ist und bleibt der Zoo ein Wirtschaftsunternehmen, das – sofern in staatlichem Besitz – nicht unbedingt schwarze Zahlen, wohl aber Besucherzahlen vorzuweisen hat. Der Natur- und Artenschutz ist somit nur zu bewerkstelligen, wenn die Institution des Zoos vor Ort politisch und damit auch finanziell unterstützt werden kann. Um Besucher anzulocken, nehmen sich die Zoologischen Gärten deshalb immer mehr die Freizeitparks amerikanischer Prägung zum Vorbild. In den USA war das 1998 eröffnete Animal Kingdom im Walt Disney World Resort in Orlando, Florida, ein Vorreiter. Wie in Disneyland sind die Parks in Themenwelten unterteilt, in denen dem Besuchenden ein ganzheitliches Erlebnis der Tierwelt vermittelt werden soll, wenngleich mit pädagogischem Anstrich. Der Zoobesuch wird zur Weltreise. »Ging er in den Jardin des Plantes, so versetzte der Anblick einer Palme ihn in ferne Länder«, schreibt schon Flaubert in seiner *Schule der Empfindsamkeit.* Hauptverkaufsargument für die Zoo-Jahreskarte ist dann zuweilen nicht mehr der Tierbestand, sondern der Spielplatz. Zooshops, eine wichtige Einnahmequelle, werden über den Park verteilt, stets thematisch dem Umfeld angepasst. Gleiches gilt für die Gastronomie, die ihr kulinarisches Angebot ebenfalls zunehmend auf die Herkunftsländer der in der Nähe gehaltenen Tiere abstimmt. Das Zoorestaurant, an dem der Besuchende früher den Imbiss für zwischendurch einnahm, wird so zur Erlebnisgastronomie und glänzt insbesondere nach abendlicher Schliessung des Parks als exklusive Location. Als Vorreiter dieser Entwicklung in Europa kann der Erlebnis-Zoo Hannover gelten. In den Neunzigerjahren von der Schliessung bedroht, wurde die Anlage vom damaligen Zoodirektor Klaus-Michael Machens und dem Architekten Kieran Stanley zu einer Erlebniswelt nach amerikanischem Vorbild transformiert. In Hannover, wie auch seit 2015 in Berlin, wo das Büro Dan Pearlman für die beiden Standorte Zoo und Tierpark vergleichbare Ziel- und Entwicklungsplanungen erarbeitet hat, wird die in den Jahrzehnten zuvor in den Zoologischen Gärten angestrebte Natürlichkeit wieder durch Exotismus ersetzt. Bis heute wurden sieben Themenwelten gestaltet, unter anderem ein Dschungelpalast, ein nachempfundener australischer Outback und ein Gorillaberg in der Tradition früher Affenfelsen.
Die Eisbären schwimmen in einem Becken, das an den Hafen einer kanadischen Küstenstadt erinnern soll. Da Eisbären gemeinhin eher selten Hafenbecken aufsuchen, muss dies als suggerierte Natürlichkeit eingeordnet werden, die dem Zoobesucher einen Hauch von Lokalkolorit vermittelt, mit der Wirklichkeit jedoch nichts zu tun hat. Die Tierhaltung ist an modernen Gesichtspunkten orientiert. Das Stichwort hierfür ist *behavioral enrichment*: Es werden Anregungen für die Zootiere geschaffen, damit diese sich nicht langweilen und an Hospitalismus leiden müssen. Doch im Zentrum steht auch hier wieder das Erlebnis des Besuchers. Die Architektur soll ihn einerseits nahe an das Tier führen, das er andererseits nicht als in Gefangenschaft lebend wahrnehmen soll. Dadurch wird sie hochgradig emotionalisiert. Auf die Spitze getrieben wird die Immersionsarchitektur mit Gehegen, die der Besuchende selbst betreten kann, wodurch die letzte Barriere zu den Tieren zu fallen scheint. Zudem soll der Kontext so gestaltet sein,

dass der Zoo nicht nur mit den Eintrittskarten Einnahmen generiert. Heute werden im Zoo Natur und Wildnis so präsentiert wie früher der Exotismus. Die Tiere und ihre Gehege stehen für ein ganzheitliches Bewusstsein und eine weltoffene Haltung. Was aber ist das für eine Natur, die nachgebaut und präsentiert wird? Der Zeitgeist ist auch hier wieder die Grösse, an der sich die Zoologischen Gärten in ihrer Gestaltung und Ausrichtung orientieren. So möchten Eltern ihren Kindern glückliche Tiere in Gehegen zeigen, die nicht als Vorführeinrichtung verstanden sein sollen. Doch werden hier nicht einfach Walt-Disney-Filme nachgespielt, in denen der König der Löwen keinen seiner Untertanen erlegen muss, um satt zu werden? Den meisten Eltern dürfte es schwerfallen, ihre Kinder in Zoologische Gärten mitzunehmen, in denen die Raubtiere ihre Nahrung selbst jagen, bevor sie sie verspeisen. Was in Europa tabuisiert wird, ist jedoch beispielsweise in China eine Besucherattraktion. Die Brutalität der Natur wird in den Zoos der westlichen Kultur lediglich in gesellschaftlich akzeptierten Ausschnitten gezeigt. Das aber ist eine Aufgabe, an der die Zooarchitektur letztlich scheitert. Der natürliche Lebensraum der Spezies wird nur angedeutet. Ihn ganz zu kopieren, muss misslingen.

Wenn aber Tieren ein Recht auf eine verbesserte Haltung zugesprochen wird, was bedeutet das für die Tiere, deren Unterbringung rein logistisch nicht zu bewerkstelligen ist? Andererseits hat bereits Hediger konstatiert, dass auch das in der Natur frei lebende Wildtier an sein Territorium und damit an gewisse natürliche Barrieren gebunden ist. Ohne Heini Hedigers Erkenntnisse zum Territorium des Tieres und zur Architektur im Zoo, die unter anderem auf den Untersuchungen des französischen Zoologen Gustave Loisel basieren, wäre die heutige Debatte über eine angemessene Architektur für Tiere kaum vorstellbar. Was Loisel zu Beginn des 20. Jahrhunderts für die Haltung und die Behausung von exotischen Wildtieren vorgedacht hatte, führte Hediger knapp ein halbes Jahrhundert später in den deutschsprachigen Raum ein und setzte es fort. Die Schriften beider Zoologen haben bis heute kaum etwas von ihrer Grundsätzlichkeit eingebüsst. Ein modernes Zoogebäude, um es in den Worten von Loisel und Hediger zu sagen, ist im Idealfall ein Mehrzweckbau mit einem wissenschaftlichen Anspruch, der in seiner Architektur den neuesten Haltungsbedingungen der Tiere, die in ihm leben sollen, entspricht. Würden wir diese Forderungen auf zukünftige Bauten übertragen, hiesse das, dass der Zoo zu einer wissenschaftlichen Erlebnisstätte entwickelt werden müsste, in der das Entertainment zugunsten des Edutainment zurücktritt, der Tierbestand zu- und die Artenvielfalt abnimmt (also eine Spezialisierung erfolgt) und die Wissensvermittlung mit einem gesteigerten Naturerlebnis einhergeht.

Der Landschaftsarchitekt und Zooplaner Andras Jambor (Büro TN Plus) hat diesen Anspruch an die moderne Zooarchitektur jüngst treffend in Worte gefasst: »Der französische Philosoph Michel Foucault betrachtet Gärten und besonders Zoologische Gärten als perfektes Beispiel einer Heterotopie: Orte, die uns an tausend andere Orte erinnern. In unseren zoologischen Gärten sehen wir arktische und tropische Landschaften in engster Nachbarschaft. Berge und Meere, Wälder und Steppen, alles Fenster zum ›grossen Unbekannten‹. Unsere Zoolandschaften regen die Fantasie an und schicken den Geist auf Reisen. Die meisten Zoologischen Gärten sind geschlossene Räume, vollständig introvertierte Mikrokosmen, die auf gewisse Weise eine Rückkehr zum *hortus conclusus* des Mittelalters darstellen oder gar zum persischen *paradeisos*, dem Beginn der Zeiten. Hinter der anscheinend zeitlosen Oberfläche stecken zeitgenössische Wissenschaft und Technik, die aus dem Zoo einen Botschafter des Biodiversitätsschutzes machen, indem sie das Publikum auf ihre extreme Zerbrechlichkeit und auf den insgesamt angeschlagenen Gesamtzustand unseres Planeten aufmerksam machen.«

»Generell geht es darum, die Strenge und Rationalität traditioneller architektonischer Ansätze aufzubrechen und Raum für organische, natürliche und lebendige Elemente zu schaffen, die eine Verbindung zur ›wilden‹ Natur herstellen können.«

"In general, the aim is to break away from the rigour and rationality of traditional architectural approaches and create space for organic, natural and living elements that can establish a connection with 'wild' nature."

Natascha Meuser

Verwilderte Baukunst
A Home for the Wild

Zoos have always had a tense relationship with the 'real' wild. Critics say that even the most realistic zoos are artificial and inauthentic. Humans control the feeding, care and reproduction of the animals, while natural phenomena such as disease and death usually remain hidden. "A Wilder Kingdom", is a provocative examination of the relationship between zoo and wilderness from different angles.

Natascha Meuser: A Home for the Wild. Architecture in the Zoo, in: Ben A. Minteer / Harry W. Greene (eds): A Wilder Kingdom. Rethinking Nature in Zoos, Wildlife Parks, and Beyond, New York 2023, p. 183–196

The construction tasks specific to zoological gardens and aquariums have long since developed into a distinct branch of architecture carried out by specialists and expert planners. What distinguishes these professionals is their ability to think in an interdisciplinary manner and their recognition of the importance of zoological expertise. Recent examples show that facilities are particularly successful when architects consider the concerns of zoologists, visitors, and animals alike.

At the same time, society's concept of the optimal coexistence of humans and animals has undergone a fundamental change. The realization that animals are not mere objects for display but beings with rights of their own is becoming more established. This change in the assessment of an optimal or at least appropriate coexistence of humans and animals can be read in the historical development of the architecture of the zoo. As Ben Minteer (this volume) writes, the zoological garden has changed from a living trophy collection, to a museum with living exhibits, to a naturalistic adventure park with a moral mission.

In this context, zoo architecture can be understood as the visible examination of the relationship between humans and animals. How to support the mission of species preservation in zoos and a morally justifiable human-animal relationship through building culture is a task by which future generations of zoological gardens will have to be measured—whether it is the numerous novel foundations of new parks, not least of the Asian region, or the sometimes bitterly necessary modernization of existing buildings, in which monument-preservation aspects increasingly must be taken into account.

Architecture is given an additional educational task in that it is supposed to help show in the zoo which ecological connections lead to the functioning of the world as a whole. Beyond a fun experience space, modern zoo architecture, like a modern museum, must encourage reflection and, above all, action: How valuable is nature (including wild nature) to me—and what can I do to conserve it myself? In this way, the zoo acts as an interface between the experience of visiting the zoo, the living animal, and science and its communication. A "wilder zoo," in other words, is inescapably a design discussion, one that must acknowledge a wider ecological and societal context.

Aquariums as a New Stage for Climate Protection

Since the United Nations Framework Convention on Climate Change was adopted in Rio de Janeiro in 1992, the scientific recognition of and demand for intact ecological cycles has grown into a global movement. All over the world, the consequences of climate change have become tangible. As permafrost areas in Siberia begin to thaw in summer and forest fires in the Mediterranean become an annual tragedy, scientists are sounding the alarm ever louder about melting polar ice caps and the resulting rise in sea levels. Some researchers now predict that melting freshwater from Greenland's glaciers could lower the salinity of the Atlantic Ocean. According to hydrologists and climate scientists, if this scenario were to occur, the Gulf Stream could come to a standstill, significantly altering the weather in Europe.[1]

We are ignorant about the oceans, which European culture has always viewed only from the margins. When the conquerors and colonialists conquered the open seas from the fifteenth century onward, they encountered an inhuman world. On the water, the adventurers were at the mercy of nature. Men had more respect for the sea than for the peoples they encountered on the new coasts. It is thus no surprise to note that we have only explored a fraction of the water that surrounds us. It was not until the mid-twentieth century that the first heroes in diving bells ventured into the depths of the oceans—not with submarines hunting for targets but with an engineer's motivation to test the limits of what was technically possible. What deep-sea divers like Jacques-Yves Cousteau and other pioneers found were completely unknown, wild worlds that presented themselves in impressive images as colorful as a meadow of flowers. The sea seemed to become more conquerable with every ever more daring exploration.

Cousteau, who shaped our image of the sea with his more than one hundred movies about underwater worlds, was also one of the first researchers to speak out for its preservation. His Cousteau Society was committed not only to the exploration of the oceans but also to their protection. That was in 1973, inspired by the Club of Rome and its report on the limits to growth. Since then, marine research has always been linked to concerns about increasing pollution. Especially since the use of satellites has also become possible for civil institutions and nongovernmental organizations, almost every corner of Earth has been under constant observation, including the oceans.

What the photos and measurements tell us about the changes in nature caused by human intervention is both revealing and sad. Besides the rising water temperatures, which lead to

1 Lequan Chi, Christopher L. P. Wolfe, and Sultan Hameed, "Has the Gulf Stream Slowed or Shifted in the Altimetry Era?," Geophysical Research Letters 48 (2021), https://doi.org/10.1029/2021GL093113.

the extinction of species because of the resulting decrease in oxygen content, other environmental problems have become visible: overfertilization of the oceans through nitrogen input via groundwater, streams, and rivers during intensive farming; plastic waste that is washed unfiltered into the seas; and fishing nets that are carelessly thrown overboard on the high seas and become deadly traps for marine life. The list of environmental sins caused by humans could go on.

Given the scientific admonitions that are repeatedly formulated around the globe, and also given the clearly visible dependence of the climate on the cleanliness and regenerative capacity of the world's oceans, the topic of water has advanced to become the central issue when it comes to the future viability of our planet. The new interest in the oceans and seas is thanks to the increased environmental awareness and the realization that the emission of greenhouse gases also directly damages the world's oceans.

This is reflected in the information available on the internet and on television—but also in the popularity of maritime educational institutions. Marine museums and aquariums are experiencing a new boom not only in terms of visitor numbers but also in terms of the quantity of buildings. They are increasingly taking on the task of making their visitors aware of the goals of climate protection policy and improving overall public knowledge. It's an example of how a concern about "the wild," in this case, the health and sustainability of the planet's marine systems, has become part of the experiential and educational environment of modern zoological parks.

Since 1990, the number of public display aquariums has tripled. In China alone, the number of aquarium houses has increased from six in 1991 to 225 today, reflecting their popularity with visitors. According to estimates by the World Association of Zoos and Aquariums (WAZA) and members of the International Aquarium Network (IAN/IAC), some 700 million people visited an aquarium in 2018, including 150 to 200 million in China. This number is not surpassed by any other group of conservation-oriented institutions.

New houses are continuously being built, and outdated exhibition concepts are being adapted to new educational goals. It is noticeable that aquariums are rarely advertised with their fish population but mostly with structural superlatives: the largest capacity of a tank, the thickest pane of glass in a tank, or the longest walkthrough glass tunnel. Measured by the frequency of its users, however, construction tasks are still underrepresented in the debate on contemporary architecture, and literature on

Research Center of The Sea of Cortes, Mazatlán, México
Designed by Mexican architect and university lecturer Tatiana Bilbao, this building is perhaps the most recent example of the trend toward the wildness of zoo architecture seen in the Americas. The Marine Research Center is a place where the Pacific coastal landscape meets human civilization. Building-high windowless walls are arranged orthogonally to each other and, according to the architect's idea, are to be overgrown by wild climbing plants. In bird's-eye view, the building parts look like Piet Mondrian's abstract compositions. The aquarium is part of a regeneration plan for the Sea of Cortez, described by the famous oceanographer Jacques Cousteau in his time as "the aquarium of the world." This natural area is one of the most biologically diverse bodies of water on earth.
Courtesy of Tatiana Bilbao ESTUDIO

zoo and aquarium buildings is rare. This makes it all the more important to highlight their peculiar character in order to provide the designing architect and his client—the zoologist—with planning parameters and quality criteria for a sustainable building.

Column-Free Halls and Jointless Panes

The focus in zoos and aquariums is on paying visitors. It is a concern that has understandably been exacerbated by the global pandemic and its devastating impact on visitation, which has put many zoos in dire economic straits. To cite just two examples, the Munich Zoo was closed for 116 days in Corona Year 2020. Instead of 2.72 million people as in 2019, only around 750,000 came. The impact on visitor numbers at the zoo and aquarium in Berlin is similarly drastic. Here, a drop in revenue of around 12.66 million euros was recorded in 2020. For 2021, revenue losses of the same amount were expected. In addition to these challenges, the zoo continues to face an institutional dilemma. On the one hand, it needs to live up to its responsibility and create an awareness of nature, and on the other, it also seeks to create a pleasant setting for visitors that offers childcare, travel substitutes, and event gastronomy at the same time. In this context, the focus primarily on children slows down the zoos' ability to transform. In other words, as long as the zoo lures visitors with playground equipment and attractions and only wants to indirectly reference nature conservation, it will take at least twenty years until these children can implement a new environmental awareness and responsibility in their personal and professional adult lives. What does this mean for efforts to rethink the zoo—as we are doing in this book—as a more ecological and transformative space (even if not really "wild")? For starters, it means a greater emphasis on consciousness-raising about animals and environmental protection and less time on amusement. Theo Pagel, director of the Cologne Zoo, has already said as much. "For us, the motto is 'walk the talk': we have to back up our words with actions. That means zoos should be role models in terms of ecology, right down to their gastronomic offerings. You can't preach environmental awareness and then sell cheaply produced stuffed animals in the zoo store."[2] Zoos increasingly recognize this. That is, they don't want to be just theme parks. In fact, a noticeable process of transformation is currently taking place in large zoos in German-speaking countries. With regard to their structural infrastructure, three points can be summarized:

2 Author interview with Theo Pagel, October 27, 2021.

Yangtze River Estuary Chinese Sturgeon Nature Preserve, Shanghai
New York-based Ennead Architects won the 2019 international competition for the Yangtze River Estuary in Shanghai, a marine museum and aquarium that works to protect the Chinese sturgeon, among other species. The project, led in collaboration with landscape architecture firm Andropogon, is the architectural shell for a far more ambitious project. It is about nothing less than saving endangered species and restoring biodiversity to a habitat affected by pollution and the effects of past construction. Located on an island at the mouth of the Yangtze River and nestled in a 17.5-acre landscape, the 427,000-square-meter nature reserve includes a dual-purpose aquarium and research facility that combines efforts to reintroduce dwindling populations of Chinese sturgeon and Yangtze right whale with public engagement.
Ennead Architects/Thomas Wong. Competition: 2019; completion date: 2022

1. Zoos are trying to identify the best possible design via architectural competitions. The debates are sometimes passionate, and not only among experts. The building task itself benefits most from this, as it also leads to architects beyond the established offices becoming interested in and qualified for this highly specific design task.
2. When it comes to the question of further increasing the zoos' range of uses by adding facilities that attract the public or a playground, the focus today is on animal welfare, not visitor welfare. While the zoo used to be a place for Sunday concerts or adventure playgrounds, today the seriousness of species preservation has moved back to the forefront. This can also be deduced from the numerous architectural competitions, in which the latest findings of species-appropriate husbandry and modern museum education are considered.
3. Architecture itself has gained new importance in zoo marketing. Spectacular indoor buildings such as Gondwanaland in Leipzig or the elephant enclosure in Zurich have led to a new architectural self-image of zoos. In addition, zoo directors have recognized the preservation of valuable building fabric as a location factor alongside the preservation of the animal population.

In order to integrate the new buildings into the existing zoo landscape, zoological gardens have begun to draw up frameworks and strategic plans in which the mostly public investments of up to more than 100 million euros are presented transparently to the municipal parliaments. While Magdeburg's Master Plan 2025 only provides for seven million euros in investments over the next four years, the cost forecast for the Cologne Zoo (Master Plan 2030, 127 million euros) corresponds to the construction of an entire residential quarter. As Pagel puts it: "The zoo still has its justification. Due to advancing urbanization and digitalization, people have a great need to experience nature and animals in reality, analog. But we have to think carefully about which offers make sense. More animals and species or even more spectacular enclosures don't automatically mean better knowledge transfer."[3] Pagel was until recently the president of WAZA. The network of zoological gardens is the only globally active organization of its kind that is religiously and politically independent and brings the concerns of nature conservation and environmental protection to the attention of a broad public. As such, zoological gardens have the opportunity to serve as a role model and platform for the

3 Author interview with Theo Pagel.

Cologne Zoo, Cologne, Germany
Masterplan 2030
The inner-city location does not allow the Cologne Zoo to build large-scale new buildings. Against this background, the handling of existing buildings comes to the fore. This has a long tradition in Cologne. As recently as October 2021, the Südamerikahaus, one of the historic buildings dating from 1899, was renovated and converted. The Cologne Zoo underlines its educational claim with, among other things, the construction of a so-called Green Classroom in the middle of the zoo grounds, as well as the conversion of the former Director's Villa into the multifunctional Villa Bodinus for event gastronomy and functions.
Planning: Zooquarium 2020

rapidly developing ecological movements currently underway. As mentioned, animals today are increasingly viewed as living beings with rights. This new attitude toward the relationship between humans and animals is increasingly reflected in zoo architecture. Upon closer examination, what at first sounds like a niche topic for architects turns out to be a fundamental task for our society. Building for zoo animals becomes an endless loop, in the sense that zoo architecture has always strained to create an environment for the zoo visitor that is as wild as it is for the animals. Darwin, of course, revealed that animals adapt to the environment in which they find themselves. Yet as Nigel Rothfels (this volume) writes, after more than a hundred years of experience with modern zoological gardens, the question now arises: what is actually being built—and for whom?

Architecture, Academicization, and Wildness in the Zoo

In order to do justice to the tasks of zoological gardens, it is important to establish building culture in zoos as an essential activity, in addition to knowledge transfer, entertainment, species preservation, and research. The Institute for Zoo Architecture, founded in 2020 at the Anhalt University of Applied Sciences in Dessau, is dedicated to this goal. The Institute for Zoo Architecture academizes a discipline that has so far only formed itself as such in practice-related projects. In addition, the typologization of buildings in zoological gardens contributes to the academicization of architecture in general. In the field of materials research, too, the subject area represents a broad field of experimentation. Material tests on special buildings, such as those that exist in zoos, enable the construction industry to evaluate them in a more sustainable way.

The Institute for Zoo Architecture is concerned with the interaction of natural habitat, artificial enclosure, and architecture. It is illusory to present animals in care as if they lived in their natural habitat. However, appropriate architecture and landscaping can help provide a comfortable environment for the animal, while presenting the zoo visitor with architecture that supports the professional and social credibility of the zoo.

Anyone walking through a zoological garden or admiring the tanks and display cases in an aquarium today will notice a new trend that started in the United States. The idea is to design the habitats in their greatest possible authenticity and to leave more room for nature and for wildness. As Ben Minteer notes in this volume, modern zoo architecture must not only be an experiential space but must also encourage people to think and, above all, act. The use of common zoological and architectural terminologies could mean that building for animals helps define a location for humans in the context of fauna. After all, the design of a zoo is always indicative of the status of the relationship between humans and animals. But thinking about zoology can also provide a new impetus for the discussion of architecture. For like nature, architecture gets by with just a few basic forms, which creativity can then vary endlessly.

Magdeburg Zoo, Magdeburg, Germany
Framework plan 2025
The zoo management has had an outline plan drawn up that visualizes and coordinates the planned investments for the coming years. The focus is on optimizing animal husbandry according to current scientific findings. The aim is to strengthen the core competencies of species conservation, recreation, education and research, to further improve working conditions, safety and animal welfare, and thus to secure the future viability of the Magdeburg site as an internationally important zoological institution. The measures will be accompanied by renovations to the technical infrastructure and will take place during ongoing operations.
Planning: Meuser Architekten GmbH, 2021

Zoo Zurich, Zurich, Switzerland
Zoo development plan 2050
Since the legendary zoo director Heini Hediger (1908–1992), the Zurich Zoo has probably set the most formative architectural impulses on a European level alongside the London Zoo. Most recently, Markus Schietsch Architekten built the elephant enclosure, a column-free large hall whose structural form resembles a turtle shell. As part of the Masterplan 2050, Zurich Zoo is moving even further away from amusing its guests. The increased communication of research findings underscores the institution's scientific aspirations, making it one of the leading zoos in Europe.
Planning: Zurich Zoo/Severin Dressen 2021

»Die Architektur von Zoogebäuden ist eine eigenständige Baugattung, die immer wieder einem grundlegenden Wandel unterlegen ist. Die Entwicklung dieser Bautypologie spiegelt das jeweilige Verständnis einer Epoche hinsichtlich der Tierhaltung und Zoologie wider.«

"The architecture of zoo buildings represents a unique architectural typology that reflects the prevailing beliefs and practices related to animal care and zoology during a specific period in history."

Natascha Meuser

Verräumlichte Habitate

Bjarke Ingels' Panda House im Kopenhagener Zoo

Die Rezension im Magazin *Garten und Landschaft* würdigt die Strategie des Kopenhagener Zoos, renommierte Architekten für Zoo-Projekte zu gewinnen. Der Masterplan des Zoos bis 2030 verdeutlicht, dass Architekten auch zukünftig eine entscheidende Rolle bei den vorgesehenen Veränderungen spielen werden. Die Betrachtung konzentriert sich auf den innovativen und zukunftsorientierten Ansatz des Zoos in Bezug auf Tierhaltung und Architektur.

Meuser, Natascha: Sehen und gesehen werden, in: Garten und Landschaft, Heft 10/2020, S. 48–51

In einer langen Tradition von ikonischen Zoogebäuden steht das Pandahaus im Kopenhagener Zoo, das ein weiterer prominenter Baustein in der Umsetzung von dessen Masterplan ist. Nachdem Norman Foster 2008 sein Elefantenhaus realisiert hatte, sollte die Messlatte mindestens gehalten werden. Gleich vorab: Bjarke Ingels ist es nicht gelungen, an die Qualität von Norman Fosters Elefantenhaus heranzureichen – obgleich auch dieses Haus umstritten ist, weil es für die Elefanten schlichtweg zu klein ist. Auch beim neuen Pandahaus von BIG – gestalterisch durchaus gelungen – fehlt es jedoch an einem: Raum für Privatheit. Denn der Große Panda (*Ailuropoda melanoleuca*) mag es gern intim.
Es ist ein systemisches Dilemma des Zoos, dass die Besucher die Tiere möglichst nah sehen möchten. So verkündete zwar während der Corona-Krise der Ocean Park in Hongkong erfreut, dass ein dortiges Pandabärenpaar sich nach zehn Jahren gespannten Wartens endlich auf natürlichem Wege gepaart habe. Doch was wie eine Erfolgsgeschichte klingt, zeigt nur, dass die reguläre Haltung kritikwürdig zu sein scheint. Zurückgeführt wurde nämlich die plötzliche Intimität der Pandas auf die Parkschließung im Zuge der Epidemie.
Die gesellschaftliche Wertvorstellung vom optimalen Zusammenleben von Mensch und Tier hat sich grundlegend gewandelt, seitdem 1793 in Paris der erste wissenschaftlich geführte Zoologische Garten erbaut wurde. Die Erkenntnis, dass Tiere Wesen mit Rechten sind, nicht reine Schauobjekte, hat sich mittlerweile etabliert. Dieser Wandel in der Einschätzung eines optimalen oder zumindest vertretbaren Zusammenlebens von Mensch und Tier ist ablesbar in der historischen Entwicklung der Architektur des Zoos. Die im Kolonialstil errichteten Ausstellungspavillons des 19. Jahrhunderts wurden abgelöst von den gitterlosen Gehegen, die der Hamburger Tierpark Hagenbeck um 1900 entwickelte. Es folgten im frühen 20. Jahrhundert, als es vor allem um hygienische Aspekte ging, funktionalistische Bauten der Moderne. In der vierten Generation gab es eine Tendenz zur Renaturierung und Verlandschaftlichung, sodass naturnahe Gehege mit größeren Flächen für mehrere Tierarten entstanden und die Architektur sich möglichst unsichtbar machte. Die jüngste Generation verbindet dagegen die Aspekte Gestaltung und Zoologie: Erlebnisarchitektur hält Einzug in den Zoo, während Markenbildung durch spektakuläre Großbauten angestrebt wird. All dies kann dann auch im Kopenhagener Zoo erlebt werden, wo es einerseits noch etliche historische Bauten gibt, andererseits für die modernen Gehege unter anderem das von dem Architekten P. A. Rosenkilde entworfene alte

Schnitt / section.
Illustration: Bjarke Ingels

Elefantenhaus aus dem Jahr 1914 erst einmal weichen musste. Dass Zooarchitektur gleichzeitig immer auch insofern mit Theaterarchitektur gepaarte Gefängnisarchitektur ist, wird in modernen Anlagen durch eine formale Ästhetisierung der Grenzen kaschiert. Durchgestaltete Landschaftsparks mit immersiven Tier-Gehegen wollen wie moderne Museen zum Nachdenken und vielleicht sogar zur Aktion animieren. Entsprechend dienen auch BIGs Entwürfe für Zoogebäude, für den Givskud Zoo in der Nähe von Billund (Legoland), als Schnittstelle zwischen dem Erlebnis des Zoobesuchs, dem lebendigen Tier sowie der Wissenschaft und deren Vermittlung.

Nun gibt es verschiedene Tierarten, die unterschiedlich gut auf die Haltung in Gefangenschaft reagieren. Eine Sonderrolle nimmt dabei der Pandabär ein. Weil ihr natürlicher Lebensraum zunehmend zerstört wurde, bevor die letzten Gebiete 1998 unter Schutz gestellt wurden, ging der Bestand der schon 1939 unter Schutz gestellten Tiere lange Zeit zurück. Die Haltung und Nachzucht in menschlicher Obhut erschien deshalb als legitimer Weg, die Population zu sichern. Zwar erreichten einige Tiere, deren Lebenserwartung in freier Wildbahn bei etwa 20 Jahren liegt, in Gefangenschaft ein Alter von bis zu 38 Jahren. Probleme bei der Nachzucht allerdings zeigten, dass die natürliche Umgebung der bedrohten Tierart im Rahmen Zoologischer Gärten nur schwer auf eine Weise nachzuahmen ist, die auch die Großen Pandas überzeugt. Bis 1999 dauerte es, bis im Zoo von San Diego der erste langfristig überlebende Nachwuchs in den Vereinigten Staaten von Amerika gemeldet werden konnte. 2007 überlebte im Tiergarten Schönbrunn in Wien erstmals ein Jungtier in Europa. Dies gilt es bei der Konzeption von Panda-Häusern im Hinterkopf zu halten.

2019 fertiggestellt wurde das von Schønherr Landscape Architects, MOE und BIG entworfene Panda-Haus für den Kopenhagener Zoo. Ein 2.450 Quadratmeter umfassendes Gehege, das mit reichlich Bambus und Klettermöglichkeiten den natürlichen Lebensraum der Tiere nachstellen soll, beherbergt zwei Pandas, die seit April 2019 als Leihgabe der Volksrepublik China im Zoo leben. Neben Innenbereichen sind ein dichter Nebelwald und ein hellgrüner Bambuswald als Aufenthaltsorte konzipiert, die je nach Witterung mehr oder minder Reiz für die Bären haben. Das einen runden Grundriss ausbildende Gehege formt in etwa ein Yin-Yang-Zeichen und macht somit auf die Dualität und die Einheit aufmerksam, durch die das Leben der Großen Pandas geprägt ist. Dies bedeutet bei den in freier Wildbahn als Einzelgänger lebenden Tieren, dass das als ein

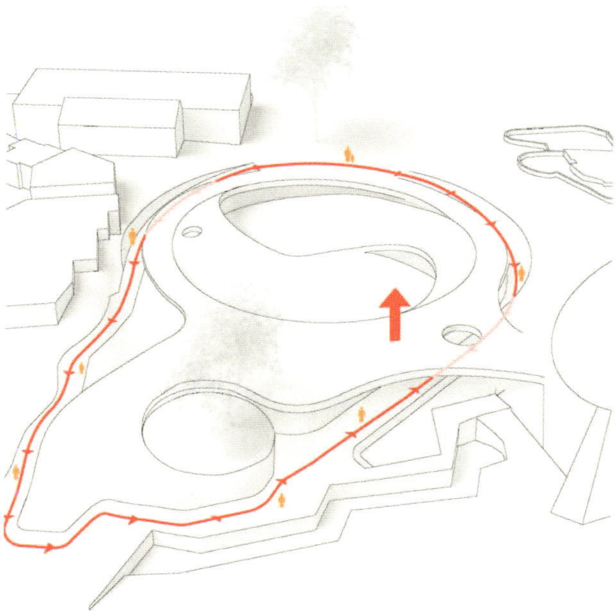

Zirkulation / circulation.
Illustration: Bjarke Ingels

großes Areal erscheinende Gehege auch die strikte Separation der beiden zulässt. Tatsächlich geht man davon aus, dass die Wahrscheinlichkeit, dass sich Pandas paaren, wächst, wenn sie sich außerhalb der Paarungszeit möglichst weder hören noch sehen – und am besten nicht einmal riechen. Die Trennung der Gehege wird nicht durch einen Zaun hergestellt, sondern durch die natürliche Formung eines Erdhügels, so dass sie für die Menschen optisch unauffällig ist.

Indem nun die Architektur des Hauses an vielen Stellen in der Landschaft zu verschwinden scheint, setzt sie das gesamte Gehege in eine Form von Wellenbewegung. Ausgebildet werden zwei Ebenen, deren untere nicht nur Ställen und anderen Funktionsräumen, sondern auch einem Bistro Raum gibt, in dem die Menschen mit Blick auf die neue Hauptattraktion des Zoos, aber auch auf das Elefantengehege speisen können – schließlich sind die in der Unterhaltung kostenintensiven Zoologischen Gärten auf Querfinanzierung angewiesen. Indem ansonsten die Blicke der Besuchenden von dem oben verlaufenden Rundweg auf die Tiere herab erfolgen, vergegenwärtigt das Gehege die unschöne Traditionslinie der alten Bärengräben. Das übersichtliche Gehege verrät keine sonderlich vielfältigen Möglichkeiten für die Bären, sich zu verstecken, was wiederum von der Perspektive des Zoos verständlich ist, der sicher gewährleisten möchte, dass alle Besuchenden einen Blick auf die seltenen Tiere werfen können. Ermöglicht werden beim Rundgang auch Einblicke in die Arbeit des Zoopersonals, der Tierärzte und der Gärtner.

Insgesamt ist die Strategie des Kopenhagener Zoos nur zu begrüßen, namhafte Architekten an die Bauaufgabe Zoo heranzuführen. Der Zoo muss dazu beitragen, die Zoo-, Landschafts- und Baukultur zu fördern. Dieses Projekt ist nicht das stärkste des Stararchitekten, jedoch ein wichtiger Beitrag, von dem Signalwirkung ausgehen kann. Es erscheint explizit als gebaute Schnittstelle zwischen Mensch und dem lebendigen Tier, indem die formale Ästhetisierung der Grenzen in Form eines Yin-Yang-Symbols bei der Gestaltung im Vordergrund stand. In einem Zoo der Zukunft, der dem Tier das Recht zubilligt, sich zu verstecken und nicht gesehen zu werden, müssen die Betreiber auch andere Attraktionen anbieten. Norman Fosters Elefantenhaus in der Nachbarschaft schafft dies, indem der Weg wie ein Museumsrundgang konzipiert ist. Der Besucher ist hier eher überreizt – und der Elefant kann sich nicht so leicht verstecken. Der Masterplan im Kopenhagener Zoo sieht bis 2030 noch weitere Veränderungen vor. Man darf gespannt sein, welche Architekten zum Zuge kommen.

Zoobauten als Thema der Denkmalpflege
Zoo Buildings as a Subject of Monument Preservation

Weltkulturerbe Zoologischer Garten
World Cultural Heritage Zoological Garden

Zooarchitektur in der DDR
Zoo Architecture in the GDR

Die Zoobauten von Heinz Graffunder
The Zoo Buildings by Heinz Graffunder

»Es ist wichtig, kreative Lösungen zu finden, die sowohl dem Denkmalschutz als auch den Bedürfnissen der Besucher und Tiere gerecht werden.«

"It is important to find creative solutions that do justice to both the preservation of historical monuments and the needs of visitors and animals."

Natascha Meuser

Weltkulturerbe Zoologischer Garten
Über die baukulturelle Bedeutung von Zoogebäuden in Europa

Interview mit Björn Rosen

DOM magazine 15,
Berlin, Juni 2024

Frau Prof. Meuser, Zoologische Gärten, wie wir sie heute kennen, blicken auf mehr als 200 Jahre Baugeschichte zurück. Einige historische Zoogebäude sind regelrechte Ikonen und werden entsprechend gepflegt, etwa Teile des Geländes von Hagenbecks Tierpark in Hamburg oder der Penguin Pool in London von 1934. Von diesen außergewöhnlichen Beispielen abgesehen: Existiert in Zoos ein Bewusstsein nicht nur für den Arten-, sondern auch für den Denkmalschutz?
Es gibt eine große Zahl von Gebäuden, deren baukulturelle Bedeutung noch niemand so wirklich auf dem Schirm hat, obwohl sie eine hohe Qualität besitzen. Ich denke da insbesondere an Bauten aus den Sechziger- bis Achtzigerjahren. Nehmen Sie den Zoologischen Garten in Frankfurt am Main, einen der ältesten in Deutschland, gegründet 1858. Dort gibt es wegweisende Bauten von hoher Qualität aus der Nachkriegszeit, zum Beispiel das Giraffenhaus von 1953 mit seiner expressiven Architektur, das Grzimek-Haus für nachtaktive Tiere aus dem Jahr 1978 oder die Faust-Vogelhallen von 1961, ein mehrteiliger, rund 100 Meter langer Gebäudekomplex mit Freiflughalle. Diese Bauten werden leider vom Zoo-Publikum und selbst von der Zooleitung nicht als schützenswert erkannt.

Liegt es daran, dass die Nachkriegsmoderne sowieso einen schweren Stand hat?
Es geht eher ums Geld. Die Versuchung, weitgehend unbemerkt von der Öffentlichkeit alte Gebäude abzureißen, um Platz für Neues zu schaffen, ist für finanzgeplagte Zoodirektoren groß. Der Zoodirektor wird Ihnen sagen, dass es sich hier um Gebäude handelt, die den Anforderungen eines modernen Zoos nicht mehr entsprechen, und die Sanierung einer bestehenden Anlage sei eben einfach mit sehr hohen Kosten verbunden. Ich verstehe das, aber es schmerzt mich schon sehr, wenn ich beobachten muss, wie etwa das traumhafte Meißner Mosaik am Berliner Alfred-Brehm-Haus überpflanzt wird. Die Frage, wie ich Zoodirektoren davon überzeugen kann, dass in ihren Anlagen bauhistorische Juwelen stehen, treibt mich um.

Was macht aus Ihrer Perspektive als Expertin für Zooarchitektur ein Gebäude schützenswert?
Meine bauhistorischen Untersuchungen ergaben, dass sich in 200 Jahren fünf Generationen von Zoobauten herausgebildet haben. Und diese haben natürlich alle eine besondere Bedeutung, auch im baukulturellen Kontext. Ähnlich interessant kann es sein, das erste Gebäude einer neuen Tendenz zu identifizieren.

Ich denke da zum Beispiel an den Zoo in Hannover, der als einer der ersten in Deutschland mit Event-Architektur aufgemacht hat, wozu die Wiedereinführung von durch die Kolonialzeit inspirierten Formen gehörte. Damit meine ich, plakativ gesagt, Indische Elefanten, die in einer Pagoden-Architektur ausgestellt werden. Das sind so Dinge, die man jetzt im Abstand von 30 Jahren vielleicht auch schon als historisch betrachtet, weil man heute nicht mehr so an eine solche Gestaltung und Aufgabe herangehen würde. Davon abgesehen geht es mir erst einmal um architektonische Qualität. Ich nähere mich der Frage ganz klassisch: Wie wirken Außenraum, Fassade und Innenraum zusammen? Erfüllt das Gebäude die Funktionen einer modernen Tierhaltung? Wie wird der Besucher durch das Haus geführt? Ein historisches Gebäude muss in meinen Augen auch einen kulturellen Parameter erfüllen. Es muss wiedererkennbar sein.

Denken Sie, dass auch die Entwicklung der Materialität eine Rolle spielt?

Wenn ich von architektonischen Qualitäten spreche, beziehe ich mich immer auf die Konstruktion, die Entwicklung der Materialien und Oberflächen und insbesondere auf die optimale Umsetzung in der jeweiligen Epoche.

Welche Nutzungen sind für denkmalgeschützte Zoogebäude, die nicht den heutigen Anforderungen an die Tierhaltung entsprechen, vorstellbar?

Es ist wichtig, kreative Lösungen zu finden, die sowohl dem Denkmalschutz als auch den Bedürfnissen der Besucher und Tiere gerecht werden. Ob Gastronomie, Schulungsräume, Souvenirshop, Verwaltung, Kinderbetreuung oder Krankenstation – vieles ist denkbar. Eine Idee wäre die Einrichtung eines Bildungs- oder Informationszentrums, in dem die Besucher mehr über die Geschichte des Zoos, den Artenschutz und die Bedeutung des Naturschutzes erfahren. Dazu könnten interaktive Ausstellungen, Workshops und Vorträge gehören. In einem Satz: Anstatt das alte Giraffenhaus abzureißen, könnte es zu einer Giraffenausstellung umgestaltet werden. Aber auch kulturelle Veranstaltungen in den Räumlichkeiten sind eine Möglichkeit, etwa Konzerte, Theateraufführungen oder Filmabende. Dies würde das Angebot des Zoos erweitern und neue Zielgruppen ansprechen. Darüber hinaus könnten die denkmalgeschützten Gebäude für Forschungszwecke genutzt werden. Wissenschaftlerinnen und Wissenschaftler könnten hier beispielsweise Räume für ihre Arbeit und Studien nutzen. Dies würde den Zoo als Forschungseinrichtung stärken und zur Erweiterung des Wissens über Tierarten beitragen.

Und wenn doch weiterhin Tiere in den Gebäuden gehalten werden sollen?

Naheliegend ist, dort andere Arten unterzubringen, für die die Räumlichkeiten eher geeignet sind, also meinetwegen Kleinsäuger statt Raubkatzen. Eine andere Idee: Neue Bauten können in unmittelbarer Nähe der denkmalgeschützten Gebäude errichtet werden, um den modernen Anforderungen zu entsprechen, während die historischen Gebäude für andere Zwecke genutzt werden. So wäre es möglich, die Bedürfnisse der Tiere zu berücksichtigen und zugleich eine ansprechende und informative Ausstellung für die Besucher zu schaffen. Dies kann beispielsweise durch die Integration von naturnahen Lebensräumen, interaktiven Elementen und moderner Technologie erreicht werden. Dass solche Konzepte Anklang finden, zeigt sich meiner Meinung nach zum Beispiel am Erfolg des Berliner Naturkundemuseums, das seine Besucherzahl jüngst innerhalb eines Jahres verdoppeln konnte. In jedem Fall ist eine sorgfältige Planung nötig und der Wille, sowohl den Denkmal- als auch den Tierschutz zu berücksichtigen.

Wie sehen die rechtlichen Grundlagen für den Schutz von Zoogebäuden aus?

Der Denkmalschutz in Deutschland fällt unter das Landesrecht, was bedeutet, dass es 16 verschiedene Denkmalschutzgesetze gibt. Zoos laufen – das ist jedenfalls mein Eindruck – momentan überall noch ein wenig unter dem Radar. Dabei liegt ihr Vorteil darin, dass wir nicht nur über das Gebäude selbst, sondern auch über die Tiere sprechen können, die mit der Architektur verbunden sind. Dies trägt zur Vermittlung von Wissen über Baukultur und Architektur bei und kann dabei helfen, ein scheinbar trockenes Thema wie Denkmalschutz und Baugeschichte spannend zu gestalten. Ein Beispiel, das ich gern näher beleuchten möchte, betrifft die Veränderungen im Verhältnis von Mensch zu Tier in Zoos. Faszinierend ist etwa die Geschichte der Pandabären. Als China mit seiner sogenannten

Panda-Politik begann und Pandabären an Zoos weltweit verlieh, um die Attraktivität dieser Zoos zu steigern, entstanden plötzlich Pandagehege und -häuser überall auf der Welt. In diesem Zusammenhang wäre es interessant zu erforschen, wo das erste Pandahaus in Europa gebaut wurde. Es könnte bedeutsam sein, dies unter Denkmalschutz zu stellen, nicht wegen seiner architektonischen Relevanz oder eines berühmten Architekten, sondern weil es eben das erste seiner Art in Europa war.

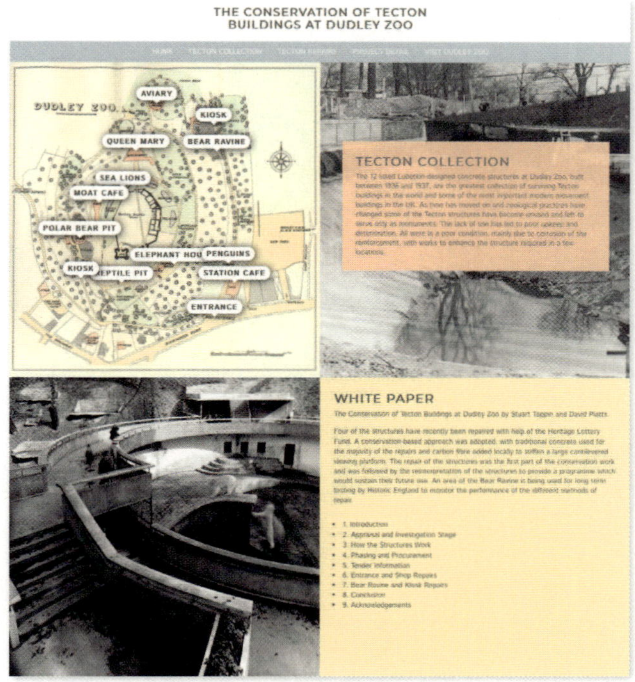

Die progressiven Bauten von Berthold Lubetkin, Mitbegründer des Büros Tecton (1932), sind heute Ikonen der britischen Moderne und stehen längst unter Denkmalschutz.
Quelle: https://tectons.dudleyzoo.org.uk

Zur Geschichte der Zoos gehört die zum Teil problematische Haltung der Tiere in der Vergangenheit. Sollten und können auch solche Aspekte im Rahmen des Denkmalschutzes thematisiert werden?

Unbedingt. Ein negatives Beispiel könnte die Situation in der Stuttgarter Wilhelma sein, wo ein Menschenaffenhaus gebaut wurde, das allen modernen Anforderungen an Architektur entsprach. Es hatte große Glasflächen und war besucherfreundlich, aber die Affen starben nach und nach aufgrund eines Lüftungssystems, das zu krankmachenden Bedingungen führte. Hier zeigt sich eine Diskrepanz zwischen hochwertiger Architektur und einer ungeeigneten Nutzung. In solchen Fällen könnte die Frage aufkommen, ob solche Gebäude in der Zukunft unter Denkmalschutz gestellt werden sollten. Dies könnte in 10 bis 20 Jahren zu einer aktuellen Problemstellung werden, da die Architektur vielleicht beeindruckend ist, aber für die Nutzung nicht geeignet war.

Welche anderen historischen Entwicklungen spiegeln sich in den Bauten?

Im Zusammenhang mit der Zooarchitektur kann die koloniale Geschichte aufgearbeitet werden kann. Die Architektur der Tierhäuser und Gehege spiegelt oft die Herkunft der Tiere wider, und so wurden aus europäischer Sicht exotische Umgebungen geschaffen. Dies führte zu einer Verschmelzung von architektonischen Stilen und Kulturen. Die Erforschung und das Verständnis dafür können dazu beitragen, die historische Bedeutung und die Auswirkungen der kolonialen Geschichte auf die heutige Gesellschaft zu verstehen. Sie ermöglichen es uns, die komplexen Beziehungen zwischen Tierhaltung, Architektur und kultureller Dominanz zu erkennen und kritisch zu reflektieren.

»Zur Erfüllung der Aufgaben von Zoologischen Gärten ist es von essenzieller Bedeutung, auch die Förderung der Baukultur als unverzichtbaren Bestandteil der Wissensvermittlung zu verankern.«

"To fulfil the tasks of zoological gardens, it is essential that the promotion of building culture is also an indispensable component of knowledge transfer."

Natascha Meuser

Zooarchitektur in der DDR

In der DDR diente die Architektur oft als Mittel der Propaganda und Ausdruck politischer Ideologie. Die Bauten der Zoos waren keine Ausnahme. In der Nachkriegszeit wurde in der DDR-Architektur eine Kombination aus Funktionalität und Moderne angestrebt, die sowohl den neuesten zoologischen Forschungen gerecht wurde als auch die Vision einer fortschrittlichen Gesellschaft reflektierte.

Die Bombenangriffe des Zweiten Weltkriegs waren auch an den Zoologischen Gärten nicht spurlos vorbeigegangen. Beispielhaft für den deutschsprachigen Raum mögen die Zoos in Berlin, Dresden, Düsseldorf, Frankfurt am Main und Köln stehen, die fast vollständig zerstört wurden. Während sich die Städteplaner um Modellbilder des Wiederaufbaus bemühten, kämpften die Zoos selbst mit ganz anderen Problemen. Ein Großteil der Tierunterkünfte war zerstört und eine große Anzahl der Tiere verendet. Das Gebot der Stunde war, wie im Städtebau des Wiederaufbaus generell, mit allen zur Verfügung stehenden Mitteln beschädigte und teilzerstörte Gebäude wiederherzustellen und wieder nutzbar zu machen. Für kühne Idealplanungen, mit denen sich Neues aus der Kritik des Alten schaffen ließe, fehlten schlichtweg Visionen, Protagonisten und vor allem die finanziellen Mittel. Abläufe und Strukturen, die sich seit Bestehen der Tiergärten herausgebildet hatten, bestimmten auch die Ausgangssituation für den Aufbau sowie das Profil und die Identität der Gesamtanlage.

Der ideologische Neuanfang, oft verbunden mit einer radikalen Ablehnung der historischen Bauten, wurde 1947 von einem Manifest für den Wiederaufbau Deutschlands flankiert, verfasst von 40 deutschen Architekten und Städtebauern. Darin heißt es unter anderem: »Das zerstörte Erbe darf nicht historisch rekonstruiert werden, es kann nur für neue Aufgaben in neuer Form entstehen.«[1]

Damit war ein theoretischer Grundstein für den Wiederaufbau in allen vier Besatzungszonen gelegt – zumindest vorerst. Denn mit der Gründung der BRD sowie der DDR 1949 entzweiten sich die offiziellen Haltungen der beiden neuen deutschen Staaten zunehmend in Fragen des Baustils und der gesellschaftlichen Rolle ihrer Architekten.

In den Zoologischen Gärten standen architekturtheoretische Fragen allerdings nicht auf der Agenda. Es dominierten Improvisation und Pragmatismus. Zudem war in der Nachkriegszeit politisch kaum zu argumentieren, dass die ohnehin knappen finanziellen Ressourcen für den Aufbau und den Betrieb von Tiergehegen genutzt werden sollten. Oberste Priorität hatten die Schaffung von Wohnraum und auch von Erholungszonen sowie die Wiederherstellung der Infrastruktur. In vielen Ballungszentren wurden die abtransportierten Trümmer genutzt, um aus den Schuttkippen Parkanlagen

1 Bartning, Otto et. al.: Ein Aufruf. Grundsätzliche Forderungen, in: Baukunst und Werkform, Heft 1 / 1947, Heidelberg 1947, S. 29 ff.

Bau erster Gehege im Zoo Magdeburg, 1950.
Quelle: Stadtarchiv Magdeburg

Enttrümmerung im Tierpark Berlin-Friedrichsfelde, 1955.
Quelle: Bundesarchiv (Bild 183-29610-0002)

und Naherholungslandschaften zu formen. Zuvor ebene Terrains verwandelten sich binnen weniger Wochen in hügelige Stadtlandschaften. Die Enttrümmerung erfolgte auf freiwiller Basis und zog sich bis in die Fünfzigerjahre hin. »Dass sich die Trümmer von Orten, an denen Menschen gelebt und gelitten hatten, fast immer in Stätten unbeschwerter Freizeittätigkeiten verwandelten, gibt diesen Entscheidungen einen makabren Beigeschmack.«[2] Umso bewundernswerter war vielerorts die Bereitschaft, die Zoologischen Gärten so schnell wie möglich wieder der Bevölkerung zugänglich zu machen. Auch hier trugen freillige Brigaden zu einem raschen Wiederaufbau bei. 1950 eröffnete in Magdeburg der erste neue Tierpark im geteilten Deutschland.

Die trotz aller Widrigkeiten in den Zoologischen Gärten für die Tiere und ihre Pfleger realisierten Bauten waren bescheiden. Charakteristisch für die Not der Zeit war ein pragmatisches Vorgehen. In den nahezu durchweg funktionalen Zweckbauten äußerte sich die Auffassung von Tierhaltung als ein Wegschließen; der Gedanke eines möglichst natürlichen Habitats war zurückgedrängt worden. Doch das sollte sich bald ändern.

In dieser Phase des Neuanfangs rückten zunehmend hygienische Aspekte in den Vordergrund. Sie hatten weitreichende Auswirkungen auf die Planung und die Gestaltung der neuen Zoobauten und Gehege-Anlagen.

Eine Besonderheit stellten vor allem die Planungen und Neugründungen der Zoologischen Gärten in der DDR dar, die den Kulturabteilungen der Kommunen unterstanden. Die Zoos sollten als »naturwissenschaftliche Schulen des Volkes« eine gesetzlich festgeschriebene Bildungsaufgabe erfüllen.[3] Durch die gesetzliche Regelung war nun ein Anspruch formuliert, der den Zoo eindeutig als eine Kulturinstitution etablierte. In den Kulturabteilungen der Kommunen wurden Vorgaben zur Entwicklung von Tiergärten festgelegt, alle Leiter der großen Tiergärten bestimmt und eine planmäßige Forschungsarbeit verordnet. Diesem gesetzlich festgeschriebenen Bildungsauftrag ist es wohl zuzuschreiben, dass die Zoos in den Jahren nach der Gründung der DDR auch eine hohe politische Bedeutung hatten. Heinrich Dathe, ab 1955 Direktor des im gleichen Jahr gegründeten Ost-Berliner Tierparks, schrieb 1987, dass man

2 Pehnt, Wolfgang: Deutsche Architektur seit 1900, München 2005, S. 256.

3 Statut für Grundsätze der Tierparks vom 31.10.1971. Vgl. Dathe, Heinrich (Hg.): Tiergärten der Deutschen Demokratischen Republik, Berlin 1987, S. 3.

Alfred-Brehm-Haus im Tierpark Berlin, Baustelle, 1962.
Foto: Gerhard Buddich

Modellpräsentation Alfred-Brehm-Haus im Tierpark Berlin.
Foto: Gerhard Buddich, Archiv des Berliner Verlags

»ohne Übertreibung von einer Blütezeit des Tiergartenwesens in der DDR«[4] sprechen könne. Der Zoologische Garten als Bildungspark sollte das hohe kulturelle Niveau und die Stärke der sozialistischen Gesellschaft verkörpern.

Mit staatlicher Unterstützung und unter tatkräftiger Beteiligung der Bevölkerung entstanden in der DDR allein über 100 kleinere Tiergärten, Heimtiergärten sowie größere Zoologische Gärten neu: so 1950 der Zoologische Garten Magdeburg, 1954 der Tierpark Cottbus, 1955 der Tierpark Berlin, 1956 der Zoologische Garten Rostock, 1959 der Thüringer Zoopark Erfurt und 1974 der Zoologische Garten Schwerin. Die über 160 Hektar große Anlage des Ost-Berliner Tierparks in Friedrichsfelde spielte als Hauptstadtzoo eine besondere Rolle. Der imposante Bau des 1963 eröffneten Alfred-Brehm-Hauses bekräftigte die hohe Wertschätzung der kulturellen Volkseinrichtung Zoo innerhalb der DDR.

Untrennbar mit diesem mit 5.300 Quadratmeter Fläche damals weltgrößten Tierhaus und erst recht mit der Entwickung der Zooarchitektur in der DDR ist der Name des Architekten Heinz Graffunder verbunden. Das Kollektiv Graffunder konzipierte und errichtete Gebäude, Anlagen und Masterpläne für Zoologische Gärten im Auftrag der DDR, darunter für den Tierpark Berlin-Friedrichsfelde 1954–1964 und 1983–1984 sowie für Cottbus, Erfurt und Rostock zwischen 1955 und 1966. Nicht wenige der Entwürfe, darunter ein viel diskutierter Seilnetz-Experimentalbau und ein Multifunktionsbau für Wassertiere, die für den Tierpark Friedrichsfelde entwickelt wurden, verschwanden jedoch aufgrund von Finanzierungsnöten in den Zoo-Archiven.[5]

Nordamerikanische Vorbilder

In Nordamerika spiegelte die Zooarchitektur jener Jahre deutlich zeitgenössische Architekturströmungen wider. So zeigt sich in dem Entwurf eines Prototypen für ein Hexagonalhaus des Landschaftsgestalters, Architekten, Bauingenieurs und Hochschullehrers Alfred Caldwell für den Zoologischen Garten Omaha (1955) beispielhaft der Einfluss der Kybernetik in Form von wabenförmigen Strukturen – ein typisches

4 Dathe, Heinrich (Hg.): Tiergärten der Deutschen Demokratischen Republik, Berlin 1987, S. 4.

5 Graffunder, Heinz: Experimentalbau im Tierpark Berlin, in: Deutsche Architektur, Heft 7 / 1962, S. 402 f.

Architekturmotiv bis in die Siebzigerjahre hinein. Die Namen der Baukünstler, mit denen Caldwell zusammenarbeitete, lesen sich wie das Who-is-Who der US-amerikanischen Bauzunft: Frank Lloyd Wright, Jens Jensen, Ludwig Mies van der Rohe oder Ludwig Hilberseimer. Für die Zoologischen Gärten in Montreal (1954) und in Omaha im US-Bundesstaat Nebraska (1955) entwickelte er sehr unterschiedliche Konzepte, die jedoch beide dem damaligen Zeitgeist entsprachen. Während er sich in Omaha der additiven Wabenstruktur bediente, ließ Caldwell sich in Montreal von der Stahlarchitektur seines Professorenkollegen Mies van der Rohe inspirieren. Beide Konzepte brachen mit dem tradierten Bild vom Tiergebäude, das sich selbst zum Teil der Landschaft macht, sowie mit der ursprünglichen Käfigarchitektur. Mit seinen Gesamtplanungen für Omaha und Montreal knüpfte Caldwell an Tendenzen an, die etwa der holländische Architekt Sybold van Ravesteyn bereits 1938 im Rotterdamer Diergaarde Blijdorp umgesetzt hatte. In seinen Memoiren schreibt Caldwell: »Wenn es uns gelingen würde, mit dem Fertigbau ganz im Sinne der Natur umzugehen, dann könnten die Einwände gegen die Vorfabrikation und die abstossende Uniformität nicht mehr aufrechterhalten werden.«[6]

Auch der unrealisierte Masterplan des US-amerikanischen Architekturbüros Voigt & Fourre für einen Zoologischen Garten in Minnesota (1965) zeigt die damaligen Tendenzen in der zeitgenössischen Zooplanung. Hier wurde der Zoo als Gesamtbauwerk verstanden. Nicht der Pavillon im Park kam in der Entwurfsplanung zur Ausführung, sondern der Zoo als ein großer Baukomplex, der alle Funktionen kompakt vereint. Die Trends in den US-amerikanischen und kanadischen Zoos hatten weltweiten Einfluss auf ein neues Verständnis von Zooarchitektur, das in Form von Sonderbauten zur Attraktivität der Tierparks beitrug – sowohl in landschaftsarchitektonischer als auch in baukonstruktiver Hinsicht.

Emotionslose Funktionsbauten

In den folgenden Jahren änderte sich die Architektur der Tiergebäude lediglich graduell. Zwar wurde gerade vor dem Hintergrund des erstarkenden Tierschutzgedankens zunehmend auf neue Haltungsformen der Tiere geachtet. Gebaut wurde aber auch im deutschsprachigen Raum zunächst vor allem funktional. Hintergrund waren die Erkenntnisse von Heini Hediger, dem Begründer der modernen Tiergartenbiologie: »Die natürlichen Verhältnisse können im Zoo nicht einfach imitiert werden – weder in räumlicher noch in diätetischer noch in sozialer Beziehung, sondern es geht hier viel eher um eine logische bzw. biologische, d. h. sinnvolle Transposition der natürlichen Territoriumsverhältnisse auf die der künstlichen Territorien im Zoo.«[7]

Dies hatte allerdings für den Betrachter Folgen, die als unschön und unangenehm empfunden wurden. Die Künstlichkeit der Umgebung wurde von der Architektur betont, anstatt kaschiert zu werden: »So lebt der heutige Zoogestalter nicht mehr in der Illusion, er mache den Tigern oder den Eisbären mit Felsgestaltungen eine besondere Freude – dafür sinnt er intensiv über den Bodenbelag nach, der über Wohlbehagen und Gesundheit bei den verschiedenen Bewegungsweisen entscheidet und den Aktivitäten der Tiere viele Möglichkeiten bietet. Der Gestalter verzichtet aber auch darauf, vor dem Beschauer ein dürftiges Traumbild von Feld oder Wüste, von Orient oder Polarzone aufzubauen; er sieht heute keinen Grund mehr, die für das Tier und den Pfleger unerlässlichen Bauten zu tarnen; im Gegenteil, er benützt diese Gebäude als Möglichkeit zu freier künstlerischer Gestaltung im Rahmen der Zweckbestimmung. Zu diesen Zwecken gehört nicht allein das, was der Tiergärtner an praktischen Dingen fordert, sondern auch die Erhöhung der Lebensfreude beim Besucher, die Schaffung von neuer ›Augenweide‹, womit ein altes Wort unserer Sprache schon lange bezeichnet, was der neue erweiterte ›Funktionalismus‹ der modernen Architektur seit einiger Zeit wieder als lebensnotwendig zur Geltung bringt.

6 Zitiert nach: Blaser, Werner: Architektur und Natur. Das Werk von Alfred Caldwell, Basel / Boston / Stuttgart 1984, S. 76.

7 Hediger, Heini: Vom Zwinger zum Territorium, in: Kirchshofer, Rosl (Hg.): Zoologische Gärten der Welt, Innsbruck 1966, S. 20.

Nur daß uns der Architekt heute diese Freude der Augen nicht mehr durch den Umweg über intellektuelle Genüsse des Wissens um fremde Zonen verschafft, sondern durch das freie Spiel der Farben, Flächen, Linien und Baukörper.«[8]
Die Gedanken des Schweizer Zoologen und Naturphilosophen Adolf Portmann spiegeln die damaligen internationalen Tendenzen in der Zooarchitektur wider. Planer wie Heinz Graffunder nahmen diese Überlegungen offensichtlich ernst. Sein zu jener Zeit im Entwurf befindliches Großkatzen-Haus (Alfred-Brehm-Haus) im Berliner Tierpark zeichnete sich dementsprechend durch naturfarbene Wandkacheln in den Gehegen, aber auch durch kräftige Farben an den Decken sowie durch künstlerische Keramik-Mosaike aus.
Die zuvor als natürlich anmutende Landschaftsgärten angelegten Gehege wurden durch Elemente aus modernen Materialien, etwa den in der Nachkriegsmoderne allgegenwärtigen Sichtbeton, ergänzt: »Nachdem sich herausgestellt hatte, dass die für die einzelnen Tierarten bedeutungsvollen Ökofaktoren der Wildbahn nicht durch schlichte Imitate im Zoo zu artgemäßen Handlungsfaktoren werden, sondern durch solche Elemente, die unter den spezifischen Zoobedingungen den gleichen Bedeutungswert gewinnen (funktionelle Substitution der relevanten Ökofaktoren), nahmen viele Haltungssysteme ein technisches und steriles Aussehen an, zumal dann, wenn hygienische Gesichtspunkte im Vordergrund standen.«[9]
Ein bekanntes Beispiel hierfür sind die aus Beton gegossenen Eisschollen für Eisbärengehege.
Erst mit zunehmender Verbreitung des Tierschutzgedankens wandelte sich auch die Architektur. Die Bemühungen der Zooplaner und Tiergartenbiologen waren nun »darauf ausgerichtet, Wildtieren im Zoo ein möglichst natürliches Leben zu bieten, d. h. ein Dasein unter möglichst natürlichen Raumbedingungen im natürlichen Familien- oder Herdenverband bei einem möglichst natürlichen Futter«[10]. Durch wissenschaftliche Erkenntnisse, die Heini Heidiger, Direktor der Zoos in Bern, Basel und später in Zürich, beförderte, erweiterte sich der Spielraum bei der Gehege-Gestaltung. Der Raum wurde zunehmend nicht mehr quantitativ, sondern qualitativ nach individuellen Bedürfnissen definiert: »Die Verhaltensforschung hat aufgeräumt mit bedeutenden Resten romantischer Auffassung; sie erkennt, daß die Lebensräume der Wildtiere nicht freie Zonen wilden Schweifens sind, sondern oft recht eng umgrenzte Raumbezirke von zuweilen sehr auffälliger, vom Tier gestalteter Struktur, so etwa mit bevorzugten Orten von verschiedener Wertstufe der Geborgenheit. Damit hat auch der menschliche Gestalter des Geheges neue Aufgaben erhalten: nicht einfach möglichst viel freier Raum, sondern dem Tier – nicht nur uns – gemäße Situationen waren zu finden.«[11] Damit ging einher, dass nicht nur der Raum in seiner Ausdehnung anders konzipiert werden konnte, es wurde auch möglich, die Form der Raumbegrenzung unter Berücksichtigung der Eigenheiten verschiedener Arten und Gattungen dezenter zu gestalten: »In den 1960er Jahren wurde im Zoo Hannover erkannt, dass die Fähigkeit zu territorialem Verhalten auch vieler in der Wildbahn nomadisch lebender Arten für die Begrenzung ihrer Gehege genutzt werden konnte. Sofern die Tiere solcher Arten, vornehmlich von Huftieren, in ihren Gehegen ihre wichtigsten Bedürfnisse angemessen befriedigen können, haben sie nicht die Absicht, das vertraute Gehege zu verlassen und akzeptieren ihr Zoogehege als Lebensraum. Zur Begrenzung ihrer Gehege genügen optisch bescheidene Grabensperrungen, die sie an sich physisch jederzeit überwinden könnten. Zahlreiche Gehegezäune verschwanden aus den Zoos und wurden durch schmale Grabensperrungen ersetzt, die den Besuchern ein relativ nahes Herangehen an die Gehege ermöglichten.«[12] Der Zoo sollte nun architektonisch nicht mehr das Gefängnis repräsentieren.

8 Portmann, Adolf: Das Halten von Tieren in zoologischen Gärten, in: Werk, Heft 11 / 1956 (Zoologische Gärten), S. 338.
9 Dittrich, Lothar / Nogge, Gunther (Hg.): Zootierhaltung. Tiere in menschlicher Obhut, Frankfurt am Main 2012, S. 18.
10 Hediger, Heini: Vom Zwinger zum Territorium, in: Kirchshofer, Rosl (Hg.): Zoologische Gärten der Welt, Innsbruck 1966, S. 9.
11 Portmann, Adolf: Das Halten von Tieren in zoologischen Gärten, in: Werk, Heft 11 / 1956 (Zoologische Gärten), S. 338.
12 Dittrich, Lothar / Nogge, Gunther (Hg.): Zootierhaltung. Tiere in menschlicher Obhut, Frankfurt am Main 2012, S. 18.

Stattdessen wurde er zur Lebenswelt uminterpretiert. Dementsprechend definierte Hediger 1966 den vom Tier bewohnten Raum um in ein Eigenheim und charakterisierte das Wildtier im Zoo »als ein[en] Grundbesitzer, ein[en] Territoriumsbesitzer. Sein Bestreben ist also nicht darauf ausgerichtet, möglichst rasch den ihm zugewiesenen Raum zu verlassen und in die Freiheit zu gelangen, sondern es ist bemüht, seine Wohnung oder sein Grundstück zu verteidigen und für sich zu behalten.«[13]

Neue Wahrnehmung von Tier und Raum

Mit Hedigers tierpsychologischen Überlegungen zum Lebensraum eines Wildtiers in Gefangenschaft und der Einführung des Begriffs »Territorium« begann im deutschsprachigen Raum ein neues Kapitel in der Zooarchitektur. Auch wenn der Terminus der Staatstheorie entlehnt ist, gibt es eine Analogie zum Zoologischen Garten. Ein Hoheitsgebiet unterliegt der Kontrolle und der Gewalt des Staates. Ähnlich kann das Territorium im Tierpark definiert werden. Das Tier wähnt sich innerhalb der territorialen Grenzen, also der Begrenzungen durch Gräben, Zäune oder Mauern, in scheinbarer Freiheit, die jedoch vom Menschen kontrolliert wird.

Auch wenn die Gehegegrößen nun entsprechend dem zeitgenössischen Kenntnisstand um das Tierwohl angepasst wurden, musste jedes gefangene Tier in dem nachempfundenen Lebensraum mit andersartigen Anforderungen an sein neues Milieu zurechtkommen. Für den Besucher präsentierte sich wiederum eine gegenüber den Hagenbeck'schen Landschaftspanoramen weitaus natürlichere Umgebung mit Verstecken und intimen Bereichen für das Wildtier, die eine bühnenartige, von allen Zuschauerplätzen optimale Sicht einschränken.

Mit der Betrachtung des architektonischen Raums von seinen Grenzen her stellte sich unweigerlich die Frage nach seiner Wahrnehmung durch das Tier und den Zoobesucher. Ab den frühen Sechzigerjahren finden sich in der Typologie der Zoobauten erste Beispiele, die nicht nur dem Tier neue Bewegungsräume anbieten, sondern bei denen der Mensch auch als Akteur den Raum betritt. In der 1961 eröffneten Voliere Paradijshal im Tierpark Wassenaar bei Den Haag (Niederlande) konnte der Besucher erstmals das Gehege direkt durchqueren.

Die Hallenlänge von über 120 Metern ermöglichte den Vögeln eine freie Flugbahn. Bis heute gilt die Paradijshal als realisierter Prototyp der Voliere, wenngleich nicht als erster Entwurf. Denn schon ab 1956 hatte Heinz Graffunder das Alfred-Brehm-Haus geplant, dessen gläsernes Herzstück ebenfalls als begehbare Tropenhalle konzipiert war. In ihr sollte der Besucher flanieren und zwischen Pflanzen und Vögeln die Natur aus neuen Perspektiven erleben. Dieses Haus für Großkatzen, Kleinsäuger, Vögel, Reptilien und Pflanzen aus tropischen Klimazonen wurde nur zwei Jahre nach der Voliere in den Niederlanden eröffnet. Die DDR verfügte damals somit nicht nur über das weltweit größte Zoogebäude, sondern mit Heinz Graffunder auch über einen international führenden Architekten in dieser Baugattung. Es steht außer Frage, dass den Leistungen Graffunders intensive Recherchen und Studien der internationalen Trends sowohl in der Zooarchitektur als auch in der Tierhaltung zugrunde lagen.

13 Hediger, Heini: Vom Zwinger zum Territorium, in: Kirchshofer, Rosl (Hg.): Zoologische Gärten der Welt, Innsbruck 1966, S. 7.

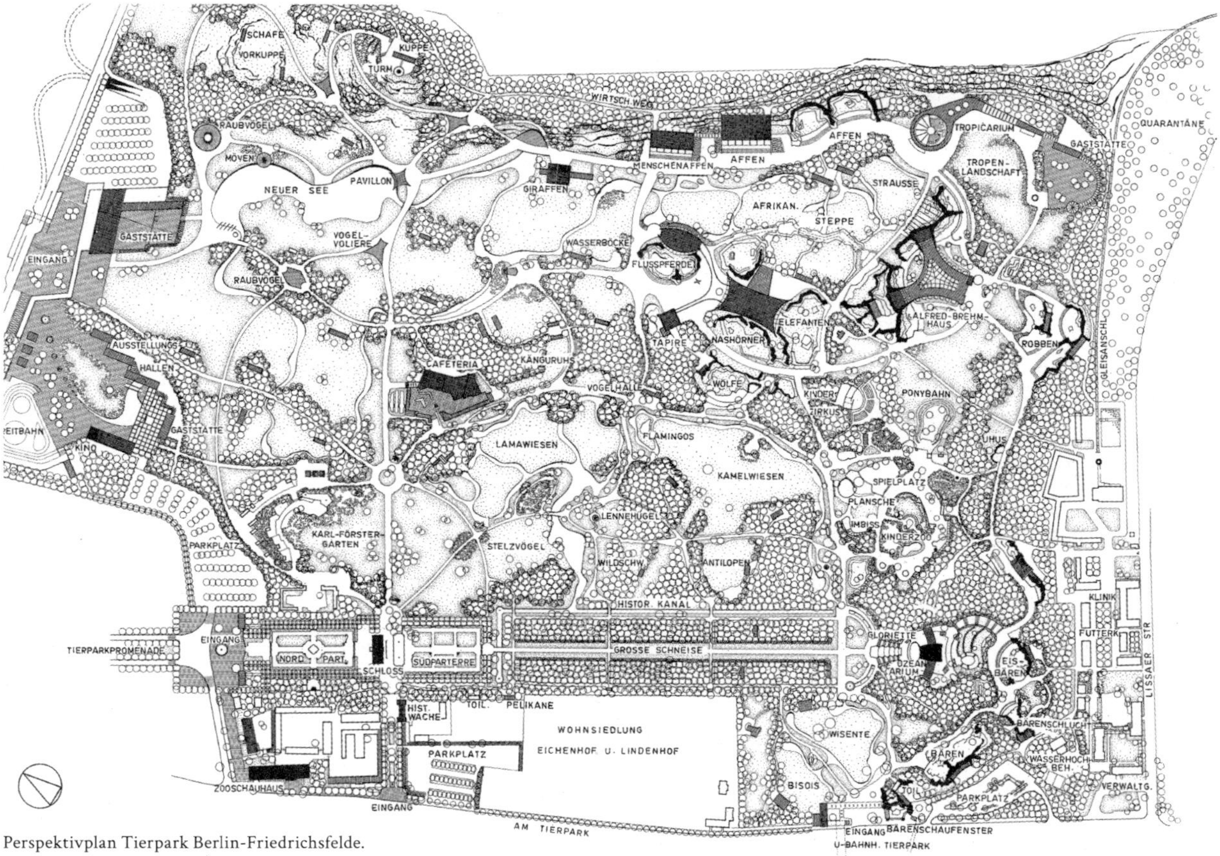

Perspektivplan Tierpark Berlin-Friedrichsfelde.
Deutsche Architektur, Heft 8 / 1964

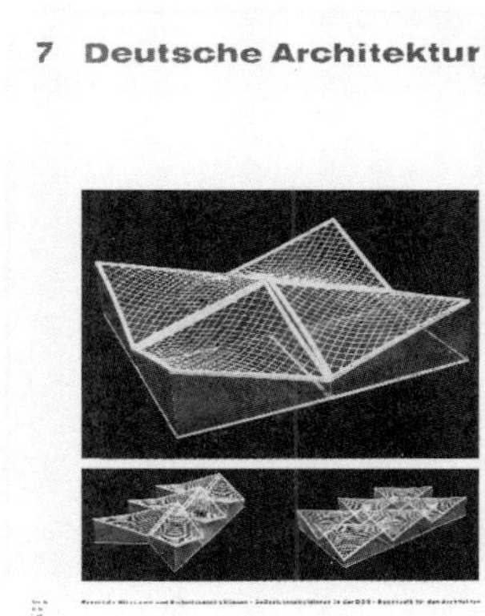

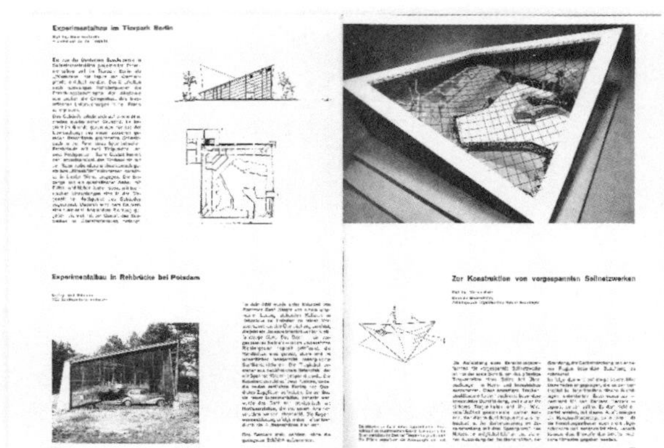

Linke Seite: Tierpark Berlin-Friedrichsfelde: Flusspferdanlage, Alfred-Brehm-Haus, Dickhäuteranlage, Tapirhalle. Perspektive, 1962.
Deutsche Architektur. Heft 7 / 1962

Oben: Ein von der Deutschen Bauakademie projektierter Seilnetz-Experimentalbau wurde nicht realisiert.
Deutsche Architektur. Heft 7 / 1962

»Heinz Graffunders Zoobauten in der DDR stellen nicht nur herausragende architektonische Meisterwerke dar, sondern wirken zugleich als lebendige Manifestationen einer Zeit, die das Verhältnis von Mensch und Tier auf innovative Weise zu gestalten versuchte.«

“Heinz Graffunder’s zoo buildings in the GDR are not only outstanding architectural masterpieces, but also serve as living manifestations of an era that endeavoured to shape the relationship between humans and animals in an innovative way.”

Natascha Meuser

Die Zoobauten von Heinz Graffunder

Heinz Graffunder (1926–1994) gehört zur ersten Generation der in der DDR ausgebildeten Architekten. Mit bedeutenden Bauten wie dem Palast der Republik und den Rathauspassagen in Berlin prägte er die DDR-Architektur auch in ihrer internationalen Wahrnehmung. Weniger im Rampenlicht standen seine Bauten für Tiere, die in Zoologischen Gärten entstanden. Mit diesen Werken avancierte er zum meistbeschäftigten Architekten seiner Generation, der sich der Typologie von Zoobauten verschrieben hatte.

Meuser, Natascha: Heinz Graffunder. Bauten und Projekte für Zoologische Gärten, Berlin 2021

Heinz Graffunder (1926–1994) gehört zur ersten Generation der in der DDR ausgebildeten Architekten.[1] Mit bedeutenden Bauten wie etwa der DDR-Botschaft in Budapest, dem Palast der Republik und den Rathauspassagen in Berlin prägte der gebürtige Berliner die DDR-Architektur auch in ihrer internationalen Wahrnehmung. Weniger im Rampenlicht stand Graffunder mit seinen Bauten für Tiere, etwa im Tierpark Berlin. Dort entwarf er unter anderem Häuser für Großkatzen und Dickhäuter. Zugleich waren diese Planungsaufträge Gegenstand einer theoretischen Reflexion, die er bei seinen Staatsbauten vermied. Heinz Graffunder hat seiner Nachwelt ein Konvolut kluger Texte hinterlassen, die auch heute noch zu einer veränderten Wahrnehmung von Zooarchitektur beitragen. Abseits historistischer und dekorativer Pfade erkannte er diese zugegebenermaßen seltene Bauaufgabe nicht nur als ernsthafte und inhaltlich anspruchsvolle Disziplin. Graffunder sah hier sogar eine besondere Herausforderung, werde doch dabei »die volle Meisterung einer architektonischen Aufgabe unter den vielfältigsten Bedingungen verlangt«[2]. Entsprechend prägte er die internationale Debatte über Zoobauten und zählt bis heute zu der immer noch sehr übersichtlichen Gruppe von Architekten, die eine eigene Theorie der Zooarchitektur entwickelt haben. Ins Zentrum seiner Planungen für Tiere stellte er die harmonische Einheit aus landschaftsplanerischen und architektonischen Elementen.

Graffunders Bauten für zoologische Gärten in der DDR setzten internationale Maßstäbe. Besonders deutlich kommt dies im Berliner Tierpark zum Ausdruck, wo die Ikonen der DDR-Zooarchitektur seit fast 70 Jahren erhalten geblieben sind. Indem die Errichtung der zoologischen Parkanlage in Berlin-Friedrichsfelde nach der Eröffnung 1955 sukzessive über die folgenden Jahrzehnte fortgesetzt wurde, entstand hier ein Panorama der Zooarchitektur der zweiten Hälfte des 20. Jahrhunderts – das in der allgemeinen Wahrnehmung allerdings kaum mit seinem innovativen Architekten Graffunder verbunden wurde und wird. In keinem der Tierparks, die Heinz Graffunder entwarf oder zu denen er Bauten beisteuerte, erinnert eine Gedenktafel an den Architekten. Beispiel Berlin: Populäres Gesicht des Tierparks

1 Vgl. Henselmann, Hermann: Der freie Architekt und das Projektierungsbüro, in: Schriftenreihe *Der Fünfjahrplan*, Band 12: Das neue Bauschaffen und die Bauwirtschaft, 1951, S. 64–72.

2 Man spricht über: Heinz Graffunder, *Tribüne* vom 10. August 1963.

in Friedrichsfelde war lange dessen Direktor Heinrich Dathe, der dieses Amt von der Gründung des Parks bis zum Jahr der Deutschen Einheit 1990 ausübte und somit gemeinhin auch als der Schöpfer des Erscheinungsbilds der Anlage gilt. In der Tat war Dathe als Bauherrenvertreter und Nutzer in sämtliche Planungsschritte Graffunders involviert.

Für die Planungen war die Zusammenarbeit von Graffunder und Tierparkdirektor Dathe von Beginn an von großer Bedeutung. Sie fußte auf gegenseitiger Sympathie, aus der sich über die Jahrzehnte eine enge Freundschaft entwickelte, was etwa in der erhaltenen Korrespondenz zum Ausdruck kommt.[3] Dieser produktiven Kooperation ist es wohl auch zu verdanken, dass Graffunder einer der ersten Architekten wurde, die sich bereits kurz nach dem Zweiten Weltkrieg substanziell und zukunftsorientiert mit planerischen Herausforderungen zoologischer Gärten in Verbindung mit moderner Architektur und einer modernen Auffassung von Tierhaltung befassten. Mit den praktischen Herausforderungen konfrontiert, die sich täglich beim Bau der Anlage in Friedrichsfelde ergaben, war er geradezu irritiert, dass, wie er selbst schreibt, kaum Fachliteratur zur Zooarchitektur vorlag.[4] Diesem Mangel wollte Graffunder abhelfen, indem er einen modernen Tierpark als eine Verbindung aus einwandfreier Pflege und Ausstellung der Tiere sowie einer geschmackvollen, ästhetisch gestalteten Anlage definierte.[5] Für die kommenden Jahrzehnte wegweisend sollten dann insbesondere seine ausführlichen theoretischen Planungskonzeptionen sein, die er am Beispiel des Tierparks Berlin entwickelte. Sie fußten auf seinen Bildungsreisen sowie auf dem regen Austausch mit Zoologen auch anderer tiergärtnerischer Anlagen.

Der anerkannte Zoologe Heinrich Dathe stellte sich für Heinz Graffunder als ein kongenialer Kooperationspartner heraus, der als Experte für Zoologie die Bedürfnisse der Tiere, aber auch die der Zoo-Besucher und seiner Mitarbeiter so formulieren konnte, dass Graffunder eine Basis für seine Architektur hatte. Andererseits waren es jedoch die Umtriebigkeit und die Popularität Dathes, der aufgrund seiner Medienpräsenz als Rundfunk- und Fernsehmoderator in der DDR-Bevölkerung weithin bekannt war, die verhinderten, dass Graffunder als Entwurfsverfasser der bahnbrechenden architektonischen Leistungen im Tierpark Berlin und anderswo unter Zoologen Anerkennung fand. Im Vordergrund der allgemeinen wie der fachlichen Wahrnehmung stand stets Dathe, der durch die Fernsehsendung *Tierpark-Teletreff* und die Radiosendung *Im Tierpark belauscht* als eine Art »Grzimek der DDR« besondere Beliebtheit genoss. So auch, als einen Tag vor dem achten Geburtstag des Tierparks der Ost-Berliner Oberbürgermeister Friedrich Ebert junior das Alfred-Brehm-Haus eröffnete. »Vor Hunderten Ehrengästen, unter anderem aus Indien, Italien, der ČSSR, aus Volkspolen, Österreich und Westdeutschland, dankte Prof. Dr. Dathe dem Architektenkollektiv, den Bauarbeitern, unzähligen NAW-Helfern [NAW: Nationales Aufbauwerk, Anm. d. A.] und allen Mitarbeitern des Tierparks, die mit Fachkenntnis, Elan und beispielhaften Arbeitstaten mitgeholfen haben, dieses schönste, größte und modernste Tierhaus aller zoologischen Gärten der Welt vorfristig fertigzustellen«[6], berichtete die *Berliner Zeitung* am 1. Juli 1963. Die Architekten blieben namenlos, obwohl es doch, wie Graffunder während der Entstehung des Bauwerks geschrieben hatte, nicht einfach gewesen war, »dieses in Kombination mit einer Tropenhalle einzigartige Objekt, bei dessen Gestaltung neue Wege gegangen werden, auch technisch richtig zum Funktionieren zu bringen«[7]. Immerhin wurde Heinz Graffunder 1969 für das Alfred-Brehm-Haus sowie für die Konzeption des Tierparks in Berlin mit dem Nationalpreis der DDR I. Klasse für Wissenschaft und Technik ausgezeichnet.[8] Er selbst hob immer wieder die kollegial verzahnte Arbeit aller Beteiligten hervor. So konnte laut Graffunder etwa beim Alfred-Brehm-Haus »bereits von einer großen kollektiven Leistung von Architekten, Zoologen und anderen Wissenschaftlern,

3 Im Archiv der Akademie der Künste Berlin ist aus den Jahren 1965 bis 1967 eine umfangreiche Briefkorrespondenz zwischen Heinz Graffunder und Heinrich Dathe dokumentiert.

4 Vgl. Graffunder, Heinz: Die Planungskonzeption des Tierparks Berlin, [Berlin?], [1956?], Archiv der Akademie der Künste Berlin, HGA, NL I, Ak 7, Mappe 5, Konv. 5, 5.

5 Vgl. Graffunder, Heinz: »Gloriette in Berlin«. Ein Bericht über den Aufbau des neuen Berliner Tierparks, Berlin 1957, Archiv der Akademie der Künste Berlin, 8.

6 Raubtiere im Eigen-Bau. Berlin erhielt größtes und modernstes Tierhaus, *Berliner Zeitung* vom 1. Juli 1963.

7 Graffunder, Heinz: Durch Bärenhöhlen und Wolfsschluchten, *Neues Deutschland* vom 21. Oktober 1956.

8 Vgl. Kuhrmann, Anke: Heinz Graffunder, in: Barth, Holger u. a. (Hg.): Vom Baukünstler zum Komplexprojektanten. Architekten in der DDR. Dokumentation eines IRS-Sammlungsbestandes biografischer Daten, Erkner 2000, S. 89–91, hier S. 89.

Gartenarchitekten, Bauingenieuren und Baubetrieben gesprochen werden, die in sozialistischen Arbeitsgemeinschaften zusammengeführt und von der staatlichen Leitung des Magistrates und besonders des Berliner Bauwesens vorbildlich unterstützt wurden«[9].

Beginn einer beruflichen Karriere

Als der Zweite Weltkrieg zu Ende ging, war Heinz Graffunder gerade volljährig geworden. In den Nachkriegsjahren herrschte vor allem im Bauhandwerk ein großer Mangel an Fachkräften wie Handwerkern, Architekten und Stadtplanern, die man für den Wiederaufbau im zerstörten Deutschland dringend brauchte. Graffunder entschied sich, den Beruf des Architekten zu ergreifen – wobei er sich zunächst profundes praktisches Wissen aus verschiedenen Teilbereichen des Bauens aneignete. Eigenen Angaben zufolge nutzte er »nach dem ersten Aufbau einer Wohnung verschiedene Gelegenheiten von 1945–47, so als Beleuchter und Elektriker und als Ofenmechaniker, um mich dann endgültig dem Bauberuf zu verschreiben. Ich begann als Bauhilfsarbeiter und Dachdeckerhelfer, wurde Maurerumlerner und machte 1949 meine Gesellenprüfung.«[10] Im Anschluss studierte er an den 1945/46 durch die Zusammenlegung von zwei Bauschulen entstandenen Vereinigten Bauschulen von Groß-Berlin, der späteren Staatlichen Ingenieur-Akademie für Bauwesen, die heute als Berliner Hochschule für Technik fortbesteht. Als Ingenieur für Hochbau schloss er sein Studium im Sommersemester 1952 mit Auszeichnung ab.

In der Zeitspanne zwischen Graffunders Entscheidung für den Architektenberuf und seinen ersten Arbeitserfahrungen nach abgeschlossenem Studium hatten sich die Arbeitsmöglichkeiten für ostdeutsche Architekten grundlegend gewandelt. Hatte die DDR aufgrund des Fachkräftemangels bis zu Beginn der Fünfzigerjahre noch private Planungsbüros und Architekten geduldet, so war sie später bestrebt, diese freien Berufe abzuschaffen. Bis 1952 wurden alle Stadtplanungsbüros zentralisiert. Im Sommer 1952 rief Walter Ulbricht, damals stellvertretender Vorsitzender des Ministerrats, offiziell den »Aufbau des Sozialismus in der DDR« aus. Das zeitigte auch Folgen für das Planen und Bauen. Bereits 1950 hatte sich der Rektor der Weimarer Bauhochschule Hermann Henselmann, der später Chefarchitekt von Ost-Berlin werden und als solcher Graffunder den Planungsauftrag für den Tierpark geben sollte, öffentlich für die Kollektivierung des Architektenberufs ausgesprochen, wobei er sich vom Wegfall des Wettbewerbs mehr künstlerische Freiheit versprach.[11] Nach der Gründung der DDR im Jahr 1949 waren keine neuen privaten Architektenbüros mehr zugelassen worden. Es begann die Zeit der Zentralisierung in Form der volkseigenen Projektierungsbüros oder Kollektive, die die gesamte DDR zentral beplanten und in jeder Stadt angesiedelt waren. Aber nicht nur in der Organisationsweise, auch inhaltlich wurde von Kunst und Architektur, wie vom Rest der Gesellschaft, eine Wandlung zum Sozialismus gefordert. So sollte zu Beginn der Fünfzigerjahre eine »realistische Kunst« funktional sein im Sinne einer Ausrichtung auf den Sozialismus stalinistischer Prägung.[12] Entsprechend wurde eine »sozialistische Architektur« entwickelt, die sich in Abkehr vom sogenannten Formalismus am Historismus nach dem Vorbild der sowjetischen Architektur ausrichtete sowie nach den im Ministerialblatt Nr. 25 vom 15. September 1950 verkündeten *16 Grundsätzen des Städtebaus*[13], die bis 1955 das offizielle Leitbild darstellten. Diese Vorgaben aus Moskau verlangten von vielen Architekten der noch jungen DDR, dass sie eine Kehrtwendung in ihren ästhetischen Überzeugungen zu vollziehen hatten. Auch die Lehrer und Förderer von Heinz Graffunder mussten in dieser Zeit oftmals ihre Herkunft aus der Bewegung des Neuen Bauens geradezu verbergen,[14] wenn sie nicht das Risiko von beruflicher Ausgrenzung auf sich nehmen wollten.

Im Kontext der konsequenten Verstaatlichung des Planens und Bauens wurde Graffunder am 1. Oktober 1952 beim VEB Bauprojektierung Groß-Berlin und später beim VEB Hochbau II von Groß-Berlin beziehungsweise VEB Berlin-Projekt angestellt.[15]

9 Graffunder, Heinz: Lebenslauf (1969), in: Meuser, Natascha: Heinz Graffunder. Bauten und Projekte für Zoologische Gärten, Berlin 2021, S. 256.

10 Ebenda, S. 255.

11 Vgl. Henselmann, Hermann: Der Architekt in der Deutschen Demokratischen Republik, in: Planen und Bauen, Nr. 7/1950, S. 362.

12 Vgl. Karrasch, Alexander: Die ›Nationale Bautradition‹ denken. Architekturideologie und sozialistischer Realismus in der DDR der fünfziger Jahre, (ZOOM – Perspektiven der Moderne, Bd. 2), Berlin 2015, S. 51.

13 Vgl. Pisternik, Walter; Raeschler, Heinz; Rebetzky, Gustav: Chronik Bauwesen. Deutsche Demokratische Republik 1945–1971, Berlin (Ost) 1974, S. 43.

14 Vgl. Topfstedt, Thomas: Vorwort, in: Barth, Holger u. a. (Hg.): Vom Baukünstler zum Komplexprojektanten, Erkner 2000, S. 17.

15 Vgl. Graffunder, Heinz: Lebenslauf (1969), in: a. a. O., S. 256.

»Ich bin 1952 von der Hochschule als junger Dachs gekommen, und mein erster größerer Auftrag bestand darin, ein Tanzcafé für den Friedrichshain zu projektieren«[16], berichtete er 1963 der Tageszeitung *Der Morgen*. Dieses Bauvorhaben wurde letztlich nicht realisiert, dafür entstand aber ein Wohnhaus in Berlin-Steglitz, auf das 1952/53 ein Junggesellenheim in Berlin-Friedrichshain folgte.[17] Man war offenkundig so zufrieden mit Graffunder, dass seine Befugnisse schnell erweitert wurden. 1953 beförderte man ihn vom »Projektleiter Wohnungsbau«[18] zum »Gruppenleiter Wohnungsbau und gesellschaftliche Bauten«[19]. Mit dem Auftrag zur Planung des Tierparks Berlin Friedrichsfelde im Jahr 1954 sollte sich seine Personalverantwortung noch einmal ausweiten: Er wurde zum »Kollektivleiter – Tierparks, Messebauten, Sportbauten, Verwaltungsbauten und Mitarbeit an zentralen Gebäuden«[20] berufen.

Am 5. März 1953 starb Josef Stalin in Moskau, was zu einem politischen Erdbeben in der sozialistischen Welt führen sollte. Nur wenige Wochen nach Stalins Tod, am 17. Juni 1953, kulminierte der Unmut der Bevölkerung der DDR über die politischen und wirtschaftlichen Verhältnisse im Land in einen Volksaufstand, der blutig niedergeschlagen wurde. Wenngleich es letztlich nicht zu den geforderten Liberalisierungen kam, so änderten sich doch die Rahmenbedingungen in der Kultur, vor allem auch im Bauwesen. Dessen ästhetische Vorgaben wurden in Abkehr von Stalins Klassizismus neu definiert; denn der neue sowjetische Staatschef Nikita Chruschtschow nutzte in besonderem Maße die Architektur, um etwa mit seiner Rede auf dem Allunions-Baukongress 1954 in Moskau den Beginn einer neuen, poststalinistischen Politik zu markieren. Unter dem Eindruck der akuten Wohnungsnot forderte Chruschtschow letztlich eine Rückbesinnung auf die Moderne. In der Folge kam es auch in der DDR ab 1955 zu einer Neuorientierung in Form der sogenannten Wende des Bauwesens.

16 Tierpark um ein Kleinod reicher. Wir stellen vor: Heinz Graffunder, unseren Tierparkarchitekten, *Der Morgen* vom 26. Juni 1963.

17 Vgl. Kuhrmann: Heinz Graffunder, S. 89.

18 Walther: Ltr. Durchführung d. Projektierung: Funktionsplan für Kollegen Heinz Graffunder Abt. 2024, 29. Mai 1965, Privatarchiv Heinz Tellbach, S. 2.

19 Ebenda. Vgl. dazu auch Graffunder, Heinz: Lebenslauf (1969), in: a. a. O., S. 256.

20 Walther: Ltr. Durchführung d. Projektierung, Funktionsplan für Kollegen Heinz Graffunder, S. 2.

Spiele für das Volk

Diese Übergangsphase, in der einerseits die Errichtung imposanter staatlicher Bauten finanziert wurde, andererseits aber eine moderne Formgebung dieser Repräsentationsarchitektur zugelassen war, ermöglichte das erste große Werk Graffunders in seiner letztlich realisierten Form: den Berliner Tierpark, der aus heutiger Sicht auch als ein Resultat der Charme-Offensive nach dem Volksaufstand interpretiert werden darf. Zwar existierte mit dem 1844 eröffneten Zoologischen Garten bereits ein relativ kleiner Tierpark in Berlin, der schon bald nach Kriegsende wieder geöffnet worden war – wenngleich mit eher übersichtlicher Tiervielfalt. Dieser Zoo lag jedoch im britischen Sektor und somit im Westen der Stadt. Ab Herbst 1953 wurde daher die Idee zur Gründung eines Tierparks im Ostteil der Stadt verfolgt,[21] wobei stark in den Vordergrund gestellt wurde, dass die Planungen unter Einbeziehung der Bevölkerung erfolgen sollten. Das Projekt war nicht unumstritten, wie der Direktor der neuen Anlage Heinrich Dathe zur Eröffnung 1955 konstatierte: »Freilich, es tauchten Zweifel auf, ob zwei so ähnliche Einrichtungen in Berlin überhaupt existieren könnten.« Als Beweggrund für die Gründung der Anlage wurde angeführt, dass sich die Ost-Berliner Bevölkerung diesen Tierpark gewünscht habe. Der SED-Führung ging es aber wohl vor allem darum, ihren neuen Kurs und die damit in Aussicht gestellte Verbesserung der Lebensverhältnisse in der DDR öffentlichkeitswirksam umzusetzen, indem Erholungs-, Kultur- und Bildungsangebote ausgebaut wurden.[22] Da bot sich die Schaffung eines sozialistischen Identifikationsobjekts geradezu an, das in der geteilten Stadt Ausdruck der Stärke der DDR sowie der Eigenständigkeit Ost-Berlins sein konnte.

Das Ost-Berliner Zooprojekt war besonders prestigeträchtig, aber nicht singulär. Die DDR verzeichnete in allen ihren 14 Bezirken die Gründung von neuen oder die Wiederherstellung von zerstörten Tierparks. Sämtliche Tiergärten waren den Kulturabteilungen der Kommunen zugeordnet und hatten als »naturwissenschaftliche Schule des Volkes« eine gesetzlich

21 Vgl. Dathe, Heinrich: Tierpark Berlin – Paradies für Tiere, Berlin, 07.05.1968, Archiv der Akademie der Künste Berlin, HGA – NL II, AK 13/3/Konv. 3, S. 2–3.

22 Den Erholungsaspekt hob Dathe besonders hervor. Aufgrund der großzügigen Planung sei der Tierpark für eine hohe Besucherkapazität gerüstet und verfüge dennoch über viele kleine Beobachtungs- und Ausruhmöglichkeiten. Vgl. Dathe, Heinrich: Tierpark Berlin – Paradies für Tiere, Berlin, 07.05.1968.

festgeschriebene Bildungsaufgabe zu erfüllen.[23] Dazu zählten auch viele durch das Nationale Aufbauwerk (NAW) erbaute Heimtiergärten, die ausschließlich heimische Tiere und Pflanzen präsentierten.[24] Der neue Zoo in Ost-Berlin sollte im Schlosspark Friedrichsfelde entstehen. Das war nicht nur praktisch, weil das um umliegende Flächen erweiterte Parkareal in etwa das Fünffache der Fläche umfasste, die der West-Berliner Zoo aufwies. Vor allem waren die Eigentümer des Parks, die Familie von Treskow-Friedrichsfelde, nach Kriegsende enteignet worden, so dass das verwilderte Gebiet einer neuen, nachhaltigen Nutzung harrte.

Mit der Mammutaufgabe, das Areal in einen sozialistischen Zoo umzuformen, wurde der damals erst 27 Jahre alte Heinz Graffunder durch Hermann Henselmann beauftragt. »Die landschaftliche Gestaltung, die gründliche Durcharbeitung von ganzen Komplexen, eine gute Verbindung zu all den natürlichen Gegebenheiten durch eine angepaßte architektonische Konzeption, das waren die Aufgaben, die mich reizten«, berichtete Graffunder später in *Der Morgen*. »Wir konnten ja nicht wild darauflosbauen, sondern mußten auch daran denken, daß die Gestaltung eines so großen Projektes sich nicht über ein paar Jahre, sondern über Jahrzehnte hinaus strecken wird.«[25] In diesem Sinne war der Tierpark in Graffunders Augen »ein Modellfall einer komplexen Planung im Weltmaßstab mit etappenweisem Aufbau«[26]. Es galt Einzelbauten mit Landschaftsarchitektur und Städtebau zu kombinieren. Dies alles konnte nur in Zusammenarbeit mit tiergärtnerischer Kompetenz und fachkundigen Ingenieuren und Baukräften bewältigt werden.[27]

Bei der Planung eines Tierparks waren Fragen der Arterhaltung mit Fragen gesellschaftlicher Bildung in Abwägung zu bringen. Denn für Graffunder war der Tierpark eine Einrichtung für alle Bevölkerungsschichten und Altersklassen, einerseits um die Jugend zur Achtung vor den Wundern der Natur und Lebewesen zu erziehen, andererseits als eine Forschungsstätte für Wissenschaftler zum Wohle der Menschen.[28] Passenderweise stellte Graffunder Kinder als Hauptzielgruppe eines zoologischen Gartens eigens heraus, sei doch primärer Zweck eines Zoos, dass »selbst die Kleinsten einen innigen Kontakt zum Tier herstellen«[29].

Nachdem über diplomatische Kanäle mit der sowjetischen Militärverwaltung geklärt war, den benachbarten Übungsplatz der Roten Armee zu verlegen, stand dem flächenmäßig größten Kulturprojekt in Ost-Berlin nichts mehr im Wege. Am 27. August 1954 beschloss der Ost-Berliner Magistrat, seinen eigenen Tierpark zu bauen.[30]

Bereits fünf Tage vor dem Beschluss hatte Heinz Graffunder in der *Berliner Zeitung* über einen Zoo sinniert, der »eine Stätte der Forschung und Anschauung, des Lebens und Begreifens«[31] sein solle, und dies sogar mit ersten Skizzen illustriert. Er warb für die Erhaltung von Schloss Friedrichsfelde und auch weitgehend der barocken Parkanlage. Inwiefern das spätere Erscheinungsbild das Resultat des vorher so stark in den Vordergrund gestellten partizipativen Prozesses war oder doch eher das Ergebnis starker politischer Steuerung, bleibt ein Geheimnis der Geschichte. Auch Heinrich Dathe meldete sich im September 1954 – damals stellvertretender Direktor des Leipziger Zoos und noch gar nicht offiziell zum Berliner Tierparkdirektor berufen – in der *Berliner Zeitung* zu Wort und formulierte ebenfalls sehr genaue Vorstellungen vom zu realisierenden Zoo-Areal: »Das Gelände vor dem Schlösschen kann zu einem zauberhaften Barockgarten umgestaltet werden, und der jetzt ziemlich erwachsene Park dahinter wird für die Bedürfnisse der Besucher und Tiere geordnet, ohne daß sein Charakter angetastet zu werden braucht. Die Wasserflächen werden neu hergerichtet und mit

23 Statut für Grundsätze der Tierparks vom 31.10.1971, vgl. Dathe, Heinrich: Zur Einführung, in: Ders. (Hg.): Tiergärten der Deutschen Demokratischen Republik, Berlin 1987, S. 3. Vgl. auch Schädlich, Matthias: Die Entwicklung der Haltungsbedingungen von Wildtieren im Freistaat Sachsen im Zeitraum von 1996 bis 2001 unter besonderer Berücksichtigung der Haltungsbedingungen von Großbären (Ursidae), Diss. Universität Leipzig 2003, S. 12.

24 Vgl. Dathe, Heinrich: Zur Einführung, in: Ders. (Hg.): Tiergärten der Deutschen Demokratischen Republik, S. 3. Schädlich, Matthias: Die Entwicklung der Haltungsbedingungen von Wildtieren im Freistaat Sachsen im Zeitraum von 1996 bis 2001, S. 11.

25 Tierpark um ein Kleinod reicher. Wir stellen vor: Heinz Graffunder, unseren Tierparkarchitekten, *Der Morgen* vom 26. Juni 1963.

26 Graffunder, Heinz: Lebenslauf (1969), in: a.a.O., S. 256.

27 Vgl. Graffunder, Heinz: Die Planungskonzeption des Tierparks Berlin, 1956, Archiv der Akademie der Künste Berlin, HGA, NL I, Ak 7, Mappe 5, Konv. 5, 5.

28 Vgl. Graffunder, Heinz: Vortrag zur Gesamtplanungsarbeit des Tierparks Berlin. Vortragsreihe zur Projektierung des Tierparks Berlin, 1959, Archiv der Akademie der Künste Berlin.

29 Graffunder, Heinz: »Gloriette in Berlin«, S. 4.

30 Vgl. dazu unter anderem Mohnhaupt, Jan: Die Konkurrenz der Tiere, *Der Tagesspiegel* vom 20. Juni 2015; Dathe, Heinrich / Berlin-Information (Hg.): Tierpark Berlin, Berlin (Ost) 1970, S. 4.

31 Graffunder, Heinz: Ein Fachmann über einen Tierpark in Berlin, *Berliner Zeitung* vom 22. August 1954.

Ziergeflügel besetzt, und aus dem Dickicht werden Damwild und andere zierliche Hirschformen zur Freude der Beschauer heraustreten. Die größeren Bauten für Dickhäuter, Raubtiere, Affen usw. werden an den Rand des jetzt noch nicht mit Bäumen bestandenen Geländes gerückt. Dort müssten erst noch Bäume und Strauchwerk gepflanzt werden, denn die meisten Tiere brauchen Schatten und sind einer dauernden Sonnenbestrahlung abhold.«[32]

Dathes Beitrag zeigte Wirkung auf vielen Ebenen. In der von der Akademie der Wissenschaften der DDR herausgegebenen populärwissenschaftlichen Zeitschrift *Wissenschaft und Fortschritt* etwa wurde im Dezember 1955 der Berliner Tierpark ausgehend von der Parkstruktur als Paradebeispiel eines zeitgenössischen Zoos beschrieben: »Das Bestreben der modernen Tiergärtnerei ist es, parkähnliche Anlagen zu schaffen, in denen typische Tiere – meist in größeren Gruppen – in weiten, geräumigen Gehegen untergebracht sind. Ein solcher Tierpark ist also anders eingerichtet als ein zoologischer Garten, der auf gedrängtem Raum möglichst viele Arten der wichtigsten Tiergruppen zeigen will.«[33] Dies war dem Verfasser des Artikels zufolge auch der Grund, zwei zoologische Gärten in Berlin zu etablieren, denn beide Anlagen hätten ganz unterschiedliche Ausrichtungen – wobei freilich das DDR-Projekt sowohl moderner als auch besser sei. Die Aufgaben der Tiergärtnerei sah er darin, ein tieferes Interesse der Besucher an den Tieren zu wecken, indem diese beobachtet und miteinander verglichen werden könnten. Darüber hinaus könnten Grundzüge der Naturabläufe kennengelernt und Einblicke in die besonderen Bedürfnisse, Lebensweisen und in das Verhalten der Tiere gewonnen werden. Der Tiergarten sei als eine Ergänzung zum Biologieunterricht zu verstehen, er sei eine Forschungsstätte und diene der Entspannung und Erholung der Werktätigen. Diese Aussagen sollten sich später immer wieder im Selbstverständnis der Tierparks der DDR wiederfinden.

Ende Oktober 1954 begannen die Projektierungsarbeiten auf dem Schlossparkgelände in Berlin Friedrichsfelde.[34] Zur gleichen Zeit zog der Stab um Graffunder ins Schloss Friedrichsfelde, um von dort aus nicht nur die symbolische Grundsteinlegung am 30. November 1954 vorzubereiten, sondern auch um bis zum Beginn der ersten Erdarbeiten am 8. April 1955 die Gesamtplanung beziehungsweise die Planung der ersten Bauabschnitte zu entwickeln.

Ursprünglich sollte der Tierpark am 1. Mai 1955 eröffnet werden, jedoch verzögerte eine außergewöhnliche Kälteperiode die ohnehin sehr kurzfristig und somit teils etwas improvisiert stattfindenden Bauarbeiten. Diese waren auch noch nicht beendet, als der Park letztlich am 2. Juli 1955 mit einem großen Festakt eingeweiht wurde, an dem neben vielen hochrangigen internationalen und nationalen Gästen auch Wilhelm Pieck, erster und einziger Präsident der DDR, sowie Ost-Berlins Oberbürgermeister Friedrich Ebert junior teilnahmen.[35] Im bei der Eröffnung fertiggestellten ersten Bauabschnitt waren etwa 60 Hektar Fläche freigegeben worden, was im Wesentlichen dem Areal des einstigen Schlossparks entsprach.[36]

Eine bedeutende Rolle in der Anfangszeit des Tierparks Berlin spielten Tausende freiwillige Helferinnen und Helfer des Nationalen Aufbauwerks. Diese »Masseninitiative« war im November 1951 aus der Nationalen Front – dem Zusammenschluss aller Parteien und Massenorganisationen der DDR unter Führung der SED – heraus als »Bewegung für den Aufbau der Hauptstadt Berlin« gegründet worden. Später wurde sie auf das gesamte DDR-Gebiet ausgeweitet. Bürgerinnen und Bürger sollten sich in ihrer Freizeit – mehr oder minder – freiwillig sowie unbezahlt in Projekten für die Allgemeinheit (Kulturhäuser, Park- oder Freizeitanlagen) engagieren. So wurden auch die Ost-Berliner in die Errichtung des Tierparks miteinbezogen. Ziel war es, eine starke Identifikation der Bevölkerung mit dem sozialistischen Vorzeigeprojekt zu erreichen.

Obwohl in den DDR-Medien immer wieder lobend von den investierten Arbeitsstunden und den gemeinsam erreichten großartigen Ergebnissen berichtet wurde[37] und obwohl von Partei und Gewerkschaft politischer Druck ausging, um die Bewegung

32 Dathe, Heinrich: Tiergärtner meldet sich zu Wort, *Berliner Zeitung* vom 8. September 1954.
33 Gottschalk, Rudolph: Der Berliner Tierpark, in: Wissenschaft und Fortschritt, Heft 12/1955, S. 308.
34 Vgl. Dathe: Tierpark Berlin, S. 4.
35 Vgl. Blaszkiewitz, Bernhard (Hg.): 50 Jahre Tierpark Berlin. Eine Chronik in Bildern, Berlin 2005, S. 9.
36 Graffunder: »Gloriette in Berlin«, S. 4.
37 Geleistet wurden laut Tierparkdirektor Dathe insgesamt 290.000 Aufbaustunden, vgl. *Berliner Zeitung* vom 5. Januar 1961.

des NAW aufrechtzuerhalten, ermattete der Enthusiasmus in der Bevölkerung recht bald. Ende der Sechzigerjahre wurde das NAW aufgelöst. Seitdem waren breit angelegte sogenannte Mach-mit-Wettbewerbe wie etwa *Schöner unsere Städte und Gemeinden – Mach mit!* darauf ausgerichtet, in der Bevölkerung durch freiwillige Arbeit das Bewusstsein für die Gestaltung und die Verschönerung ihres Wohnumfelds zu stärken.

Graffunders erster Großbau

Über das, was einmal das Alfred-Brehm-Haus sein würde, hatten Dathe und Graffunder erstmals in einer Pressekonferenz am 31. August 1956 berichtet: ein Universal-Warmhaus in Form einer liegenden Sphinx, das ganzjährig Großkatzen zeigen würde und dessen Baubeginn für den Oktober 1956 geplant war.[38] In der Tat erfolgte der erste Spatenstich am 4. Oktober 1956 im Vorfeld des siebten Gründungstags der DDR (7. Oktober).[39] In der SED-Tageszeitung *Neues Deutschland* beschrieb Graffunder den Bau detailliert und präsentierte eine Skizze des Eingangs.[40] Wenige Tage später wurde der Presse und Mitgliedern des Fördervereins *Freunde des Tierparks* ein Modell des Raubtierhauses vorgestellt, an dem Graffunder vor allem die große Tropenhalle erläuterte.[41] Im Winter 1957 war das Kellergeschoss des Raubtierhauses fertiggestellt. Geplant war der Bauabschluss für den Herbst 1958, doch bereits im Dezember 1957 wurde die Eröffnung auf 1959 verschoben.[42] Das Richtfest am 3. Oktober 1959 fand »zu Ehren des zehnten Jahrestages der Deutschen Demokratischen Republik«[43] statt.[44] Auch baufachlich Unkundigen war nun klar, dass eine Eröffnung des Tierhauses im Jahr 1959 unrealistisch geworden war. Im Januar 1960 kündigte das *Neue Deutschland* optimistisch die Eröffnung noch im gleichen Jahr an.[45] Doch Materialknappheit und Fachkräftemangel führten immer wieder zu Verzögerungen. Erst 1963 war die tatsächliche Inbetriebnahme möglich.[46] Der Ost-Berliner Oberbürgermeister Friedrich Ebert junior eröffnete in Anwesenheit von Hunderten nationalen und internationalen Ehrengästen das Gebäude schließlich am 30. Juli 1963, dem Vortag des achten Geburtstags des Tierparks.[47] Der Bau wurde darüber hinaus als »Geschenk« zum 70. Geburtstag von Walter Ulbricht deklariert.[48] Auch westdeutsche Medien nahmen Notiz und würdigten das Großkatzenhaus als größtes Tierhaus der Welt.[49]

In den Folgejahren wurde das Alfred-Brehm-Haus – benannt nach dem wohl bekanntesten deutschen Zoologen des 19. Jahrhunderts – aufgrund seiner neuartigen Konzeption immer wieder von hochrangigen internationalen Gästen sowie Architekten-Delegationen besichtigt.[50] Die Besucher passierten Innengehege, die den Tieren durch eine Schleuse den Gang in ein Außengehege ermöglichten. Außerdem konnten die Gäste die gläserne Tropenhalle durchschreiten. Die Architektur präsentierte – wie man wohl heute sagen würde – ein Erlebnismuseum mit echten Tieren. Zweifellos baugeschichtlich innovativ war das von Graffunder auch in Vorträgen immer wieder hervorgehobene Verständnis von »Haus« im Zusammenhang mit der Zooarchitektur, wie es insbesondere in der Felsenhalle zum Ausdruck kam. Deren Planung beschrieb er als ein »freies Entwickeln der Funktionen und landschaftseinbeziehender Raumgestaltung unabhängig vom alles überspannenden Dach«[51]. Noch einen Schritt weiter mit seiner Idee einer »Klimahülle«

38 Vgl. Modernes Raubtierhaus entsteht, *Berliner Zeitung* vom 1. September 1956.
39 Vgl. Bau des Raubtierhauses, *Berliner Zeitung* vom 2. Oktober 1956.
40 Vgl. Graffunder, Heinz: Durch Bärenhöhlen und Wolfsschluchten, *Neues Deutschland* vom 21. Oktober 1956.
41 Vgl. Usch: Raubtierhaus wurde im Modell begutachtet, *Berliner Zeitung* vom 23. Oktober 1956.
42 Vgl. Rei.: Raubkatzen hinter Glaswänden, *Berliner Zeitung* vom 11. Dezember 1957.
43 Michaelis: Pressemitteilung Nr. 72 / 59: Das Alfred-Brehm-Haus wird gerichtet, Berlin, 29.09.1959, Tierpark Berlin, S. 1.
44 Vgl. Blaszkiewitz: 50 Jahre Tierpark, S. 43; Jupp: Richtkrone über Löwenherberge, *Berliner Zeitung* vom 3. Oktober 1959.
45 Vgl. Rei.: Noch in diesem Jahr: Einzugsschmaus im Raubtierhaus, *Neues Deutschland* vom 22. Januar 1960.
46 Vgl. N.N.: Tierpark um ein Kleinod reicher, *Der Morgen* vom 26. Juni 1963.
47 Vgl. u. a. Blaszkiewitz: 50 Jahre Tierpark, S. 68–72; Michaelis: Pressemitteilung Nr. 48 / 63, S. 1; EB: Raubtiere im Eigen-Bau, *Berliner Zeitung* vom 1. Juli 1963; Otto, Siegfried: Neue Heimat Raubtierhaus, *Neues Deutschland* vom 21. Juli 1963.
48 Vgl. EB: Raubtiere im Eigen-Bau, S. 5.; I. L. / Aldo: Hausschlüssel am Hals eines Löwen, *Der Morgen* vom 1. Juli 1963.
49 Vgl. Grzimek, Bernhard: Das grösste Tierhaus der Welt, in: Das Tier, Nr. 3 / 1965, S. 40–43.
50 Vgl. USA-Gast im Tierpark, *Neue Zeit* vom 29. November 1964; Ein Bau von bewunderungswürdiger Schönheit, *Neues Deutschland* vom 13. März 1964.
51 Vgl. Graffunder, Heinz: Diskussionsbeitrag 9. Plenum DBA, Arch. BdA Graffunder – VEB Berlin-Projekt, Berlin, 13.12.1963, Archiv der Akademie der Künste Berlin, HGA NL I – AK 12/1/5. Vgl. auch Zoologischer Garten Leipzig: Programmentwurf für das 1. Symposion »Architektur und Technik im Zoo«, veranstaltet vom Zoologischen Garten Leipzig am 29. und 30. März 1968 im Bachsaal des Kongresshallengebäudes. Vortrag von Architekt BdA Graffunder, Berlin, 29.03.1968: Die Zoogestaltung aus der Sicht des Hochbauarchitekten und Städtebauers, [Leipzig], [1968], Archiv der Akademie der Künste Berlin, HGA NL I, AK 7 / Mappe 5, Konv. 3.

ging er später beim Entwurf der – letztlich unrealisiert gebliebenen – Tapirhalle (1962), die er nicht als eine Binderkonstruktion konzipierte, sondern mithilfe von Transparenz vermittelnden Seilnetzwerken.

Typisierung und Industrialisierung

Um 1960 war die Architektur der DDR von Zentralisierungstendenzen geprägt. Der überwiegende Teil der Architekten arbeitete mittlerweile in den Bauämtern der DDR-Bezirke und -Kreise und war in staatlich kontrollierte Kollektive eingebunden – im Sinne der Partei eine gewichtige Fortentwicklung der sozialistischen Wirtschaft. Die ästhetischen Komponenten der Baukunst und die ökonomischen Komponenten des Bauwesens oblagen nun einem einzigen Entscheidungsträger, dem Staat. Ideologischer Rückenwind kam abermals aus Moskau. Die von Chruschtschow schon 1954 geforderte Industrialisierung des Wohnungsbaus, verbunden mit der Gründung von Wohnungsbaukombinaten, ließ die Architekten immer mehr zu Akteuren der Massenproduktion werden. Nahezu alleiniger Auftraggeber für Bauaufgaben war mittlerweile der Staat, der mit dem Schwerpunkt auf Standardisierung, Typisierung und Normung die Grundlagen für ein effizientes Bauen zu schaffen versuchte. Während der 1. Baukonferenz der DDR im Jahr 1955 formulierten die Teilnehmer ein Programm der umfassenden Industrialisierung und Typisierung des Bauens. Die aus der Industrialisierung resultierende Gleichförmigkeit geriet in den Architekturkollektiven aber zunehmend in die Kritik, so dass auf der 4. Baukonferenz der DDR 1966 die Überwindung der Monotonie im Bauwesen auf die Tagungsordnung gesetzt wurde.

Von dieser Entwicklung war Graffunder mit seinen Mitarbeitern als Sonderstab vorerst verschont geblieben. Denn trotz der in Anbetracht begrenzter Ressourcen unternommenen Rationalisierungstendenzen im Bauwesen wurde weiter in repräsentative Bauten investiert – und man beauftragte auch Graffunder mit seinem Kollektiv für ihre Realisierung. So leitete er im VEB Hochbau-Projektierung II Berlin von 1957 bis 1960 die Planung und Errichtung des Freibads in Berlin-Pankow – teils ohne zusätzliche Bezahlung, wie die *Berliner Zeitung am Abend* berichtete: »Zusammen mit dem Kollektiv Hinkefuß (Vorprojektierung und Grünplanung) leisteten die Architekten in gemeinsamer, freiwilliger Arbeit Werte von über 100.000 DM.«[52] »Auch hier«, schrieb Graffunder selbst ganz im Sinne der Staats- und Parteiführung, »konnte die selbstlose Arbeit des gesamten Kollektives dazu beitragen, dass ein neues Stück demokratisches Berlin geschaffen wurde.«[53]

Von 1963 bis 1965 folgte die Planung der DDR-Botschaft in Budapest. Auch bei diesem Projekt im »sozialistischen Ausland« hob Graffunder hervor, dass Bauen ein Produkt einer kooperierenden Gemeinschaft sei. »Die von mir geleitete Projektierung der DDR-Botschaft in Budapest stellt im Kollektiv unter Beweis, dass auch direktes Bauen außerhalb unserer Grenzen progressiv, vertrauensvoll und zuverlässig durchgeführt werden kann.«[54]

Zuvor, 1962, hatte Graffunder als verantwortlicher Mitarbeiter beim international ausgeschriebenen Architekturwettbewerb zur Gestaltung des Hauptbahnhofs in Sofia den ersten Preis errungen.

In die zoologischen Gärten und Tierparks der DDR wurde weiter investiert. Denn die Anlagen erzielten schon früh eine große Breitenwirkung bei verschiedenen Altersklassen und Bevölkerungsschichten mit sehr differenzierten Interessen. Glaubt man den offiziellen Zahlen, hatten die Tiergärten in der DDR um 1960 jährlich insgesamt etwa sechs Millionen Besucher.[55] Graffunder wurde als anerkannter Experte immer wieder zu Rate gezogen. »Der Architekt arbeitet jetzt an den Perspektivplänen der Zoologischen Gärten in Halle, Cottbus und Rostock und an einem Entwurf für eine Meerestierstation für Warnemünde. Direkt an der Einfahrt zum Hafen werden Delphine im Wasser spielen, unmittelbar dazu gehört eine Tanzgaststätte, und unterirdisch ist eine Bar installiert, von der aus man den Fischen durch Bullaugen auf den Bauch gucken kann. Auch hier werden landschaftliche und ingenieurmäßige Gestaltung eine kompositorische Einheit bilden«,[56] berichtete die Zeitung *Tribüne* am 10. August 1963, kurz nach der Eröffnung des medienwirksamen Alfred-Brehm-Hauses.

Ab Ende der Sechzigerjahre wurde das Kollektiv Graffunder stärker in den städtischen Wohnungsbau eingebunden, weshalb

52 Das Porträt: Tierpark-Architekt, *Berliner Zeitung am Abend* vom 19. August 1960.
53 Graffunder, Heinz: Lebenslauf (1969), in: a. a. O., S. 256.
54 Ebenda.
55 Dathe, Heinrich (Hg.): Der Zoologische Garten Leipzig. Eine Stätte der Wissenschaft, Leipzig 1961, S. 5.
56 Man spricht über: Heinz Graffunder, *Tribüne* vom 10. August 1963.

seine Beschäftigung mit Zooarchitektur in den Siebzigerjahren zum Erliegen kam. Auch Graffunder selbst stellte sich bei seinen Entwürfen nun den Fragen der industriellen Vorfertigung, so etwa bei der mit Eckart Schmidt von 1964 bis 1966 vorgenommenen Projektierung der Apartmenthäuser an der Berliner Friedrichsgracht – eine Übung für das nächste, weitaus repräsentativere Bauvorhaben mit standardisierten Bauelementen. Mit dem Projekt der Rathauspassagen in Ost-Berlin, einer Kombination aus Wohnungs- und Gesellschaftsbau mit Freizeitangeboten am Fernsehturm, das rekonstruierte historische Objekte wie die Marienkirche, das Rathaus oder den Neptunbrunnen miteinbezog,[57] befasste sich Graffunder zwischen 1967 und 1972. »Damit war für mich und mein Kollektiv zugleich ein vorläufiger beruflicher Höhepunkt in der Übertragung der Aufgabe der Gestaltung des Komplexes Rathaus- / Liebknechtstraße gemeinsam mit dem Kollektiv des Genossen Wolfgang Radke und der Leitung des Kombinates und vielen weiteren, großartig arbeitenden Kollektiven erreicht worden«, schrieb Graffunder 1969 während der Planungsphase. »Ich konnte und kann hier mit allen meinen Kräften dazu beitragen, dass ein neues Stück Berlin, ein Ensemble auf der Grundlage einer umfassenden sozialistischen Gemeinschaftsarbeit neuer Qualität und als echte Schrittmacherleistung im Entstehen begriffen ist.«[58]

Die allseitig frei stehende Passage zwischen Rathaus-, Gruner- und Littenstraße auf einem 13.000 Quadratmeter großen Grundstück stellt eine Kombination aus Wohnen und öffentlichem Bereich dar. Gefertigt wurde der Komplex als vertikale Überlagerung in Vollmontagebauweise, wobei die Großtafelbauweise für den fünfgeschossigen und 43 Meter hohen Wohnungsbau und die Stahlbetonskelettbauweise für den dreigeschossigen Ladenbau zur Anwendung kam. Sockelbereich und Längsfassaden der Scheiben wurden mit Waschbetonfertigteilen errichtet. Bei den Brüstungen der Wohngeschosse kamen blaue Mosaiksteine, bei den Giebeln helle keramische Platten zum Einsatz. Das von Le Corbusiers Idee einer Wohnmaschine inspirierte Objekt umfasste 60.000 Quadratmeter Gesamtbruttofläche und 1.665 Wohneinheiten. Die Gesamtanlage verfügte über ein durchgängiges Dachterrassengeschoss mit zahlreichen gesellschaftlichen Einrichtungen, die für die Bewohner als eine »neutralisieren Pufferzone« zwischen öffentlichen und privaten Bereichen konzipiert wurden.[59] Auch heute noch sind die Rathauspassagen, die zwischen 2002 und 2004 saniert und umgebaut wurden (RKW Rhode Kellermann Wawrowsky und Kny & Weber) ein bevorzugter Wohnstandort.

Bauten für Volk und Staat

Nachdem Walter Ulbricht am 3. Mai 1971 als Erster Sekretär des Zentralkomitees der SED zurückgetreten war, versprach sein Nachfolger Erich Honecker bei seinem Amtsantritt eine signifikante Verbesserung der kulturellen, sozialen und materiellen Lebensbedingungen in der DDR. Zum Ausbau des Sozialstaates zählte unter anderem ein ambitioniertes Wohnungsbauprogramm: Ziel war es, bis 1990 das Problem der Wohnungsknappheit in der DDR zu lösen. Die Wohnungsbauserie 70 (WBS 70), eine Weiterentwicklung der Vorgängerserie P2, sollte die Versorgung der DDR mit Neubauwohnungen noch effektiver machen. Mit dem von der Deutschen Bauakademie (Ost) und der Technischen Universität Dresden zu Beginn der Siebzigerjahre entwickelten und erstmals 1973 in Neubrandenburg angewandten standardisierten Bauprogramm, das auf reduzierte Typenkataloge und massenhaft vorgefertigte Bauteile für Wohnplattenbauten setzte, sollte zügig und materialsparend eine noch größere Zahl von Wohnungen entstehen. Der Schwerpunkt des DDR-Wohnungsbaus verschob sich von den Innenstädten in Randlagen.

Als in Ost-Berlin laut Magistratsbeschluss ein »Investitionsvorrang für das Wohngebiet 1 im Fennpfuhl«[60] vorzunehmen war, wurde Graffunder im August 1971 zum Leiter der Arbeitsgruppe Bauwesen berufen. Zwischen 1971 und 1973 projektierte Graffunder zusammen mit Lothar Köhler Hochbauten für die Wohnkomplexe im Wohngebiet Leninallee / Ho-Chi-Minh-Straße (heute Landsberger Allee / Weißenseer Weg) am

57 Vgl. Graffunder, Heinz: Neue Bebauung der Rathausstraße, in: Deutsche Architektur, Heft 6 / 1973, S. 340–353.

58 Graffunder, Heinz: Lebenslauf (1969), in: a. a. O., S. 256.

59 Vgl. dazu u. a. Graffunder, Heinz: Neue Bebauung der Rathausstraße, in: Deutsche Architektur, Heft 6 / 1973, S. 340–353.

60 Krause, F.: Berufung als Leiter der Arbeitsgruppe Bauwesen. VE Wohnungsbaukombinat Berlin, Brief an Heinz Graffunder, Berlin, 25.08.1971, Privatarchiv Heinz Tellbach, S. 1.

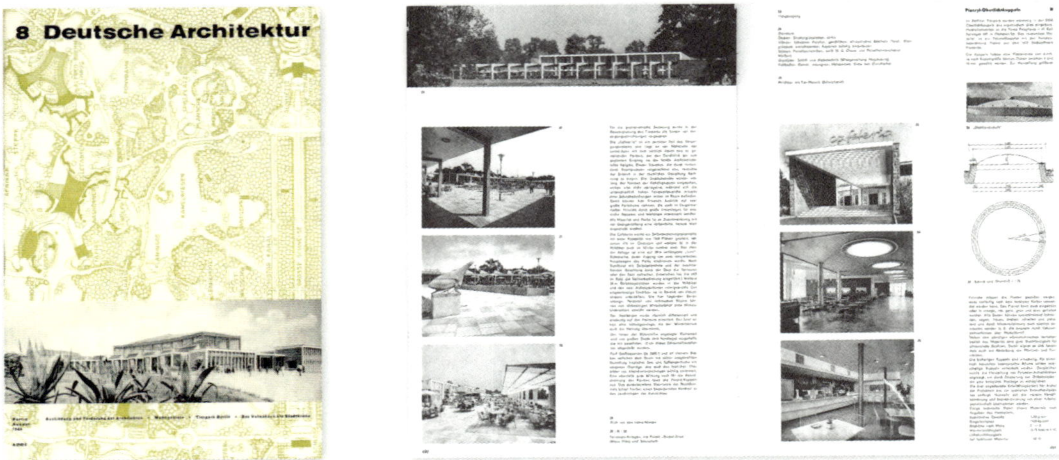

Das Alfred-Brehm-Haus in der zentralen Architekturfachzeitschrift der DDR, Innenseiten und Titelblatt.
Quelle: Deutsche Architektur, Heft 8/1964

Fennpfuhl in Lichtenberg-Nord.[61] Für etwa 50.000 Einwohner entstand auf 175 Hektar Fläche in Vollmontagebauweise unter Anpassung und Weiterentwicklung von Typenentwürfen ein Neubaukomplex, der sich in drei Wohngebiete und ein Hauptzentrum sowie Nebenzentren gliederte. Nach dem sensibel eingefügten Apartmenthaus an der Friedrichsgracht und den großstädtischen Rathauspassagen vollzog Graffunder mit diesem Komplex im Fennpfuhl einen Maßstabssprung im Wohnungsbau, der bautechnisch durch die Einführung der WBS 70 möglich geworden war. Bautypologisch ist das Wohngebiet den sowjetischen Mikrorajons zuzuordnen, die zu jener Zeit in der gesamten sozialistischen Welt entstanden. Dank logistisch optimierter Fertigungs- und Montagetechniken war es möglich geworden, Wohngebiete in der Größe einer Kleinstadt samt Versorgungs- und Bildungsbauten binnen weniger Jahre zu errichten. Für die DDR waren derartige Großprojekte eine wichtige Komponente, um sich international als leistungsfähiger Staat zu präsentieren. Graffunder hatte dazu zwar einen bedeutenden Beitrag geleistet, reihte sich als Architekt aber in den Kreis der anonymen Planer ein, die die Richtwerte und Ziele der Wohnungsbaupolitik zu erfüllen hatten.

Mit dem nächsten Großprojekt rückte er jedoch wieder aus dem Schatten der Anonymität. Wie sich sein ehemaliger Mitarbeiter Heinz Tellbach erinnert, erhielt Graffunder direkt vom damaligen DDR-Bauminister Wolfgang Junker den Auftrag für die Planung eines Mehrzweckgebäudes zwischen Staatsratsgebäude und Lustgarten.[62] Ohne sonst üblichen Architektenwettbewerb begann das Kollektiv mit der Projektierung des größten politischen Funktions- und Repräsentationsbaus der DDR, der die Staatsmacht verkörpern und zugleich die Nähe des SED-Regimes zum Volk demonstrieren sollte. Das neue Haus musste zentralistisch sein, aber auch flexibel einsetzbare Bereiche bieten. Es sollte als Sitz der Volkskammer für die parlamentarische Arbeit wie zur Unterhaltung des Volkes taugen. Eine erste Grundsatzstudie entstand zwischen 1972 und Mitte 1973.[63] Erst 1995, ein Jahr nach dem Tod Graffunders, wurde bekannt, dass die Planskizzen von Karl Friedrich Schinkels

61 Vgl. Kuhrmann: Heinz Graffunder, S. 89; Graffunder, Heinz: Der Wohnkomplex Landsberger Chaussee Weißenseer Weg in Berlin-Lichtenberg, in: Deutsche Architektur, Heft 6/1973, S. 333–339.

62 Vgl. Tellbach, Heinz: Vorbild, Lehrmeister und Freund. Erinnerungen, in: Meuser, Natascha: Heinz Graffunder, S. 263–271, hier S. 270.

63 Vgl. Holfelder, Moritz: Palast der Republik. Aufstieg und Fall eines symbolischen Gebäudes, Berlin 2008, S. 33.

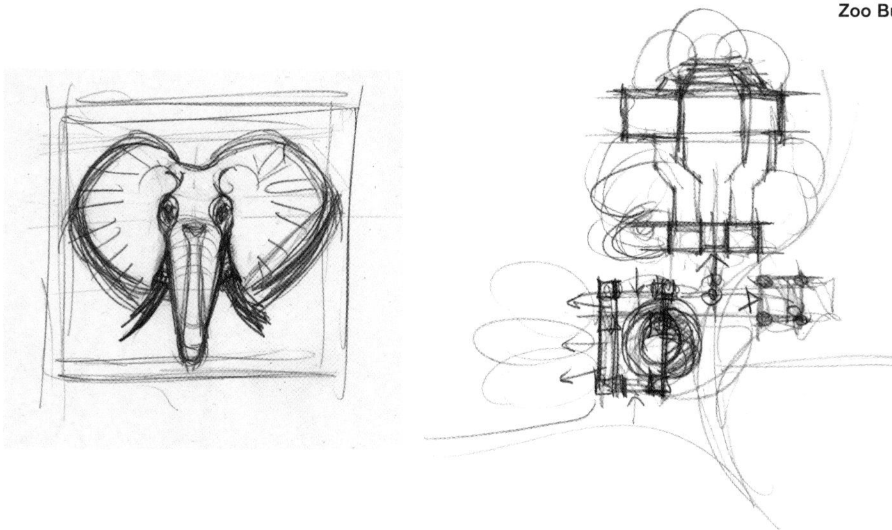

Heinz Graffunder: Dickhäuter-Haus im Tierpark Berlin,
Skizzen zur Formfindung eines Grundrisses, 1985.
Quelle: AK Berlin, AK 0019 A Konv. 002 02, 03, 11

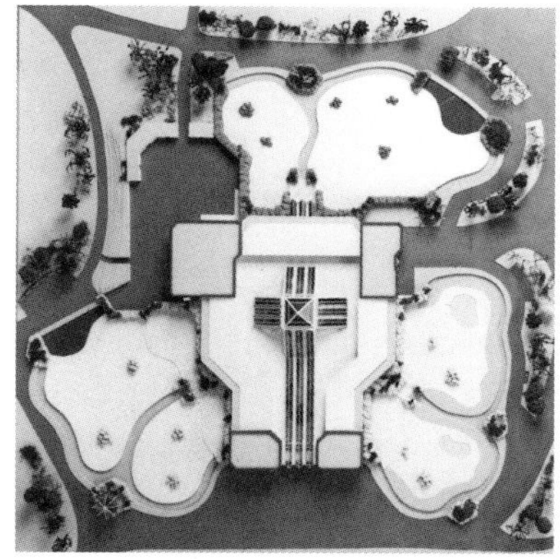

Modellfoto, 1986
Quelle: AK Berlin, AK 5 Mappe 3, Blatt 4

»Volks-Pallast« eine wichtige Inspirationsquelle für den Palast der Republik gewesen sind. Die in den Wirren des Zweiten Weltkriegs in die Sowjetunion gelangten Zeichnungen waren 1958 an die DDR zurückgegeben worden und zunächst in den Archiven verschwunden.[64]

Zwischen Spree und rekonstruiertem Dom sowie Marstall entstand von 1973 bis 1976 ein 180 Meter langer, 85 Meter breiter und 32 Meter hoher Kubus als integrierter Teil des historischen Stadtkerns. Mit einem Stahlskelett, dem ersten freitragenden in der DDR, wurde ein Raum von 670.000 Kubikmetern umbaut. Plenarsaal sowie die Büroräume der Volkskammer waren im nördlichen Gebäudeteil platziert, in den restlichen Bereichen wurden die den Bürgern offenstehenden Räumlichkeiten untergebracht. Innovativ war die breite Funktionspalette des Gebäudes, die Kongress-, Kultur- und andere Freizeiteinrichtungen von der Bowlingbahn mit Blick auf die Spree über Jugendräume mit Diskothek bis hin zur Gastronomie umfasste. Aber nicht nur das Gebäude als Ganzes war multifunktional. Auch einzelne Räume konnten dank hoher Flexibilität bis hin zur Veränderbarkeit von Raumteilen vielfältig genutzt werden – insbesondere der von Manfred Prasser konzipierte große Saal, der aufgrund seines schwenkbaren Parketts sowie von Senk- und Rollwänden entweder 800 oder 5.000 Sitzplätze bereithielt. Zum Marx-Engels-Platz (heute: Schloßplatz) öffnete sich der Palast der Republik mit einer Tribüne, die bei Massenkundgebungen von der DDR-Politprominenz genutzt wurde. In einem Nachruf auf das Gebäude in der *Süddeutschen Zeitung* kurz nach dessen vollständigem Abriss kommentierte Moritz Holfelder 2009: »Der Architekt Heinz Graffunder hatte ein Grundkonzept von genialer Einfachheit verwirklicht. Die schwierige Bauaufgabe, den Plenarsaal der Volkskammer mit einem Kongress- und Freizeitzentrum für 5.000 Besucher zu vereinen, löste Graffunder, indem er beide Bereiche durch eine Halle verband. Dieses rund 40 Meter breite, 80 Meter lange und acht Meter hohe zweigeschossige Hauptfoyer war der öffentliche Anziehungspunkt des Palastes. Die beiden mit Marmor verkleideten Foyerwände fungierten als Galerie im Palast, als Leistungsschau der DDR-Malerei. Da nicht einfach aktuelle Gemälde ausgestellt, sondern thematische Verknüpfungen geschaffen werden sollten, einigte sich die Partei- und Staatsführung mit den beteiligten Künstlern als Motto auf Wladimir

64 Vgl. Erenz, Benedikt: Alles Schinkel, *Die Zeit* Nr. 51 vom 15. Dezember 1995.

Lenins Frage *Dürfen Kommunisten träumen?* Sie durften.«[65] Am 2. November 1973 erfolgte die Grundsteinlegung durch Erich Honecker. Anlässlich des Richtfestes am 18. November 1974 versprach der Staats- und Parteichef, der Palast der Republik werde ein Haus des Volkes sein, eine Stätte regen politischen und geistig-kulturellen Lebens. Eröffnung feierte das Gebäude, das Honecker zu diesem Anlass als Beweis der Leistungskraft »unserer sozialistischen Gesellschaft« und als Zeugnis der »sozialistischen Nationalkultur« lobte, am 23. April 1976, im Vorfeld des vom 18. bis 22. Mai 1976 stattfindenden IX. Parteitags der SED. Für seine Leistungen als Chefarchitekt des Palastes der Republik wurde Graffunder 1976 zum zweiten Mal mit dem Nationalpreis der DDR I. Klasse ausgezeichnet.[66]

Auf dem Höhepunkt seiner Karriere angelangt, kehrte Heinz Graffunder wieder zum Wohnungsbau zurück. Diesmal sollte es um Deutschlands größtes zusammenhängendes Neubaugebiet gehen, einen Stadtteil für 200.000 Menschen am Ostrand Berlins. Graffunder war als Chefarchitekt mit der städtebaulichen Konzeption des Gesamtprojekts und als Planungsleiter mit dem Wohngebiet Marzahn-Nord und Ahrensfelde betraut. Er konzipierte einen Neubaukomplex für insgesamt 35.000 Einwohner unter Einbeziehung der sozialen und technischen Infrastruktur, dabei vor allem das Zentrum am S-Bahnhof Ahrensfelde und die Anbindung an die Dorfanlage Ahrensfelde. Das ehrgeizige Wohnungsbauprogramm, zu dem auch das Neubaugebiet Marzahn zählte und das zur Entspannung der prekären Wohnungssituation in der DDR beitrug, manövrierte die Staats- und Parteiführung jedoch in einen Kreislauf der Verschuldung.[67] Und obwohl die Lebens- und Sozialstandards stiegen, weitete sich der Unmut über das politische System innerhalb der DDR-Bevölkerung immer mehr aus. Trotz größter Anstrengung der Parteiführung stagnierte die Wirtschaft. Dementsprechend war die Architektur in der DDR in den Achtzigerjahren von Materialknappheit und den standardisierten Bauweisen der Wohnungsbaukombinate geprägt. Die Architekten selbst, die eng mit den wirtschaftlichen und politischen Strukturen der DDR verwachsen waren, wurden als Berufsgruppe gesellschaftlich und kulturell kaum noch beachtet. Die öffentliche Kritik am DDR-Wohnungsbau, die in den Siebzigerjahren etwa mit Brigitte Reimanns Roman *Franziska Linkerhand* (1974) begonnen hatte, gipfelte 1990 in dem Kinofilm *Die Architekten* (Regie: Peter Kahane). Das Drehbuch war schon 1988 entstanden – zu einem Zeitpunkt, als Graffunder seine Arbeit in Marzahn abgeschlossen hatte. Im Fokus des Films steht die verfehlte Wohnungsbaupolitik der DDR, zu der letztlich auch Graffunder als mehrmals vom Staat ausgezeichneter Architekt seinen Beitrag geleistet hatte.[68]

Rückkehr zu den Tieren

Auf dem Zenit seiner Architektenkarriere kehrte Graffunder zu den Tieren zurück – auch wenn die finanziellen Mittel für zoologische Gärten in den Achtzigerjahren wie in allen Bereichen in der DDR immer knapper wurden. Für eines der wenigen Leuchtturmprojekte stand es offensichtlich außer Frage, Graffunder und sein Kollektiv zu beauftragen. Das Dickhäuterhaus im Tierpark Berlin, das bereits in den Fünfzigerjahren in der Gesamtplanung vorgesehen und erstmals 1959 einer breiten Bevölkerung vorgestellt worden war, sollte nun endlich realisiert werden. Ursprünglich war eine Seilnetzkonstruktion als Teil eines Ensembles zusammen mit einem Flusspferd- und Tapirhaus geplant.[69] Diese Pläne schienen nichts an Aktualität

65 Holfelder, Moritz: Schwierig zu lieben, *Süddeutsche Zeitung am Wochenende* vom 14./15. Februar 2009.

66 Vgl. Kuhrmann: Heinz Graffunder, S. 89.

67 Vgl. Mählert, Ulrich: Geschichte der DDR, Erfurt 1997, S. 71.

68 Die Komplexität des Großprojekts Marzahn sowie Graffunders Rolle als Akteur zwischen Politik, Verwaltung und Architektenschaft sind bislang noch nicht umfassend untersucht worden und sollten Teil einer weiteren Publikation sein.

69 Vgl. Jupp: Gute Zeiten für die Dickhäuter, *Berliner Zeitung* vom 8. November 1959.

Alfred-Brehm-Haus im Tierpark Berlin, 1967.
Im Zentrum des Gebäudes ragt eine 16 Meter hohe Stahl-Glas-Konstruktion empor: die Tropenhalle mit 1.100 Quadratmeter Fläche und 13.000 Kubikmeter umbautem Raum
Quelle: AK 18 Foto 5

verloren zu haben – so hatte Graffunder schon 1965 in einem Interview von seinem Konzept für ein Elefantenhaus im Berliner Tierpark berichtet und den Entwurf als »eine Halle mit vorgespannter Seilnetzkonstruktion und leichten Kunststoffplatten in Sandwichsystem«[70] vorgestellt. Aber erst der Magistratsbeschluss Nr. 561 / 86 am 1. Dezember 1986 gab Gewissheit, um das lange geplante Projekt zu realisieren.[71] Der Magistrat von Berlin beauftragte die Baudirektion Berlin des Ministeriums für Bauwesen mit einer Investition von über 35 Millionen Mark für den Bau und acht Millionen Mark für die Ausrüstung. Umgesetzt werden sollte das Bauvorhaben bis 1988.[72] Doch als das Dickhäuterhaus mit seinen industriell vorgefertigten Bauelementen aufgrund von Verzögerungen letztlich 1989 eröffnet wurde, gab es aufgrund der innenpolitischen Situation der DDR kaum noch eine öffentliche Resonanz.

Heinz Graffunder war zu diesem Zeitpunkt 62 Jahre alt. Die Wende und mit ihr die gesellschaftlichen Veränderungen im Osten Deutschlands dominierten fortan das Geschehen. Graffunder gründete ein privates Architekturbüro. Er projektierte kleinere Bauten wie Hotels und Gartencenter und engagierte sich für den Erhalt seines größten Bauwerks, des Palastes der Republik. Nur vier Jahre nach der Wiedervereinigung starb Heinz Graffunder. An seinem zehnten Todestag, am 9. Dezember 2004, wurde der Architekt posthum noch einmal geehrt. Im Bezirk Marzahn-Hellersdorf, den er als Chefarchitekt mitgeprägt hatte, erhielt die Grünfläche im Wohnquartier Südspitze den Namen »Heinz-Graffunder-Park«. Der Palast der Republik wurde zwischen Februar 2006 und Dezember 2008 nach einem entsprechenden Bundestagsbeschluss abgerissen.

70 Kirstein, Sigrun: Erbauliches, *Freie Welt*, Nr. 27, 1965, S. 39.
71 Vgl. Graffunder, Heinz: Leitplanung des Tierparkes Berlin, Berlin, 20.10.1989, Archiv der Akademie der Künste Berlin, Konv. I aus 2 / T 1, Mappe 5, Erläuterung (1).
72 Vgl. Erdmann, Abt.: 1. Entwurf, Maßnahmen zur Errichtung der Dickhäuteranlage im Tierpark Berlin, Berlin, 26.11.1986, Archiv der Akademie der Künste Berlin, S. 2.

Zoobauten als Thema der Architekturkritik
Zoo Buildings as a Subject of Architectural Criticism

Exotische Architektur
Zwischen Drang und Verlangen
Exotic Architecture at the Zoo

Abschied von der Rasenfläche
Farewell to the Lawn

Schriften über Zooarchitektur
Publications on Zoo Architecture

»Zoos werden eine weltweit wichtige Institution für Forschungseinrichtungen bleiben und sich verstärkt als Plattform für die Diskussion und Förderung von Tierrechten entwickeln.«

“Zoos will remain an important institution for research facilities worldwide and will increasingly develop as a platform for the discussion and promotion of animal rights.”

Natascha Meuser

Exotische Architektur
Zwischen Drang und Verlangen

Interview mit Hedwig Derka
Kurier am Sonntag vom 23. Juli 2023

KURIER
AM SONNT
Thema | 25
„Warum dieser ewige Drang nach Exotik?“
Waldspaziergang sensibilisiert mehr für den Artenschutz

Sie haben sich für ein Institut für Zooarchitektur stark gemacht. Warum braucht es das?
Ein Zoo ist heute nicht mehr nur ein Ort, an dem Tiere zur Schau gestellt werden, sondern auch eine Ausstellung für den gelungenen Wettbewerb zwischen Landschaftsarchitektur und Architektur. In den letzten Jahren wurde erkannt, dass hochwertige Architektur dazu beitragen kann, das Profil des Zoos zu schärfen. Architektur ist zu einem aussagekräftigen Statement geworden. Das Institut für Zooarchitektur trägt dazu bei, Baukultur im Zoo zu etablieren.

Welche Rolle spielt die Architektur im Zoo? Wie wichtig sind die Parts von Landschaftsplanern und Biologen?
Ein Zoogebäude kann keinesfalls allein vom Zoodirektor und einem Architekten geplant werden. Die heutige Architektur ist viel komplexer geworden und muss sich nicht nur mit der sichtbaren Landschaftsgestaltung, sondern auch mit der unsichtbaren Gebäudetechnik auseinandersetzen. Obwohl der Zoodirektor oft selbst Biologe oder Tierarzt ist, kann er nicht alle Lebensweisen der ausgestellten Tiere kennen. Das Wissen über Tier- und Pflanzenarten ist mittlerweile umfangreich. Neue Richtlinien bestimmen beispielsweise Gehegegrößen und Mindestausstattungen. Wir wissen, wie bestimmte Arten optimal gehalten, gezüchtet und für die Zoobesucher attraktiv präsentiert werden können. Die Architektur und die Ausstattung der Gehege müssen entsprechend darauf reagieren.

Ein Gehege muss den Spagat zwischen Gefängnis und Zirkusmanege schaffen. Was sind die speziellen Anforderungen an die Zooarchitektur von heute?
Ein Tiergehege stellt immer eine Art von Gefängnis dar, da es eine Abtrennung benötigt, um Schutz zu bieten. Lassen Sie mich die Frage auf eine andere Weise beantworten. Stellen Sie sich ein Bankgebäude oder eine Botschaft vor; bei diesen Bauten geht es darum, zu repräsentieren und gleichzeitig sicherzustellen, dass diejenigen, die darin leben oder arbeiten, geschützt sind. Ähnlich verhält es sich im Zoo: Wir schützen nicht nur die Besucher vor den wilden Tieren, sondern wir schützen auch die Tiere selbst. Im Theater wiederum ist die Inszenierung selbstverständlich, während sie im Zoo oft etwas Fremdes darstellt. Doch ich möchte noch eine weitere Baugattung hinzufügen: das Museum. Heutzutage geht es nicht nur darum, Tiere zu präsentieren, sondern auch Wissen zu vermitteln. Dies kann besonders gut durch lebende Tiere geschehen. Wie schon Goethe sagte:

»Man sieht nur, was man weiß« – daher spielt die räumliche Inszenierung eine große Rolle. Auf diese Weise können wir den Besucher auch mit einer Handlungsanweisung nach Hause schicken, die beispielsweise ein größeres Bewusstsein für die Natur, mehr Verantwortung für die Tierwelt und nachhaltiges Handeln beinhaltet.

Wer steht bei der Arbeit der Zoo-Architektin im Vordergrund? Der Tiergartenbesucher, das Tier, geht es auch um die Tierpfleger?

Wer heute einen zeitgemäßen Zoo baut, muss alle Akteure im Blick haben. Ein wichtiger Akteur, der in den vergangenen Jahrzehnten kaum sichtbar war, ist der Tierpfleger, der tagtäglich dazu beiträgt, dass das Tier in seinem Gehege angemessen untergebracht ist. Erst das gelungene Zusammenspiel von Tierpfleger und Tierhalter ermöglicht es, der dritten Gruppe überhaupt, dem Betrachter, ein Tiererlebnis zu vermitteln.

Welche Tierarten fordern die Zoo-Architektur am meisten? Was sind denn die schlimmsten Bausünden in einem Zoo?

Ja, Bausünden kann man aus verschiedenen Blickwinkeln betrachten. Die vordergründigste ist sicherlich die ästhetische Bausünde, aber ich denke in erster Linie an bautechnische Sünden. Wenn ich mir als Zoo vorstelle, in Mitteleuropa eine Tropenhalle zu bauen, dann muss ich mir klarmachen, dass ich auf engstem Raum mitten in der Stadt zwei völlig unterschiedliche Klimazonen habe: zum einen die künstliche Tropenwelt, die keinen jahreszeitlichen Temperaturschwankungen unterliegt. Aber ich habe ein Klima in Europa, das sehr wohl großen Schwankungen unterworfen ist und das, wie wir gerade auch durch den Klimawandel erleben, sehr extreme Wetterlagen hat. Da sehe ich die größte Herausforderung für das Bauen im Zoo, und manchmal frage ich mich, ob vielleicht die eine oder andere Tropenhalle weniger und dafür mehr Fokus auf die heimische Tierwelt angemessen wäre. Warum dieser ewige Drang nach Exotik?

Zoos befinden sich oft mitten in der Großstadt. Wo liegen die Grenzen der modernen Zooarchitektur? Am Platz? Am Geld? Am Denkmalschutz? Am fehlenden Wissen über die Bedürfnisse der (Wild-)Tiere?

Wir sollten uns alle die Frage stellen, welchen Zoo wir heute wirklich möchten. Vor 200 Jahren ging es darum, exotische Tiere aus fernen Ländern zu bestaunen und sie dem Publikum zu präsentieren. Doch heute ist das nicht mehr notwendig. Ich kann mir im Internet oder im Fernsehen Tierfilme anschauen, die auf eine Art und Weise präsentiert werden, wie es in einem Zoo niemals möglich wäre. Wenn wir heutzutage einen Zoo mitten in einer Großstadt betreiben, haben wir andere Aufgaben zu erfüllen.

Unsere Hauptaufgabe besteht darin, der städtischen Bevölkerung zu vermitteln, wie wichtig es ist, die Vielfalt unserer Umwelt zu erhalten. Wir müssen eng mit Schulen und Universitäten zusammenarbeiten. Zudem müssen wir im Rahmen der Erwachsenenbildung dafür sorgen, dass der Zoo als integraler Bestandteil des lebenslangen Lernens verstanden wird. Nur so hat ein Zoo mitten in einer stark besiedelten Stadt seine Daseinsberechtigung.

Lassen Sie mich abschließend einen weiteren Aspekt ansprechen: Warum benötigen wir einen Safaripark weit außerhalb der Stadt, zu dem die Menschen mit dem Auto fahren müssen? Dadurch werden große Parkplatzflächen geschaffen, die den Boden versiegeln. Außerdem suggeriert eine afrikanische Serengeti mitten in Europa eine Form von Natur, die es in dieser Art nicht gibt. Meiner Meinung nach vermittelt dies ein völlig falsches Bild von unserer Natur.

Gibt es aktuell einen Zoo, den Sie als vorbildlich bezeichnen würden?
Ja/welchen/warum? Nein/warum?

In den letzten Jahren habe ich den Pariser Zoo als beispiellos empfunden. Es hat mich fasziniert, zu sehen, wie im 21. Jahrhundert ein neuer Zoo geschaffen wurde, der eine einzigartige Verbindung zwischen lebenden Tieren und einem Naturkundemuseum eingeht. Doch auch der Zoo und der Tierpark in Berlin haben sich zu herausragenden Einrichtungen entwickelt. In einem nahezu jährlichen Rhythmus entstehen dort qualitativ hochwertige neue Gebäude und bestehende Strukturen werden saniert – auch wenn der Denkmalschutz dabei ein wenig gelitten hat.

Worum geht es also heute? Als Zoo ist es meine Verantwortung, sicherzustellen, dass die Tiere im Mittelpunkt stehen. Gleichzeitig möchte ich jedoch einen Ort schaffen, der den Besucherinnen und Besuchern ein unvergessliches Erlebnis bietet. Dies gelingt nicht durch Kinderspielplätze oder den Verkauf von Süßigkeiten, sondern durch anspruchsvolles Bauen – ich spreche hier von Architektur. Es geht nicht darum, irgendwelche Gebäude von bekannten Firmen zu errichten, die einfach nur passen. Vielmehr ist es von großer Bedeutung, dass die Baukultur im Zoo ebenso ernst genommen wird. Das Institut für Zooarchitektur steht für die Verantwortung, die wir der Natur und den kommenden Generationen gegenüber haben.

Sind Zoos heute noch zeitgemäß? Wie schaut der Zoo der Zukunft aus? Wird er das Zuhause für lebende Tiere bleiben?

Zoologische Gärten werden eine weltweit wichtige Institution für Forschungseinrichtungen bleiben. Ja, und auch die Zukunft des Zoos wird eine Mischung aus Gefängnis, Theater und Museum bleiben. Aber zoologische Gärten werden mehr und mehr zu einem Ort, an dem wir uns mit einem relativ neuen Thema auseinandersetzen wollen: Tierrechte. Wer gibt uns das Recht, eine Spezies, deren DNA zu 97 Prozent mit der des Menschen übereinstimmt, ein Leben lang gefangen zu halten, wer gibt uns als Lebewesen Homo sapiens das Recht, Tiere überhaupt gefangen zu halten?

Die Aufgabe ist also größer denn je.

»Bildung muss im jungen Alter beginnen, und Vermittlung von Wissen über die Natur sollte dabei einen besonders hohen Stellenwert erhalten. Am besten schon im Kindergarten.«

“Education must begin at a young age, and imparting knowledge about nature should be given a particularly high priority. Preferably as early as kindergarten.”

Natascha Meuser

Abschied von der Rasenfläche

6 23

Politik & Kultur

Zeitung des Deutschen Kulturrates

Patricia Alberth
Christian Höppner
Joybrato Mukherjee
Barbara Schneider-Kempf
Jörg Stüdemann
und viele andere

Lesekompetenz Die IGLU-Studie zeigt desaströse Ergebnisse bei der Lesekompetenz: Deutschland braucht ab sofort eine stärkere Leseförderung.

Auswärtige Kulturpolitik Wie ist es um die dritte Säule der Außenpolitik bestellt? Bundestagsabgeordnete und Mittlerorganisationen zur aktuellen Lage.

Europäisches Kino Vom Politikumspreis zu den Oscars? Der LUX-Preis soll zu einem Qualitätssiegel für europäische Filmproduktionen werden.

Architektur & Afrika Heute Zukunft gestalten: Die Architekturbiennale in Venedig zeigt, dass die Zukunftslabore im Bereich Bauen in Afrika liegen.

Vorgaukeln

Zukunftslabor Garten

Klimawandel, Nachhaltigkeit & Gartenkultur. Seiten 1, 17 bis 27

Abschied von der Rasenfläche

Weichen Beitrag leistet Stadtgrün für den Klimaschutz im 21. Jahrhundert?

Große Rasenflächen könnten zukünftig sowohl volkswirtschaftlich als auch politisch nicht mehr vertretbar sein

Meuser, Natascha: Abschied von der Rasenfläche, in Politik & Kultur. Zeitung des Deutschen Kulturrates, Nr. 6/2023, Leitartikel

Steineiche, Blumenesche, Johanniskraut, Ährenveronika, Erdbeerbaum und Ginster: Mitten im Mailänder Zentrum, unweit des Bahnhofs Porta Garibaldi, sind in den vergangenen Jahren mehr als 800 Bäume und Tausende weitere Pflanzen in die Höhe gewachsen – an der Fassade und auf den Terrassen und Balkonen zweier Hochhäuser. Bosco Verticale, auf Deutsch »Vertikaler Wald«, heißt der spektakuläre Komplex aus dem Jahr 2014; entworfen hat ihn ein Architektenteam um den Italiener Stefano Boeri. Allein die Bepflanzung dauerte mehr als ein Jahr. Zuvor hatten Experten den Entwurf in einem Windkanal getestet, um sicherzustellen, dass das Grün auch stärkeren Böen standhalten kann. Die Türme, 116 und 84 Meter hoch, prägen nun nicht nur die Silhouette des neu entwickelten Stadtteils Porta Nuova. Ausgezeichnet mit dem Internationalen Hochhauspreis, sind sie das vermutlich bekannteste Beispiel für den Trend zur vertikalen Begrünung.

Die Idee dahinter: Architektur selbst zum Träger und Nährboden von Pflanzen zu machen – zum Vorteil der Bewohner und der Natur. Begrünung kann die Luftqualität verbessern, die Staubbelastung verringern und als natürlicher Schalldämpfer wirken, sie spendet aber auch Schatten und lässt die Temperatur sinken. Wo Dachflächen zu Gärten werden, entstehen außerdem neue Erholungsräume für Menschen und Biotope für Insekten und Vögel.

Trotz dieser unzweifelhaften Vorteile stellt sich die Frage, wie viel eine Begrünung dieser Art am Ende für den Umwelt- und Klimaschutz tatsächlich bewirken kann – und was der richtige Ansatz für Stadtgrün im 21. Jahrhundert ist.

Zu oft ist Grün in zweifachem Sinne reine Fassade: »Greenwashing« hilft Maklern, ihre Bauten im Immobilienmarkt zu positionieren und Architekten, ihren Kunden neue Fassadenlösungen zu verkaufen – ohne dass der tatsächliche Nutzen klar wäre. Die Pflanzen des Bosco Verticale in Mailand etwa binden laut Stefano Boeri jährlich 30 Tonnen Kohlendioxid. So eindrucksvoll das klingen mag: Schon ein Economy-Flug von Frankfurt nach New York verursacht einen ökologischen Fußabdruck einer Tonne CO_2. Ernüchternd sind in diesem Zusammenhang auch die Studienergebnisse von Martin Thiele, Absolvent der Hochschule für nachhaltige Entwicklung Eberswalde: »Bei einer realistischen Begrünung von zehn Prozent aller potenziellen Flächen und Standorte würden die

Treibhausgasemissionen im Vergleich zum Jahr 2009 um eineinhalb Prozent reduziert werden«, hielt er bereits 2015 fest. Die Ergebnisse legen nahe, dass das Klimaschutzpotenzial von Begrünungen in einem dicht bebauten Wohnquartier unter realistischen Entwicklungsbedingungen nur einen geringen Beitrag zur Minderung von Treibhausgasen leisten kann.

Pflanzen an Gebäuden verursachen zudem erhebliche Kosten, für die am Ende die Nutzer aufkommen müssen. In einer Zeit, in der Mieten und Energiepreise stark steigen, wird es schwierig sein, dafür breite Akzeptanz zu gewinnen. Das Mailänder Projekt bezeichnete das Wirtschaftsmagazin *Brandeins* denn auch als »Edelforst für Besserverdienende«. Begrünungen an Bauteilen erfordern nicht nur aus ästhetischen Gründen kontinuierliche Pflege, sondern schon allein deshalb, weil die Pflanzen ansonsten die konstruktiven Träger beschädigen könnten. Kletterpflanzen wie Efeu besitzen die Kraft, aus Haarrissen in der Fassade einsturzgefährdende Fugen zu bilden. Obwohl Begrünungen in einigen Fällen zur Verbesserung der Wärmedämmung beitragen, besteht darüber hinaus die Gefahr, dass Feuchtigkeit in die Gebäudehülle eindringt. Nicht zuletzt: Die Bereitstellung einer geeigneten Bewässerungsinfrastruktur kann den Wasserverbrauch sogar erhöhen.

Stadtgrün im 21. Jahrhundert

Pflanzen einfach überall dort anzubringen, wo es technisch möglich und schön anzusehen ist, wird also kaum einen entscheidenden Beitrag zum Umwelt- und Klimaschutz leisten. Wenn wir bessere Lösungen finden möchten, müssen wir analysieren, wie sich unser kulturelles Verständnis von Stadtgrün verändert hat und welche Herausforderungen der Klimawandel mit sich bringt. Ein Beispiel: Große Rasenflächen, die eine intensive Bewässerung erfordern, könnten zukünftig aufgrund der heißen Sommer und langen Trockenzeiten sowohl volkswirtschaftlich als auch politisch nicht mehr vertretbar sein. Es ist erforderlich, sie durch andere Formen von städtischem Grün zu ersetzen. Für Landschaftsplaner mag die Debatte nicht neu sein. Aber Kommunalpolitiker, die bei städtischen Grünanlagen vor einem Dilemma stehen, müssen entscheiden zwischen Unterhaltskosten und Nutzerfreundlichkeit der öffentlichen Anlagen. Der Abschied von der urbanen Rasenfläche wird schmerzhaft, aber wohl unvermeidlich sein.

Stadtgrün im 21. Jahrhundert muss anders gedacht werden als noch zu barocken Zeiten, als Gartenarchitekten bei der Bändigung der Natur elitäre Paradiesgärten für wenige gestalteten. Es muss massentauglich und intensiv nutzbar sein. Das erfordert eine großmaßstäbliche Planung. Kaltluftschneisen, Stadtparks und urbane Wasserläufe galten in Zeiten der Industrialisierung als Antwort auf die zunehmende Belastung der Umwelt. Bis heute tragen diese gründerzeitlichen Beiträge zur Stadthygiene in vielen deutschen Großstädten dazu bei, dass das Klima im Sommer erträglich bleibt. Vor diesem Hintergrund ist es verständlich, dass sich längst nicht mehr nur Umweltschützer, sondern auch Stadtplaner und Architekten für den Schutz dieser Freiräume einsetzen.

So war es dem Berliner Senat nach der Wende in den 1990er Jahren ein besonderes Anliegen, die traditionellen Kaltluftschneisen in der dicht bebauten Innenstadt zu erhalten. Ein prominentes Beispiel ist der Bereich zwischen dem Bahnhof Südkreuz und dem Spreebogen. Andere Großstädte wie Bremen, Köln und Frankfurt wiederum profitieren noch heute von den Grüngürteln, die nach dem Abriss der Wallanlagen entstanden sind. In Frankfurt stellt sich derzeit die Frage, wie die grüne Lunge der Innenstadt weiterentwickelt werden kann. Der Frankfurter Zoo lässt derzeit von Dan Pearlman einen Masterplan erarbeiten, in dem auch die Frage geklärt wird, inwieweit die Grünflächen mit Tropenhallen überbaut werden können und Teile des alten Baumbestands gefällt werden müssen.

Der Architekt ist bekannt dafür, weltweit Zooanlagen zu planen und Fauna und Flora zusammenzudenken. Man muss in diesem Fall abwägen, was Priorität besitzt: ein exotisches Tier auszustellen oder einen mitteleuropäischen Baum zu erhalten.

Fauna und Flora als Bildungsauftrag

Es ist wichtig, dass wir uns darüber im Klaren sind, dass unsere städtischen Landschaften anpassungsfähig sein müssen, um den Auswirkungen des Klimawandels zu begegnen. Wir sollten uns auf die Entwicklung und Umsetzung von städtischen Grünflächen konzentrieren, die weniger Wasser benötigen und widerstandsfähiger gegen Hitze und Trockenheit sind. Dabei sollten wir auch die Vorteile der biologischen Vielfalt berücksichtigen und städtische Ökosysteme schaffen, die Insekten und Tieren einen Lebensraum bieten. Das Thema Stadtgrün darf nicht bei Straßenbaum und Stadtteilpark enden. Erst ein breites Bewusstsein dafür, dass der Verzicht auf versiegelte Flächen zu einem besseren Mikroklima führt, kann spürbare Veränderungen bewirken. Das reicht von der Wildblumenwiese, die vom Grünflächenamt bewusst als solche gepflegt wird, bis hin zu Medienkampagnen.

Längst gehört es zum guten Ton, dass große Konzerne und Medienanstalten sich mit dem Thema Stadtgrün auseinandersetzen. Kürzlich hat die Wochenzeitung *Die Zeit* eine umfangreiche Initiative mit dem vielversprechenden Titel »1 m^2 Grün« ins Leben gerufen. Über mehrere Monate hinweg hat die Redaktion gemeinsam mit einem Expertenteam aus Architekten, Raumplanern, Naturschützern und Wissenschaftlern daran gearbeitet, eine Auswahl einheimischer blühender Pflanzen zusammenzustellen, die dann einer Ausgabe beigelegt wurde. Die Leser sollen in den kommenden Monaten einen beliebigen Quadratmeter bepflanzen und die Veränderungen beobachten. Eine moderne und aufgeklärte Gesellschaft muss ein Bewusstsein für die biologische Vielfalt unseres Planeten entwickeln – warum sollte dieser Prozess nicht auf Balkonen beginnen? Die Einsichten, die wir aus der Beschäftigung mit der Natur im Kleinen beziehen, wecken den Ehrgeiz für das Schaffen von mehr Grünflächen und Gärten, auch und besonders in den Städten.

Welchen Einfluss die Zeitungsredakteure und ihr wissenschaftliches Team auf das Stadtgrün im Sommer 2023 haben, wird sich in den kommenden Monaten zeigen. Noch wichtiger ist jedoch ein anderer Aspekt: Es geht um die Verbreitung und praktische Anwendung einer Idee, die bereits seit den 1970er Jahren von Ökologen diskutiert wird: Bildung muss im jungen Alter beginnen, und Vermittlung von Wissen über die Natur sollte dabei einen besonders hohen Stellenwert erhalten. Am besten schon im Kindergarten.

»Erst in einem zeitlichen Rahmen von knapp 150 Jahren wird deutlich, wie sehr sich die Sichtweise des Menschen auf das Wildtier gewandelt hat – weg von einem reinen Schauobjekt hin zu einem Wesen mit Rechten.«

»Only in a time frame of just under 150 years does it become clear how much the human view of wild animals has changed – away from a mere object for display to a creature with rights.«

Natascha Meuser

Schriften über Zooarchitektur

Die Sammlung *Quellentexte zur Zooarchitektur* führt Autoren aus verschiedenen Zeiten zusammen und zeigt, wie das Wissen über Zooarchitektur im Laufe der Generationen verändert und angepasst wurde. Zudem bieten die Texte Einblicke in die Planung von Gehegen, die über ästhetische Aspekte hinaus relevant sind.

Meuser, Natascha (Hg.): Architektur und Zoologie. Quellentexte zur Zooarchitektur, Berlin 2017

Es gibt sie doch: gute Texte über Zooarchitektur. Und mit »gut« sind keineswegs gefällige Artikel über den neuesten Trend im Erlebniszoo gemeint, sondern gehaltvolle Essays, die sich mit dem Verhältnis von Mensch, Tier und Architektur auseinandersetzen. Zooarchitektur ist keine theorielose Disziplin. Geht es um Entwicklungslinien von Zoobauten, ergeben sich Fragen. Kann beispielsweise ein Text aus dem 19. Jahrhundert heute noch von Interesse sein? Schließlich hat die Zooarchitektur innerhalb von 150 Jahren einen bautypologischen Wandel vollzogen, durch den sie heute in fünf Generationen eingeteilt werden kann. Das ist bei anderen Bautypologien, wie etwa Museums- oder Theaterbauten, nicht der Fall.

Die Idee zu einem Band, der Quellentexte zur Architektur in zoologischen Gärten versammelt, geht auf die Anfänge meiner wissenschaftlichen Auseinandersetzung mit dem Bauen für Tiere zurück.[1] Immer wieder stellte sich bei dem Versuch, die unvollständige Bautypologie der Zooarchitektur zu systematisieren, die Frage, welcher Referenzrahmen von den Protagonisten gewählt wurde. Auffallend ist, dass die Texte in sich geschlossen sind und erst die der jüngeren Zeit mit belastbaren Quellennachweisen versehen sind. In dieser Publikation werden sie erstmals zusammengeführt. Oder um es bildlich auszudrücken: Diese Textsammlung führt die Autoren von damals mit den zeitgenössischen Vertretern an einen gemeinsamen Tisch. Durch die chronologische Lektüre zeigt sich, dass das Wissen der jeweiligen Generation immer wieder modifiziert und neu eingeordnet wurde. Darüber hinaus geben die Texte Aufschluss, welche Gedanken über die ästhetische Anmutung hinaus für die Planung eines Geheges relevant waren und / oder es heute (noch) sind.

Mensch und Tier, Architektur und Zoologie – wie kommen diese vier Komponenten zueinander und in welchen Wechselbeziehungen stehen sie? Bei näherer Betrachtung entpuppt sich die Antwort auf diese Fragen als ein komplexer Themenbereich, der weitere Fragen generiert: Wie geht der Mensch mit Tieren in Gefangenschaft um? Wie stellt sich der Zoologe eine artgerechte Haltung vor? Welches Verhältnis haben Menschen in unterschiedlichen Kulturkreisen zur Natur?

Die Texte gehen darauf in unterschiedlicher Weise ein. Sie decken den Zeitraum von 1878 bis heute ab. Der Betrachtungshorizont beginnt, um den Leipziger Zoo als Beispiel zu nehmen,

1 Meuser, Natascha: Architektur im Zoo. Zur Bautypologie von Großbauten in Zoologischen Gärten, Diss. TU Berlin, Berlin 2016.

1878
Die Kunst- und Rohbauten in unseren zoologischen Gärten
Philipp Leopold Martin

1912
Architektur für wilde Tiere
Idealplan einer Menagerie
Gustave Loisel

1942
Das Raumproblem im Zoo
Raumquantität und Raumqualität
Heini Hediger

1956
Das Halten von Tieren in Zoologischen Gärten
Adolf Portmann

1968
Wie man einen Ochsenfrosch zur Schau stellt:
Eine Gutenachtgeschichte für Zoofachleute
William G. Conway

1967
Bauten und Anlagen Zoologischer Gärten
Hellmut Heinsdorff

im Jahr seiner Eröffnung und endet mit seinem neuesten Bau, der Tropenhalle Gondwanaland. Architektonisch entwickelte sich der Zoo in diesen kaum 150 Jahren von einer Ansammlung dekorativer Bauten im Kolonialstil zu einem Urban Edutainment Center, in dem die Bootsfahrt durch einen künstlichen Fluss in der Besucherattraktivität den gleichen Stellenwert hat wie die Verhaltensforschung in der Primaten-Station.
Die Schriften sind in Originallänge, in Auszügen oder als bislang unveröffentlichte Langfassung abgedruckt. Fremdsprachige Texte sind teilweise erstmals in deutscher Sprache publiziert; in englischer Originalfassung erscheint der Beitrag von John Allan. Die zeitliche Eingrenzung wurde in dieser Form getroffen, da erst im Zuge der Emanzipation des Bürgertums ab Mitte des 19. Jahrhunderts überhaupt von einer kontinuierlichen Entwicklung von Zoobauten gesprochen werden kann. Als Resultat einer wiederholten kritischen Durchsicht der Quellenlage stellt diese Sammlung eine persönliche Auswahl dar, die der Fragestellung »Bauen für Tiere« entspricht und den Fokus auf die Gestaltung von Zoobauten richtet. Einige Schriften wurden aufgenommen, weil sie visionäre – teilweise inzwischen realisierte, teilweise unverwirklicht gebliebene – Gedanken beinhalten. Die Texte wurden so zusammengestellt, dass die Zooarchitektur aus verschiedenen Blickwinkeln und Disziplinen heraus neu betrachtet wird. Sie stammen aus der Feder von Zoologen, Präparatoren, Architekten, Anthropologen oder Kunstwissenschaftlern. Ihr gemeinsames, verbindendes Element ist die bauliche Evolution der Zoobauten sowie deren Deutung und Lesbarkeit.
Erst der zeitliche Rahmen von knapp 150 Jahren bestätigt die Einteilung der bisherigen Geschichte der Zooarchitektur in fünf Generationen, die auf einer bauhistorischen Chronologie aufbauen und den Wandel der Vorstellung des Menschen vom Wildtier veranschaulichen – von einem reinen Schauobjekt hin zu einem Wesen mit Rechten. Die versammelten Beiträge belegen, dass zur Zeit ihrer jeweiligen Veröffentlichung die nachfolgende Generation der Zooarchitektur bereits vorgedacht wurde. Damit stellen diese Texte immer auch eine Kritik an der Generation ihrer Zeit dar. So wie heute in den großen Zoos Bauten aus allen fünf Generationen nebeneinander koexistieren, so können auch diese historischen und zeitgenössischen Texte eine Bereicherung für den heutigen Leser sein. Der Mehrwert geht über die Summe der einzelnen Beiträge hinaus. Jedem Text sind kurze Einführungen vorangestellt, die den bauhistorischen Kontext skizzieren und den jeweiligen Autor vorstellen.
Das Gedankengut zum Verhältnis von Architektur und Lebewesen im Zoo kann vor dem Hintergrund einer Einteilung in Baugenerationen nachvollziehbar gemacht werden. Denn die Entwicklung der Zoologie wurde immer auch in architektonischer Form sichtbar. Wie die Vorstellungen von gelungener Architektur generell, so änderte sich auch das Verhältnis des Menschen sowohl zur Architektur als auch zum Tier. Die jeweilige Auffassung davon, was eine gesellschaftlich akzeptierte und

1968
Zootier und Architektur
Heinz Graffunder

1971
Gedanken zur Zoogestaltung
Kurt Brägger

1997
Der Elefant im Palastgarten
Richard David Precht

2009
Die Biologie des Bauens
Gabriele Reiterer

2014
Disziplinierte Wildnis
Zur Lesbarkeit von Tierbildern in der Zooarchitektur
Anne Hölck

Die *Quellentexte zur Zooarchitektur* behandeln die Geschichte und Theorie der Zooarchitektur in zwölf sorgfältig ausgewählten Beiträgen von namhaften Autoren, die vier zeitliche und inhaltliche Themenblöcke abdecken.

damit angemessene Architektur für einen Zoologischen Garten darstellt, ist somit permanent Veränderungen unterworfen. Der Zoo entwickelte sich von einer lebenden Trophäensammlung über ein Museum mit lebendigen Exponaten hin zum Erlebnispark mit Bildungsauftrag. Die einzelnen Zeitabschnitte spiegeln politische, zoologische und gestalterische Aspekte wider. Lassen sich die ersten drei Generationen mit einprägsamen Schlagworten versehen, so stellt sich die Charakterisierung der beiden jüngsten Generationen ungleich komplexer dar.
Die Bauten im Kolonialstil (I. Generation) waren vom Imperialismus des 19. Jahrhunderts geprägt. Sie sind damit auch Ausdruck einer politischen Haltung. Mit den gitterlosen Bauten um 1900 (II. Generation) emanzipierte sich die Zooarchitektur erstmals von ihrem dekorativen Gefängnischarme. Nach dem Ersten Weltkrieg hielt mit der politischen Neuordnung Europas die Moderne in die Zoologischen Gärten Einzug (III. Generation): Funktionalismus und Formalismus standen im Vordergund des architektonischen Entwurfs. Als in den späten Sechzigerjahren mit den Studentenrevolten und dem aufkommenden Umweltbewusstsein die junge Generation die öffentliche Bühne betrat, hatte dies auch Folgen für einen populären Ort wie den Zoo. Neue Ideen zur Verlandschaftlichung der Architektur (IV. Generation) bestimmten fortan die bauliche Entwicklung. In der heutigen Planung von Zoos hat die Architektur eine besondere Rolle eingenommen. Markenbildung durch Großbauten (V. Generation) erscheint als Konsens unserer Gesellschaft. Die Einteilung der Zooarchitektur nach einzelnen Generationen entspricht dem zoologischen Ansatz der Systematisierung der Tierwelt. Damit wird die Evolution der Architektur lesbar gemacht. Anders ausgedrückt: Die Komplexität einer 150-jährigen Baugattung erhält durch den geschärften Blick eine ihr gebührende Rolle.

Die *Quellentexte zur Zooarchitektur* sind in der Reihe *Grundlagen* erschienen, die der Geschichte und Theorie der Architektur gewidmet ist. Die zwölf Beiträge wurden sorgsam ausgewählt, um vier zeitliche und inhaltliche Themenblöcke zu bilden. Der erste Teil dokumentiert die Zeit vor dem Ersten Weltkrieg, in der die Zoologie eine Teildisziplin der Ausstellungsarchitektur war. Im zweiten Abschnitt wird Verhaltensforschung unter architektonischen Gesichtspunkten diskutiert. Mit Heinz Graffunder und Kurt Brägger kommen im dritten Teil praktizierende Zooarchitekten zu Wort, die ihre Arbeit reflektieren. Zur Systematisierung sowie zur Historiografie tragen Hellmut Heinsdorff bautypologisch und John Allan monografisch bei. Der letzte Teil bildet unsere zeitgenössische Sichtweise auf das Mensch-Tier-Verhältnis ab und bringt uns zu den Urspüngen zurück. Während Gabriele Reiterer die Quelle der modernen Architekturtheorie auf Charles Darwin zurückführt, stellt Richard David Precht die Neutralität von Zooarchitektur infrage. Anne Hoelck gibt uns einen Ausblick auf eine mögliche gleichberechtigte Koexistenz von Mensch und Tier im urbanen Raum.

Illustration: Anna Agafontceva

Zoobauten als Element der Architektenausbildung
Zoo Buildings as an Element of Architectural Education

——

Lernen durch Bauten
Learning Through Buildings

Bauen für Pandas und Großkatzen
Building for Pandas and Big Cats

Aquarien und Meeresmuseen
Aquariums and Marine Museums

»Die Frage bleibt, wie viel Wildheit die Architektur erlauben kann, wenn sie gleichzeitig sicher, stabil, dicht und repräsentativ sein muss.«

"The question remains: How much wildness can architecture allow when it has to be safe, stable, dense and representative at the same time?"

Natascha Meuser

Lernen durch Bauten
Zoobauten als Element der Architektenausbildung

Wer heute einen Zoologischen Garten besucht, erwartet neben der freizeitlichen Zerstreuung ein gewisses Maß an Erkenntnisgewinn. Das Edutainment hat in den weltweit über 10.000 Tiergärten und Aquarien jedoch unterschiedliche Prioritäten und Qualitäten. Zuletzt nutzten jährlich 1,2 Millionen Menschen rund 171.000 verschiedene Bildungsangebote, die dem Verband der Zoologischen Gärten (VdZ) als führender Vereinigung wissenschaftlich geleiteter Einrichtungen im deutschsprachigen Raum angehören. Während manche Zoos dazu übergegangen sind, ihre Tierausstellung dem Bildungsanspruch eines Naturkundemuseums anzupassen, verstehen sich andere Einrichtungen als Freizeitparadies, in dem eingesperrte Tiere mit Karussell, Achterbahn und Süßigkeitenverkauf konkurrieren müssen. Inzwischen haben Zoodirektoren und Verwaltungsleiter jedoch erkannt, dass die Architektur im Zoo als Visitenkarte für das jeweilige Verständnis einer zeitgemäßen Tierhaltung eine besondere Vorbildfunktion hat.

Mit wachsendem Umweltbewusstsein in der Gesellschaft und zunehmend verbesserter Tierhaltung ist auch das Bedürfnis nach zeitgenössischem Bauen im Zoo gestiegen. Themen wie Ökologie und Ressourcenschonung haben zu einem Umdenken in der Zooplanung geführt. Umweltfreundliche Konzepte halten Einzug. Bei 1,4 Milliarden Besuchern, die die Zoos und Aquarien weltweit jährlich zählen, stehen neben den Tieren immer auch die Gebäude im Rampenlicht. Wie die Tierausstellung ein authentisches Naturerlebnis repräsentiert, so transportiert die Architektur über ihre Funktion hinaus gesellschaftliche Werte. Dies führt aktuell dazu, dass sich Architekten im Zoo mit Klimaschutz, Ressourcenschonung und regional verfügbaren Materialien auseinandersetzen. Bei der Gestaltung ihrer Gebäude und Anlagen verwenden sie umweltfreundliche Materialien, implementieren Energieeffizienzmaßnahmen und setzen erneuerbare Energiequellen ein. Vorbildfunktion für innovatives Bauen haben die Zoos aufgrund ihrer medienwirksamen Bauaufgabe schon immer übernommen. Hierfür lässt sich ein halbes Dutzend Beispiele benennen:

- die Erfindung der Eisenkonstruktion führte zum Bau der ersten Volieren und Pflanzenhäuser;
- große Glasscheiben wurden schon Ende des 19. Jahrhunderts auf Weltausstellungen in Aquarien eingesetzt;
- freie Betonformen realisierte Berthold Lubetkin bereits 1934 im Londoner Penguin Pool;
- leichte Flächentragwerke erlaubten den Bau von transparenten Dächern.

Das von der mexikanischen Architektin Tatiana Bilbao entworfene Gebäude ist ein aktuelles Beispiel für den derzeit zu beobachtenden Trend einer Verwilderung der Zooarchitektur. Das Meeresforschungszentrum im Nordwesten von Mexiko ist ein Ort, an dem die pazifische Küstenlandschaft mit der menschlichen Zivilisation zusammentrifft. Visualisierung: Cortes Aquarium and Marine Research Centre, Mazatlán, Sinaloa, Mexico (2017).
Tatiana Bilbao Estudio

Heute experimentieren Architekten mit Acrylglasscheiben und Seilnnetztragwerken, mit denen atemberaubende Konstruktionen entstehen. Wer den Zoo als einen Ort der Arterhaltung anerkennt, kann dessen Architektur als Experimentierfeld wahrnehmen.
Dieser Rolle muss die Architektur in Zoologischen Gärten und anderen Einrichtungen, die sich dem Schutz unserer Natur sowie einem neuen Bewusstsein für ein ressourcenschonendes Leben verschrieben haben, durch bedarfsgerechte Nutzung, ökonomische Konstruktion, ressourcenschonende Materialien und verantwortungsvolle Gestaltung gerecht werden. Doch welche Anforderungskriterien gibt es im Zoo und wie wird es möglich, diese zu erfüllen? Der Architekturtheoretiker Ákos Moravánszky hat 2003 die Auswirkungen der Umweltbewegung und des Ökologiebewusstseins auf das Planen und Bauen als Furcht vor zukünftigen Entwicklungen beschrieben: »Die Natur wird zur Projektion von Zivilisationsängsten, von Dissonanzen des modernen Lebens, und zugleich wird von ihr eine heilende Wirkung erwartet.« Es kehre sich der Wunsch des Publikums hin zu ökologischer Wahrhaftigkeit, zur Fusion von Landschaft und Architektur. Der Gedanke, Architektur und Natur in einem funktionierenden Ökosystem zu vereinen, ist eines der Grundprinzipien der Tiefenökologie und greift vor allem dort, wo Mensch, Tier und Pflanze zusammenkommen, also auch im Zoo. Der Mensch soll eben nicht als völlig einzigartig oder von Gott auserwählt betrachtet werden. Vielmehr soll er lernen, sich mit Bäumen, Tieren und Pflanzen, ja mit der gesamten Ökosphäre zu identifizieren. Der Schweizer Landschaftsarchitekt Kurt Brägger erkannte gar »ein allmähliches Zurücktreten des menschlichen Primats, d. h. der egozentrischen Einstellung des Tierhalters hinter die Ansprüche des Tieres selbst, ein immer stärkeres Besorgtsein um die Bedürfnisse der uns anvertrauten höheren und niederen Lebewesen«. Die Kontinuität des Wissens über das Gebäude und die Nutzer – in diesem Fall Mensch und Tier – gewährleistet, dass das Gebäude im Laufe der Zeit trotz regelmäßiger Umnutzung erhalten werden kann. Denn neben der Fokussierung auf das Tierwohl heißt ökologisch bauen auch, den Lebenszyklus eines Bauwerks zu verlängern, seinen Energieverbrauch und sein Abfallaufkommen im Betrieb zu minimieren – stets mit dem Ziel, den Ressourcenverbrauch zu optimieren. Dabei spielen neben dem Einsatz von erneuerbaren Energien auch Systeme zur Wasserrückgewinnung und Wasseraufbereitung sowie Materialien zur Vermeidung von Wärmeverlusten in Gebäuden eine Rolle.

Auch China setzt mit zahlreichen Aquarien-Neubauten neue Akzente, besonders an der Ostküste. Das New Yorker Büro Ennead Architects gewann 2019 den international ausgelobten Wettbewerb für das Yangtze River Estuary in Shanghai, ein Meeresmuseum mit Aquarium, das sich unter anderem für den Schutz des Chinesischen Störs einsetzen soll. Visualisierung: Yangtze River Estuary, Chinese Sturgeon Nature Preserve (2021).
Architektur: Ennead Architects

Das Institut für Zooarchitektur baut derzeit ein internationales Netzwerk zum Thema *Bauen für Tiere* auf. Neben der akademischen Nachwuchsförderung stehen Materialforschung und Politikberatung auf seiner Agenda.

Wie Architektur als Markenzeichen von Zoologischen Gärten immer wichtiger wird

Die Bauaufgaben in Zoologischen Gärten und Aquarien haben sich längst zu einem von Spezialisten und Fachplanern ausgeführten Sonderzweig der Architektur entwickelt. Jüngste Beispiele zeigen, dass Anlagen besonders dann gelingen, wenn Architekten die Belange von Zoologen, Besuchern und Tieren gleichermaßen berücksichtigen.

Direktoren von Zoologischen Gärten und Aquarien haben inzwischen erkannt, dass Architekturwettbewerbe zu einer höheren Qualität der Bauten führen. Aber den Ansätzen, einen Zoos entweder als Kirmesplatz oder als einen Museumsort zu führen, liegt ein völlig gegensätzliches Verständnis eines modernen Tierparks zugrunde. Dies zeigen internationale Vergleiche. Besonders in den USA bedienen die Zoologischen Gärten ein Freizeitverhalten, das auf Belustigung der Besucher und auf Gewinnmaximierung ausgerichtet ist. Dagegen haben Zoos in Deutschland erkannt, dass der praktizierte Denkmalschutz historischer Bauten auch dazu beitragen kann, sich von konkurrierenden Freizeiteinrichtungen zu unterscheiden. In Berlin, Leipzig und Köln etwa wird dem Neubau und dem Bestand gleiche Wertschätzung entgegengebracht. Sofern sich alte Gehege nicht in artgerechtere Anlagen umbauen lassen, dienen sie immerhin als naturkundlicher Museumsbau oder der Vermittlung von Natur- und Klimaschutzthemen. Auch im städtebaulichen Maßstab rüsten die Einrichtungen auf. Jüngst haben die Zoos in Zürich, Stuttgart und Magdeburg Rahmen- und Masterpläne aufgestellt, um ihren Anlagen die erforderliche Neuausrichtung zu ermöglichen oder bestehende Konzepte zu vervollständigen. Neubauten spielen im neuen Bewusstsein und in der Vermittlung zwischen optimaler Präsentation und Tierschutz eine wichtige Rolle.

Bei diesen beiden gegensätzlichen Aspekten – gesteigerter Kommerz einerseits, anspruchsvoller Wissenstransfer andererseits – dient Architektur als Vehikel für die Botschaft, die in den Zoos und Aquarien vermittelt werden soll. Aber um welche Art von Baukultur geht es? Der Vergleich mit einem Kunstmuseum verdeutlicht es: Seitdem Kunst in eigenen Bauten präsentiert wird, stellen sich Architekten und Kuratoren die Frage, ob das

Kunstmuseum selbst ein Objekt sein darf oder ob es sich neutral zu den in ihm ausgestellten Exponaten verhalten muss. Auf die Zooarchitektur übertragen hieße das: Muss ein Panzernashorn wie etwa im Berliner Zoo zusammen mit einer indischen Pagode ausgestellt werden? Die im Juni 2023 eröffnete, an Vorbildern aus Kolonialzeiten orientierte Anlage bedient das Klischee eines exotischen Tieres, das laut Pressemitteilung ein »neues Zuhause« erhalten hat. Die zoologische Tradition, Tieren in Gefangenschaft einen Namen zu geben, unterstreicht diese Vermenschlichung.

Stützenfreie Hallen und fugenlose Scheiben

Der Zoo steht heute vor einem Dilemma: einerseits seiner Verantwortung gerecht zu werden und eine Sensibilisierung für die Natur zu schaffen, andererseits eine angenehme Szenerie für die Besucher zu kreieren, die Kinderbetreuung, Reiseersatz und Eventgastronomie zugleich bietet. Dabei verlangsamt der Fokus vor allem auf Kinder seine Transformationsfähigkeit. Mit anderen Worten: Solange der Zoo mit Spielgeräten und Attraktionen Besucher anlockt und nur indirekt auf den Naturschutz hinweisen möchte, braucht es mindestens 20 Jahre, bis diese Kinder in ihrer persönlichen und beruflichen Verantwortung ein neues Umweltbewusstsein umsetzen können. Was das für die Einrichtungen heißt, beschreibt Theo Pagel, der Direktor des Kölner Zoos: »Wir müssen unseren Worten Taten folgen lassen. Das bedeutet, Zoos sollten bis hin zu ihren gastronomischen Angeboten Vorbild in Sachen Ökologie sein.« Und die Zoos haben das erkannt. Sie wollen keine Freizeitparks sein. Auffällig ist, dass sich in den großen Zoos im deutschsprachigen Raum derzeit ein Transformationsprozess vollzieht. Dieser Prozess beinhaltet die Umgestaltung der Zoos zu modernen Bildungs- und Erhaltungszentren mit einem klaren Auftrag.

Tierrecht, Zooarchitektur und Verwilderung

Neue Themen erweitern die Debatte über moderne Zoos. Tiere werden zunehmend als Lebewesen mit Rechten betrachtet, wie es auch der Philosoph Richard David Precht immer wieder zur Sprache bringt. Dieses neue Naturverständnis spiegelt sich in der Zooarchitektur wider. Was zunächst nach einem Nischenthema für Architekten klingt, entpuppt sich bei näherer Betrachtung als eine grundlegende Aufgabe unserer Gesellschaft. Das Bauen für Zootiere wird zu einer Endlosschleife in dem Sinne, dass die Zooarchitektur seit jeher angestrengt versucht, für den Zoobesucher eine ebenso wilde Umgebung zu schaffen wie für die Tiere. Charles Darwin zufolge passen sich die Tiere an die Umgebung an, in der sie sich befinden. Nach mehr als 100 Jahren Erfahrung mit modernen Zoologischen Gärten ist also zu fragen: Was wird eigentlich gebaut und für wen? Um den Aufgaben Zoologischer Gärten gerecht zu werden, gilt es neben Wissensvermittlung, Entertainment, Arterhaltung und Forschung auch die Baukultur im Zoo als einen wesentlichen Auftrag zu etablieren.

Wer heute einen Zoologischen Garten besucht oder im Aquarium die Becken und Schaukästen bewundert, wird eine neue Tendenz beobachten, die in den USA ihren Anfang genommen hat. Es geht darum, die Habitate in größtmöglicher Authentizität zu gestalten und der Natur und ihren Gesetzen mehr Raum zu lassen. Denn eine moderne Zooarchitektur soll nach Ansicht des in Phoenix/Arizona lehrenden Ethikprofessors Ben Minteer nicht nur ein Erlebnisraum sein, sondern den Besucher zum Nachdenken und vor allem zum Handeln anregen. Einerseits könnte die Verwendung von gemeinsamen zoologischen und architektonischen Terminologien dazu führen, dass das Bauen für Tiere dazu beiträgt, einen Standort für den Menschen im Kontext der Fauna zu bestimmen. Schließlich ist die Gestaltung eines Zoos immer auch ein Hinweis auf den Status unserer Beziehung zu Tieren. Andererseits kann das Nachdenken über die

Zoologie der Architekturdiskussion einen neuen Impuls geben. Denn wie die Natur kommt auch die Architektur mit wenigen Grundformen aus, die die menschliche Kreativität unendlich variieren kann. Von Tieren gebaute Nester und Höhlen oder von Meeresbewohnern geprägte Beckenböden in Aquarien tragen dazu bei, diese simulierte Verwilderung zu schaffen. Wenn es gelingt, eine architektonische Debatte über verwilderte Habitate in Zoologischen Gärten anzustoßen, dann ist ein weiterer wichtiger Meilenstein erreicht.
2021 diskutierten die vom pandemiebedingten Besucherschwund gebeutelten Zoo-Betreiber auf der internationalen Zoologie-Konferenz in Arizona auch über die Finanzierung der immer kostspieliger werdenden Tierhäuser und Gehege. Die Besuchenden geben sich heute längst nicht mehr damit zufrieden, einen Löwen in einem Außengehege zu suchen. Zoos bedienen dieses Verlangen, indem sie die Großkatzen hautnah hinter einer Acrylwand präsentieren, um »so viel Tier wie möglich« zu zeigen. »All the real without risk« lautet die Parole in den USA – möglichst viel Realitätsnähe und Adrenalinschub bei geringstmöglichem Risiko für den Betrachter. Wohl auch aus diesem Grund werden wir in naher Zukunft wohl das eine oder andere Gebäude im Zoo als »verwilderte Hütte« bewundern dürfen. Aber wie viel Wildheit darf Architektur zulassen, wenn sie zugleich sicher, stabil, dicht und repräsentativ sein soll?

Vor diesem Hintergrund wurden an der Hochschule Anhalt im Fachbereich Architektur zahlreiche Entwurfsseminare veranstaltet. Ziel war es, das Verständnis der Studierenden für Entwurfsprozesse von Zoobauten zu fördern. Als Vorlage für einen eigenständigen Entwurf dienten unter anderem freie Entwürfe für eine Panda-Anlage im Tierpark Berlin oder für ein Aquarium in einem U-Boot, bauhistorische Forschungen im Tierpark Dessau sowie die Konzeption einer neuen Tigeranlage im Zoologischen Garten Magdeburg. In einem begleitenden Wahlpflichtfach konnten die Studierenden ihre Entwürfe vertiefen und verfeinern, zum Beispiel mit Textilien, Zug- und Kissenkonstruktionen oder Leichtbaumembranen. Die ersten Wochen wurden für eine breite Recherche genutzt, um sich an das Thema anzunähern und das Bauen für Tiere kritisch zu hinterfragen. Die Studierenden setzten sich anhand der Referenzbeispiele sowohl mit dem Verhältnis von Mensch und Tier im Laufe der Architekturgeschichte als auch mit theoretischen Fragen zur Raumtheorie auseinander.
Bevor die erste Skizze gezeichnet werden konnte, musste zunächst die Frage nach den zukünftigen Bewohnern der Anlage geklärt werden. Für die Dramaturgie und Inszenierung der Gebäude und der Tierwelt bedeutete dies nicht weniger als die Erfindung einer neuen Welt. Die gestalterischen Grundprinzipien erarbeiteten die Studierenden gemeinsam mit einem Expertenteam durch Exkursionen, Vorträge und mithilfe der zur Verfügung gestellten Fachliteratur.
Die fertigen Arbeiten sollten nicht nur die Diskussion über zeitgemäße Tierhaltung anregen, sondern auch wichtige und innovative Impulse für eine zeitgemäße Wissensvermittlung in Zoos geben. Zentrales Ziel der Lehrveranstaltung war es, den Studierenden beizubringen, wie man eine Entwurfsaufgabe selbstständig recherchiert, analysiert und eine individuelle, interdisziplinäre und methodische Lösung entwickelt. Architektur als Verbindung von Form, Biologie und Ethik zu betrachten, eröffnet neue und spannende Möglichkeiten für den Entwurf von Zoobauten. Die Studierenden erkannten auch die Notwendigkeit, eine rigorose und visionäre neue Agenda für Tierbauten zu entwickeln, einen Entwurf, der Tiergehege als Sprungbrett für eine neue Beziehung zwischen Architektur, Natur und gebauter Umwelt auffasst – eine Vision, die das Wildtier zu einem Wesen mit Rechten anerkennt.

Panda House Beijing Zoo, China.
Foto: kpzfoto/ Alamy Stock Foto

Bauen für Pandas

Brauchen symbolträchtige Tiere eine ikonische Umgebung?

Der Panda gehört zweifellos zu den ikonischen Tieren, wenn es um den Naturschutz geht. Aufgrund seiner Seltenheit nimmt er eine Sonderstellung ein. Zoologische Gärten in aller Welt sind stolz darauf, wenn sie diese Spezies ausstellen können; die Leihgaben des chinesischen Staates verlangen jedoch, dass die Pandagehege nach genauen Vorgaben gebaut werden müssen. Vor diesem Hintergrund ist die Architektur von Pandabärenanlagen eine ganz besondere Planungsaufgabe.

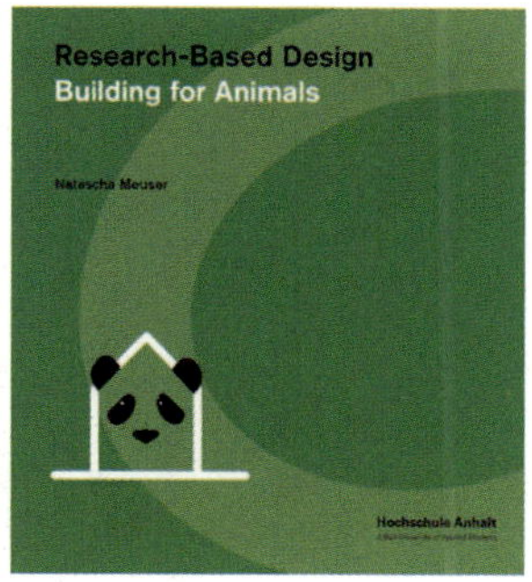

Natascha Meuser: Research-Based Design. Building for Animals, Reihe *Innenraumplanung*, Bd. 19 (2020)

Mensch und Tier, Architektur und Zoologie: Wie passen diese Elemente zusammen und wie verhalten sie sich zueinander? Seit dem Bau des ersten wissenschaftlich geführten Zoologischen Gartens in Paris im Jahr 1793 hat sich die Vorstellung der Gesellschaft vom optimalen Zusammenleben von Mensch und Tier grundlegend verändert. Dieser Wandel der menschlichen Vorstellungen vom Wildtier – vom bloßen Schaustück zum Lebewesen mit Rechten – ist heute aktueller denn je.

Das Projekt beschäftigte sich mit dem Bau eines neuen Pandahauses im Berliner Zoo. Bevor es an den Entwurf ging, musste zunächst die Frage nach den zukünftigen Bewohnern der Anlage geklärt werden. Für die Dramaturgie und Inszenierung von Gebäuden und Fauna bedeutet dies nicht weniger als die »Erfindung einer neuen Welt«. Die Grundprinzipien für den Entwurf wurden durch »Forschendes Lernen« entwickelt und dann in einen konkreten Entwurf umgesetzt. Die Projekte sollten nicht nur zur Diskussion über zeitgemäße Tierhaltung animieren, sondern auch wichtige und innovative Anregungen für eine zeitgemäße Wissensvermittlung in Zoos liefern. Im begleitenden Wahlpflichtfach »Membranbauten« konnten die Studierenden ihre Entwürfe vertiefen. Zu Beginn setzten sie sich in Form von drei einführenden Übungen in Theorie und Praxis mit folgenden Fragestellungen auseinander:

Die Ästhetik der Perspektive
Blick in die Natur: Wählen Sie ein Gemälde aus der Romantik (19. Jahrhundert / zum Beispiel Jakob Philipp Hackerts, Carl Gustav Carus, Caspar David Friedrich). Fügen Sie Raum und Volumen in Form von architektonischen Grenzen hinzu.

Die Ästhetik der Biologie
Konstruktion der Natur: Finden Sie ein aussagekräftiges Beispiel aus der Geschichte des Bauens, bei dem die Natur als Vorbild für neue Materialien, Konstruktionen oder Formen diente. Zeichnen Sie architektonische Diagramme, um die Abstraktion allgemeiner Prinzipien zu erklären.

Die Ästhetik der Abstraktion
Integration der Natur: Nutzen Sie die Lösungen der Natur und entwickeln Sie sie weiter. Jeder Studierende präsentiert ein Beispiel gebauter Architektur, das einen starken Bezug zur Natur aufweist.

In Workshops diskutierten die Studierenden mit Experten über ihr persönliches Naturverständnis und ihre Herangehensweise an das Planen und Bauen für Tiere. Ziel war es, das eigene Naturverständnis erlebbar zu machen und zu sensibilisieren.

Exkursion: Besuch des Büros Dan Pearlman in Berlin (2019).
Bilder: Natascha Meuser

Auftaktveranstaltung im Zoologischen Garten Berlin mit dem Zoodirektor Dr. Andreas Knieriem.

Die Studierenden erforschten das Thema *Bauen für Tiere* durch verschiedene Fragestellungen und setzten diese auch visuell in Claims und Fotomontagen um.

Durch das Konzipieren im Team erwarben die Studierenden ein tiefes Verständnis für den Entwurfsprozess.

Zwischenpräsentationen mit Gästen führten zu einer individuellen Reflexion über die Gestaltungsresultate.

Die Studierenden untersuchten, wie architektonische Grenzen und Natur zusammengedacht werden können. Eine bildliche Darstellung sollte auch emotionale Barrieren freisetzen.

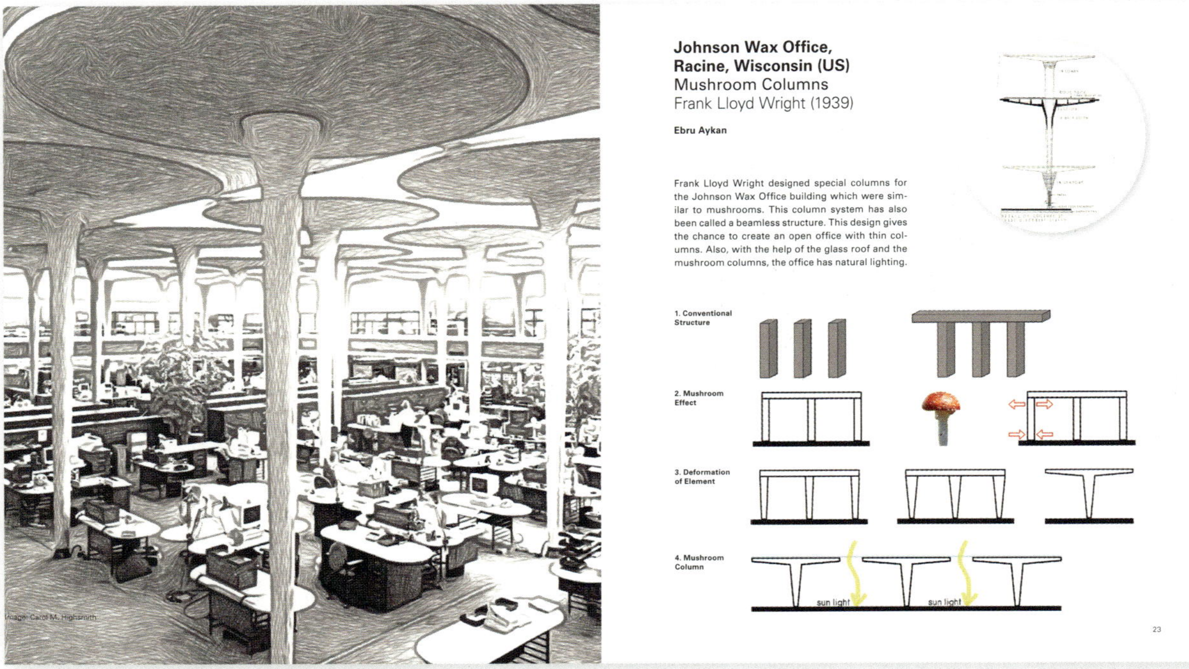
Johnson Wax Office, Racine, Wisconsin (US)
Mushroom Columns
Frank Lloyd Wright (1939)

Ebru Aykan

Frank Lloyd Wright designed special columns for the Johnson Wax Office building which were similar to mushrooms. This column system has also been called a beamless structure. This design gives the chance to create an open office with thin columns. Also, with the help of the glass roof and the mushroom columns, the office has natural lighting.

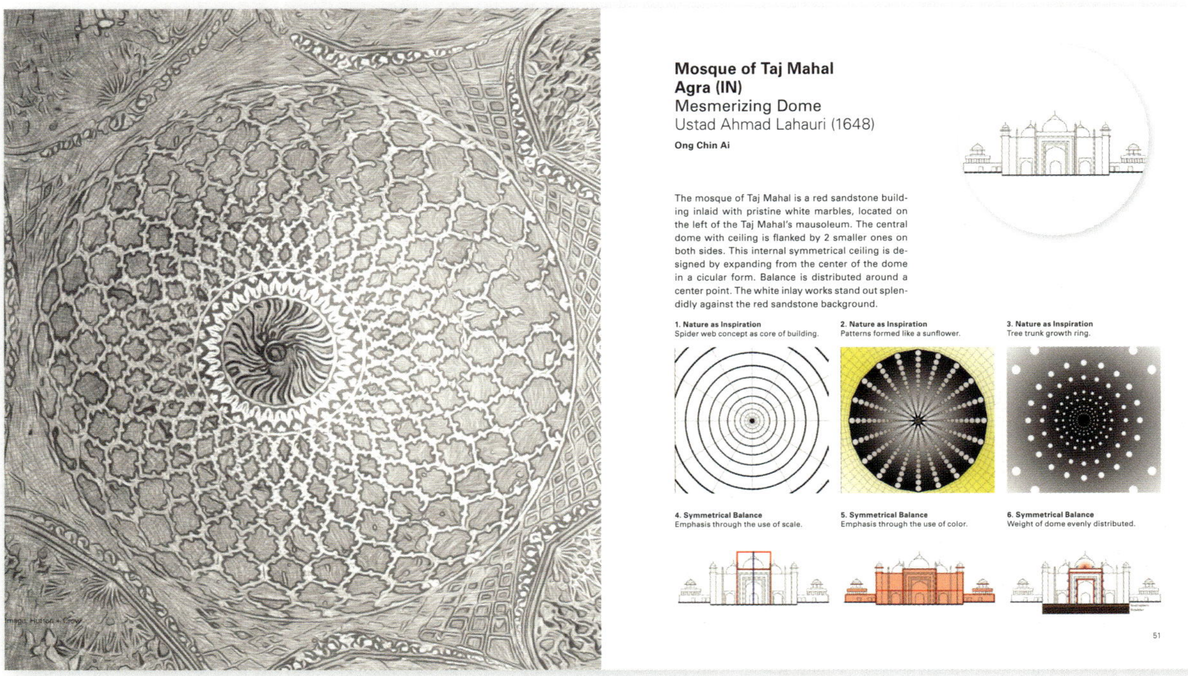
Mosque of Taj Mahal Agra (IN)
Mesmerizing Dome
Ustad Ahmad Lahauri (1648)

Ong Chin Ai

The mosque of Taj Mahal is a red sandstone building inlaid with pristine white marbles, located on the left of the Taj Mahal's mausoleum. The central dome with ceiling is flanked by 2 smaller ones on both sides. This internal symmetrical ceiling is designed by expanding from the center of the dome in a cicular form. Balance is distributed around a center point. The white inlay works stand out splendidly against the red sandstone background.

Oben: Ebru Aykan
Unten: Ong Chin Ai

Sakyamuni Pagoda
Shanxi Province (CN)
Chinese Dougong Bracket
Emperer Daozong of Liao (1056)

Nurin Abdullah

Inspired by tree branches as a sequence of cantilevers. The dougong bracket is an interlocking assemblage of structure cantilevers placed in between of the top of column and the beam. The unique fractal-like geometric operation was meant for transferring the load sequentially from the upper-most bracket to the lower-most bracket. The lower backet takes load of its immediate upper bracket which most of the time longer and almost double.

1. Form Inspiration
The resemblance of the full form column and beam by using dougong bracket technique is almost visually looking like the branches of a tree.

2. The Components
Schematic diagram of the abstract form of a larger bracket as column capital replaced by interlocking self-similar smaller brackets to increase the stiffness as well as to transfer the load from roof and beam load sequentially to the column.

3. Assemblage
Typical assemblage of dougong brackets, can be referred to the Iterated Function System (IFS). This dougong brackets are considered as a package which is easy to assemble and dissamble.

35

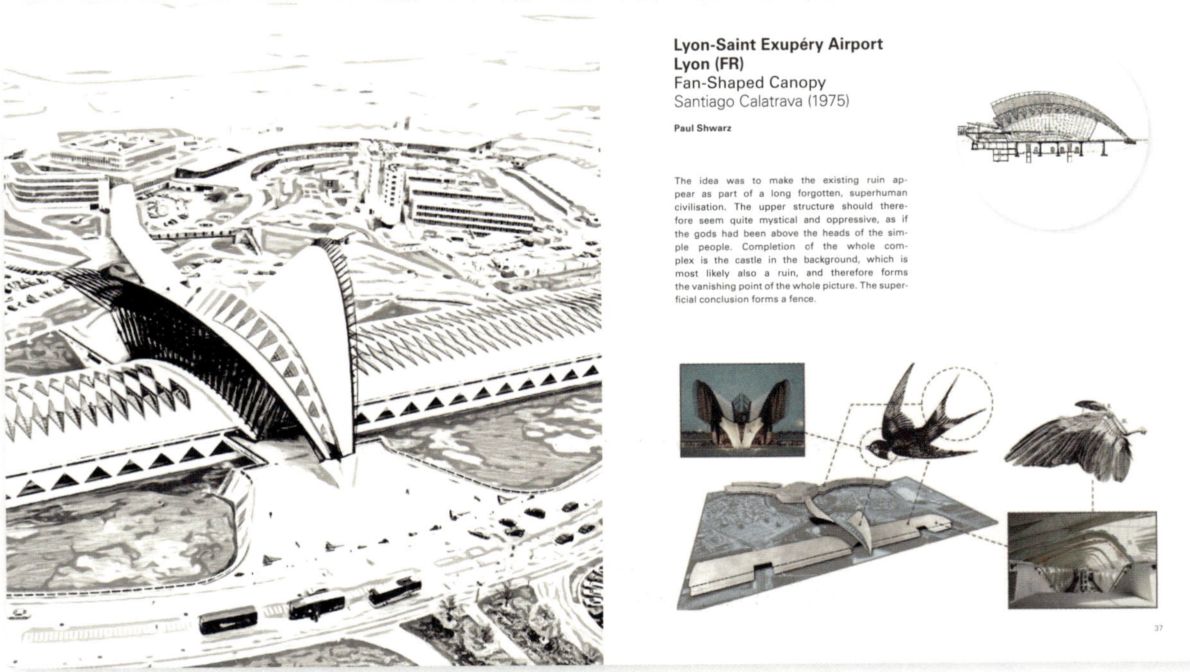

Lyon-Saint Exupéry Airport
Lyon (FR)
Fan-Shaped Canopy
Santiago Calatrava (1975)

Paul Shwarz

The idea was to make the existing ruin appear as part of a long forgotten, superhuman civilisation. The upper structure should therefore seem quite mystical and oppressive, as if the gods had been above the heads of the simple people. Completion of the whole complex is the castle in the background, which is most likely also a ruin, and therefore forms the vanishing point of the whole picture. The superficial conclusion forms a fence.

37

Oben: Nurin Abdullah
Unten: Paul Schwarz

How on EARTH ... ? Down to EARTH !

Can Rammed Earth Elicit Emotions between Humankind and Animals and Transpire as the Future Material of Zoos?

Mavazhe, Anotidaishe

Hochschule Anhalt
Anhalt University of Applied Sciences
Prof. Dr.-Ing. Natascha Meuser
Innenraumplanung/Interior Architecture

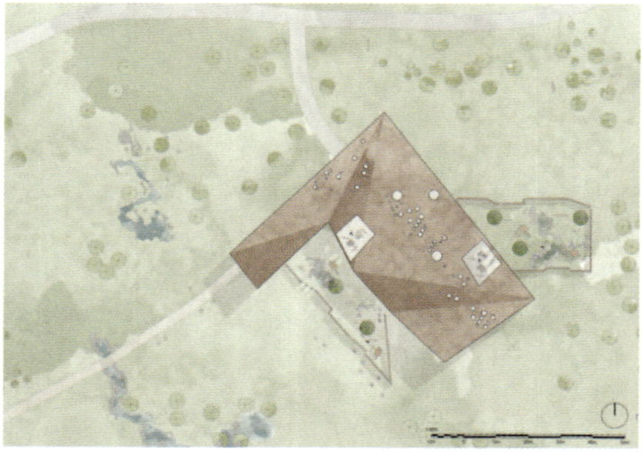

Site plan

Design Parameters

Materials and Prefabrication

Made from locally excavated earth, this enclosure demonstrates the practical and aesthetic benefits of a material which is so often is dismissed as inferior or irrelevant for contemporary buildings. The enclosure and structure are entirely made from rammed earth; therefore the zoo is 99 % recyclable. Complementing the structure is a wooden roof covered in straw.

A Rotary Exhibit

The aim here is to bring the panda to an African country: Hwange National Park in Zimbabwe. This will in turn allow tourists and locals to visit the enclosure and witness a non-indigenous animal. Due to its location and climate the enclosure hosts the panda during the winter period and other animals within the national park afterwards. The threshold between humankind and pandas has been redefined by harnessing different stylistic openings and displacing the concept of cages. This is intended to forge an intimate relationship, appealing to the visitor's emotions through experiences, exhibitions and redefined thresholds.

Circulation and Experience

The design concept aims to understand the relationship between humankind and natural landscapes within the enclosure as a design medium, a medium that will provide opportunities to reconfigure spaces. This will be achieved through amplification, abstraction, purification, materialization and juxtaposition. The intent of the design is therefore to stimulate a sensory haptic quality, enabling a reconciliation between the visitor with the animal and its habitat. This experience will be made possible in the design enclosure through the process of stimulating different senses. Materiality will therefore serve as an important factor in the physical construction of the landscape. This experience will be enhanced through spatial manipulation. Circulation is a key element to the visitor's experience and will be designed to maximize the zoo experience, lending structure to a coherent story within the exhibition space.

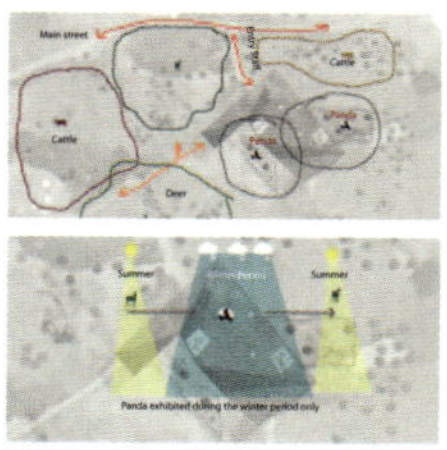

Location Concept

Ground Floor Plan

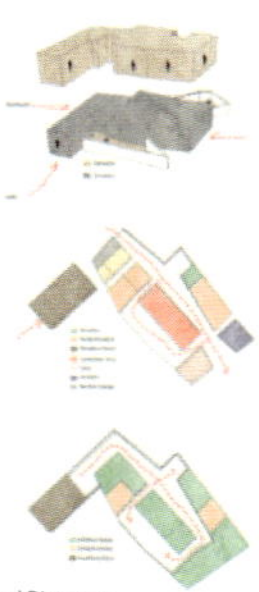

Functional Diagrams

Section A-A

Section B-B

How on EARTH ... ? Down to EARTH !

Can Rammed Earth Elicit Emotions between Humankind and Animals and Transpire as the Future Material of Zoos?

Mavazhe, Anotidaishe

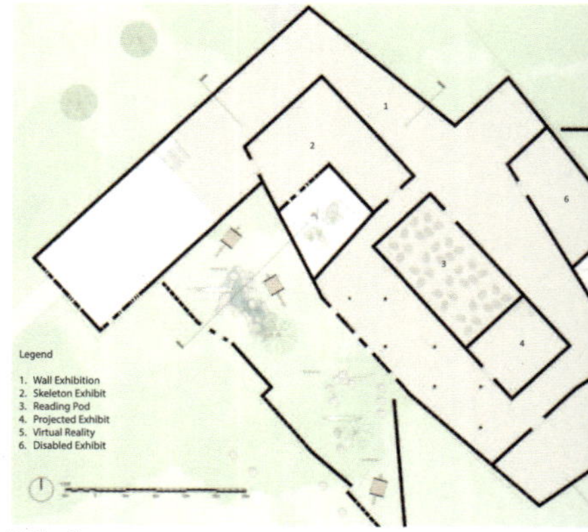

First Floor Plan

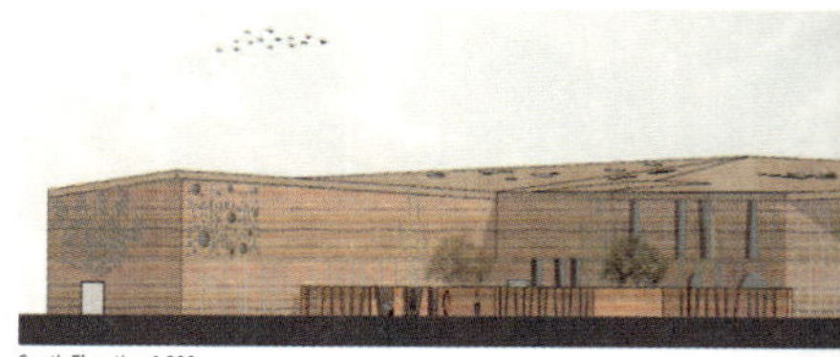

South Elevation 1:200

North Elevation 1:200

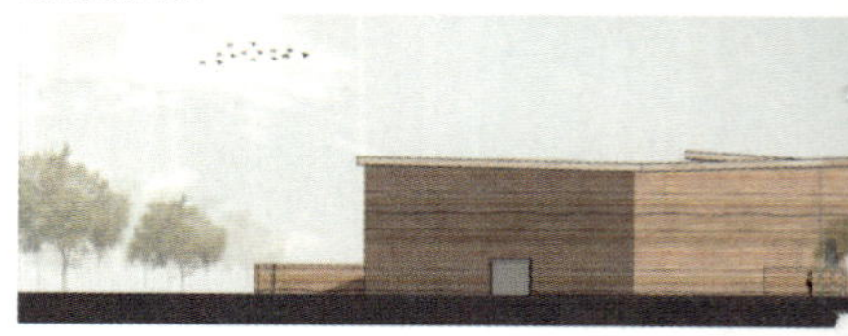

East Elevation 1:200

West Elevation 1:200

Entwurf: Anotidaishe Mavazhe

id

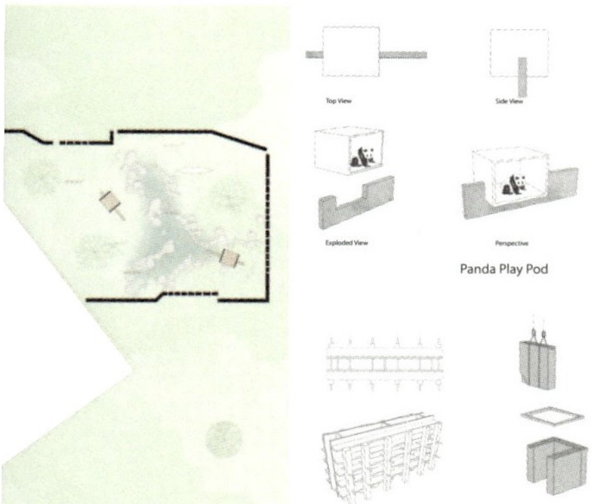

Panda Play Pod

Prefabrication

How on EARTH ... ? Down to EARTH !

Can Rammed Earth Elicit Emotions between Humankind and Animals and Transpire as the Future Material of Zoos?

Mavazhe, Anotidaishe

Projected Display Exhibition

Male Panda Indoor Enclosure

Skeleton Exhibition

Virtual Reality Exhibition

Outdoor Panda Area

Noah's Ark

What if Noah's Ark Lends Meaning to a Potential Journey for both Pandas and Humans?

Nurin Abdullah

Hochschule Anhalt
Anhalt University of Applied Sciences
Prof. Dr.-Ing. Natascha Meuser
Innenraumplanung/Interior Architecture

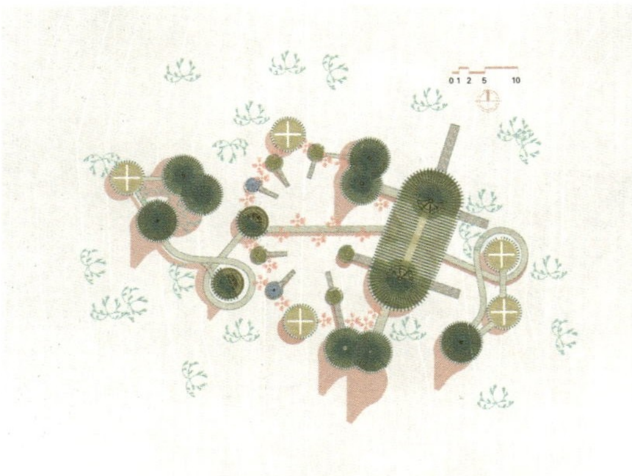

In future giant pandas could be left hungry and struggling to survive owing to insufficient food supplies – i.e. bamboo. The question is, how will there be any bamboo left for pandas when human developments are slowly wiping out most of the bamboo fields in the world? What can pandas do in response? Is it necessary for them to migrate? The hypothetical concept here is to create a journey emulating the migration of pandas from one place to another in order to look for their source of food. The structure is an attempt to symbolise the creation of Noah's Ark which is to protect pandas from harm or, in this case, starvation. Supporting this idea, plans for bamboo plantations in China are intensively underway which will play a significant role in solving this problem.

Design Parameters

1 Mobilising the Habitat
The objective here is to provide a mobile structure that is periodically able to change the habitat without necessitating any natural demolition and is able to offer endless bamboo supplies for pandas. The structure will be situated for a maximum of three years at each location (Site A > B > C > D and repeat), allowing enough time for the bamboo on site to grow and mature for pandas to consume it. For ease of handling, parts of the structure can be assembled and dissembled.

2 Maximising the Habitat
Other than supplying pandas with bamboo, the aim is to give pandas more freedom to roam about within their natural and original habitat without any obstructive barriers or differences in temperature. This demands more space for them to interact with each other, with the ability to develop physically and cognitively.

3 Endless Movement and Multiple Experience
This project represents an exploration for humans too who trace the experience of pandas on their migration journey in search of food. A long and endless trail begins with visitors' arrival on site on a hot air balloon. They then stroll around site without any end point or destination. The trail and materials create multiple interactions for both pandas and humans with flora and fauna at different latitudes.

All the 4 chosen sites are located at Southern China, where pandas originally come from

Site A: Qingcheng Mountain, Dujiangyan, Chengdu, China

Site B: Chongqing Huangshan, Yangtze River, China

Site C: Chinshui Bamboo Forest Chinsui, Zunyi, China

Site D: Shunan Bamboo Forest Yibin, China

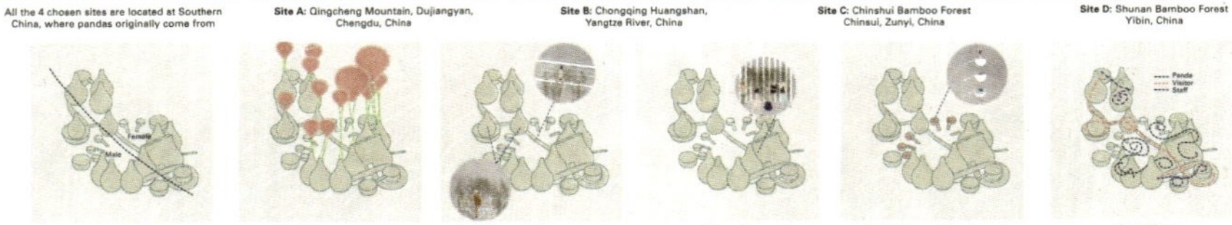

Subtle Separation
The long trail which visitors will experience creates a subtle separation of the animal genders

Floating
Structures are located at different height and levels, mimic the site contours making them look as if its elevated and floating on the air

Landscape as Structure
Using vegetation as part of the structure that stimulate the sense of being on the same „home" with the pandas without being seen - bamboo slits

Zootopia
Pandas are locate at the level of viewer's eyes; being opposite to each other and increase the attractivity and intimacy between human and animals

Multi-Purpose Structures
To create structures that can be assemble and dissamble easily, mutli-functional according to the animal needs and condition

Circulations
A long, direct and endless circulation, without having an ending point. Selling the exhibit and experiences several times from different levels

Floor Plan 1:300

Noah's Ark
What if Noah's Ark Lends Meaning to a Potential J
both Pandas and Humans?
Nurin Abdullah

Entwurf: Nurin Abdullah

urney for

Hochschule Anhalt
Anhalt University of Applied Sciences
Prof. Dr.-Ing. Natascha Meuser
Innenraumplanung/Interior Architecture

Noah's Ark

What if Noah's Ark Lends Meaning to a Potential Journey for both Pandas and Humans?

Nurin Abdullah

Hochschule Anhalt
Anhalt University of Applied Sciences
Prof. Dr.-Ing. Natascha Meuser
Innenraumplanung/Interior Architecture

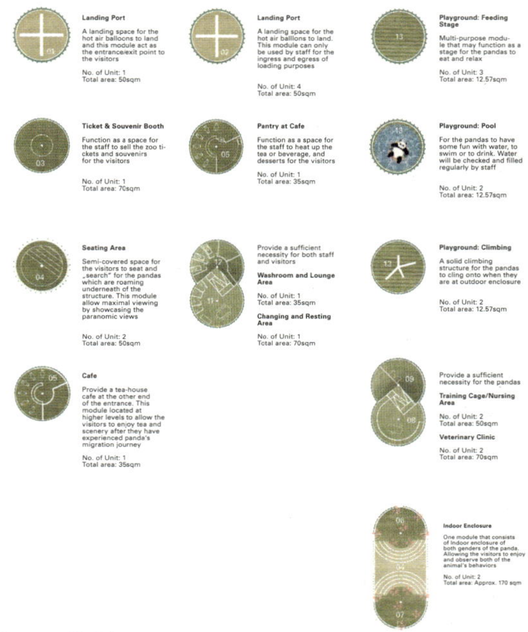

Structure Modules
Not to scale

Journey through the Forest

Can the Bamboo Forest become the Panda House itself?

Caferoglu, Mehmet

Hochschule Anhalt
Anhalt University of Applied Sciences
Prof. Dr.-Ing. Natascha Meuser
Innenraumplanung/Interior Architecture

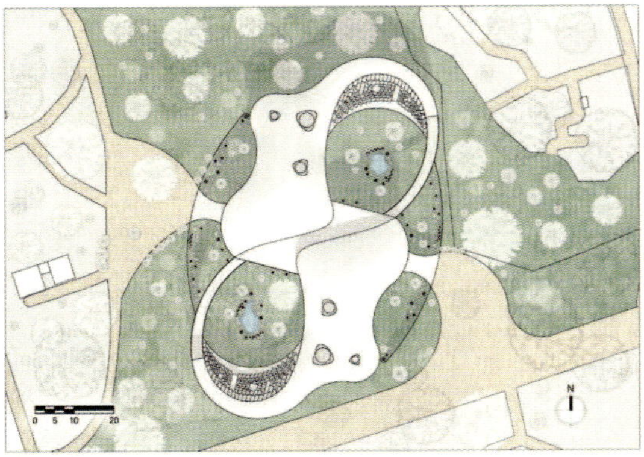

Site Plan
Scale 1:500

Design Parameters

1 - Forests as a Source of Inspiration

This design started with the question: "Do pandas have a house?" and sought to find a method for making pandas feel at home. At the same time, it is aimed at designing a building where visitors can better experience the natural environment of pandas. Pandas are wild animals which normally live in bamboo forests at the heart of a natural landscape. The building is thus inspired by such forests. The multiple structural poles within the building are inspired by bamboo poles and the organic top cover is inspired by forestry. This brings visitors closer to the experience of wandering within a bamboo forest.

2 - Interaction

Interaction between pandas and humans is one of the core aspects of this project. The design provides different boundary typologies to create diverse experiences for visitors. It also creates semi-private areas for the panda. When pandas do not wish to see visitors they are able to retreat to these areas, although visitors may continue to observe them behind boundaries with a limited view. The "Interactive Wall" is aimed at attracting visitors' attention by inviting them to play the "Find the Panda" game. The purpose of the "Angle Wall" is to play with viewers' perceptions.

3 - The Diversity of Circulation

The design creates a wide range of alternative circulation routes for both pandas and visitors. The visitor's route draws inspiration from the Möbius Strip, also called the twisted cylinder, in order to maintain continuous and fluid circulation. Visitors can access different levels and explore different perspectives on their route which comprises ramps leading to the roof as well as indoor and outdoor exhibition and observation spaces. The project is designed for two pandas of different genders. These two pandas have different sub-spaces within their territory, although during certain periods the individual panda habitats can be merged to form one large single habitat.

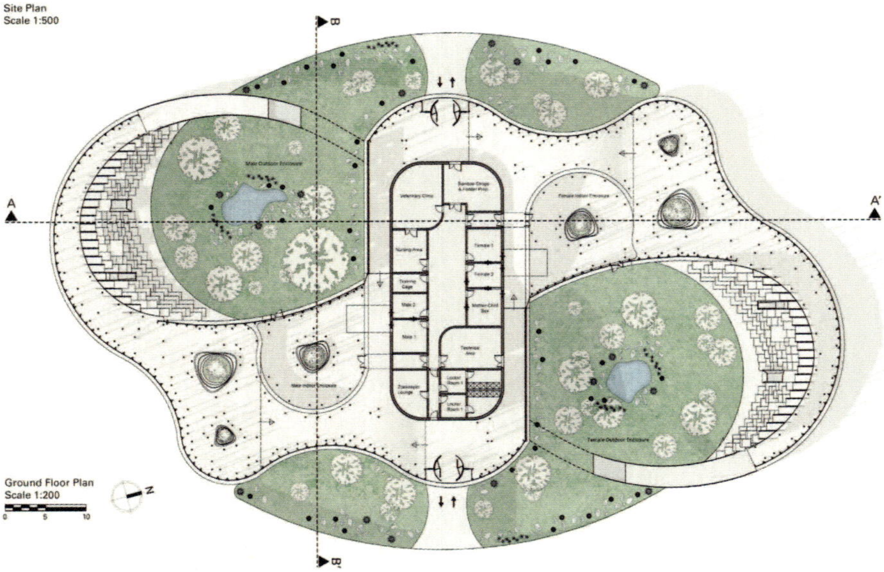

Ground Floor Plan
Scale 1:200

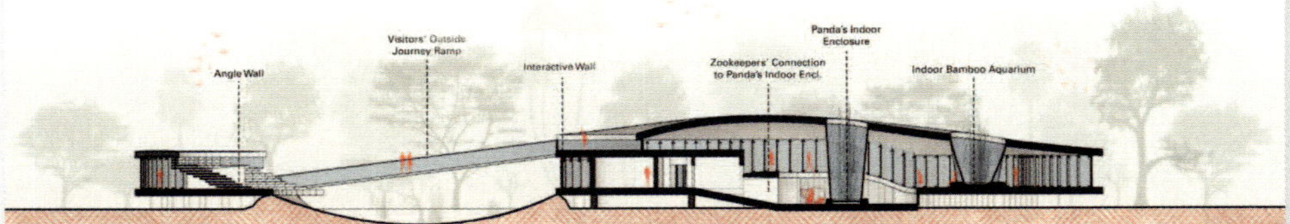

Section A-A'
Scale 1:200

Journey through the Forest

Can the Bamboo Forest become the Panda House

Caferoglu, Mehmet

Aerial Perspective View

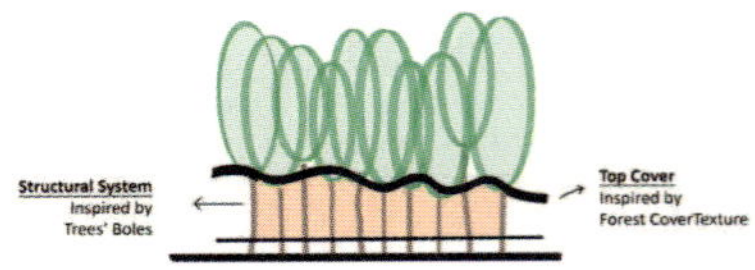

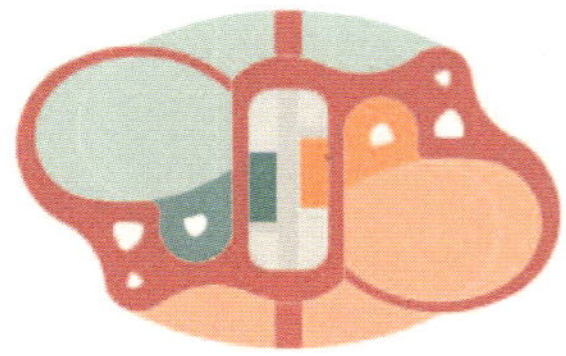

Ground Floor User Diagram:

- Outdoor Enclosures for Male Panda
- Inside Enclosures for Male Panda
- Outdoor Enclosures for Female Panda
- Inside Enclosures for Female Panda
- Visitors' Area
- Zookeeper & Technical Area

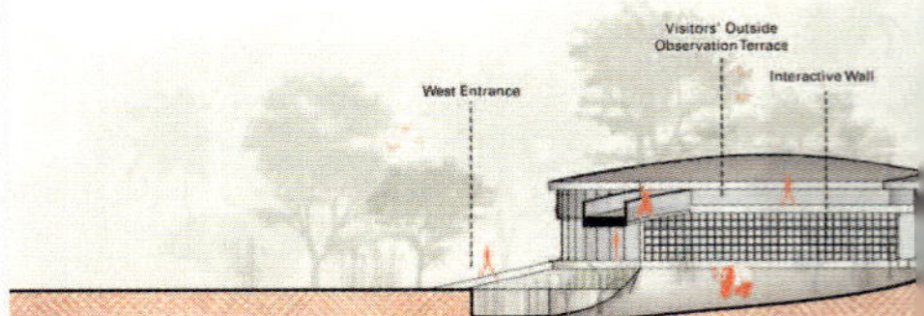

Section B-B'
Scale 1:200

Entwurf: Mehmet Caferoglu

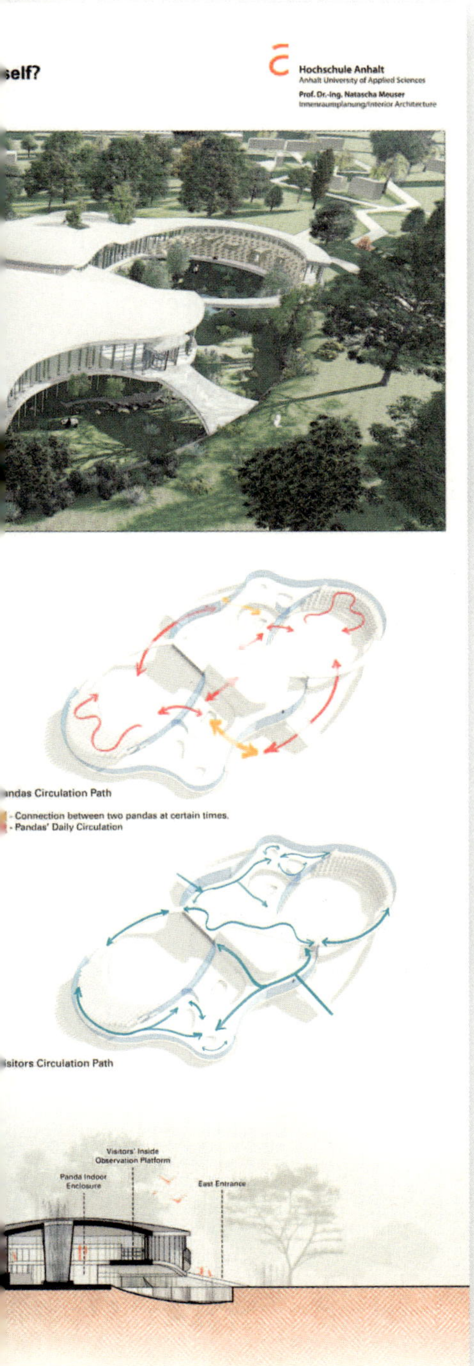

self?
Hochschule Anhalt
Anhalt University of Applied Sciences
Prof. Dr.-Ing. Natascha Meuser
Innenraumplanung/Interior Architecture
andas Circulation Path
- Connection between two pandas at certain times.
- Pandas' Daily Circulation
isitors Circulation Path
Visitors' Inside Observation Platform
Panda Indoor Enclosure
East Entrance

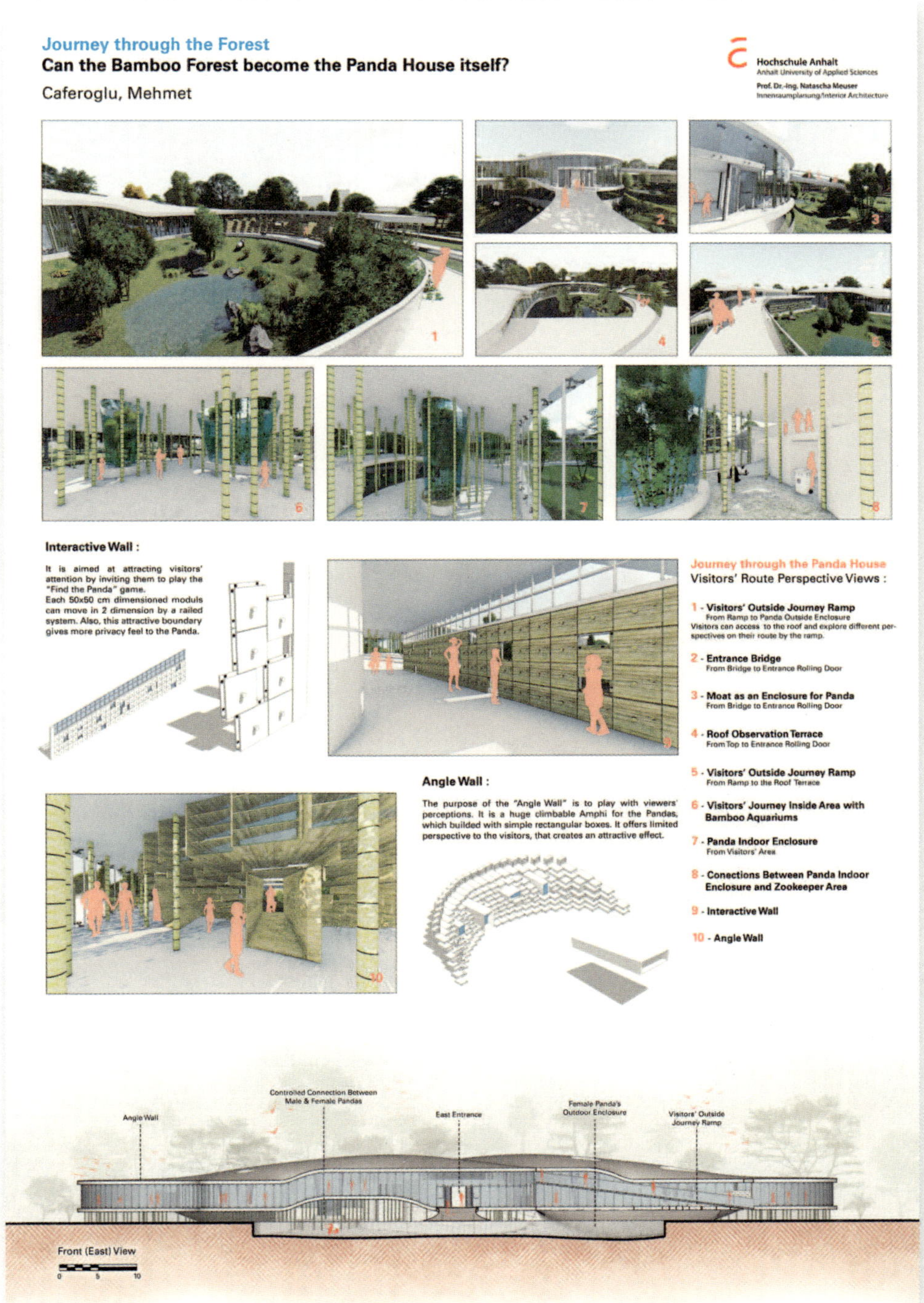

Journey through the Forest
Can the Bamboo Forest become the Panda House itself?
Caferoglu, Mehmet
Hochschule Anhalt
Anhalt University of Applied Sciences
Prof. Dr.-Ing. Natascha Meuser
Innenraumplanung/Interior Architecture
Interactive Wall :
It is aimed at attracting visitors' attention by inviting them to play the "Find the Panda" game.
Each 50x50 cm dimensioned moduls can move in 2 dimension by a railed system. Also, this attractive boundary gives more privacy feel to the Panda.
Angle Wall :
The purpose of the "Angle Wall" is to play with viewers' perceptions. It is a huge climbable Amphi for the Pandas, which builded with simple rectangular boxes. It offers limited perspective to the visitors, that creates an attractive effect.
Journey through the Panda House
Visitors' Route Perspective Views :
1 - Visitors' Outside Journey Ramp
From Ramp to Panda Outside Enclosure
Visitors can access to the roof and explore different perspectives on their route by the ramp.
2 - Entrance Bridge
From Bridge to Entrance Rolling Door
3 - Moat as an Enclosure for Panda
From Bridge to Entrance Rolling Door
4 - Roof Observation Terrace
From Top to Entrance Rolling Door
5 - Visitors' Outside Journey Ramp
From Ramp to the Roof Terrace
6 - Visitors' Journey Inside Area with Bamboo Aquariums
7 - Panda Indoor Enclosure
From Visitors' Area
8 - Conections Between Panda Indoor Enclosure and Zookeeper Area
9 - Interactive Wall
10 - Angle Wall
Angle Wall
Controlled Connection Between Male & Female Pandas
East Entrance
Female Panda's Outdoor Enclosure
Visitors' Outside Journey Ramp
Front (East) View
0
5
10

Tensile Structures
Pneumatic Structures
Frei Otto

Frei Otto
Denken in Modellen
Spector Books

Construction and Design Manual
Zoo Buildings

Membrane Structures
First Steps towards Form Finding
Romualdo Rivera

Wahlfach Membrane Strukturen, Literaturauswahl

B. Bauer: Techniques of Nature in Architecture and Design, Dessau 2013
Janine M. Benyus: What is Biomimicry? In: Biomimicry. Innovation Inspired by Nature, New York 1997
Natascha Meuser: Zoo Buildings. Construction and Design Manual, Berlin 2019
Frei Otto: Tensile Structures (vol. 1 & 2), Boston 1972
Romualdo Rivera: Membrane Structures. First Steps towards Form Finding, Dessau 2014
Georg Vrachliotis / Joachim Kleinmanns / Martin Kunz / Philipp Kurz (Hg.): Frei Otto. Denken in Modellen, Stuttgart 2017

Rechts: Modellierung und Berechnung einer Membrankonstruktion mittels Rhino / Grasshopper und RFEM 6.

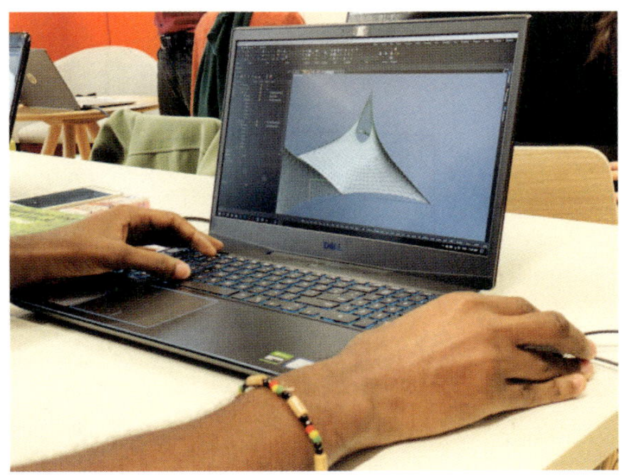

Lageplan Zoo Magdeburg.
Quelle: Institut für Zooarchitektur

Visualisierung: Ee Dong Chen, Yong Thang Shaun

Tigeranlage
Zoo Magdeburg

Das Beispiel des Entwurfs einer Tigeranlage offenbart die mannigfaltigen Aspekte, die der Planende bei dieser komplexen Aufgabe zu berücksichtigen hat: Neben den üblichen baulichen und gebäudetechnischen Erfordernissen sind folgende Punkte zu beachten: klimatische Anforderungen bezüglich Tier und Architektur, Inszenierung des Tieres, räumliche Absperrungen und Sicherheitsmanagement.

Natascha Meuser: Tigeranlage im Zoo Magdeburg, Reihe *Zooarchitektur*, Bd. 27 (2022)

Dieses Entwurfsprojekt mit Studierenden der Hochschule Anhalt war die dritte Kooperation des Magdeburger Zoos mit dem Institut für Zooarchitektur. Das im Sommersemester 2022 durchgeführte Entwurfsseminar zeigte einmal mehr, wie wichtig architektonische Alternativlösungen und theoretische Ansätze vor einer endgültigen Entscheidung durch Zooverwaltung und Politik sind. Denn der Zoologische Garten steht derzeit nicht nur für einen respektvollen Umgang mit den teils vom Aussterben bedrohten Spezies. Ein Zoo ist heute auch ein Ort des Wissenstransfers, an dem die ursprüngliche Natur und die gestaltete Umwelt zugleich gewertschätzt werden. Das interdisziplinäre Entwurfsseminar wurde mit Masterstudierenden aus dem Fachbereich Architektur und Geoinformation durchgeführt. Hervorzuheben ist die professionelle Vermessung des Vogelgesangparks und der bestehenden Tigeranlage durch zwei Absolventen aus dem Fachbereich Geoinformation, die in zukünftige Planungen integriert werden sollen. Inwieweit die studentischen Entwürfe in konkrete Projektplanungen des Zoos einfließen können, wird sich erst in den kommenden Jahren zeigen. Derzeit ist der Zoo auf die Umsetzung der Rahmenplanung fokussiert, die die Anlagen zu seinem 75-jährigen Bestehen im Jahr 2025 weiter qualifizieren möchte.

Die Großkatzenhaltung im Magdeburger Zoo ist international renommiert. Die Anlage befindet sich im Südwesten des Grundstücks zwischen dem Wasserlauf der Schrote und dem Vogelgesangpark. Allerdings trennt ein Pflegerweg das Areal vom denkmalgeschützten Park. Geplant ist daher, die Besucherführung so anzupassen, dass ein Tiererlebnis auch von östlicher Seite möglich wird. Dazu sind eine Neuorganisation und eine zeitgemäße Gestaltung der Anlage erforderlich. Der Vogelgesangpark wird weiterhin als geschütztes Gartendenkmal gewürdigt, während mit dem Großkatzengehege samt Besucherwegen ein neues Highlight geschaffen wird.

Die Studierenden waren aufgefordert, Ideen und Vorschläge für das Gebiet zu entwickeln. Denn nur wenn es gelingt, die Architektur mit Gebäudetechnik und Landschaftsgestaltung zu verbinden, kann ein Gehege entstehen, das sowohl den Bedürfnissen der Tiere und ihrer Pfleger als auch den Besuchern – und damit dem Zoo insgesamt – gerecht wird. Die Vielzahl an unterschiedlichen Entwürfen und Herangehensweisen zeigt, dass das Thema *Bauen für Tiere* für alle Beteiligten eine Relevanzerfahrung ist, die eine bereichernde Erweiterung ihrer Architektenausbildung darstellt.

Unnatürliche Natur: Freilaufende Tiger in einem indischen Nationalpark.
Foto: Guenter Guni

Authentizität statt Exotik: Naturparcours mit Ökomuseum in Le Port des Salines an der französischen Atlantikküste.
Quelle: www.port-des-salines.fr

Klimatische Anforderungen an Tier und Architektur

Beim Entwurf einer Tigeranlage geht es nicht nur um die Behaglichkeit des Tieres innerhalb des Geheges, sondern auch um das Gebäude in seinem klimatischen Umfeld. So muss etwa eine Großkatzenanlage im feuchtwarmen Singapur andere Bedingungen erfüllen als eine Tigeranlage in Magdeburg. Das Beispiel einer Tigeranlage offenbart die bauphysikalische Bandbreite, die der Planende zu berücksichtigen hat.

Tiger sind in einem Dutzend asiatischer Länder beheimatet. Der Sibirische Tiger ist beispielsweise in ausgedehnten Laub- und Nadelwäldern zu finden. Hier herrscht ein raues Klima. Minus 40 °C und kältere Temperaturen sind im Winter keine Seltenheit. Der Indische Tiger lebt im Dschungel, der Indochinesische Tiger auf bewaldeten Bergen und Hügeln und der Sunda-Tiger kommt nur in den Regen- und Mangrovenwäldern auf Sumatra vor.

Bei der Gestaltung einer Anlage muss somit nicht nur auf die Herkunftsgebiete der Tiere geachtet werden, sondern auch auf den Ort, an dem die Anlage gebaut wird, und seine klimatischen Bedingungen.

Inszenierung des Tieres

Bei der Inszenierung des Tieres sind Architekt, Landschaftsarchitekt und Zoologe besonders gefordert. Hier müssen die Erwartungen des Besuchers erfüllt werden, das Tier optimal beobachten zu können. Es soll aber in seinem Tagesablauf nicht gestört werden. Aktivzonen und Ruheplätze müssen also für Tier und Mensch optimal in Einklang gebracht werden. Das Territorium im Außenbereich gewährt eine kontrollierte Freiheit und eine gewisse Selbstbestimmung. Dem Besucher muss jedoch die Option geboten werden, sich selbst auf die Pirsch begeben und dem Tier »auflauern« zu können. Ebenerdig kommen architektonische Inszenierungen dann zur Geltung, wenn der Blick gelenkt (etwa durch ein Schaufenster) oder durch unerwartete Transparenz der Abstand zwischen Tier und Mensch quasi aufgehoben wird (bodentiefe Vollverglasung, wie in der Serengeti-Anlage des Zoos Whipsnade). Die Inszenierung des Tieres hängt auch von der Inszenierung des Wegs ab: Erhebt sich etwa am Ende eines Tunnels ein Ausguck inmitten eines Geheges, werden die Besucher den Anblick eines Tigers sicher nicht allzu schnell vergessen.

Ästhetik der Raumgrenzen: Die Absperrungen im Pariser Zoo sind Teil der gestalteten Architektur.
Foto: David Guyer

Martialische Sicherheitsarchitektur: Im Tierpark Berlin überschatten tödliche Barrieren das Tiererlebnis.
Foto: Natascha Meuser

Räumliche Absperrungen

Was früher auf Käfig und Gitterstange reduziert war, ist heute von einem großen Spektrum an räumlichen Absperrungen gekennzeichnet. Das hängt einerseits mit einem veränderten Bewusstsein für die Bedürfnisse des Tieres sowie andererseits mit dem bautechnischen Fortschritt zusammen. Auch wenn der herkömmliche Zaun noch nicht komplett aus dem Zoo verschwunden ist, bietet die heutige Bandbreite an technischen Möglichkeiten doch architektonischen Spielraum: glatte Wände oder Gitter mit Überhang oder Elektrosicherung, für Löwe und Tiger vier Meter hoch, für Gepard 2,5 Meter hoch. Bei allen anderen Arten in der Regel oben geschlossene Gehege. Für Löwe, Tiger und Gepard ist ein Trocken- oder Wassergraben möglich, wenn die Außenkante ausreichend Sicherheit bietet.

Seit Hagenbecks gitterlosem Gehege, mit dem der Graben als Raumtrenner in die Zooarchitektur eingeführt wurde, ist Geländemodellierung zu einem wichtigen Parameter der Einfriedung geworden. Dazu zählen Gräben, Wasserbecken und künstlich geformte oder im Gelände vorhandene Erhebungen.

Sicherheitsmanagement

Das Sicherheitsmanagement gehört zweifelsohne zu den komplexen Planungsaufgaben. Es beginnt bei den herkömmlichen Anforderungen der Bauordnung (u. a. Brandschutz) und reicht über spezielle Verordnungen (u. a. Arbeitsschutz) bis hin zu Evakuierungs- und Entfluchtungskonzepten der Gesamtanlage (u. a. Katastrophenschutz). Dabei geht es um den Schutz des Menschen vor dem Tier, aber auch um den Schutz des Tieres vor sich selbst und vor Artgenossen. Hinzu kommt, dass Raubkatzen extrem gute Kletterer und Schwimmer sind. Ein wichtiger Aspekt im nichtöffentlichen Bereich des Innengeheges ist es beispielsweise, dass die Trennung der Tiere ermöglicht wird. Dies kann durch Schleusenanlagen erfolgen, deren Schieber vertikal oder horizontal bewegt werden. Grundsätzlich gilt: Alle Gehege- und Schleusentüren müssen nach innen aufschlagen. Als Material kommt in der Regel Edelstahl oder verzinkter Stahl ohne scharfe Kanten zur Anwendung, um den Instandhaltungsaufwand einerseits und die Verletzungsgefahr andererseits niedrig zu halten. Zusätzlich werden oftmals die Gehege mit Netzkonstruktionen überspannt und Elektrodrähte eingesetzt.

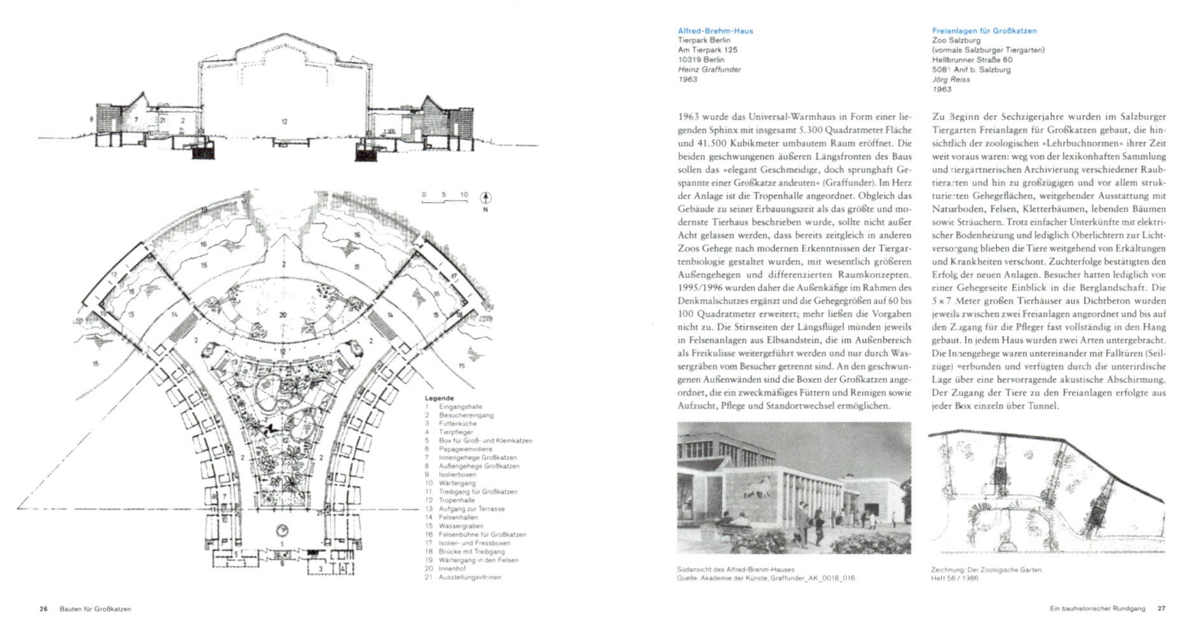

Legende
1 Eingangshalle
2 Besuchereingang
3 Futterküche
4 Tierpfleger
5 Box für Groß- und Kleinkatzen
6 Papageienvoliere
7 Innengehege Großkatzen
8 Außengehege Großkatzen
9 Isolierboxen
10 Wärtergang
11 Treibgang für Großkatzen
12 Tropenhalle
13 Aufgang zur Terrasse
14 Felsenhallen
15 Wassergraben
16 Felsenbühne für Großkatzen
17 Isolier- und Fressboxen
18 Brücke mit Treibgang
19 Wärtergang in den Felsen
20 Innenhof
21 Ausstellungsvitrinen

Alfred-Brehm-Haus
Tierpark Berlin
Am Tierpark 125
10319 Berlin
Heinz Graffunder
1963

1963 wurde das Universal-Warmhaus in Form einer liegenden Sphinx mit insgesamt 5.300 Quadratmeter Fläche und 41.500 Kubikmeter umbautem Raum eröffnet. Die beiden geschwungenen äußeren Längsfronten des Baus sollen das »elegant Geschmeidige, doch sprunghaft Gespannte einer Großkatze andeuten« (Graffunder). Im Herz der Anlage ist die Tropenhalle angeordnet. Obgleich das Gebäude zu seiner Erbauungszeit als das größte und modernste Tierhaus beschrieben wurde, sollte nicht außer Acht gelassen werden, dass bereits zeitgleich in anderen Zoos Gehege nach modernen Erkenntnissen der Tiergartenbiologie gestaltet wurden, mit wesentlich größeren Außengehegen und differenzierten Raumkonzepten. 1995/1996 wurden daher die Außenkäfige im Rahmen des Denkmalschutzes ergänzt und die Gehegegrößen auf 60 bis 100 Quadratmeter erweitert; mehr ließen die Vorgaben nicht zu. Die Stirnseiten der Längsflügel münden jeweils in Felsenanlagen aus Elbsandstein, die im Außenbereich als Freikulisse weitergeführt werden und nur durch Wassergräben vom Besucher getrennt sind. An den geschwungenen Außenwänden sind die Boxen der Großkatzen angeordnet, die ein zweckmäßiges Füttern und Reinigen sowie Aufzucht, Pflege und Standortwechsel ermöglichen.

Südansicht des Alfred-Brehm-Hauses
Quelle: Akademie der Künste, Graffunder_AK_0018_016

Freianlagen für Großkatzen
Zoo Salzburg
(vormals Salzburger Tiergarten)
Hellbrunner Straße 60
5081 Anif b. Salzburg
Jörg Reiss
1963

Zu Beginn der Sechzigerjahre wurden im Salzburger Tiergarten Freianlagen für Großkatzen gebaut, die hinsichtlich der zoologischen »Lehrbuchnormen« ihrer Zeit weit voraus waren: weg von der lexikonhaften Sammlung und tiergärtnerischen Archivierung verschiedener Raubtierarten und hin zu großzügigen und vor allem strukturierten Gehegeflächen, weitgehender Ausstattung mit Naturboden, Felsen, Kletterbäumen, lebenden Bäumen sowie Sträuchern. Trotz einfacher Unterkünfte mit elektrischer Bodenheizung und lediglich Oberlichtern zur Lichtversorgung blieben die Tiere weitgehend von Erkältungen und Krankheiten verschont. Zuchterfolge bestätigten den Erfolg der neuen Anlagen. Besucher hatten lediglich von einer Gehegeseite Einblick in die Berglandschaft. Die 5 × 7 Meter großen Tierhäuser aus Dichtbeton wurden jeweils zwischen zwei Freianlagen angeordnet und bis auf den Zugang für die Pfleger fast vollständig in den Hang gebaut. In jedem Haus wurden zwei Arten untergebracht. Die Innengehege waren untereinander mit Falltüren (Seilzüge) verbunden und verfügten durch die unterirdische Lage über eine hervorragende akustische Abschirmung. Der Zugang der Tiere zu den Freianlagen erfolgte aus jeder Box einzeln über Tunnel.

Zeichnung: Der Zoologische Garten.
Heft 56 / 1986

26 Bauten für Großkatzen

Ein bauhistorischer Rundgang 27

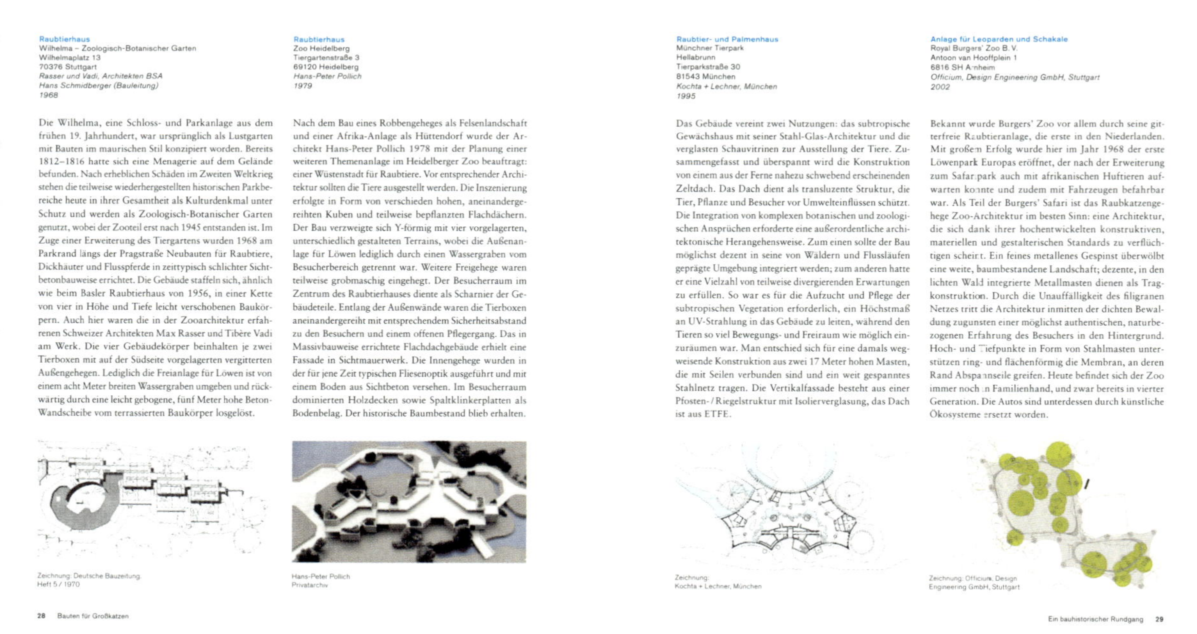

Raubtierhaus
Wilhelma – Zoologisch-Botanischer Garten
Wilhelmaplatz 13
70376 Stuttgart
Rasser und Vadi, Architekten BSA
Hans Schmidberger (Bauleitung)
1968

Die Wilhelma, eine Schloss- und Parkanlage aus dem frühen 19. Jahrhundert, war ursprünglich als Lustgarten mit Bauten im maurischen Stil konzipiert worden. Bereits 1812–1816 hatte sich eine Menagerie auf dem Gelände befunden. Nach erheblichen Schäden im Zweiten Weltkrieg stehen die teilweise wiederhergestellten historischen Parkbereiche heute in ihrer Gesamtheit als Kulturdenkmal unter Schutz und werden als Zoologisch-Botanischer Garten genutzt, wobei der Zooteil erst nach 1945 entstanden ist. Im Zuge einer Erweiterung des Tiergartens wurden 1968 am Parkrand längs der Pragstraße Neubauten für Raubtiere, Dickhäuter und Flusspferde in zeittypisch schlichter Sichtbetonbauweise errichtet. Die Gebäude staffeln sich, ähnlich wie beim Basler Raubtierhaus von 1956, in einer Kette von vier in Höhe und Tiefe leicht verschobenen Baukörpern. Auch hier waren die in der Zooarchitektur erfahrenen Schweizer Architekten Max Rasser und Tibère Vadi am Werk. Die vier Gebäudekörper beinhalten je zwei Tierboxen mit auf der Südseite vorgelagerten vergitterten Außengehegen. Lediglich die Freianlage für Löwen ist von einem acht Meter breiten Wassergraben umgeben und rückwärtig durch eine leicht gebogene, fünf Meter hohe Beton-Wandscheibe vom terrassierten Baukörper losgelöst.

Zeichnung: Deutsche Bauzeitung.
Heft 5 / 1970

Raubtierhaus
Zoo Heidelberg
Tiergartenstraße 3
69120 Heidelberg
Hans-Peter Pollich
1979

Nach dem Bau eines Robbengeheges als Felsenlandschaft und einer Afrika-Anlage als Hüttendorf wurde der Architekt Hans-Peter Pollich 1978 mit der Planung einer weiteren Themenanlage im Heidelberger Zoo beauftragt: einer Wüstenstadt für Raubtiere. Vor entsprechender Architektur sollten die Tiere ausgestellt werden. Die Inszenierung erfolgte in Form von verschieden hohen, aneinandergereihten Kuben und teilweise bepflanzten Flachdächern. Der Bau verzweigte sich Y-förmig mit vier vorgelagerten, unterschiedlich gestalteten Terrains, wobei die Außenanlage für Löwen lediglich durch einen Wassergraben vom Besucherbereich getrennt war. Weitere Freigehege waren teilweise grobmaschig eingehegt. Der Besucherraum im Zentrum des Raubtierhauses diente als Scharnier der Gebäudeteile. Entlang der Außenwände waren die Tierboxen aneinandergereiht mit entsprechendem Sicherheitsabstand zu den Besuchern und einem offenen Pflegergang. Das in Massivbauweise errichtete Flachdachgebäude erhielt eine Fassade in Sichtmauerwerk. Die Innengehege wurden in der für jene Zeit typischen Fliesenoptik ausgeführt und mit einem Boden aus Sichtbeton versehen. Im Besucherraum dominierten Holzdecken sowie Spaltklinkerplatten als Bodenbelag. Der historische Baumbestand blieb erhalten.

Hans-Peter Pollich
Privatarchiv

Raubtier- und Palmenhaus
Münchner Tierpark
Hellabrunn
Tierparkstraße 30
81543 München
Kochta + Lechner, München
1995

Das Gebäude vereint zwei Nutzungen: das subtropische Gewächshaus mit seiner Stahl-Glas-Architektur und die verglasten Schauvitrinen zur Ausstellung der Tiere. Zusammengefasst und überspannt wird die Konstruktion von einem aus der Ferne nahezu schwebend erscheinenden Zeltdach. Das Dach dient als transluzente Struktur, die Tier, Pflanze und Besucher vor Umwelteinflüssen schützt. Die Integration von komplexen botanischen und zoologischen Ansprüchen erforderte eine außerordentliche architektonische Herangehensweise. Zum einen sollte der Bau möglichst dezent in seine von Wäldern und Flussläufen geprägte Umgebung integriert werden; zum anderen hatte er eine Vielzahl von teilweise divergierenden Erwartungen zu erfüllen. So war es für die Aufzucht und Pflege der subtropischen Vegetation erforderlich, ein Höchstmaß an UV-Strahlung in das Gebäude zu leiten, während den Tieren so viel Bewegungs- und Freiraum wie möglich einzuräumen war. Man entschied sich für eine damals wegweisende Konstruktion aus zwei 17 Meter hohen Masten, die mit Seilen verbunden sind und ein weit gespanntes Stahlnetz tragen. Die Vertikalfassade besteht aus einer Pfosten-/Riegelstruktur mit Isolierverglasung, das Dach ist aus ETFE.

Zeichnung:
Kochta + Lechner, München

Anlage für Leoparden und Schakale
Royal Burgers' Zoo B. V.
Antoon van Hooffplein 1
6816 SH Arnheim
Officium, Design Engineering GmbH, Stuttgart
2002

Bekannt wurde Burgers' Zoo vor allem durch seine gitterfreie Raubtieranlage, die erste in den Niederlanden. Mit großem Erfolg wurde hier im Jahr 1968 der erste Löwenpark Europas eröffnet, der nach der Erweiterung zum Safaripark auch mit afrikanischen Huftieren aufwarten konnte und zudem mit Fahrzeugen befahrbar war. Als Teil der Burgers' Safari ist das Raubkatzengehege Zoo-Architektur im besten Sinn: eine Architektur, die sich dank ihrer hochentwickelten konstruktiven, materiellen und gestalterischen Standards zu verflüchtigen scheint. Ein feines metallenes Gespinst überwölbt eine weite, baumbestandene Landschaft; dezente, in den lichten Wald integrierte Metallmasten dienen als Tragkonstruktion. Durch die Unauffälligkeit des filigranen Netzes tritt die Architektur inmitten der dichten Bewaldung zugunsten einer möglichst authentischen, naturbezogenen Erfahrung des Besuchers in den Hintergrund. Hoch- und Tiefpunkte in Form von Stahlmasten unterstützen ring- und flächenförmig die Membran, an deren Rand Abspannseile greifen. Heute befindet sich der Zoo immer noch in Familienhand, und zwar bereits in vierter Generation. Die Autos sind unterdessen durch künstliche Ökosysteme ersetzt worden.

Zeichnung: Officium, Design
Engineering GmbH, Stuttgart

28 Bauten für Großkatzen

Ein bauhistorischer Rundgang 29

Vermittlung von Grundlagen.

Grundlagen der Planung
Großkatzen (Pantherinae)

Rechts: Mindestanforderungen an die Haltung von Säugetieren vom 7. Mai 2014 (Auszug S. 176 ff.), Bundesministerium für Ernährung und Landwirtschaft Richtlinie1999/22/EG des Rates über die Haltung von Wildtieren in Zoos

Maßgrundlagen und Maßverhältnisse

	biologische Systematik
Unterklasse	Höhere Säugetiere (Eutheria)
Überordnung	Laurasiatheria
Ordnung	Raubtiere (Carnivora)
Familie	Katzen (Felidae)
Unterfamilie	Großkatzen (Pantherinae)
Art	Unterfamilie Pantherinae, Gepard (Acinonyx jubatus), Puma (Puma concolor)

Attraktivitätssteigerung im Zoo der Zukunft: Mensch und Tier stehen sich direkt gegenüber.
Bjarke Ingels Group

Mindestgruppengröße	Haltung in Kleingruppen (Abrennmöglichkeiten)
Innenanlage	*Puma, Schneeleopard, Leopardenunterarten* mind. 15 qm / Tier; 37,5 cbm / Tier; h = 2,5 m *Löwe, Tiger* mind. 20 qm / 50 cbm pro Tier
Absperrung	Höhe: mind. 3,00 m Gräben müssen Absturzsicherung haben
Ausstattung	Kletterausstattung, Plattformen, Liegeflächen, Ausguck, Sichtblenden, Ausweich- und Versteckmöglichkeiten; Wurfboxen, Schlafboxen
Außenanlage	*Puma, Schneeleopard, Leopardenunterarten* 300 cbm pro Tier o. Paar *Löwe, Tiger* mind. 200 qm / Tier o. Paar
Absperrung	glatte Wände oder Gitter mit Überhang o. Elektrosicherung: h = 4 m (Löwe / Tiger) / h=2,5 m (Gepard) bei allen anderen Arten: i. d. R. oben geschlossen für Löwe, Tiger, Gepard Trocken- oder Wassergräben möglich
Bodenbelag	Naturboden o. geeignetes Substrat, wie Sand und Rindenmulch; auf max. 25 % planbefestigtem Boden
Ausstattung	Teilüberdachung als Wetterschutz, natürliche Vegetation, Badestelle (mind. 10 qm); Schlafboxen
Klima	Für Arten oder Unterarten aus warmen Klimazonen sind beheizte Innenräume erforderlich. Raumtemperatur: 15 bis 20° Celsius

39

Tigerzaun aus Maschendraht (rostfreier Stahldraht) muss rauen Bedingungen widerstehen, wie beispielsweise dem Reißen des Tigers. Das Seilgeflecht muss korrosionsbeständig und abriebfest sein mit einer glatten Oberfläche und einer elastischen Struktur, um das Fell der Tiere vor Verletzungen oder scharfen Gegenständen zu schützen.
Foto: Andor Bujdoso

Zäune
Zulässige Zäune sind in der Regel mindestens 4,0 Meter hoch und verfügen über zusätzliche Sicherheitsmaßnahmen wie zum Beispiel:

1. Trittschutz an der Spitze (Abwinkelung);
2. Hitzedraht am Zaun um das gesamte Gehege mit ausreichender Joule-Stärke, um die Großkatze daran zu hindern, nach oben zu klettern;
3. ein 80 bis 100 Zentimeter breiter Abschnitt aus nicht kletterbarem Material wie z. B. Blech, der unterhalb der Oberkante des gesamten Geheges an der Umzäunung angebracht ist, um ein Klettern zu verhindern.
4. Gräben sind in der Regel mindestens acht Meter breit und fünf Meter tief. Die Wassertiefe entspricht etwa 1,5 Meter. Wenn das Tiergehege höher liegt als der Publikumsbereich, ist ein größerer Abstand erforderlich, da die Tiere weiter springen können, wenn sie von einem hohen zu einem niedrigen Boden gelangen.
5. Trockengräben haben eine Breite von mindestens 3,5 Metern sowie eine Tiefe von mindestens 3,5 Metern, wenn beide Seiten auf gleicher Höhe liegen und auf beiden Seiten keine Vergrämungsvorrichtungen vorhanden sind.
6. Trockengräben müssen mind. 6 Meter breit sein, wenn die Ausstellungsseite mindestens 1,5 Meter oder mehr niedriger ist als die öffentliche Seite.
7. Wassergräben müssen eine Breite von mindestens 6 Metern und eine Wassertiefe von mindestens 1,5 Metern haben, wobei eine weitere Wand von 1,5 Metern über den Wasserspiegel hinausragt.
8. Bäume und Käfigeinrichtungen sollten weit genug vom Gehegezaun entfernt sein, damit die Großkatzen nicht herausklettern können.
9. Ein Haltungsbereich mit einem vollständig abgedeckten Dach (Hinweis: Haltungsbereiche mit einem vollständig abgedeckten Dach müssen hoch genug sein, um normale und typische Verhaltensweisen und Körperhaltungen zu ermöglichen).

Quelle: Department of Agriculture (USDA)
https://www.aphis.usda.gov/animal_welfare/downloads/bluebook-ac-awa.pdf

44 Natascha Meuser

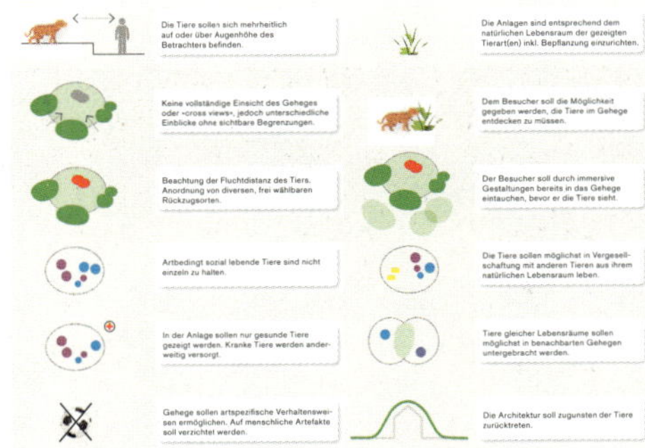

Gestaltungskriterien für Tiergehege im Zoo
Auswahl nach Grant Jones, 1982

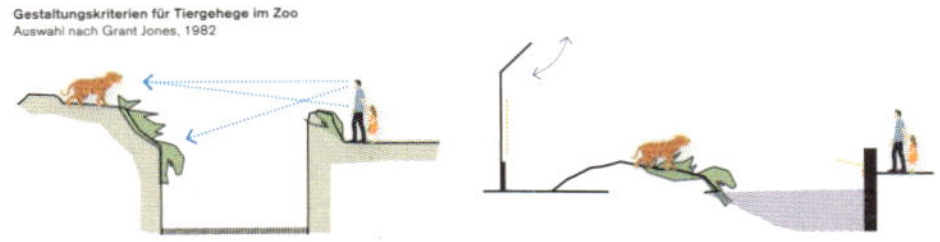

Der unsichtbare Graben
Eine höhe Böschung oder geschlossene Brüstung macht den Graben unsichtbar. Um die Wirkung der unendlichen Landschaft zu verstärken, sollte auf beiden Seiten des Grabens eine ähnliche Vegetation vorgesehen werden.

Quelle: Meuser, Natascha: Zoobauten. Handbuch und Planungshilfe, Berlin 2018, S. 99

Grundlagen der Planung. Großkatzen 45

Deutsches Zentrum für Naturbildung
Räuber fernöstlicher Bergwelten

Fabian Teichert

Vermittlung der Rarität und Kostbarkeit der Tiere
Rothunde, Schopfhirsche, Tiger und der Schneeleopard können von Bergen umgebene Landschaften durchstreifen, die authentisch ihren Heimatort widerspiegeln. Die Integration interessanter Einblicke für die Besucher hat dabei die gleiche Priorität wie das Bereitstellen hochwertiger Rückzugs- und Entfaltungsorte für die Tiere. Der Tiger etwa ist daher nicht immer sichtbar, wodurch den Besuchenden seine Kostbarkeit und Einzigartigkeit vermittelt wird. Wenn die Tiere sich zurückgezogen haben, kann über interaktive Wissensvermittlung in den Innenräumen die Zeit bereichernd überbrückt werden. Dadurch wird zugleich die Aufenthaltsdauer der Besucher verlängert. Das Highlight bildet im Zentrum der Neuplanung ein natürlich anmutender»Berg«, der durch seine Höhe bereits am Parkeingang die Blicke auf sich zieht. Er ist in etwa an der Stelle des Bestandsbaus angedacht und markiert dominant das Zentrum der fernöstlichen Bergwelten. Als grobe Orientierung für die Anordnung der neuen Gehege, des »Berges« und der dazugehörigen Innenräume dient der ursprüngliche Rahmenplan des Magdeburger Zoos (Stand: 2021).

154

155

Perspektive Ausstellungsbereich EG
Innengehege, kleinere Tiere als Fallback-Attraktion und interaktive Wissensvermittlung

Tigerkino als Highlight
Das Äußere der Bergwelten verspricht, was die Innenbereiche halten. Hier wird der Aufenthalt der Besucher entschleunigt und die Tiere kommen zur Geltung – spielerisch interaktiv oder durch Geduld und passives Beobachten.

Rechts: Sibirisches Magdeburg – der Tiger durchstreift sein natürlich anmutendes Habitat innerhalb der verschneiten Bergwelten.

158 Fabian Teichert

Deutsches Zentrum für Naturbildung 159

Entwurf: Fabian Teichert

Entwurf: Fabian Teichert

Sibirische Tigerwelt Magdeburg

Anpirschen, Sehen und Lernen

Anna Agafontceva

Der Entwurf für die Sibirische Tigerwelt in Magdeburg basiert im Grundriss auf dem Schatten eines Tigers mit ausgestreckter Vorderpfote. Aus dieser der Natur entnommenen Form wird ein multifunktionales Gebäude entwickelt, das neben den Tiergehegen auch Bereiche für die Besuchenden (Ausruhen und Weiterbildung) sowie Veranstaltungsräume für den Zoo (Vorträge, Hochzeiten, Familienfeiern) beinhaltet.

Darüber hinaus versteht sich der Entwurf als ein Statement für eine moderne Tierhaltung. Moderne Zoos stellen eine von vielen Lösungen für den Artenschutz dar. Enge Käfige als Haltungsform gehören der Vergangenheit an. Der einst primäre Grund, sich von einem Tier im Zoo unterhalten zu lassen, tritt mehr und mehr in den Hintergrund; die Menschen besuchen Zoos heute eher zu pädagogischen Zwecken: um die Größe des Tiers, seine Stimme, seine Bewegungen und seine Gewohnheiten zu erfassen und sich ihrer bewusst zu werden sowie auch, um sich daran zu erinnern, dass das gesamte Ökosystem fragil ist.

Der Besucher soll über weitere Elemente der Didaktik und der naturnahen Gestaltung des Geheges ein Gefühl dafür bekommen, wie bedroht die Tiere heute sind.

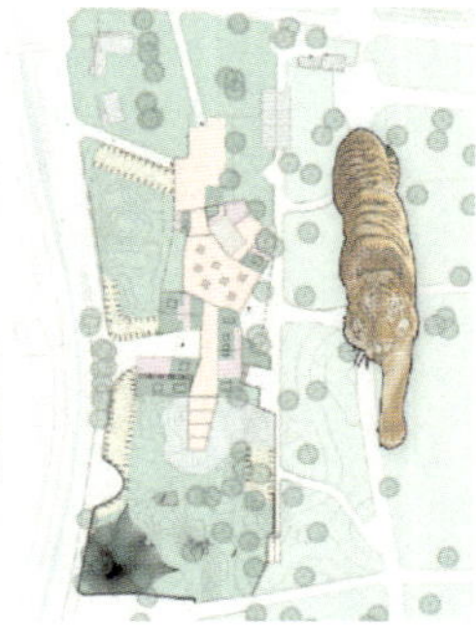

85

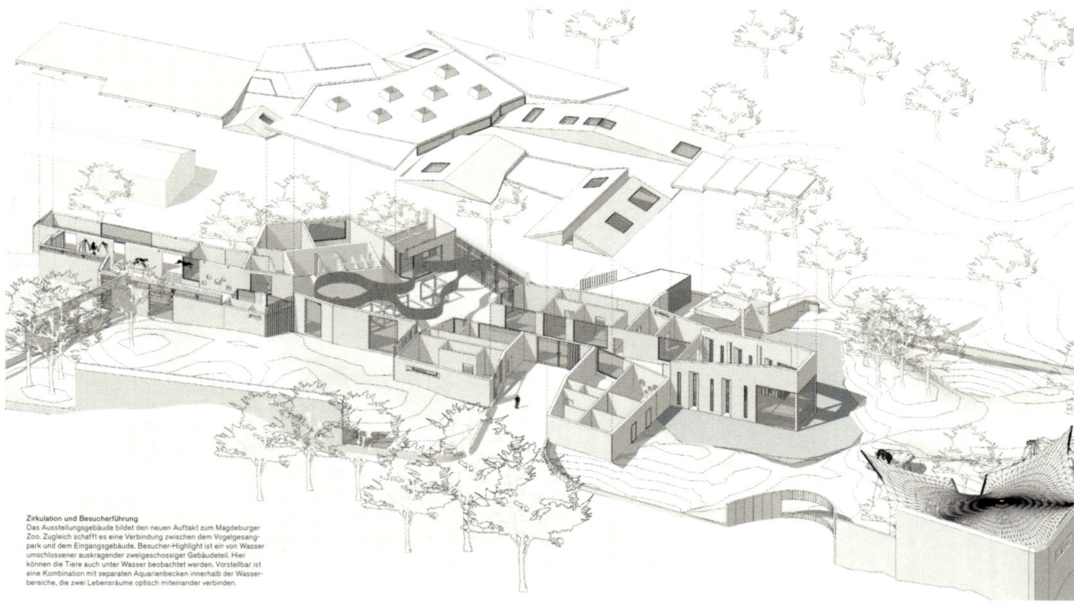

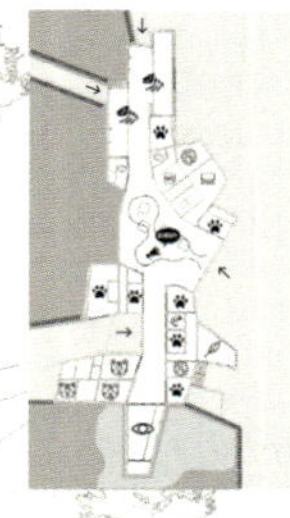

Zirkulation und Besucherführung
Das Ausstellungsgebäude bildet den neuen Auftakt zum Magdeburger Zoo. Zugleich schafft es eine Verbindung zwischen dem Vogelgesangpark und dem Eingangsgebäude. Besucher-Highlight ist ein von Wasser umschlossener auskragender zweigeschossiger Gebäudeteil. Hier können die Tiere auch unter Wasser beobachtet werden. Vorstellbar ist eine Kombination mit separaten Aquarienbecken innerhalb der Wasserbereiche, die zwei Lebensräume optisch miteinander verbinden.

86 Anna Agafontceva

Sibirische Tigerwelt Magdeburg 87

Entwurf: Anna Agafontceva

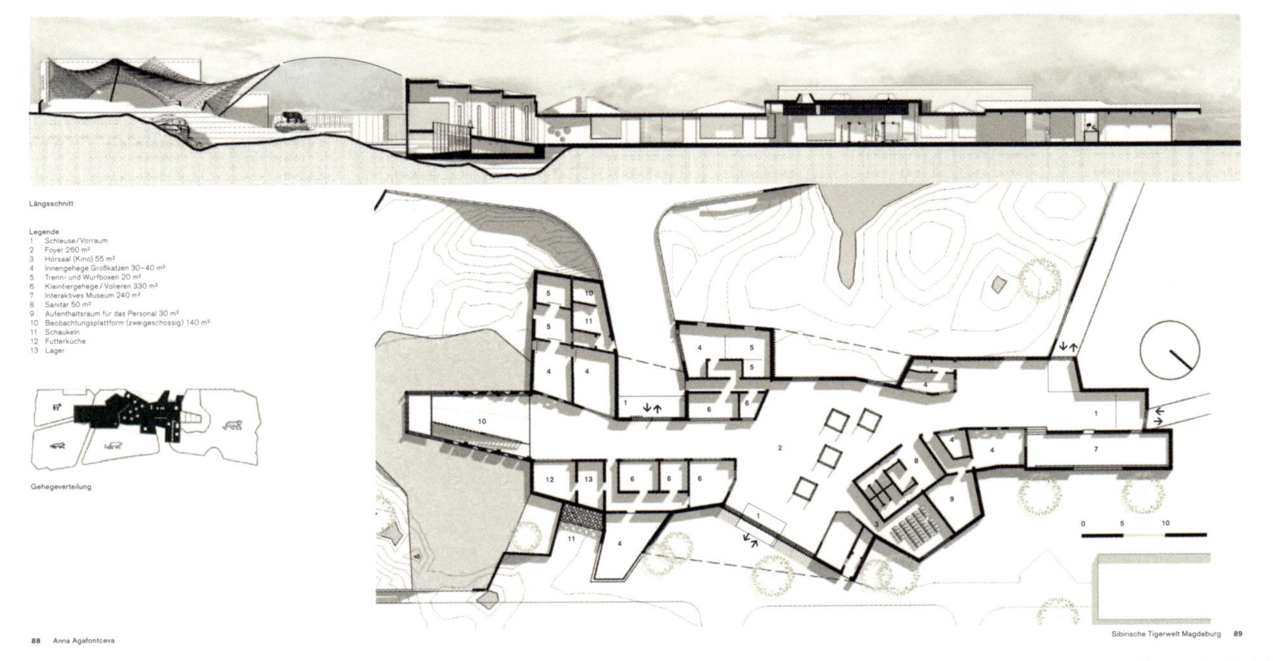

Längsschnitt

Legende
1 Schleuse/Vorraum
2 Foyer 260 m²
3 Hörsaal (Kino) 55 m²
4 Innengehege Großkatzen 30–40 m²
5 Trenn- und Wurfboxen 20 m²
6 Kleintiergehege/Volieren 330 m²
7 Interaktives Museum 240 m²
8 Sanitär 50 m²
9 Aufenthaltsraum für das Personal 30 m²
10 Beobachtungsplattform (zweigeschossig) 140 m²
11 Schaukeln
12 Futterküche
13 Lager

Gehegeverteilung

88 Anna Agafontceva

Sibirische Tigerwelt Magdeburg 89

Zirkulation und Besucherführung
Es musste eine Verbindung zwischen dem Vogelgesangpark und dem neuen Zoogebäude geschaffen werden, die alle Gehege im Umkreis einbezieht. Hauptanziehungspunkt für den Besucher ist die Aussichtsplattform am Tigerteich, wo man Tiger unter Wasser und an Land beobachten kann. Anschließend kann der Besucher auf einer Schaukel schwingen und die Natur des Parks genießen. Im Gebäude angekommen, hat der Besucher mehrere Möglichkeiten: Es gibt Sackgassen und Rundwege. Die Landschaft der Außenvolieren ist so gestaltet, dass sich die Tiere nicht ständig beobachtet fühlen und ein Rückzugsort zum Ausruhen zur Verfügung steht. Ist das Tier müde und zieht sich zurück, kann der Besucher sich im interaktiven Museum beschäftigen.

Schnitt Aussichtsplattform

Ein- und Ausblicke in die Gehege

90 Anna Agafontceva

Sibirische Tigerwelt Magdeburg 91

Entwurf: Anna Agafontceva

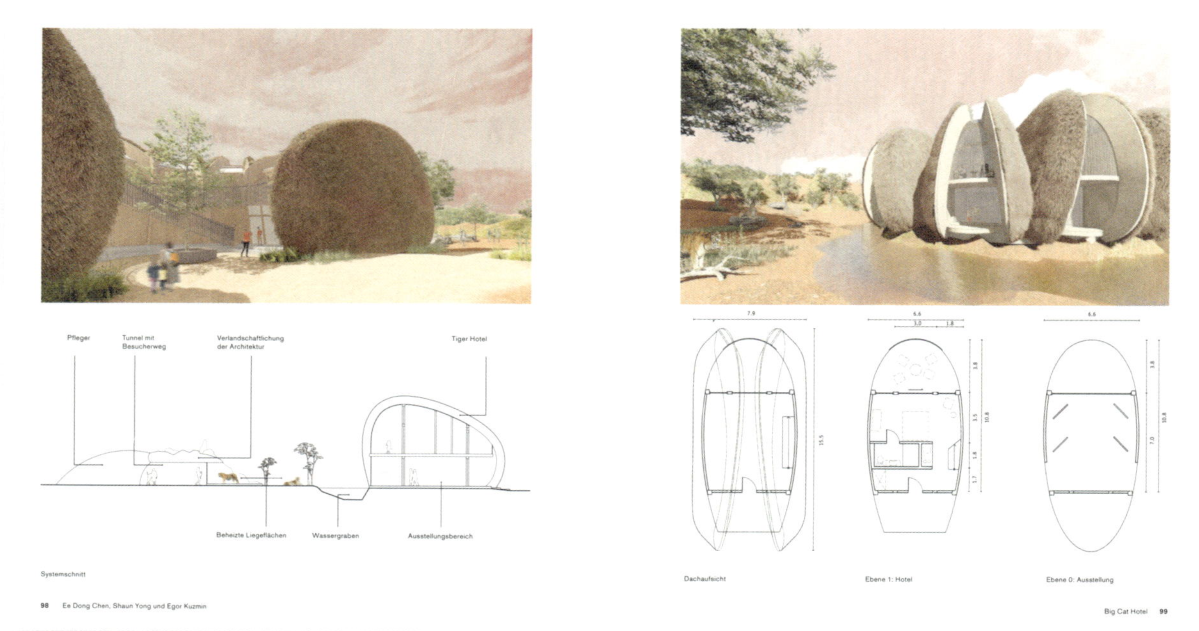

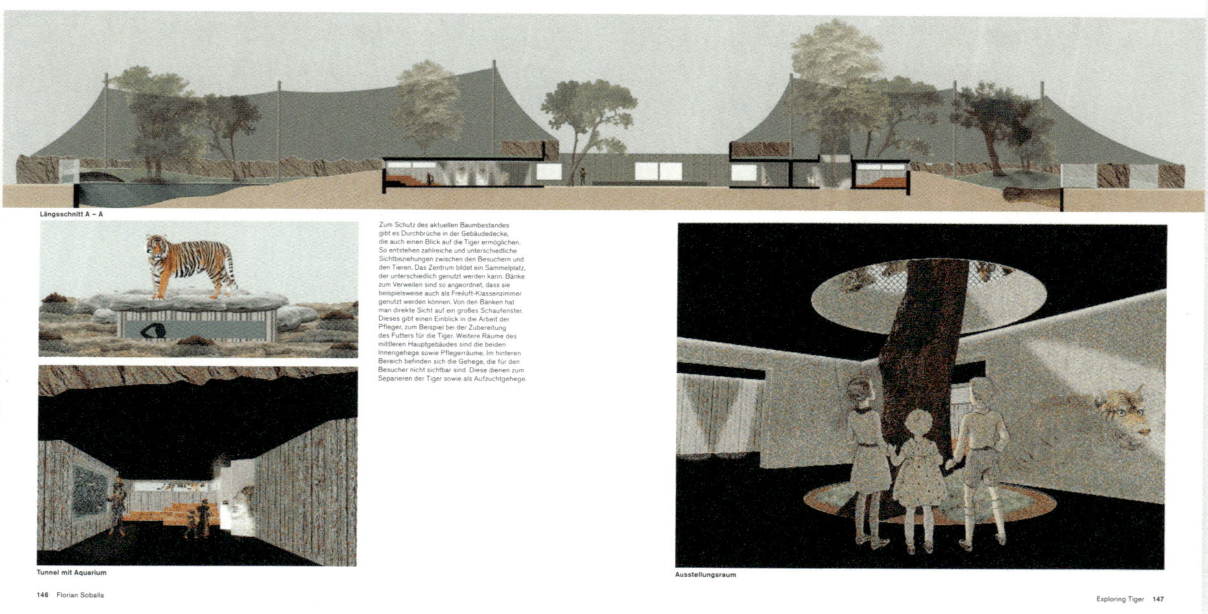

Entwurf Großkatzenanlage Zoo Magdeburg.
Oben: Ee Dong Chen, Yong Thang Shaun, Egor Kuzmin
Unten: Florian Soballa

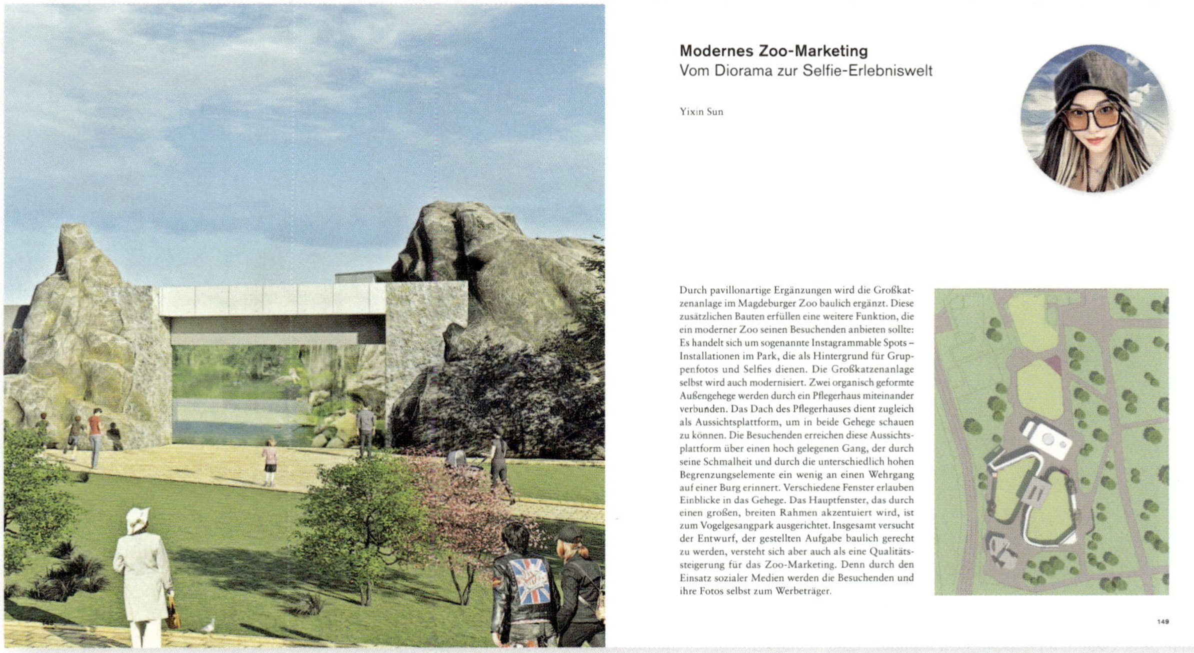

Modernes Zoo-Marketing
Vom Diorama zur Selfie-Erlebniswelt

Yixin Sun

Durch pavillonartige Ergänzungen wird die Großkatzenanlage im Magdeburger Zoo baulich ergänzt. Diese zusätzlichen Bauten erfüllen eine weitere Funktion, die ein moderner Zoo seinen Besuchenden anbieten sollte: Es handelt sich um sogenannte Instagrammable Spots – Installationen im Park, die als Hintergrund für Gruppenfotos und Selfies dienen. Die Großkatzenanlage selbst wird auch modernisiert. Zwei organisch geformte Außengehege werden durch ein Pflegerhaus miteinander verbunden. Das Dach des Pflegerhauses dient zugleich als Aussichtsplattform, um in beide Gehege schauen zu können. Die Besuchenden erreichen diese Aussichtsplattform über einen hoch gelegenen Gang, der durch seine Schmalheit und durch die unterschiedlich hohen Begrenzungselemente ein wenig an einen Wehrgang auf einer Burg erinnert. Verschiedene Fenster erlauben Einblicke in das Gehege. Das Hauptfenster, das durch einen großen, breiten Rahmen akzentuiert wird, ist zum Vogelgesangpark ausgerichtet. Insgesamt versucht der Entwurf, der gestellten Aufgabe baulich gerecht zu werden, versteht sich aber auch als eine Qualitätssteigerung für das Zoo-Marketing. Denn durch den Einsatz sozialer Medien werden die Besuchenden und ihre Fotos selbst zum Werbeträger.

149

Systemschnitt

Oben: Dachlandschaft mit Ausblick
In Form einer bewegten, begehbaren Dachlandschaft verbinden die Info-Pavillons den Vogelgesangpark mit den neuen Großkatzenanlagen. Die beiden Gebäude am östlichen Rand des Parks bieten den Besuchenden eine tribünenartige Sitzlandschaft sowie im Inneren Lehr- und Lernräume und Rastmöglichkeiten. Geschickt verknüpft der Holzbau Naturerlebnis, Aktivität und Wissensvermittlung anhand qualitätvoller Architektur, die sich in die Landschaft einfügt.

Links: Tigergehege mit Panoramafenster zum Vogelgesangpark. Nördlich davon befinden sich die organisch geformten Gehege für Schneeleopard und Rothund.

118 Marvin Robin Lyko

Cat Kingdom 119

Entwurf Großkatzenanlage Zoo Magdeburg.
Oben: Yixin Sun
Unten: Marvin Robin Lyko

Schopfhirsche
Tunnel
Schneeleopard
Pflegerbereich
Innen-
gehege
Ausstellungsbereich
Innen-
gehege
Pflegerbereich
Schneeleo-
kino
Tigerkino
Rothunde
Innen-
gehege
Innen-
gehege
Ausstellungsbereich
Pflegerbereich
Möglichkeit
für Aussichts-
plattform
Schulung
Pflegerbereich
Schneeleopard
Schneeleo-
kino
Tigerkino
0
5
10
20m

Grundriss

Geländeschnitt

Das Gehege der verhältnismäßig aktiven Rothunde wird als »Eyecatcher« in Richtung Zooeingang verschoben, um den Besucher früh »abzuholen« und in die neue Landschaft zu locken. Die Anordnung der Raubkatzen-Gehege ist grob an die Lokalisierung der tatsächlichen Herkunftsorte in Bezug zum Himalayagebirge angelehnt. Außenanlagen und Wege der Erschließung werden großzügig neu gestaltet, um der neuen Landschaft den nötigen Raum zu geben.

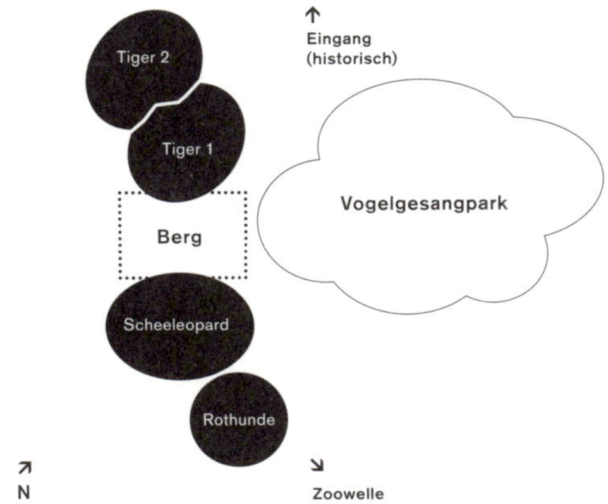

Berechnungen
Außengehege Tiger: 845 m² / 825 m²
Innengehege Tiger: 27 m² / 25 m²
Wasserbecken Tiger: 290 m² / 390 m²
Außengehege Schneeleopard: 1.130 m²
Innengehege Schneeleopard: 27 m²
Außengehege Rothunde: 725 m²
Außengehege Schopfhirsche: 690 m²
Innengehege kleinere Tiere: 130 m²
Gesamtfläche Pflegerbereich: ca. 280 m²
Ausstellungsbereich EG: 530 m²

Entwurf: Fabian Teichert

Entwurf: Aaron Kiefer, Egor Kuzmin, Oskar Schmid

Aquarien und Meeresmuseen
Bauen mit Wasser

Natascha Meuser: Bauen mit Wasser. Aquarien und Meeresmuseen, Reihe *Innenraumplanung*, Bd. 24 (2022)

Meeresmuseen und Aquarien erleben derzeit einen neuen Boom, und das nicht nur bezüglich der Besucherzahlen, sondern auch hinsichtlich der Quantität der Bauten. Die Bauaufgabe Schau-Aquarium gehört zu einer Kategorie, die hohe Anforderungen an die innenräumliche Gestaltung bei einem hohen Grad an Technisierung stellt. Heute präsentieren sich Aquarien nicht nur als spektakuläre Ausstellungsräume, sondern auch als wissenschaftliche Foren. Entsprechend entwickeln sich die Schauhäuser mehr und mehr zu ökologischen Wissensspeichern und verfolgen Bildungsziele auf multimedialen Ebenen.

Die Verbindung von Architektur und Wasser ist eine Bauaufgabe, die Architekten vor besondere Herausforderungen stellt. Es gilt die innenraumplanerischen Grundelemente von Licht, Farbe und Oberflächen mit besonderen gebäudetechnischen Anforderungen zu verbinden. Die Untersuchung dieses besonders seltenen Gebäudetyps soll die Komplexität des Themas aufzeigen; dabei werden Methoden des innenräumlichen Entwerfens analysiert und systematisiert sowie für einen eigenen Innenraumentwurf ausgewertet. Zusätzlich werden innovative Ansätze zur Szenografie in der Gebäudearchitektur erforscht.
Seit der Verabschiedung der Klimarahmenkonvention der Vereinten Nationen 1992 in Rio de Janeiro ist die wissenschaftliche Forderung nach intakten ökologischen Kreisläufen zu einer globalen Bewegung angewachsen. Überall auf der Welt sind die Folgen des Klimawandels inzwischen spürbar geworden. Während in Sibirien die Permafrostgebiete im Sommer zu tauen beginnen und sich im Mittelmeerraum Waldbrände zu einer jährlich wiederkehrenden Tragödie entwickelt haben, schlagen Wissenschaftler immer lauter Alarm aufgrund schmelzender Polkappen und des dadurch verursachten Anstiegs des Meeresspiegels. Manche Forscher prognostizieren inzwischen, dass das schmelzende Süßwasser der Grönlandgletscher zur Absenkung des Salzgehalts des Atlantiks führen wird. Würde dieses Szenario eintreten, so Hydrologen und Klimaexperten, könnte der Golfstrom versiegen und das Wetter in Europa würde sich sehr schnell und deutlich wandeln.
Die Umweltveränderungen sind die Folge von massiv gestörten Zyklen der natürlichen Elemente, deren Ursache der Mensch ist. Der anthropogene Treibhauseffekt, ausgelöst durch unsichtbares Kohlendioxid (u. a. durch die Verbrennung fossiler Rohstoffe) und Methan (u. a. aufgrund der Massenhaltung von Rindern), wird allerdings erst sichtbar, wenn die entstandenen Schäden unseren Lebensalltag beeinflussen. Doch diese Wetterextreme haben sich über Jahrzehnte aufgebaut und werden als neue Normalität akzeptiert werden müssen.
Ebenso ignorant gehen wir mit den Meeren um, die wir in unserer europäischen Kultur immer nur von den Rändern betrachtet haben. Als die Eroberer und Kolonialisten ab dem 15. Jahrhundert über die offene See segelten, begegnete ihnen eine neue, gänzlich unbekannte Welt. Auf dem Wasser waren die Abenteurer der Natur ausgeliefert. Vor dem Meer hatten diese Männer mehr Respekt als vor den Völkern, auf die sie an den neuen Küsten trafen. So waren die Weltmeere bis zur Mitte des 20. Jahrhunderts nur zu einem Bruchteil erforscht.

Das New England Aquarium in Boston ist ein frühes Beispiel für die Verbindung von Baukultur und erlebnisorientierter Bildung und Unterhaltung.
Quelle: Boston Sunday Globe, June 15, 1969

Erst dann wagten sich erste Helden in Taucherglocken in die Tiefen der Ozeane – nicht mit U-Booten auf der Jagd nach neuen Zielen, sondern mit der Motivation von Ingenieuren, die Grenzen des technisch Machbaren auszuloten. Was Tiefseetaucher wie Jacques-Yves Cousteau (1910–1997) und andere Pioniere vorfanden, waren bislang komplett unbekannte Welten, die sich in beeindruckenden Bildern so bunt wie eine Blumenwiese präsentierten. Mit den immer waghalsigeren Forschungsfahrten schienen sie bezwingbar zu werden. Cousteau, der mit seinen mehr als 100 Filmen über Unterwasserwelten unser Bild der Ozeane geprägt hat, gehörte auch zu den ersten Forschern, die sich für deren Erhalt engagierten. Die Cousteau-Gesellschaft setzt sich nicht nur für die Erforschung der Meere, sondern auch für deren Schutz ein. Gegründet wurde sie im Jahr 1973, inspiriert durch den *Club of Rome* und seinen Bericht über *Die Grenzen des Wachstums* (erschienen 1972). Seitdem ist Meeresforschung immer auch mit der Sorge um die zunehmende Verschmutzung der Ozeane verbunden. Vor allem seitdem die Nutzung von Satelliten für zivile Institutionen und Nichtregierungsorganisationen möglich ist, steht nahezu jeder Winkel der Erde unter Dauerbeobachtung, auch die Meere.

Was uns die Fotos und Messungen von den Veränderungen der Natur durch menschliche Eingriffe zeigen, ist faszinierend und erschreckend zugleich. Neben den steigenden Wassertemperaturen, die aufgrund der daraus resultierenden Abnahme des Sauerstoffgehalts zum Artensterben führen, werden weitere Umweltprobleme sichtbar: Überdüngung der Ozeane durch Stickstoffeintrag über Grundwasser, Bäche und Flüsse aufgrund intensiven Ackerbaus; Plastikmüll, der ungefiltert in die Meere gespült wird, sowie Fischernetze, die achtlos auf hoher See über Bord geworfen und zu tödlichen Fallen für Wasserlebewesen werden. Die Liste der durch den Menschen verursachten Umweltbelastungen der Meere könnte noch fortgeführt werden. Aufgrund wiederholter Mahnungen von anerkannten Wissenschaftlern rund um den Erdball und der sichtbar gewordenen Abhängigkeit des Klimas von der Sauberkeit und Regenerationsfähigkeit der Weltmeere ist der Faktor *Wasser* zum zentralen Thema avanciert, wenn es um die Zukunftsfähigkeit unseres Planeten geht. Dem gestiegenen Umweltbewusstsein und der Erkenntnis, dass der Ausstoß von Treibhausgasen unmittelbar auch die Weltmeere schädigt, ist das neue Interesse für die Ozeane und Meere geschuldet. Dies spiegelt sich im Informationsangebot im Internet und im Fernsehen wider – aber ebenso

Blick auf die Gesamtanlage des Aquamarine Fukushima am Hafenbecken von Onahama.
Foto: Japan Reference (JREF)

in der Popularität von maritimen Bildungseinrichtungen. Meeresmuseen und Aquarien erleben einen neuen Boom, und das nicht nur bezüglich der Besucherzahlen, sondern auch hinsichtlich der Quantität der Bauten.

In den vergangenen drei Jahrzehnten hat sich die Anzahl der öffentlichen Schauaquarien verdreifacht. Allein in China stieg ab 1991 die Zahl der Aquarienhäuser von sechs auf heute 225. Dies spiegelt auch die Popularität bei den Besuchern wider. Nach Schätzungen der WAZA, des Weltverbandes der Zoos und Aquarien, und der Mitglieder des Internationalen Aquarium-Netzwerks (IAN/IAC) besuchten 2018 rund 700 Millionen Menschen weltweit ein Aquarium, davon allein 150 bis 200 Millionen in China. Diese Zahl wird von keiner anderen Gruppe naturschutzorientierter Einrichtungen übertroffen.

Kontinuierlich entstehen neue Häuser oder es werden veraltete Ausstellungskonzepte neuen Bildungszielen angepasst. Auffällig dabei ist, dass bei Aquarien selten mit dem Fischbestand, zumeist aber mit baulichen Superlativen geworben wird: größtes Fassungsvermögen eines Tanks, dickste Scheibe eines Beckens oder längster begehbarer Glastunnel. Die Aufgabe Schau-Aquarium gehört zu einer baulichen Kategorie, die hohe Anforderungen an die innenräumliche Gestaltung bei einem hohen Grad an Technisierung stellt.

Heute präsentieren sich Aquarien nicht nur als spektakuläre Ausstellungsräume, sondern auch als wissenschaftliche Foren. Doch was bedeutet das für Gebäude, die das Verhältnis des Menschen zur Natur darstellen sollen? Inwieweit können *Digital Nature Studies* das Edutainment in Zoologischen Gärten und Aquarien bereichern oder gar ersetzen? Werden wir künftig ausschließlich digitale Techniken zur Erforschung der Natur nutzen und als Virtual Reality wahrnehmen? Und wie drückt sich das zeitgenössische Edutainment in Raum und Ausstellungsdesign aus? Schließlich geht es inzwischen um weit mehr als um eine bloße Nachbildung der Natur, sondern vor allem um den Respekt vor der Natur und um den menschlichen Wunsch, sich als Teil eines großen Ganzen zu fühlen.

Entsprechend entwickeln sich die Schauhäuser mehr und mehr zu ökologischen Wissensspeichern und verfolgen Bildungsziele auf multimedialen Ebenen. Die Besucher sollen nicht nur die Schönheit und Vielfalt der Meereswelten kennenlernen, sondern auch deren Bedrohung wahrnehmen. Zu den tradierten Aufgaben Sammeln, Konservieren, Forschen und Präsentieren kommen zahlreiche weitere Funktionen hinzu. Die Häuser

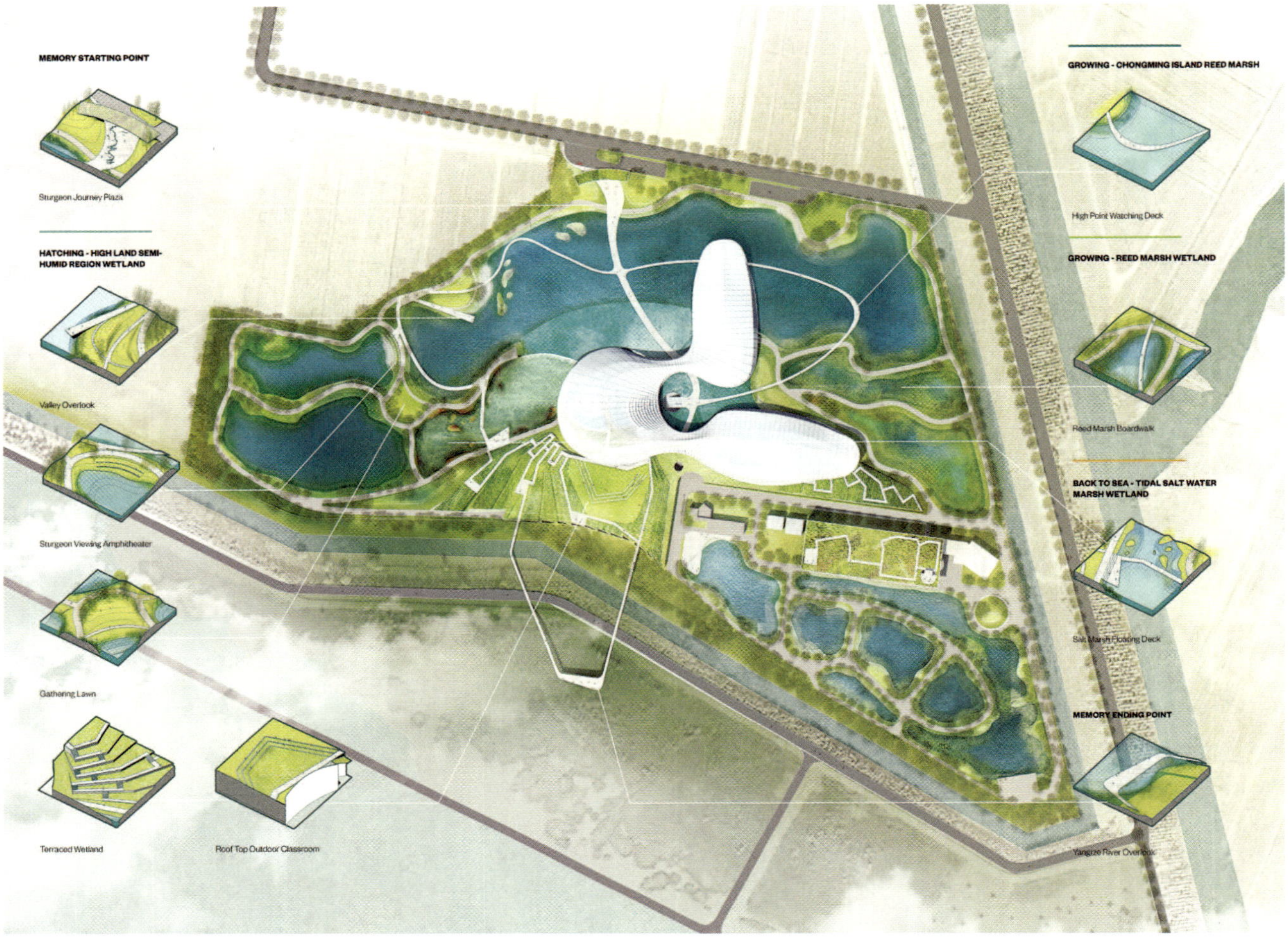

Yangtze River Estuary Chinese Sturgeon Nature Preserve
Das auf einer Insel an der Mündung des Jangtse-Flusses gelegene und in eine 17,5 Hektar große Landschaft eingebettete große Naturschutzgebiet umfasst ein Aquarium und eine Forschungseinrichtung. Die Institution hat eine doppelte Funktion: die Wiederansiedlung der schwindenden Bestände des Chinesischen Störs (*Acipenser sinensis*) und des Glattschweinswals (*Neophocaena phocaenoides*) mit dem Engagement der Öffentlichkeit zu verbinden.
Architektur: ennead architects

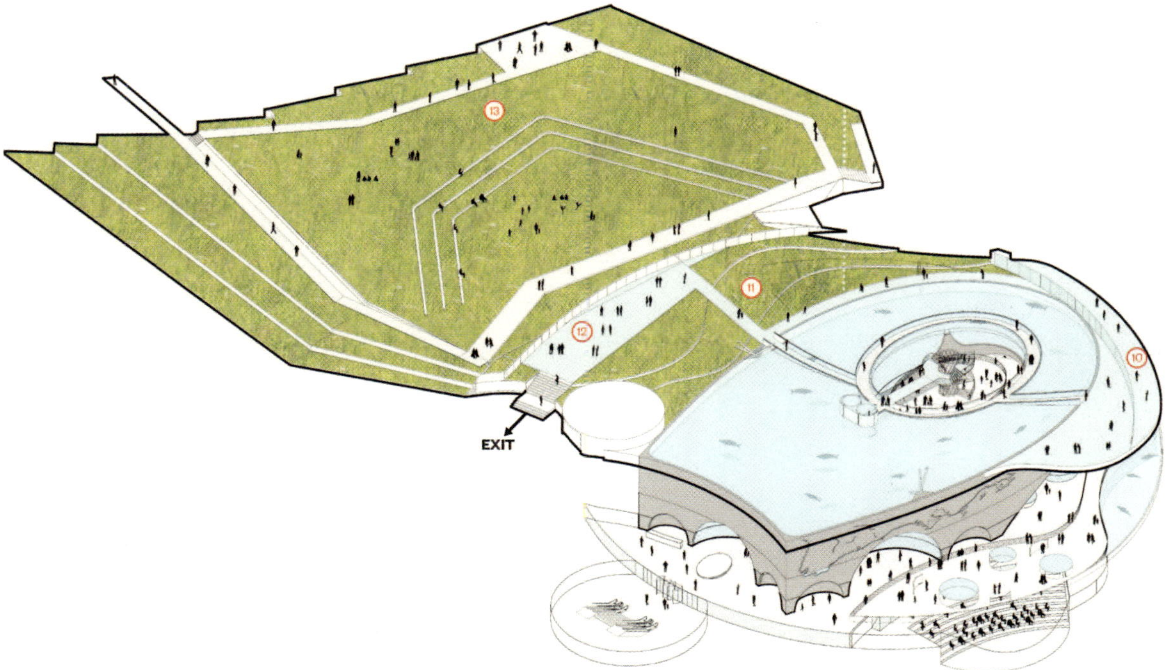

werden mehr und mehr auch zu einem Veranstaltungsort und Treffpunkt oder zu einem kommerziellen Marktplatz mit Ladengeschäften. Darüber hinaus werden Aquarien zunehmend in Shoppingmalls, Freizeitparks oder Hotelanlagen integriert. Inzwischen sind die Ausstellungskonzepte von Aquarien noch stärker ausdifferenziert und ihre architektonische Gestaltung hat sich gegenüber der Gestaltung der Bauten aus den ersten 100 Jahren der Aquarienarchitektur stark verändert. So ist die Systematisierung von Unterwasserwelten in Form von aneinander gereihten Becken und Vitrinen heute genauso überholt wie eine ebensolche Präsentation von Land-Flora und -Fauna in Zoologischen Gärten oder in Naturkundemuseen.
Die bauhistorischen Entwicklungsschritte können auch als eine Historie von Technik, Material und Oberflächen gelesen werden. So wandelten sich die Schauhäuser im Laufe der Zeit zu massentauglichen Bildungsinstitutionen, die mit Elementen der Erlebnisarchitektur Millionen von Besuchern anlocken und oftmals auch ihre Architektur als ein Identifikationsmerkmal nutzen. Das Potenzial heutiger Aquarien liegt darin, den Besuchern im Rahmen eines ausgeklügelten Edutainment-Konzepts die immense Bedeutung des Erhalts unser maritimen Ökosysteme für die Existenz des Lebens auf der Erde zu vermitteln. Zugleich werden modernste nachhaltige Technologien und Baumaterialien eingesetzt, um Energieeffizienz und Ressourcenschonung zu fördern und somit auch als Vorbild für ökologisch verantwortliches Bauen zu dienen. Es ist jedoch anzumerken, dass die tatsächliche Entwicklung stark von technologischen, wissenschaftlichen und gesellschaftlichen Fortschritten abhängt.

Planungsparameter für Aquariumsbauten
Typologische Skizzen und Bausteine

Natascha Meuser

Entwurfsparameter für Aquarienbauten zu formulieren, stellt auf den ersten Blick eine Herausforderung dar. Denn da eine rein bautypologische Untersuchung bislang nicht vorgenommen wurde, kann nicht auf eine anerkannte gebäudekundliche Grundlage zurückgegriffen werden. Der nachfolgende Abschnitt soll als Planungshilfe für die Entwicklung eines Entwurfs dienen. Zugleich kann er als Kommunikationsplattform herangezogen werden, wenn sich alle an der Planung und am Bau Beteiligte über ein optimales Gebäudekonzept verständigen wollen: Architekten, Fachplaner, Zoologen, Bauherren und Nutzer. Damit soll auch zum Ausdruck gebracht werden, dass die Planung eines Aquariums in der Verantwortung eines Architekten liegen sollte, der selbstverständlich Landschaftsplaner, Ausstellungsarchitekten, Kommunikationsdesigner sowie Fachplaner für das Bauwerk, Tragwerk und die Gebäudetechnik hinzuzieht. Nur wenn es dem Architekten gelingt, von Beginn an mit allen Planungsbeteiligten zusammenzuarbeiten, kann ein Entwurf entstehen, der sowohl den Bedürfnissen des Tieres und seiner Pfleger als auch dem Besucher – und damit dem Aquarium insgesamt – gerecht wird.

1 **Erfindung einer Neuen Welt**
Storyline und Raumprogramm

2 **Städtebauliche Einbindung**
In welchem urbanen Kontext sich das Aquarium befindet

3 **Gebäudeform und Innenraum**
Wie sich das Haus architektonisch präsentiert

4 **Erschließung und Wegeführung**
Wie durch das Haus geleitet wird

5 **Räumliche Absperrungen**
Wie sich Becken gestalten lassen

6 **Licht und Beleuchtung**
Warum Schatten wichtig ist

7 **Signaletik und Didaktik**
Wie Informationen ihren Adressaten erreichen

Planungsparameter 55

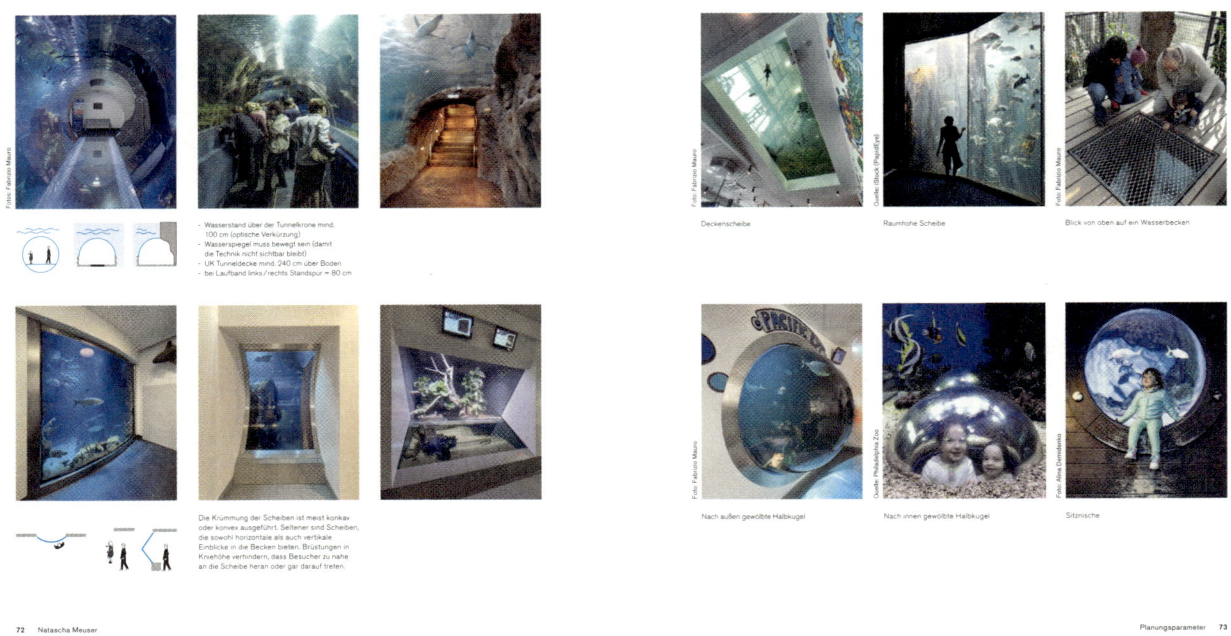

Fotos: Fabrizio Mauro

- Wasserstand über der Tunnelkrone mind. 100 cm (optische Verkürzung)
- Wasserspiegel muss bewegt sein (damit die Technik nicht sichtbar bleibt)
- UK Tunneldecke mind. 240 cm über Boden
- bei Laufband links / rechts Standspur = 80 cm

Die Krümmung der Scheiben ist meist konkav oder konvex ausgeführt. Seltener sind Scheiben, die sowohl horizontale als auch vertikale Einblicke in die Becken bieten. Brüstungen in Kniehöhe verhindern, dass Besucher zu nahe an die Scheibe heran oder gar darauf treten.

72 Natascha Meuser

Foto: Fabrizio Mauro

Deckenscheibe

Quelle: iStock (PapidEye)

Raumhohe Scheibe

Foto: Fabrizio Mauro

Blick von oben auf ein Wasserbecken

Foto: Fabrizio Mauro

Nach außen gewölbte Halbkugel

Quelle: Philadelphia Zoo

Nach innen gewölbte Halbkugel

Foto: Alina Demidenko

Sitznische

Planungsparameter 73

Planungsparameter für Aquarienbauten (Auszug).

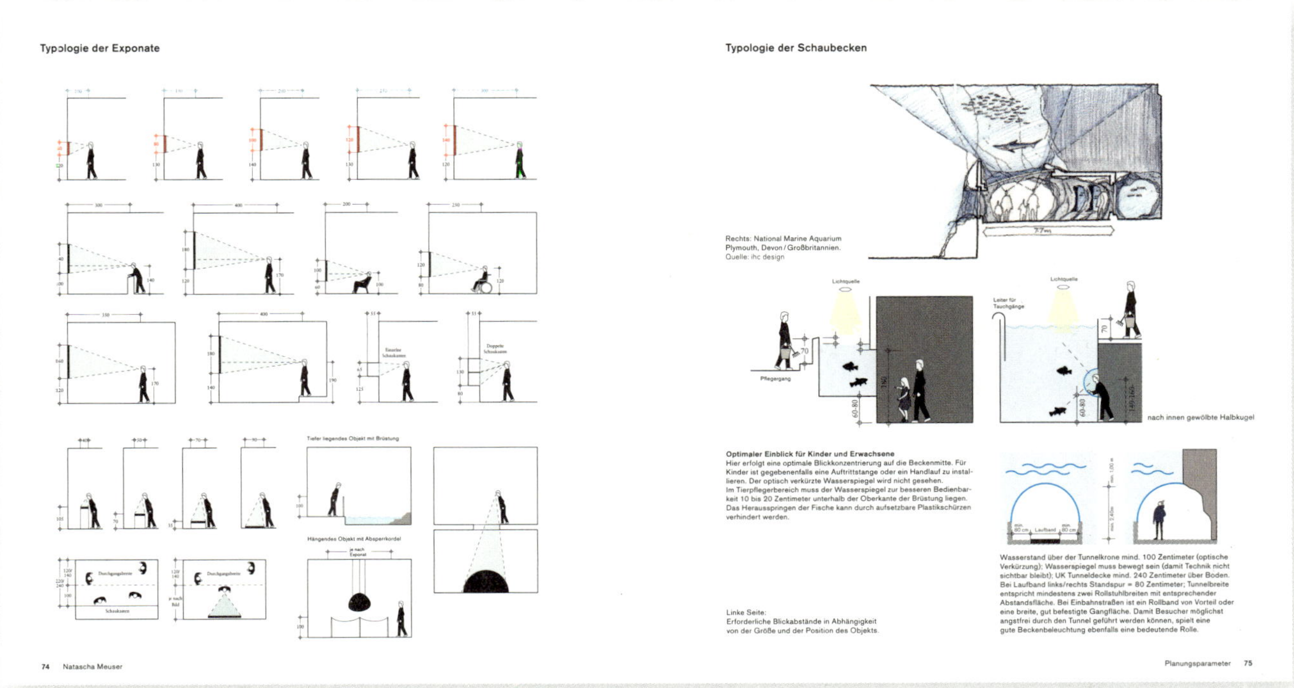

Typologie der Exponate

Typologie der Schaubecken

Rechts: National Marine Aquarium Plymouth, Devon / Großbritannien.
Quelle: ihc design

Lichtquelle

Pflegergang

nach innen gewölbte Halbkugel

Optimaler Einblick für Kinder und Erwachsene
Hier erfolgt eine optimale Blickkonzentrierung auf die Beckenmitte. Für Kinder ist gegebenenfalls eine Auftrittstange oder ein Handlauf zu installieren. Der optisch verkürzte Wasserspiegel wird nicht gesehen.
Im Tierpflegerbereich muss der Wasserspiegel zur besseren Bedienbarkeit 10 bis 20 Zentimeter unterhalb der Oberkante der Brüstung liegen. Das Herausspringen der Fische kann durch aufsetzbare Plastikschürzen verhindert werden.

Wasserstand über der Tunnelkrone mind. 100 Zentimeter (optische Verkürzung); Wasserspiegel muss bewegt sein (damit Technik nicht sichtbar bleibt); UK Tunneldecke mind. 240 Zentimeter über Boden. Bei Laufband links/rechts Standspur = 80 Zentimeter; Tunnelbreite entspricht mindestens zwei Rollstuhlbreiten mit entsprechender Abstandsfläche. Bei Einbahnstraßen ist ein Rollband von Vorteil oder eine breite, gut befestigte Gangfläche. Damit Besucher möglichst angstfrei durch den Tunnel geführt werden können, spielt eine gute Beckenbeleuchtung ebenfalls eine bedeutende Rolle.

Linke Seite:
Erforderliche Blickabstände in Abhängigkeit von der Größe und der Position des Objekts.

74 Natascha Meuser

Planungsparameter 75

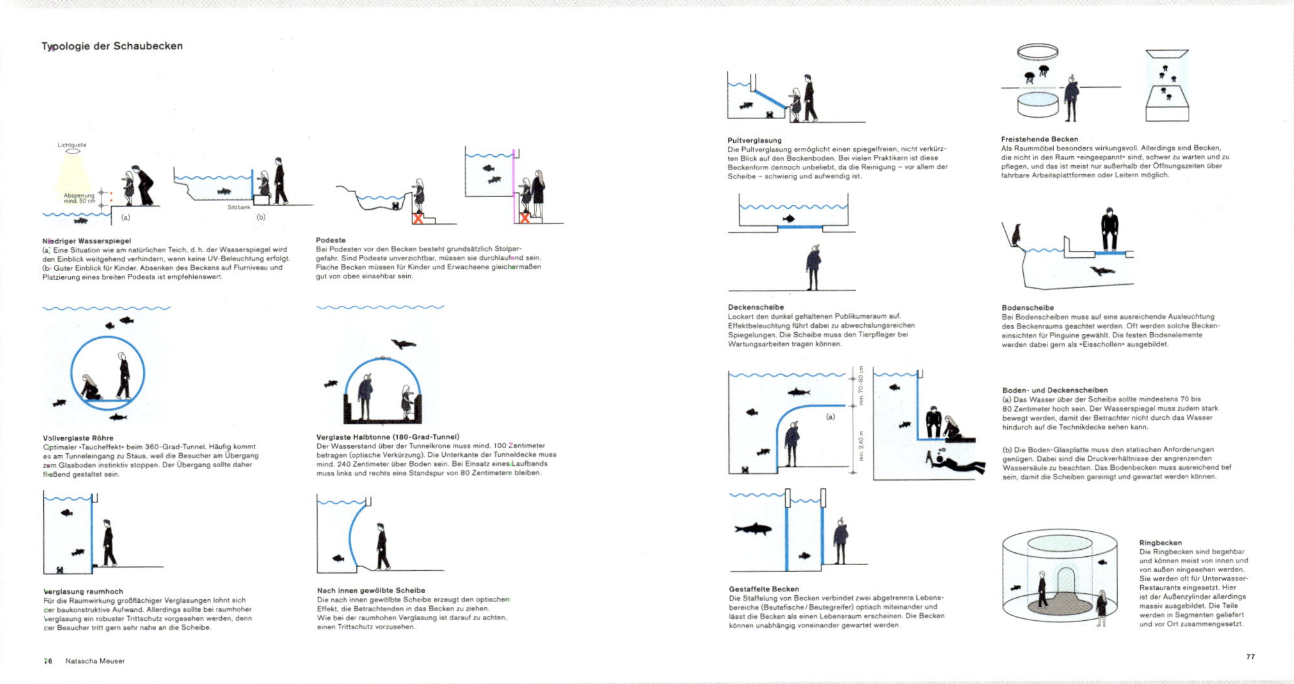

Typologie der Schaubecken

Lichtquelle

Absperrung mind. 50 cm

Sitzbank

Niedriger Wasserspiegel
(a) Eine Situation wie am natürlichen Teich, d. h. der Wasserspiegel wird den Einblick weitgehend verhindern, wenn keine UV-Beleuchtung erfolgt.
(b) Guter Einblick für Kinder. Absenken des Beckens auf Flurniveau und Platzierung eines breiten Podests ist empfehlenswert.

Podeste
Bei Podesten vor den Becken besteht grundsätzlich Stolpergefahr. Sind Podeste unverzichtbar, müssen sie durchlaufend sein. Flache Becken müssen für Kinder und Erwachsene gleichermaßen gut von oben einsehbar sein.

Vollverglaste Röhre
Optimaler »Taucheffekt« beim 360-Grad-Tunnel. Häufig kommt es am Tunneleingang zu Staus, weil die Besucher am Übergang zum Glasboden instinktiv stoppen. Der Übergang sollte daher fließend gestaltet sein.

Verglaste Halbtonne (180-Grad-Tunnel)
Der Wasserstand über der Tunnelkrone muss mind. 100 Zentimeter betragen (optische Verkürzung). Die Unterkante der Tunneldecke muss mind. 240 Zentimeter über Boden sein. Bei Einsatz eines Laufbands muss links und rechts eine Standspur von 80 Zentimetern bleiben.

Verglasung raumhoch
Für die Raumwirkung großflächiger Verglasungen lohnt sich der baukonstruktive Aufwand. Allerdings sollte bei raumhoher Verglasung ein robuster Trittschutz vorgesehen werden, denn der Besucher tritt gern sehr nahe an die Scheibe.

Nach innen gewölbte Scheibe
Die nach innen gewölbte Scheibe erzeugt den optischen Effekt, die Betrachtenden in das Becken zu ziehen.
Wie bei der raumhohen Verglasung ist darauf zu achten, einen Trittschutz vorzusehen.

Pultverglasung
Die Pultverglasung ermöglicht einen spiegelfreien, nicht verkürzten Blick auf den Beckenboden. Bei vielen Praktikern ist diese Beckenform dennoch unbeliebt, da die Reinigung – vor allem der Scheibe – schwierig und aufwendig ist.

Freistehende Becken
Als Raummöbel besonders wirkungsvoll. Allerdings sind Becken, die nicht in den Raum »eingespannt« sind, schwer zu warten und zu pflegen, und das ist meist nur außerhalb der Öffnungszeiten über fahrbare Arbeitsplattformen oder Leitern möglich.

Deckenscheibe
Lockert den dunkel gehaltenen Publikumsraum auf. Effektbeleuchtung führt dabei zu abwechslungsreichen Spiegelungen. Die Scheibe muss den Tierpfleger bei Wartungsarbeiten tragen können.

Bodenscheibe
Bei Bodenscheiben muss auf eine ausreichende Ausleuchtung des Beckenraums geachtet werden. Oft werden solche Beckeneinsichten für Pinguine gewählt. Die festen Bodenelemente werden dabei gern als »Eisschollen« ausgebildet.

Boden- und Deckenscheiben
(a) Das Wasser über der Scheibe sollte mindestens 70 bis 80 Zentimeter hoch sein. Der Wasserspiegel muss zudem stark bewegt werden, damit der Betrachter nicht durch das Wasser hindurch auf die Technikdecke sehen kann.

(b) Die Boden-Glasplatte muss den statischen Anforderungen genügen. Dabei sind die Druckverhältnisse der angrenzenden Wassersäule zu beachten. Das Bodenbecken muss ausreichend tief sein, damit die Scheiben gereinigt und gewartet werden können.

Gestaffelte Becken
Die Staffelung von Becken verbindet zwei abgetrennte Lebensbereiche (Beutefische / Beutegreifer) optisch miteinander und lässt die Becken als einen Lebensraum erscheinen. Die Becken können unabhängig voneinander gewartet werden.

Ringbecken
Die Ringbecken sind begehbar und können meist von innen und von außen eingesehen werden. Sie werden oft für Unterwasser-Restaurants eingesetzt. Hier ist der Außenzylinder allerdings massiv ausgebildet. Die Teile werden in Segmenten geliefert und vor Ort zusammengesetzt.

76 Natascha Meuser

77

Planungsparameter für Aquarienbauten (Auszug).

Die Quelle des Lebens
From Water All Life Does Spring
Dem Wasser entspringt alles Leben

Aaron Kiefer und Oskar Schmidt
mit Egor Kuzmin (3D-Visualisierung)

Nicht erst seit der Strandung von Pierre Aronnax auf dem menschengemachten Monster *Nautilus* in Jules Vernes Roman *20.000 Meilen unter dem Meer* (1870) ist die menschliche Psyche von der Unterwasserwelt fasziniert. Zeugen dieser Begeisterung im 19. Jahrhundert sind die transportablen Gewächshäuser (Nathaniel Bagshaw Ward) in Aquarienbauten wie dem Fish House im Londoner Zoo (1850) und der Stazione Zoologica Anton Dohrn (1872) in Neapel. In der ersten Hälfte des 20. Jahrhunderts bestimmten dann besonders in Deutschland U-Boote auch als Kriegsmaschinen die öffentliche Wahrnehmung.
Mit dem Thema Aquariumsbau begann dieses Semester Innenraumplanung, und unsere erste Aufgabe war die Gestaltung des legendären U-Boots *Nautilus* aus Jules Vernes Roman – einem Buch, das uns das gesamte Semester begleiten sollte. Konzipiert werden sollte nicht nur der Innenraum, sondern auch eine Ausstellung, die sich mit dem Thema Wasser befasst und ein Aquarienbecken beinhaltet.
In der begleitenden Vorlesungsreihe erhielten wir viele interessante Einblicke in die verschiedensten Themenbereiche wie Ausstellungsdesign (Vitra), Baugeschichte von Aquarien (Jürgen Lange), Luft-, Wasser- und Raumfahrt (Galina Balaschowa) und Oberflächenforschung (intermolekulare Wechselwirkung). Das neu erworbene Wissen konnten wir für unsere Innenraumkonzepte nutzen.
Darüber hinaus lernten wir, unsere Gedanken zu strukturieren, Planungsziele zu setzen sowie mit Parametern wie Szenografie, Dramaturgie, Klang und Haptik zu arbeiten. Es wurde uns vermittelt, wie wichtig es ist, eine Geschichte mit dem Raum zu erzählen. Weitere bedeutende Lehr-Aspekte waren Beleuchtung, Signaletik (Orientierung mithilfe von Farben, Schildern, Typografie etc.) und Didaktik.

91

1 Kelpwald
2 Evolution
3 Ocean Entomology

Inspiration
My Octopus Teacher, ein Dokumentarfilm über einen Taucher, der in einem Algenwald vor der südafrikanischen Küste Freundschaft mit einem Oktopus schließt, diente uns schließlich als Kreativitätsboost für unseren eigenen Entwurf. Lang gewachsene Tangpflanzen pulsieren wie schwereloses Haar im Wasser. Im schemenhaften Licht tummeln sich zahlreiche Fischarten und kämpfen um die wenigen Lichtstrahlen.

Raum
Um die Perspektive des Tauchers inmitten eines frei im Wasser schwebenden Kelpwaldes zu vermitteln, entschieden wir uns für eine Videoprojektion unterhalb der Raumdecke in einer der Ausstellungsbuchten. Da Kelpwälder komplexe räumliche Strukturen sind, sollte dies räumlich ähnlich erfahrbar sein. Entsprechend wurde der Durchgang relativ eng, mit dynamisch geschwungenen Wänden entworfen.

96 Aaron Kiefer und Oskar Schmidt

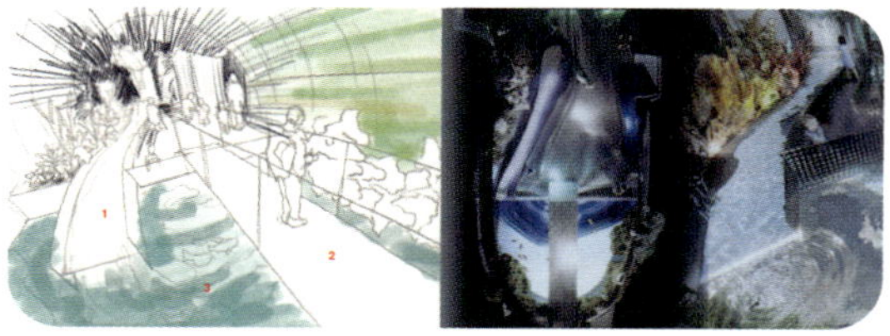

1 Wasserfall
2 Brücke
3 Aquarium

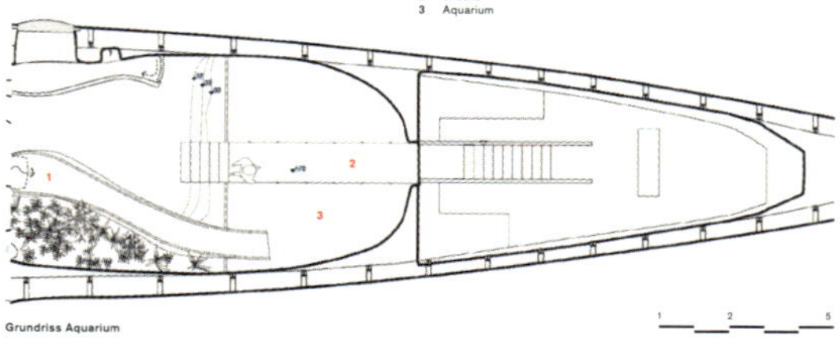

Grundriss Aquarium

Besucher und Pfleger
Lebendige Fische in ihrer Umgebung zu beobachten, ist ein wunderbares Erlebnis. Wir wollten nicht nur einen Lebensraum zeigen, sondern auch die ökologischen Zusammenhänge darstellen. Ein kleiner, schnell fließender Fluss trifft auf ein stilles oder langsam fließendes Gewässer. So entstand ein Wasserlauf durch das Obergeschoss, der in ein sich über zwei Ebenen erstreckendes Fischbecken mündet.

Aus Sicherheits- und arbeitsschutzrechtlichen Gründen müssen Besucher- und Pflegerbereiche voneinander getrennt bleiben, das Konzept sieht aber eine beidseitige Einsehbarkeit vor. Auch wenn die Brücke über dem großen Aquarium eine Grenze darstellt, ist sie doch Teil der Inszenierung und ermöglicht es, dass die Besuchenden Einblicke in die Arbeitsabläufe und die Technik des Aquariums erhalten.

Die Quelle des Lebens 97

Entwurf: Aaron Kiefer, Oskar Schmid

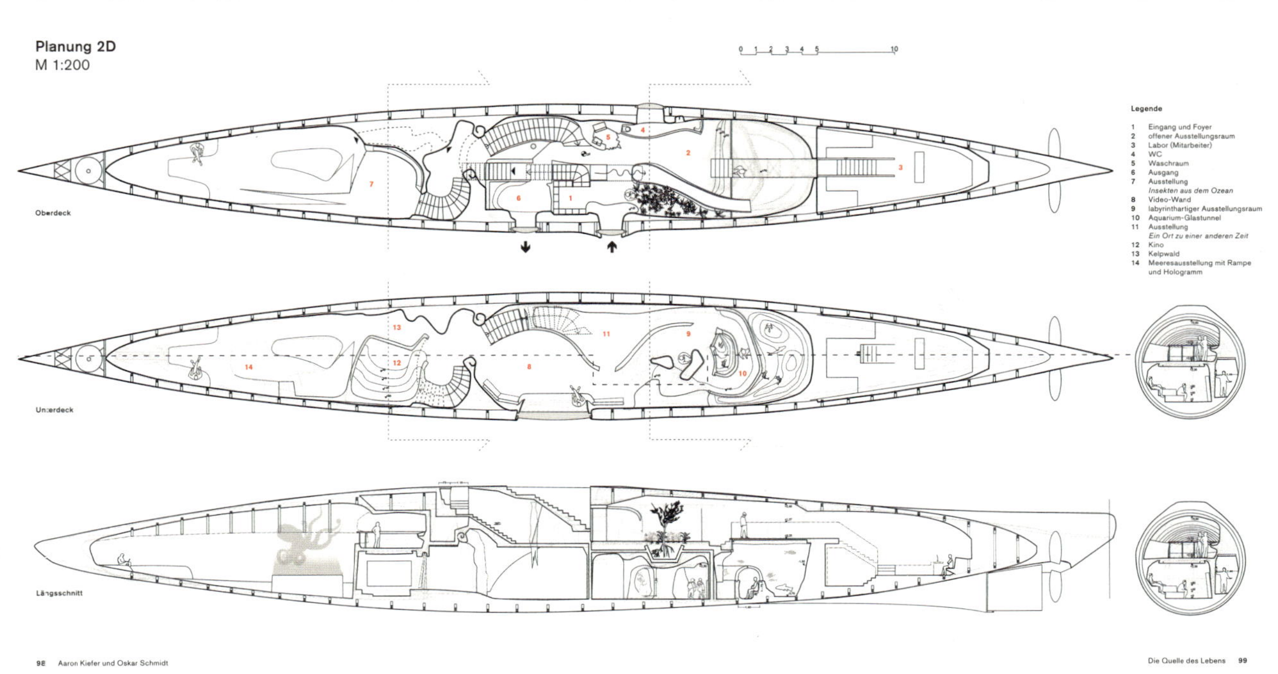

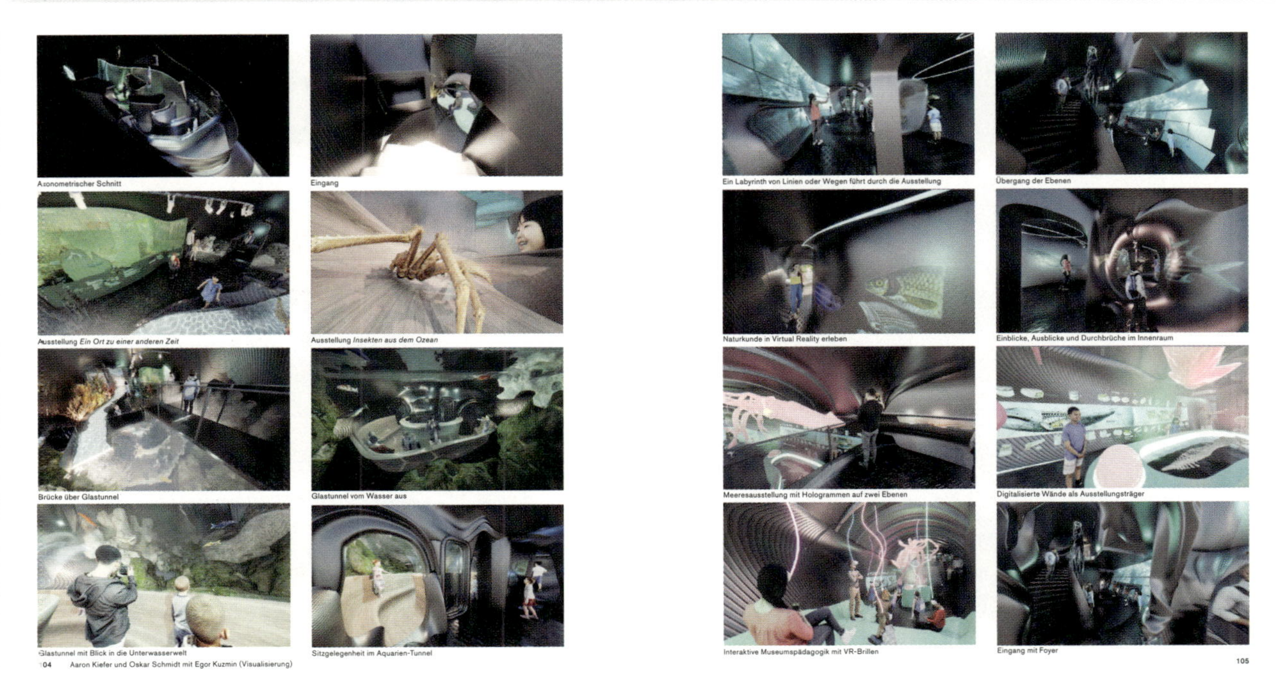

Entwurf: Aaron Kiefer, Oskar Schmid

Bedrohte Tiere der Meere
Erhalten, Retten, Beschützen

Jessica Qiu, Meixi Wang und Liu Xinyu

Durch den Klimawandel und menschlichen Einfluss sind immer mehr Meerestiere vom Aussterben bedroht. Wenn wir dies nicht stoppen und uns für die Meerestiere einsetzen, werden wir diese erstaunlichen Schönheiten in wenigen Jahren nie wieder sehen können. Ziel der Ausstellung ist es, Kindern ein grundlegendes Wissen über Meerestiere zu vermitteln und die Rolle des Menschen bei deren Gefährdung herauszustellen.

Ausstellungsbereiche
1 Interaktiver Bereich der Wissensvermittlung
2 Bedrohte Meerestiere
3 Gefährdung der Meere durch den Menschen
4 Schutz der Ozeane und der Meere
5 Spielraum zur Wissensvermittlung
6 Filmvorführungsraum

In der Free-Flow-Ausstellung tauchen die Besuchenden in sechs Themenfelder ein, die unabhängig voneinander entdeckt werden können. Indem das Museum aktiv zum Mitmachen einlädt, werden die Besuchenden an vielen Stationen selbst zu Akteuren.

Links: Ads of the World: Sea Shepherd Print, advert by Universidad Latina de Costa Rica
Rechts: Jess French, James Gilleard (Illustrationen), Tatjana Kröll: Bedrohte Arten. Berlin 2020

109

»SEA LIFE hat in seinen acht Großaquarien in Deutschland 3.000 Kinder nach ihren Wünschen und Forderungen für die Unterwasserwelt befragt. Das Ergebnis: Am wichtigsten ist es den Kindern, die Verschmutzung der Ozeane zu verhindern und zu bekämpfen.«

GEOlino

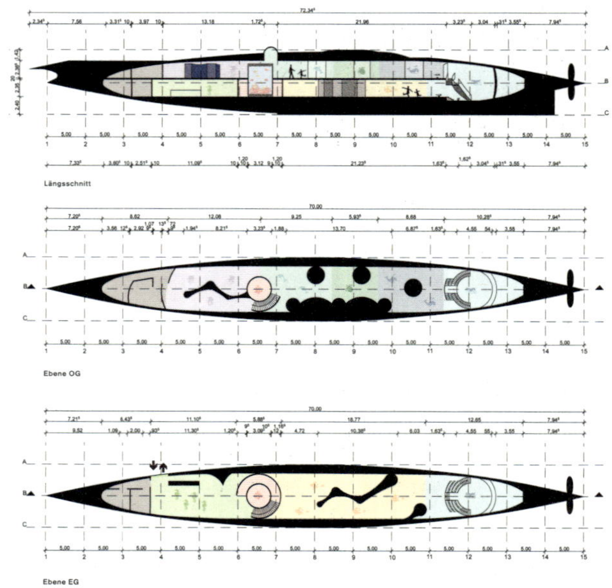

110 Jessica Qiu, Meixi Wang und Liu Xinyu

Bedrohte Tiere der Meere – Erhalten, Retten, Beschützen 111

Entwurf: Jessica Qiu, Meixi Wang, Liu Xinyu

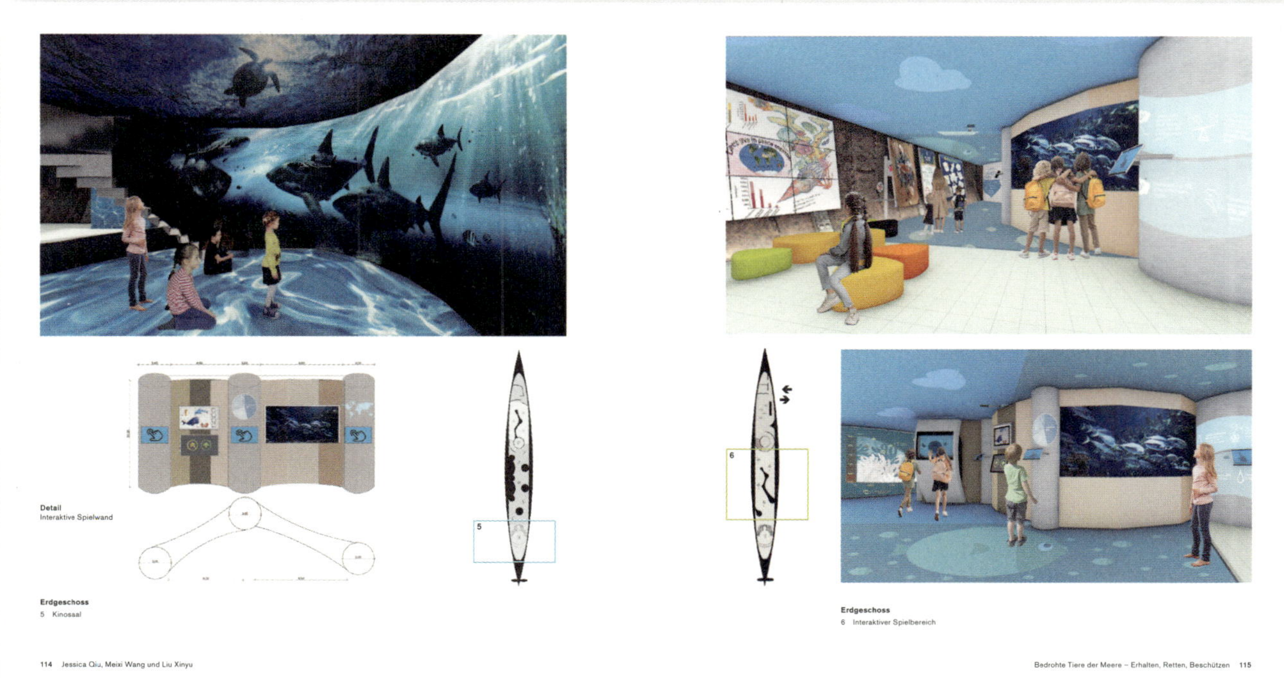

Entwurf: Jessica Qiu, Meixi Wang, Liu Xinyu

Die Spree
Stadt – Land – Fluss

Lucas Rauer, Jacqueline Rudolph und Katja Winkler

Aufgabe ist die Entwicklung eines Ausstellungskonzepts mit museumspädagogischen Ansätzen für die Zielgruppe der Fünf- bis Zwölfjährigen. Das Thema ist die regionale Wasserwelt der über 400 Kilometer langen Spree mit ihrer reichhaltigen Fauna und den angrenzenden Naturlandschaften. Es soll durch Bilder, Modelle, Pläne sowie zahlreiche digitale Medien und Projektionen vermittelt werden. Direkt in der Spree verankert, erfolgt die architektonische Umsetzung in Form eines U-Boots nach dem originalgetreuen Vorbild der *Nautilus* von Jules Verne. Das schwimmende Forschungsmuseum soll als Ort des Dialogs, der Wissensvermittlung und der Partizipation Inhalte und Werte vermitteln, die Kinder und Erwachsene gleichermaßen begeistern.
Auf zwei über einen Rundgang erschlossenen Ebenen werden Aquarien und Filme präsentiert. Die Ausdehnung der Ausstellung in einem offenen Grundriss über zwei Geschosse führt zu szenografischen Vorteilen, da die Themenbereiche der Storyline fließend ineinander übergehen. Schulungs- und Vortragsräume ergänzen das pädagogische Konzept.

133

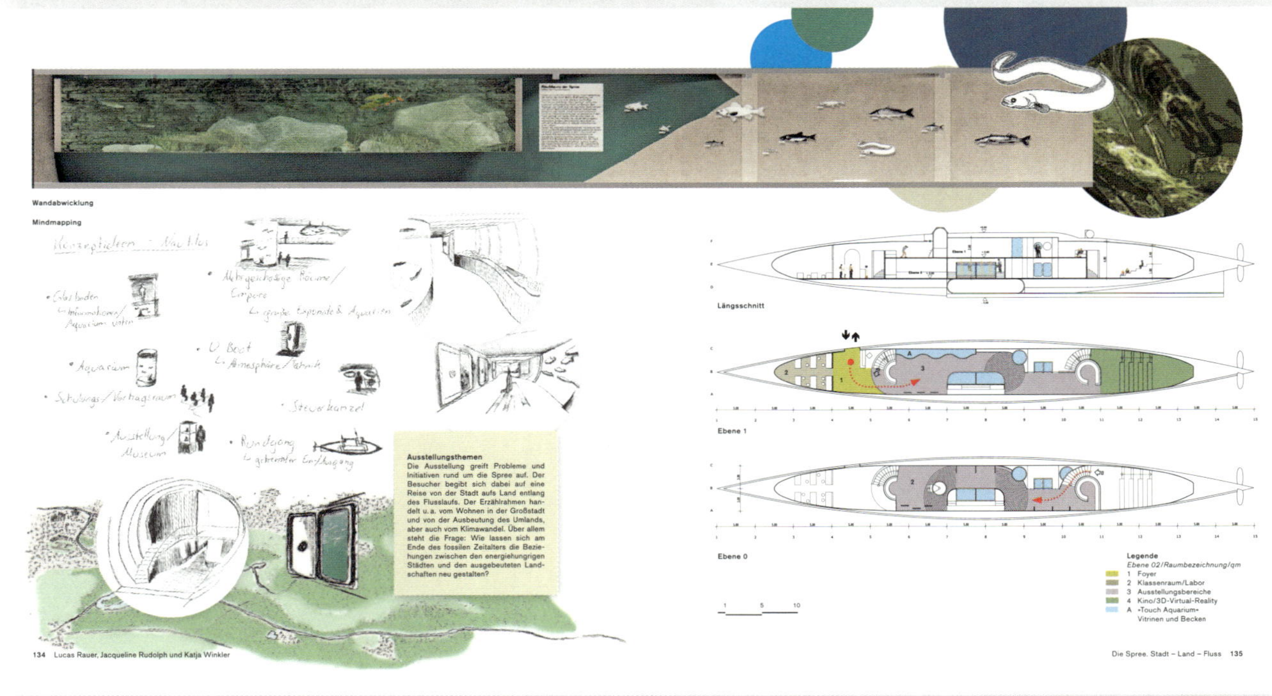

Ausstellungsthemen
Die Ausstellung greift Probleme und Initiativen rund um die Spree auf. Der Besucher begibt sich dabei auf eine Reise von der Stadt aufs Land entlang des Flusslaufs. Der Erzählrahmen handelt u. a. vom Wohnen in der Großstadt und von der Ausbeutung des Umlands, aber auch vom Klimawandel. Über allem steht die Frage: Wie lassen sich am Ende des fossilen Zeitalters die Beziehungen zwischen den energiehungrigen Städten und den ausgebeuteten Landschaften neu gestalten?

134 Lucas Rauer, Jacqueline Rudolph und Katja Winkler

Die Spree. Stadt – Land – Fluss 135

Entwurf: Lucas Rauer, Jacqueline Rudolph, Katja Winkler

Die Tiefsee als Lebensraum

11.000 Meter unter dem Meeresspiegel

Timon Bauer, Philipp Beck
und Ronja Bleck

Ausstellungsthemen

Der von Wasser bedeckte Flächenanteil unseres Planeten kommt auf stolze 71 Prozent, davon erreichen rund 50 Prozent eine Tiefe von mehr als drei Kilometern. Etwa 300 Millionen Quadratkilometer Meeresboden sind Schätzungen zufolge zu nur etwa fünf Prozent erforscht. Der tiefste Punkt, das pazifische Challengertief, befindet sich im Marianengraben im Pazifischen Ozean in rund elf Kilometer Tiefe. Hier herrschen Dunkelheit und ein extrem hoher Druck.

Vor diesem Hintergrund soll die Ausstellung *Die Tiefsee als Lebensraum* den Besucher in bislang unbekannte Tiefen geleiten. In Form einer interaktiven Zeitreise führt das Erlebnis vorbei an Exponaten und Forschungsinstrumenten. Ein Mitmachlabor ermöglicht es den Besuchenden, unter Anleitung von wissenschaftlichem Personal selbst aktiv zu werden. Neben aktuellen Forschungen werden in einem letzten Themenbereich auch Tiere des Meeres vorgestellt sowie sagenumwobene Gestalten, die seit jeher dokumentieren, wie groß die Angst des Menschen vor der Tiefe der Ozeane ist.

Illustration: Reiner Zieger

143

Längsschnitt

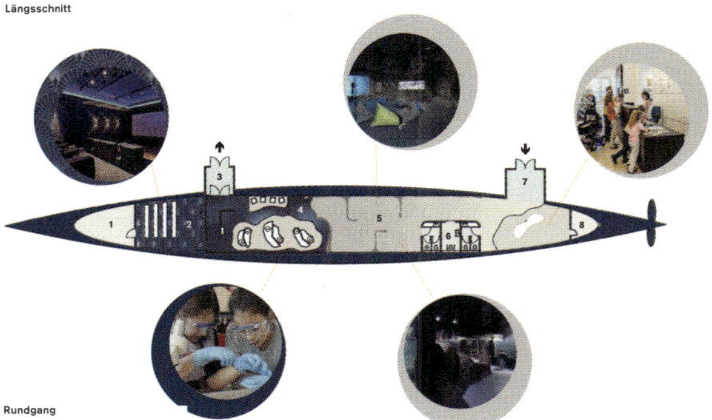

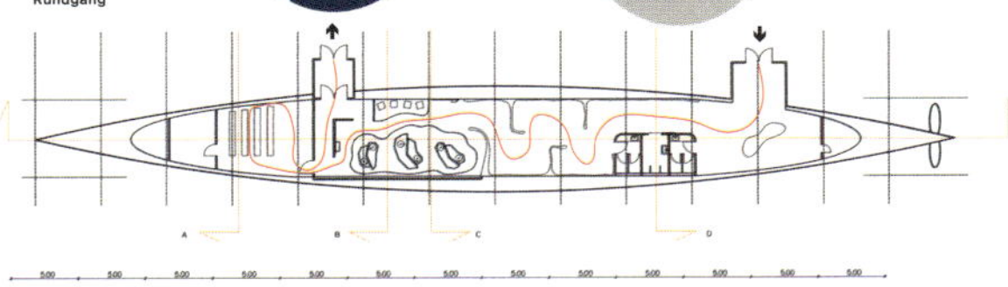

Rundgang

Farben und Kommunikation

Wandabwicklung

144 Timon Bauer, Philipp Beck und Ronja Bleck

Die Tiefsee als Lebensraum 145

Entwurf: Timon Bauer, Philipp Beck, Ronja Bleck

Anhang
Appendix

Publikationen

Schriftenreihe

Meuser, Natascha (Hg.): Uwe Thürnau. Tierkulissen für Zoologische Gärten, Museen und Ausstellungen, Berlin 2024

Meuser, Natascha: Next to Bauhaus, Architektur lehren und studieren, Berlin 2024

Lange, Jürgen/Meuser, Natascha (eds.): Aquarium Buildings. Construction and Design Manual, Berlin 2022

Meuser, Natascha: Zooarchitektur. Tigeranlage im Zoologischen Garten Magdeburg, Dessau 2022

Meuser, Natascha: Geschichte der Innenarchitektur, Berlin 2022

Lange, Jürgen/Meuser, Natascha (Hg.): Aquarienbauten. Handbuch und Planungshilfe, Berlin 2022

Meuser, Natascha (Hg.): Die Tierwelten von Reiner Zieger. Kunst und Gebrauchsgrafik 1960 bis 2020, Berlin 2022

Meuser, Natascha: Heinz Graffunder. Bauten und Projekte für Zoologische Gärten, Berlin 2021

Meuser, Natascha (Hg.): Theorie der Innenarchitektur. Quellentexte zum Raumverständnis der Moderne, Berlin 2020

Meuser, Natascha: Zoo Buildings. Construction and Design Manual, Berlin 2019

Meuser, Natascha: Zoobauten. Handbuch und Planungshilfe, Berlin 2017

Meuser, Natascha: Architektur im Zoo. Theorie und Geschichte einer Bautypologie, Berlin 2017

Meuser, Natascha (Hg.): Architektur und Zoologie. Quellentexte zur Zooarchitektur, Berlin 2017

Beiträge in Publikationen

Meuser, Natascha: A Home for the Wild. Architecture in the Zoo, in: Minteer, Ben A./Greene, Harry W. (Hg.): A Wilder Kingdom. Rethinking Nature in Zoos, Wildlife Parks, and Beyond, New York 2023, S. 183–196

Meuser, Natascha: Zoologisch-Botanischer Garten Wilhelma, in: Lambrette, Uta/Schmolke, Birgit: Architekturführer Stuttgart, Berlin 2019, S. 34–55

Meuser, Natascha: Tierpark Hagenbeck, in: Schendel, Dominik: Architekturführer Hamburg, Berlin 2018, S. 394–405

Meuser, Natascha: Tierpark und Zoologischer Garten, in: Schendel, Dominik: Architekturführer Berlin, Berlin 2016, S. 398–431

Meuser, Natascha: Wiener Tiergarten. Vom Vergnügungsort zur Bildungseinrichtung, in: Villgratter, Stefanie (Hg.): Architekturführer Wien, Berlin 2014, S. 298–325

Meuser, Natascha: Zehn Highlights der Museumsinsel, in: Wedel, Carola: Die neue Museumsinsel. Der Mythos: Der Plan: Die Vision, Berlin 2002

Artikel in Zeitschriften und Magazinen

Meuser, Natascha: Warum dieser ewige Drang nach Exotik, in: Kurier vom 23. Juli 2023, S. 25

Meuser, Natascha: Abschied von der Rasenfläche, in Politik & Kultur. Zeitung des Deutschen Kulturrates, Nr. 6/2023, Leitartikel

Meuser, Natascha: Verwilderung der Baukunst. Architektur wird als Markenzeichen von Zoologischen Gärten immer wichtiger, in: Politik & Kultur. Zeitung des Deutschen Kulturrates, Nr. 4/2022, S. 15

Meuser, Natascha: Gezähmte Wildnis. Neue Tendenzen in Zoologischen Gärten und Aquarien, in: Baunetzwoche #588, veröffentlicht am 2. Dezember 2021 (24 Seiten)

Meuser, Natascha: Future Zoo Buildings, in: Brutus Casa, Heft 09/2021, S. 160

Meuser, Natascha: Verschwimmende Grenzen, in: Du, Heft 07–08/2020, S. 80–89

Meuser, Natascha: Sehen und gesehen werden, in: Garten und Landschaft, Heft 10/2020, S. 48–51

Meuser, Natascha: Es geht um die Akademisierung einer Baudisziplin, in: Zoozeit, Heft 1/2020, S. 20–21

Meuser, Natascha: Zooarchitektur im Wandel der Zeit, in: Schirn Mag, Magazin der Kunsthalle Frankfurt, 21. Januar 2019 (online)

Meuser, Natascha: Zoobauten als Denkmale. Anpirschen an eine seltene Gattung, in: Monumente, Heft 3/2019 S. 8–14

Meuser, Natascha: Mehr Lebensqualität für Zootiere, in: Rotary Magazin, April 2017, S. 54–55

Meuser, Natascha: Zwischen Bühnenbild und Gefängnisbau. Vom Fehlen einer Debatte über zeitgenössische Zoobauten – eine Skizze, in: Modulør, Heft 2 / 2013, S. 22–28

Rezensionen zu Veröffentlichungen

Harro Strehlow in: Der Zoologische Garten/The Zoological Garden, Nr. 2/2022, Jg. 90, S. 237–238

»Ich kann alle«. Illustrator Reiner Zieger im Interview mit Jana Hensel, in: ZEITMagazin Nr. 36/2022 vom 1. September 2022, S. 82–86

Schaptke, Miriam: Die komplexe Architektur der Aquarien, in: Berliner Morgenpost, 16. August 2022

csh: Rez. »Natascha Meuser: Geschichte der Innenarchitektur«, BauNetz_Wissen, https://www.baunetzwissen.de/ (abgerufen am 25. April 2022)

Bertoldi, Claudia: Zooarchitektur in der DDR. Der Beginn des artgerechten Bauens, Baublatt Schweiz, Oktober 2021

MR Moderne Regional: Im Zoo mit Heinz Graffunder, 2. Juli 2021

Leykam, Monika: Architektur im Zoo, in: Immobilien Zeitung, 7. Mai 2020

Wainwright, Oliver: Have Zoos had Their Day?, in: The Guardian, 27. September 2019

Reichenbach, Herman: Book Review »Architektur im Zoo«, »Architektur und Zoologie. Qellentexte zur Zooarchitektur«, in: The Bartlett Society Journal, Heft 26, September 2017, S. 51–52

Freund, Wieland: Der alte Traum, aus Tiergefängnissen Paläste zu machen, in: Die WELT, 10. August 2017, S. 22

Freund, Wieland: Will der Elefant, dass Sir Norman für ihn baut?, in: Die WELT kompakt, 10. August 2017, S. 9

Habermann, Karl J.: Architektur im Zoo, in: db deutsche bauzeitung vom 6. Juni 2017

Alexander, Mathias: Gefängnis, Theater oder Museum?, in: Frankfurter Allgemeine Zeitung Nr. 125, 31. Mai 2017, S. 10

Lippitz, Ulf: Gehege von Paris, in: Tagesspiegel. Sonntag, 24. Mai 2017, S. 7

Blaupausen für den Pumakäfig, in: Moderne Regional, 25. April 2017

Matzig, Gerhard: Built to be wild. Ein neues Buch dokumentiert den Wandel der Zooarchitektur, in: Süddeutsche Zeitung, 1./2. April 2017, S. 61

Rundfunkbeiträge und Interviews

Wie baut man Häuser für Fische? Interview in der Süddeutschen Zeitung vom 13. Januar 2024

Perspektivwechsel – Verleger DOM publishers: Natascha und Philipp Meuser, Architektenpaar aus Berlin, in: AIT 4/2023, S. 36–40

Geplatztes Aquarium in Berlin. Reiz und Problematik von Aquariumsarchitektur. Interview mit Marietta Schwarz, in: Deutschlandfunk Kultur, 16. Dezember 2022, Laufzeit 8:36 Minuten

Fische Spektakelarchitektur: Die Kunst des Aquarienbaus. Interview (gemeinsam mit Jürgen Lange) mit Gesa Ufer, in: Deutschlandfunk Kultur, Kompressor, 2. August 2022, Laufzeit 10:20 min

Architecture Off-Centre. Interview mit Vaissnavi Shukl (Harvard University Graduate School of Design) am 11. März 2022, Laufzeit 36:11 min

Gehege, die eigentlich für Menschen gebaut sind. Interview mit Sonja Meschkat, in: Deutschlandfunk Nova, 16. November 2021, Laufzeit 6:37 min

Reisende Architekten mit Koffern voller Bücher. Interview mit Matthias Alexander, Frankfurter Allgemeine Zeitung, 15. April 2021

Architektur im Zoo im Transformationsprozess. Natascha Meuser im Gespräch mit Sigrid Brinkmann, in: Deutschlandfunk Kultur. Redaktion Fazit, 3. Januar 2021, Laufzeit 8:23 min

Ein Studiengang als Rarität: Zoo-Architektur in Dessau. Interview mit Martin Krause, MDR Sachsen-Anhalt, 28. Juli 2020

Der Zoo – Eine aussterbende Spezies? Interview mit Franz Kasperski, in: SRF Kultur, 19. April 2020

The Inevitable Trade-offs behind Zoo Design. Interview mit Matt McCue, The Creative Factor, 2. Oktober 2019, online: https://www.designintelligence.com

Geschichte und Zukunft der Tierparkarchitektur, in: Deutschlandfunk Kultur, 4. September 2019, Autor: Eckhard Roelcke Laufzeit 9:19 min

Bildungsbauten für Kinder. Interview mit Andrea Männel, Fröbel, 27. März 2019, online: https://www.froebel-gruppe.de

Future of the Zoos. Interview mit Oliver Wainwright, in: The Guardian, 30. September 2019

Über Sinn, Unsinn und Zukunft von Zoos. Eine Arche hinter Gittern?, in: Deutschlandfunk Kultur. Zeitfragen, 3. September 2019, Autor: Marko Pauli, Laufzeit 29:22 min

Menschen. Bauen. Tiere, in: Deutschlandfunk Kultur, Redaktion Mikrokosmos, 8. Juni 2018, Autorin: Marietta Schwarz, Laufzeit 43:30 min

Geschichte(n) der Zoo-Architektur, 29. Mai 2018, Autor: Andi Ueding, in: WDR5, Laufzeit: 20:03 min

Baugeschichte des Zoos /Schöner brüllen: Wie aus dem Tierknast eine Erholungsoase wurde, Autor: Sven Ahnert, in: Radio SRF 2 Kultur, Kultur Aktualität, 20. März 2018

Architektur im Zoo. Wie der Mensch das Tier einhegt. Natascha Meuser im Gespräch mit Timo Grampes, in: Deutschlandfunk Kultur, Redaktion Kompressor, 8. Juni 2017, Laufzeit 9:49 min

Zum Umbau des Kaufhauses Magnet, Dessau. Wieder Leben im Kaufhaus. Interview mit Natascha Meuser, in: Mitteldeutsche Zeitung, 11. Mai 2016

Fernsehbeiträge

Zoo der Zukunft. Wie artgerecht sind unsere Zoos, MDR, Sachsen Umschau, gesendet am 14. September 2020, , Redaktion: Jana Rogozkina, Laufzeit 4:56 min

Mitteldeutsche Zoos machen Platz für Tiere, Beitrag in der MDR-Umschau/Tierschutz, gesendet am 8. September 2020, Laufzeit 45:00 min

Architektur im Zoo, RBB, Beitrag im Kulturmagazin Stilbruch, gesendet am 17. September 2017, Laufzeit: 5:03 min

Architektur des Zoos, 3sat, Kulturzeit, gesendet am 15. August 2017, Laufzeit: ca. 5 min

Architektur im Zoo. Tiere zwischen Gefangenschaft und inszenierter Freiheit, MDR, Kulturmagazin artour, gesendet am 17. August 2017, Laufzeit 7 min

Zoo-Architektur. Gefängnis, Theater, Museum, BR Fernsehen, Kulturmagazin Capriccio, gesendet am 20. Juli 2017, Redaktion: Andreas Krieger, Laufzeit: ca. 5 min

Interview- und Gesprächspartner Zoobauten

Christian Angenvoort *(Theming and Animatronics Industries S. A.)*
Alexandra Apfelbaum *(Kunst- und Architekturhistorikerin)*
Eva-Maria Barkhofen *(Akademie der Künste Berlin)*
Bernhard Blaszkiewitz † *(Direktor des Tierparks Berlin)*
David Burton *(International Zoo News)*
Gaetano Castiello *(Castiello Architekten)*
Jon Coe *(Jon Coe Design, Pty Ltd)*
Frank Dierkes *(Gesamtschule Walsum)*
Peter Dollinger *(VdZ / Zoo Office Bern)*
Wolf-Rüdiger Eisentraut *(Architekt)*
Dag Encke *(Tiergarten Nürnberg)*
Thomas Ferwagner *(Officium, Design Engineering GmbH)*
Bruno Flierl † *(Architekt)*
Renée Friedman *(British Museum / Dept. of Ancient Egypt and Sudan)*
Melanie Ginzel *(Zoo Leipzig GmbH)*
Derek Grove *(Direktor Dudley Zoological Gardens)*
Markus Gusset *(WAZA Executive Office)*
Bertold Höcker *(Superintendent Ev. Kirchenkreis Berlin-Stadtmitte)*
Cornelius Holtorf *(Department of Cultural Sciences / Linnaeus University)*
Karolin Huber *(Tochter von Heinz Graffunder)*
Jürgen Kaulfuß *(Akademie der Künste Berlin)*
Heinz-Georg Klös *(Direktor des Zoologischen Garten Berlin, a. D.)*
Harald Knitter *(Wilhelma – Zoologisch-Botanischer Garten Stuttgart)*
Barbara König *(Carl Stahl GmbH)*
Roland Korn *(ehem. Chefarchitekt von Ost-Berlin)*
Christina May *(Kunsthistorikerin / Kuratorin)*
Roland Merz *(Chefredaktor Modulør)*
Nicola Mögel *(Tiergarten Nürnberg)*
Kurt Müller *(Knies Kinderzoo, Rapperswil)*
Alexander Obeth *(IRS Erkner)*
Hans Pollich *(Architekt)*
Clemens Radauer *(www.humanzoos.net)*
Steve Ross *(Lester E. Fisher Center for the Study & Conservation of Apes)*
Uwe Ruländer *(Zoohistorica, Zürich)*
Gerd Schmid *(formTL ingenieure für tragwerk und leichtbau gmbh)*
Klaus Schüling *(Das Tiergarten Magazin / Schüling Buchkurier)*
Klaus Spechtenhauser *(Kantonale Denkmalpflege Basel-Stadt)*
Heinz Tellbach *(Architekt / Plankollektiv Graffunder)*
Bernd Tenbergen *(LWL-Museum für Naturkunde, Münster)*
Konstantin Wächter *(Bauforscher)*
Lucas Wahl *(Fotograf)*
Eugène Warmenbol *(Université Libre de Bruxelles)*
Verena Wiemann *(Münchner Tierpark Hellabrunn AG)*
Martin Wimmer † *(Architekt)*
Katrin Zbinden *(Verlag Werk AG / werk, bauen+ wohnen)*

Literatur

Interview- und Gesprächspartner Aquarienbauten

Dr. Yoshitaka Abe *(Direktor a. D. Aquamarine Fukushima)*
Dipl. Ing. Dieter Balkow *(Sachverständiger Glas im Bauwesen, Aachen)*
Dr. Jens Bohn *(Kurator Aquaristik, Zoo Rostock)*
Mandi Brezonick *(Marketing and Business Dev.)*
Reynolds Polymer *(Technology, Inc.)*
Peter Chermayeff *(Architekt)*
Dr. Wolf Eberhard Engelmann *(Kurator a. D. Aquarium Leipzig)*
Monika Goebel *(Atelier Brückner)*
Jasmin Hofer *(Zoo Leipzig)*
Dr. Inge Illich *(Kuratorin a. D. Haus der Natur, Salzburg)*
Rainer Kaiser *(Leiter des Aquariums Berlin)*
Dr. Isabel Koch *(Kuratorin Aquarium Wilhelma Stuttgart und Generalsekretärin der EUAC)*
Aharon Miroz *(Chief Scientific Curator Coral World International, Ramat Gan/ Israel)*
Bernd Möller *(Atelier Brückner)*
Julie Packard *(CEO Monterey Bay Aquarium)*
Prof. Theo B. Pagel *(Direktor Zoo Köln und Präsident a. D. World Association of Zoos and Aquariums)*
Prof. Dr. Friedemann Schrenk *(Senckenberg Museum Frankfurt am Main)*
Ofir Shitrit *(Orphek Aquarium LED Lighting)*
Daniel Strozynski *(Aquarium Berlin)*
Hermann Schuran *(Schuran Kunststoffe)*
Motofumi Tai *(Tierfotograf, TV-Produzent und Zoo Consultant)*
Guangyuan Tan *(Techn. Direktor Haichang Holdings Ltd.)*
Philippe Vallette *(Generaldirektor a. D. Nausicaá)*
Ingo Volmering *(Architekt, Zoo Berlin)*
PhD. Prof. Xianfeng Zhang *(Direktor Hydrobiologisches Institut Wuhan)*
Yuzhi »Dylan« Zhang *(Haichang Holding Ltd.)*

Literatur Zoobauten

Allan, John: Berthold Lubetkin. Architecture and the Tradition of Progress, London 1992

Baratay, Eric / Hardouin-Fougier, Elisabeth: Zoo. Von der Menagerie zum Tierpark, Berlin 2000

Blaser, Werner: Architektur und Natur. Das Werk von Alfred Caldwell, Basel / Boston / Stuttgart 1984

Boitard, Pierre: Le Jardin des Plantes. Description et moeurs des mammifères de la Ménagerie et du Muséum d'Histoire Naturelle, Paris 1845

Brägger, Kurt / Geigy, Rudolf / Lang, Ernst M. / Studer, Peter / Wackernagel, Hans: 100 Jahre Zoologischer Garten Basel 1874–1974, Basel 1974

Brennberger, Iris: Im Tierpark einmal um die ganze Welt, in: Berliner Zeitung vom 3. Juni 2015

Conway, William G.: How to Exhibit a Bullfrog: a Bedtime-Story for Zoo Men, in: Curator. The Museum Journal, Vol. 11, Issue 4 / 1968, p. 310–318

Darwin, Charles: On the Origin of Species by Means of Natural Selection, or The Preservation of Favoured Races in the Struggle for Life, London 1859

Dathe, Heinrich: Tiergärten der Deutschen Demokratischen Republik, Berlin 1987

Dittrich, Lothar / Engelhardt, Dietrich von / Rieke-Müller, Annelore: Die Kulturgeschichte des Zoos. Berlin 2001

Dürig, Arthur: Bauen im Zoo, in: Werk, Heft 11 / 1956, S. 339f.

Graffunder, Heinz: Experimentalbau im Tierpark Berlin, in: Deutsche Architektur, Heft 7 / 1962

Goldschmidt, Philipp: Exemplarische Darstellung und Analyse von Großkatzenhäusern in deutschen Zoos, zur Kenntnisgewinnung über deren Entwicklung und Problematiken mit Lösungsfindung (Diss.), Münster 2011

Guillery, Peter: The Buildings of London Zoo, London 1993

Hagenbeck, Carl: Von Tieren und Menschen, München 1952

Hancocks, David: Beyond the Animal: Exhibiting and Interpreting Nature, Berkeley 2001

Hediger, Heini: Zur Entstehungsgeschichte der Zoologischen Gärten, in: Ders.: Wildtiere in Gefangenschaft, Sonderabdruck aus der Ciba Zeitschrift, Heft 54 / 1938, S. 1876–1881

Hediger, Heini: Der Zoologische Garten als Asyl und Forschungsstätte, Basel 1948

Hediger, Heini: Mensch und Tier im Zoo: Tiergarten-Biologie, Zürich / Stuttgart / Wien 1965

Hediger, Heini: Zoologische Gärten. Gestern-Heute-Morgen, Bern 1977

Heinsdorff, Hellmut: Bauten und Anlagen Zoologischer Gärten. Baugeschichtlicher Rückblick, Typenentwicklung und Aufgabenstellung für den Architekten (Diss.), München 1968

Jones, Grant R. / Matthews, David J. / Overdorf, Christopher L.: Zoo Design, in: Landscape Architecture Graphic Standards, Hoboken / New Jersey 2007, S. 760–769

Klös, Heinz-Georg und Ursula: Der Berliner Zoo im Spiegel seiner Bauten 1841–1989. Eine baugeschichtliche und denkmalpflegerische Dokumentation über den Zoologischen Garten Berlin, Berlin 1990

Koppelkamm, Stefan: Der imaginäre Orient. Exotische Bauten des achtzehnten und neunzehnten Jahrhunderts in Europa, Berlin 1987

Lippitz, Ulf: Tierparks auf vier Erdteilen. Die besten Zoos der Welt, in: Der Tagesspiegel vom 3. Mai 2015

Loisel, Gustave Antoine Armand: Histoire des Ménageries de l'Antiquité à nos jours (en 3 volumes), Paris 1912

Meuser, Natascha: Zwischen Bühnenbild und Gefängnisbau. Vom Fehlen einer Debatte über zeitgenössische Zoobauten – eine Skizze, in: ModulØr, Heft 2 / 2013, S. 22–28

Meuser, Natascha: Heinz Graffunder. Bauten und Projekte für Zoologische Gärten, Berlin 2021

Paust, Bettina: Studien zur barocken Menagerie im deutschsprachigen Raum (Diss.), Worms 1996

Pevsner, Nikolaus: A History of Building Types (A. W. Mellon Lectures in the Fine Arts 19), Princeton 1976

Polakowski, Kenneth J.: Zoo Design. The Reality of Wild Illusions, Ann Arbor 1987

Literatur

Portmann, Adolf: Das Halten von Tieren in zoologischen Gärten, in: Werk Nr. 11 (Zoologische Gärten), Zürich 1956

Precht, Richard David: Der Elefant im Palastgarten, in: DIE ZEIT 34 / 1997 am 14. August 1997

Precht, Richard David: Noahs Erbe. Vom Recht der Tiere und den Grenzen des Menschen, Reinbek bei Hamburg 2000

Reiterer, Gabriele: Die Biologie des Bauens. Wie Charles Darwin die Baukunst beeinflusste: Hinweise auf eine Evolutionstheorie der Architektur, in: Die Presse (Spectrum) vom 28. Februar 2009

Rieke-Müller, Annelore / Dittrich, Lothar: Der Löwe brüllt nebenan. Die Gründung Zoologischer Gärten im deutschsprachigen Raum 1833–1869, Köln / Weimar / Wien 1998

Schmarsow, August: Das Wesen der architektonischen Schöpfung, Leipzig 1894

Schoper, Tom: Zur Identität von Architektur. Vier zentrale Konzeptionen architektonischer Gestaltung, Bielefeld 2010

Semper, Gottfried: Die vier Elemente der Baukunst. Ein Beitrag zur vergleichenden Baukunde, Braunschweig 1851

Semper, Gottfried: Der Stil in den technischen und tektonischen Künsten oder Praktische Ästhetik. Ein Handbuch für Techniker, Künstler und Kunstfreunde. Bd. 1. Die textile Kunst für sich betrachtet und in Beziehung zur Baukunst, Frankfurt am Main 1860

Stricker, Wilhelm: Geschichte der Menagerien und der zoologischen Gärten. Berlin 1880, in: Virchow, Rudolf / Holtzendorff, Franz von (Hg.): Sammlung gemeinverständlicher wissenschaftlicher Vorträge, Heft 336, Berlin 1880

Urania. Populärwissenschaftliche Monatsschrift herausgegeben vom Präsidium der Urania und vom Kulturbund der DDR, Leipzig / Jena / Berlin, Heft 5 / 1968

Vliet, Erik van: Exhibiting Zoo Animals. The book that makes its author redundant, Münster 2015

Zieger, Reiner / Mertiny, Andrea: Tiere im Zoo. Nürnberg 2000

Literatur Aquarienbauten

Becker, W. A.: Practische Anleitung zur Anwendung der Cemente zu baulichen, gewerblichen, landwirthschaftlichen und Kunst-Gegenständen, Berlin 1868

Bettziech, Johann Heinrich: Das Meer im Glashause, in: Die Gartenlaube, Heft 25 / 1865, S. 388–391

Bine-Muller, Noelle: Musée océanographique de Monaco 1910–2010, Monaco 2010

Black, Graham: The Engaging Museum. Developing Museums for Visitor Involvement, London 2005

Blaszkiewitz, Bernhard (Hg.): Picassofisch und Kompassqualle – 100 Jahre Zoo-Aquarium Berlin, Berlin 2013

Chermayeff, Peter: Planung von Schauaquarien. 40 Jahre Erfahrung, in: Bongo 33 / 2003, S. 87–98

Doullay, C. P.: Les Aquariums, in: L'Illustration. Journal Universel, 25. Jg., Nr. 1286 / 1867, S. 243 ff.

Durm, Josef et. al. (Hg.): Handbuch der Architektur. Entwerfen, Anlage und Einrichtung der Gebäude, 6. Halb-Band / 2. Heft, Darmstadt 1888

Durm, Josef et. al. (Hg.): Handbuch der Architektur. Vierter Teil. Gebäude für Erziehung, Wissenschaft und Kunst, Darmstadt 1893

Engelmann, Wolf-Eberhard: Zur Geschichte des Aquarien- und Terrarienhauses im Zoologischen Garten Leipzig, in: Sekretär. Beiträge zur Literatur und Geschichte der Herpetologie und Terrarienkunde, Vol. 4, Heft 1 / 2004, S. 24 / 25

Feichtinger, Johannes / Sienell, Stefan / Taschwer, Klaus / Uhl, Heidemarie (Hg.): Experimentalbiologie im Wiener Prater. Zur Geschichte der Biologischen Versuchsanstalt 1902–1945, Wien 2016

Florio, Riccardo: L'Architettura delle idee. La Stazione Zoologica Anton Dohrn di Napoli, Napoli 2015

Friedman, David: Coral World Eilat. Underwater Observatory and Aquarium. Guide, Eilat 1982

Gosse, Edmund: The Life of Philip Henry Gosse, London 1890

Gosse, Philip Henry: A Naturalist's Rambles on the Devonshire Coast, London 1853

Gosse, Philip Henry: The Aquarium: An Unveiling of the Wonders of the Deep Sea, London 1856

Guillery, Peter: The Buildings of London Zoo, London 1993

Hoffmann, Hans Wolfgang: Museumsbauten. Handbuch und Planunghilfe, Berlin 2018

Holdsworth, E. W. H.: Handbook to the Fish-House in the Gardens of the Zoological Society of London, London 1860

Kaiser, Rainer: Das Aquarium als Lebensraum – Aquarienbau und -gestaltung, in: Engelmann, Wolf (Hg.): Zootierhaltung – Tiere in menschlicher Obhut. Bd. 5: Fische, Frankfurt am Main 2005, S. 35–41

Klös, Heinz-Georg (Hg.): Der Urwald unterm Glasdach. Das Berliner Zoo-Aquarium, Berlin 1983

Klös, Heinz-Georg / Klös, Ursula (Hg.): Der Berliner Zoo im Spiegel seiner Bauten 1841–1989, Berlin 1990

Koch, Isabel: Das Aquarienhaus im Wandel der Zeit. Eine Wilhelma-Institution wird 50, in: Wilhelma Magazin, 25. Jg., Stuttgart 2017, S. 8 ff.

Kofoid, Charles Atwood (Department of the Interior, United States Bureau of Education): The Biological Stations of Europe, Bulletin, Ausgabe 4 / 1910

Kühne, Günther: Architekten heute. Portrait Hans Schaefers, Berlin 1985

Lange, Jürgen: Verbundsicherheitsglas – seine Vor- und Nachteile bei der Verglasung von Schauaquarien, in: Der Zoologische Garten (N. F.) Jg. 56, Jena 1986, S. 63–69

Lange, Jürgen: Geschichte und Entwicklung der Schauaquaristik, in: Wolf Engelmann (Hg.): Zootierhaltung – Tiere in menschlicher Obhut. Bd. 5: Fische, Frankfurt am Main 2005, S. 21–34

Lange, Jürgen / Kaiser, Rainer: Niedere Tiere tropischer und kalter Meere, Stuttgart 1991

Lloyd, William Alford: Aquaria. A List, with Descriptions, Illustrations, and Prices, London 1858

Lloyd, William Alford: The Crystal Palace Aquarium, in: Nature, Vol. 4, Heft 102 / 1871, S. 469–473

Löffler, Hans-Jürgen / Schaefers, Hans: Aquarienhaus-Architektur, in: Klös, Heinz-Georg / Lange, Jürgen (Hg.): Tierwelt hinter Glas, Berlin 1988, S. 61–65

Maloney, Michael: From the archive: Five decades of photos from the old Academy of Sciences, in: SFGATE – The Chronicle, 10. August 2011

Meuser, Natascha: Zoobauten. Handbuch und Planungshilfe, Berlin 2016

Meuser, Natascha: Aquarienbauten. Handbuch und Planungshilfe, Berlin 2022

Neugebauer, Wilbert: Die Wilhelma, Stuttgart 1993

Pearman, Hugh: The Deep. The World's Only Submarium – An Icon for Hull, London 2008

Praschag, Reiner: Aquarien- und Terrarienbauten, Dissertation TU Graz 1985

Sander, Martin: Aquarientechnik in Süß- und Seewasser, Stuttgart 1998

Sander, Martin: Aquarientechnik, in: Engelmann, Wolf (Hg.): Zootierhaltung – Tiere in menschlicher Obhut. Bd. 5: Fische, Frankfurt am Main 2005, S. 72–92

Strehlow, Harro: Zur Geschichte des Berliner Aquariums Unter den Linden, in: Der Zoologische Garten (N. F.) Jg. 57, Jena 1987, S. 26–40

Townsend, Charles Haskins: Guide to the New York Aquarium. Under the Direction of the New York Zoological Society, New York 1937

UllmannPhilippe P.: Licht und Beleuchtung. Handbuch und Planungshilfe, Berlin 2015

Wolff, Torben: De Offentlige Akvarier i Historisk Perspektiv I, in: Naturens Verden 90 (11/12), Humlebaek 2007, S. 34–52

Wolff, Torben: De Offentlige Akvarier i Historisk Perspektiv II, in: Naturens Verden 91 (01), Humlebaek 2008, S. 2–15

Zoological Society of London: Guide to the Gardens of the Zoological Society of London, London 1854

Gesetzestexte, Richtlinien und Gutachten

Bundesministerium für Ernährung und Landwirtschaft (Hg.): Gutachten über Mindestanforderungen an die Haltung von Säugetieren, Berlin 2014

Haltungsrichtlinie für Elefanten – empfohlen vom Beirat Artenschutz beim Bundesamt für Naturschutz im Zusammenhang mit der Umsetzung der Verordnung (EG) 338 / 97, Bonn 2000

Zoobauten
Handbuch und Planungshilfe
Natascha Meuser
225 × 280 mm, 576 Seiten, über 900 Abb.
Hardcover mit Gummiband
ISBN 978-3-86922-478-7 (2018)

Mit dem vorliegenden Grundlagenwerk wird die Architektur der Zoologischen Gärten erstmals bautypologisch systematisiert. Anhand von fünf Generationen von Zoobauten zeigt die Autorin auf, dass in der Architektur seit dem ersten wissenschaftlich geführten Zoo stets auch gesellschaftliche Wertvorstellungen im Zusammenleben von Mensch und Tier ablesbar geblieben sind.

Zoo Buildings
Construction and Design Manual
Natascha Meuser
225 × 280 mm, 552 pages, 900 images
Hardcover with elastic strap
ISBN 978-3-86922-680-4 (2019)
Japanische Übersetzung (2022)

This is the first ever manual to systematically delve into the zoo as an architectural typology. German architect Natascha Meuser examines five generations of zoological structures in order to show that the architecture of zoos has always incorporated social values, fostering the coexistence of humans and animals, ever since the opening of the first scientifically run zoo.

Bd. 3

Aquarienbauten
Handbuch und Planungshilfe
Jürgen Lange/ Natascha Meuser (Hg.)
225 × 280 mm, 464 Seiten, über 900 Abb.
Hardcover mit Gummiband
ISBN 978-3-86922-812-9 (2022)

In dieser Publikation über Großaquarien wird die Entwicklung von Architektur und Ausstellungsdidaktik der künstlichen Unterwasserwelten umfassend dargelegt. Basierend auf der Analyse von mehr als 50 historischen und zeitgenössischen Aquarienbauten formulieren die Herausgeber zehn Entwurfsparameter für die Gestaltung, die für künftige Bauten als Leitfaden dienen können.

Bd. 6

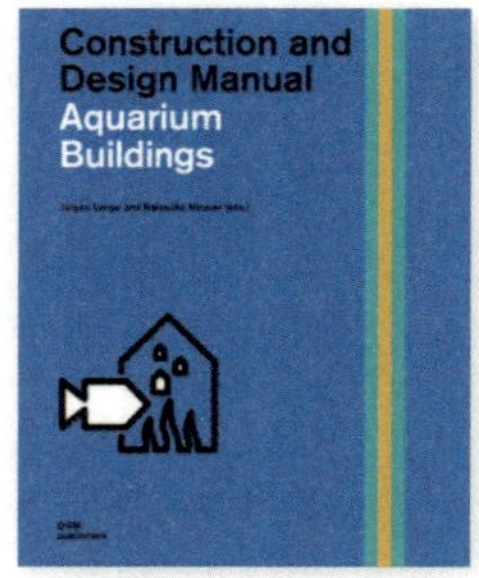

Aquarium Buildings
Construction and Design Manual
Jürgen Lange/ Natascha Meuser (eds.)
225 × 280 mm, 464 pages, 900 images
Hardcover with elastic strap
ISBN 978-3-86922-756-6 (2022)

This book offers a comprehensive examination of the evolution of aquarium buildings. Having analysed over 50 historic and contemporary buildings, the editors distil key parameters to guide future design. The aim is to provide architects, clients, zoologists and aquarium operators of large aquariums with quality standards to help them in designing a sustainable aquarium and place of knowledge.

Architektur und Zoologie
Quellentexte zur Zooarchitektur
Natascha Meuser (Hg.)
210 × 230 mm, 164 Seiten, über 50 Abb.
ISBN 978-3-86922-477-0
(2017)

Dieses Buch versammelt zwölf Texte aus 150 Jahren, die sich mit dem Verhältnis von Mensch, Tier und Baukunst auseinandersetzen. Die Beiträge wurden so zusammengestellt, dass die Zooarchitektur aus verschiedenen Blickwinkeln und Disziplinen heraus neu betrachtet wird: Zoologie und Ausstellungsarchitektur/ Tierpsychologie und Architektur/ Der Architekt als Akteur/ Philosophie und Tierrecht.

Bd. 1

Heinz Graffunder
Bauten und Projekte für
Zoologische Gärten
Natascha Meuser
210 × 230 mm, 304 Seiten, 300 Abb.
ISBN 978-3-86922-888-4 (2021)

Heinz Graffunder (1926–1994) gehört zur ersten Generation der in der DDR ausgebildeten Architekten. Mit seinen Bauten für Tiere, die in Zoologischen Gärten entstanden, avancierte er zum meistbeschäftigten Architekten seiner Generation, der sich der Typologie von Zoobauten verschrieben hatte. Heinz Graffunder zählt darüber hinaus bis heute weltweit zu den bedeutendsten Zooarchitekten des 20. Jahrhunderts.

Bd. 4

Die Tierwelten von Reiner Zieger
Kunst und Gebrauchsgrafik
1960 bis 2020
Natascha Meuser (Hg.)
210 × 230 mm, 232 Seiten, 320 Abb.
ISBN 978-3-86922-825-9 (2022)

Das Œuvre von Reiner Zieger, das mit dieser Publikation gewürdigt wird, ist ein wertvoller Baustein im Kontext der Geschichte der naturgetreuen und künstlerischen Tierillustration. Sein Werk ist wie kein zweites Portfolio eines DDR-Künstlers ganz der Fauna der Heimat und fremder Regionen verschrieben. Die Arbeiten des Illustrators erschienen weltweit, unter anderem in der Sachbuch-Reihe *Was ist was?*.

Bd. 10

Uwe Thürnau
Tierkulissen für Zoologische Gärten, Museen und Ausstellungen
Natascha Meuser (Hg.)
210 × 230 mm, 232 Seiten, 300 Abb.
ISBN 978-3-86922-880-8 (2024)

Uwe Thürnau hat sich in den vergangenen 50 Jahren als Mittler zwischen Natur, Kunst und Architektur in eine einzigartige Welt vertieft. Stets stand dabei die Beziehung zwischen Zuschauer- und Bühnenraum im Zentrum seines Schaffens. Mit dieser Publikation wird das vielfältige Œuvre Thürnaus erstmals präsentiert sowie die ungewöhnliche Karriere eines Felsenbauers und seine Faszination für künstliche Welten vorgestellt.

Bd. 9

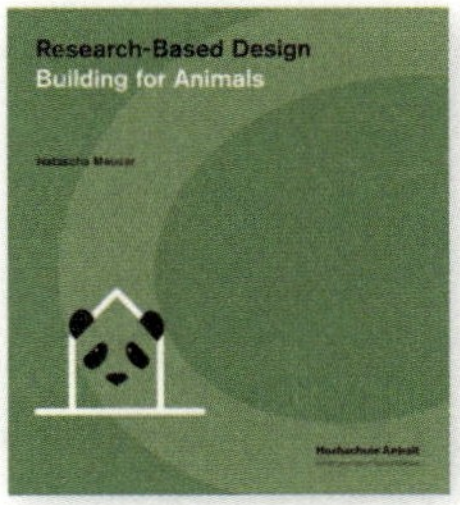

Research-Based Design
Building for Animals
Natascha Meuser
Reihe *Innenraumplanung*, Bd. 19, 204 S.
ISBN 978-3-96057-114-8 (2020)
ISBN 978-3-96057-115-5 (online)

This course was one of the few academic in-depth investigations into the planning of animal facilities, drawing on an interdisciplinary collaboration between landscape architects, zoologist, biologists and specialist planners. Before drawing the first sketch this translates into nothing less than the 'invention of a new world'. The aim was not confined to sparking a discussion about contemporary animal husbandry, but also to provide important and innovative inspiration for facilitating an up-to-date transfer of construction-related knowledge to zoos.

Bd. 5

Bauen mit Wasser
Aquarien und Meeresmuseen
Natascha Meuser
Reihe *Innenraumplanung*, Bd. 24, 192 S.
ISBN 978-3-96057-145-2 (2022)
ISBN 978-3-96057-146-9 (online)

Die Verbindung von Architektur und Wasser ist eine Bauaufgabe, die Architekten vor besondere Herausforderungen stellt. Es gilt die innenraumplanerischen Grundelemente von Licht, Farbe und Oberflächen mit besonderen gebäudetechnischen Anforderungen zu verbinden. Die Untersuchung eines besonders seltenen Gebäudetyps soll die Komplexität des Themas aufzeigen, um Methoden des innenräumlichen Entwerfens zu analysieren, zu systematisieren sowie für einen eigenen Innenraumentwurf auszuwerten.

Bd. 7

Zooarchitektur
Tigeranlage im Zoo Magdeburg
Natascha Meuser
Reihe *Zooarchitektur*, Bd. 27, 200 S.
ISBN 978-3-96057-147-6 (2022)
ISBN 978-3-96057-148-3 (online)

Wer den Zoo als Ort der Arterhaltung anerkennt, kann dessen Architekur als ein Experimentierfeld wahrnehmen. Wie die Tierausstellung ein authentisches Naturerlebnis repräsentiert, so transportiert die Architektur über ihre Funktion hinaus gesellschaftliche Werte. Dies führt aktuell dazu, dass sich Architekten im Zoo mit Klimaschutz, Ressourcenschonung und regional verfügbaren Materialien auseinandersetzen. Studierende am Institut für Zooarchitektur befassten sich im Rahmen eines Entwurfsseminars mit der Gestaltung einer Tigeranlage.

Bestandsdokumentation durch Vermessung
Manuel Gottschlich / Christian Kühlwein
210 × 230 mm, 96 Seiten, 50 Abb.
ISBN 978-3-96057-160-5 (2023)
ISBN 978-3-96057155-1 (Online)

Die Masterarbeit der Geoinformation Studierenden Gottschlich und Kühlwein versteht sich als anwendungsbezogene Grundlagenuntersuchung eines Freiraums sowie eines Gebäudes im Zoologischen Garten Magdeburg, Sachsen-Anhalt. Die Untersuchung zeigt beispielhaft, welchen Beitrag die Kooperation der Fachbereiche Architektur und Geoinformation zur weiteren Spezialisierung und Qualifizierung an der Hochschule Anhalt leisten kann.

Bd. 8

Gerahmte Tiere
Zoobauten als Sujets in Film und Video
Katharina Swoboda
210 × 230 mm, 128 Seiten, 40 Abb.
ISBN 978-3-96057-842-6 (2023)

In dieser Studie geht Katharina Swoboda der Frage nach, wie komplexe Zoobauten in Bewegtbildern inszeniert und welche filmischen Aussagen dazu kreiert werden. Dies gilt auch für die Zooarchitekturen, die einerseits die Bühne für ›wilde‹ Tiere darstellen und andererseits als Tiergefängnisse wirken. Was geschieht, wenn diese beiden Inszenierungen – Architektur und Kameraeinstellungen – miteinander verschmelzen und quasi doppelt gerahmt werden?

Bd. 2

Zoo Magdeburg
Bauten, Projekte und Tierbestand seit 1950
Regina Jembere (Hg.)
210 × 230 mm, 160 Seiten, 240 Abb.
ISBN 978-3-86922-889-1 (2021)

Der Zoologische Garten Magdeburg hat einen Rahmenplan vorgelegt, der die bauliche Infrastruktur bis 2025, dem Jahr des 75. Gründungsjubiläums, modernisiert. Die Publikation dokumentiert die mehr als sieben Jahrzehnte der populärsten Bildungs- und Erholungseinrichtung in der sachsen-anhaltinischen Landeshauptstadt – sowohl anhand ihrer Bauten und Projekte als auch hinsichtlich ihres wertvollen Tierbestandes.

Pressespiegel
Press Reviews

Wie baut man Häuser für Fische?

Die Professorin Natascha Meuser ist Expertin für Großaquarien. Mit uns spricht sie über 60 Zentimeter dicke Scheiben, den Yoga-Effekt von Fischen und warum wir immer nur einen Bruchteil des Aquariums überhaupt zu Gesicht bekommen.

SZ: Zwei Zimmer, Küche, Bad. Oder was braucht ein Fisch?
Natascha Meuser: In den Tanks versuchen wir die Natur nachzubauen. Eine Qualle braucht Strömung, damit sie sich überhaupt bewegen kann, ein Korallenfisch eine Koralle, damit er sich wohlfühlt, künstlich oder natürlich. Ein Hai einen großen Tank, viel Wasser, viel Fläche.

Angenommen, es gäbe Fische, die Architektur studiert haben. Was würden die für Häuser bauen?
Das ist eines der schwierigsten Themen überhaupt: die Umgrenzung. In der Tierwelt geht es um Territorien. Egal ob Fisch, Vogel oder Wolf – jedes Tier hat ein gewisses Territorium. Im Zoo oder im Aquarium, der Unterwasserversion davon, grenzen wir dieses Territorium ein. Kurz gesagt: So ein Architektenfisch, fürchte ich, würde gar kein Haus bauen.

Was machen Sie als Architektin denn dann überhaupt?
Ich beschäftige mich vor allem mit zwei Welten. Die eine ist die vor dem Glas: So ein Aquarium ist wie ein Bahnhof oder ein Flughafen, wo sich ganz viele Menschen für kurze Zeit treffen. Da geht es viel um Ankommen und wieder Weggehen. Wie kann man einen Fluss in den Besucherstrom hineinbringen?

Indem hinten immer was Tolleres aufblitzt?
Zum Beispiel. Die nächste Attraktion muss immer schon warten. Es darf nicht stocken. Dabei gibt es eine einfache Grundregel.

Bitte nicht an die Scheibe klopfen?
Nein. Die Grundregel ist: Das Highlight ist immer, wirklich immer die größte Scheibe. Aber wie bekomme ich die Leute wieder weg? Manchmal werden da Laufbänder eingebaut, die die Menschen einfach weitertransportieren oder es wird extra Personal bezahlt, das die Leute auffordert, weiterzugehen.

Was ist die andere Welt?
Die andere Welt ist hinter dem Becken. Ein Besucher sieht die Fische, das Becken, diese künstlich arrangierte Welt, dieses bewegte Bild. 80 Prozent des Aquariums ist für ihn unsichtbar. Da ist eine geheime Welt dahinter, voller Wärmepumpen, Luftaustauschgeräte, Strömungsmaschinen. Da gibt es Wege für Mitarbeiter, um von oben zu füttern, die Beleuchtung zu wechseln, das Wasser zu reinigen.

Werden Aquarien immer größer?
Da hat es in den letzten Jahrzehnten tatsächlich eine enorme Entwicklung gegeben. Mit Kuppeln, 360-Grad-Blick, Pipapo. Die Scheiben sind immer größer geworden und deswegen auch immer dicker – bis zu 60 Zentimeter – und trotzdem hat man das Gefühl, man schwimmt fast mit. Als vor gut einem Jahr der riesige Aquadom in Berlin geborsten ist und 1500 Fische ins Gebäude und auf die umliegenden Straßen gespült hat, gab es das erste Mal einen Dämpfer für diese Rekordjagd: Braucht man so was wirklich in einer Hotellobby? Wie sicher ist ein Aquarium? Könnte das woanders auch passieren? Meine persönliche Meinung: Gut, dass so was mal passiert. Wir müssen weg von immer größer, immer exotischer.

Wohin?
Es gibt zwei Trends in der Aquarienarchitektur. Der eine ist, sich nicht mehr so in den Vordergrund zu spielen, diese Architekten-Ufos, die rausknallen sind vorbei. Die zweite Tendenz ist, nicht mehr die ganze Welt zeigen zu wollen. Es kann auch nur die Spree sein. Was lebt da? Und wie?

Zwei Drittel der Erdoberfläche sind mit Meer voll. Fehlt den Fischen im Aquarium nicht diese Weite?
Für Besucher ist das auf jeden Fall wichtig. Du darfst als Besucher nie das Gefühl haben, vor einer Kiste mit Wasser und Tieren zu stehen. Deswegen sind da überall Spiegel, runde Ecken, die ewige Weite.

Und für die Tiere?
Biologen sind da oft etwas unromantisch. Ein Fisch braucht Futter und schwimmt, sagen die.

Unter Tierschützern sind die Becken so umstritten wie Zoos. Warum braucht die Welt trotzdem Großaquarien?
Ich persönlich bräuchte sie nicht. Ein Waldspaziergang tut bei mir das Gleiche. Aber nirgendwo kann man besser lernen als mit der Realität. Das schafft kein Buch. Trotzdem: Eine Großkatze oder ein Elefant hat nichts im Zoo verloren. Man kann ökologische Zusammenhänge auch an kleineren Tieren präsentieren. 1991 gab es in China nur sechs Aquarien, inzwischen 225. Jedes Jahr gehen 1,4 Milliarden Menschen in einen Zoo oder in ein Aquarium. Das ist jeder sechste Mensch.

Ein Aquarium besuchen ist wie Tauchen ohne nass zu werden …
… und es ist so anders als im Zoo. Wenn da der Löwe hervortigert, dann rasten die Leute vollkommen aus, klatschen und ärgern die Tiere. Im Aquarium gibt es eine größere Zurückhaltung: Ich sehe manchmal Menschen, die legen sich einfach auf den Boden vor die Scheibe, beobachten, schauen sich die Tiere aus unterschiedlichen Perspektiven und Ebenen an. Wenn sich da so ein riesiger Fisch durchs Bild schiebt, dann hat das was Majestätisches. Dazu das blaue Licht. Ich nenne das den Yoga-Effekt. Aquariumsbesucher sind stiller, bewundernder, andächtiger, fast wie in der Kirche. Oft sind Besucher eins: einfach sprachlos.

Wie beim Tauchen eben, da kann man ja auch nicht sprechen. Trotzdem gibt es die An-die-Scheibe-Klopfer. Wie schlimm ist das wirklich?
Das scheint ein menschlicher Reflex zu sein. Vielleicht ist es der Versuch, Kontakt aufzunehmen? Also, man sollte es unterlassen, steht ja auch überall. Es wird mindestens so viele „Bitte nicht an die Scheibe klopfen"-Schilder geben, wie Leute, die an die Scheibe klopfen. Und ja, es erzeugt wohl Vibrationen innerhalb des Beckens. Aber die Fische sind weitgehend ungestört.

Oft gibt es beim Ausgang von Großaquarien Fish and Chips zu essen? Ist das nicht total merkwürdig?
Ach. Es kommt drauf an. Eines meiner Lieblingsaquarien steht in Fukushima in Japan. Da kann man Fische anschauen, ein Stück weiter kann man sie dann angeln, dann töten und dann essen. Wenn ich will, dass Besucher wirklich etwas verstehen, ist das gar nicht so dumm. Ob man dazu dann noch Chips will, ist vielleicht einfach Geschmackssache.

Süddeutsche Zeitung
Süddeutsche Zeitung
Verkehrte Welt

»Eines meiner Lieblingsaquarien steht in Fukushima in Japan. Da kann man Fische anschauen, ein Stück weiter kann man sie dann angeln, dann töten und dann essen. Wenn ich will, dass Besucher wirklich etwas verstehen, ist das gar nicht so dumm.«

Natascha Meuser

SZ: Zwei Zimmer, Küche, Bad. Oder was braucht ein Fisch?

Natascha Meuser: In den Tanks versuchen wir die Natur nachzubauen. Eine Qualle braucht Strömung, damit sie sich überhaupt bewegen kann, ein Korallenfisch eine Koralle, damit er sich wohlfühlt, künstlich oder natürlich. Ein Hai einen großen Tank, viel Wasser, viel Fläche.

Angenommen, es gäbe Fische, die Architektur studiert haben. Was würden die für Häuser bauen?

Das ist eines der schwierigsten Themen überhaupt: die Umgrenzung. In der Tierwelt geht es um Territorien. Egal ob Fisch, Vogel oder Wolf – jedes Tier hat ein gewisses Territorium. Im Zoo oder im Aquarium, der Unterwasserversion davon, grenzen wir dieses Territorium ein. Kurz gesagt: So ein Architektenfisch, fürchte ich, würde gar kein Haus bauen.

Was machen Sie als Architektin denn dann überhaupt?

Ich beschäftige mich vor allem mit zwei Welten. Die eine ist die vor dem Glas: So ein Aquarium ist wie ein Bahnhof oder ein Flughafen, wo sich ganz viele Menschen für kurze Zeit treffen. Da geht es viel um Ankommen und wieder Weggehen. Wie kann man einen Fluss in den Besucherstrom hineinbringen?

Indem hinten immer was Tolleres aufblitzt?

Zum Beispiel. Die nächste Attraktion muss immer schon warten. Es darf nicht stocken. Dabei gibt es eine einfache Grundregel.

Bitte nicht an die Scheibe klopfen?

Nein. Die Grundregel ist: Das Highlight ist immer, wirklich immer die größte Scheibe. Aber wie bekomme ich die Leute wieder weg? Manchmal werden da Laufbänder eingebaut, die die Menschen einfach weitertransportieren, oder es wird extra Personal bezahlt, das die Leute auffordert, weiterzugehen.

Was ist die andere Welt?

Die andere Welt ist hinter dem Becken. Ein Besucher sieht die Fische, das Becken, diese künstlich arrangierte Welt, dieses bewegte Bild. Achtzig Prozent des Aquariums sind für ihn unsichtbar. Da ist eine geheime Welt dahinter, voller Wärmepumpen, Luftaustauschgeräte, Strömungsmaschinen. Da gibt es Wege für Mitarbeiter, um von oben zu füttern, die Beleuchtung zu wechseln, das Wasser zu reinigen.

Werden Aquarien immer größer?

Da hat es in den letzten Jahrzehnten tatsächlich eine enorme Entwicklung gegeben. Mit Kuppeln, 360-Grad-Blick, Pipapo. Die Scheiben sind immer größer geworden und deswegen auch immer dicker – bis zu 60 Zentimeter –, und trotzdem hat man das Gefühl, man schwimmt fast mit. Als vor gut einem Jahr der riesige Aquadom in Berlin geborsten ist und 1.500 Fische ins Gebäude und auf die umliegenden Straßen gespült hat, gab es das erste Mal einen Dämpfer für diese Rekordjagd: Braucht man so etwas wirklich in einer Hotellobby? Wie sicher ist ein Aquarium? Könnte das woanders auch passieren? Meine persönliche Meinung: Gut, dass so was mal passiert. Wir müssen weg von immer größer, immer exotischer.

Wohin?

Es gibt zwei Trends in der Aquarienarchitektur. Der eine ist, sich nicht mehr so in den Vordergrund zu spielen, diese Architekten-Ufos, die rausknallen, sind vorbei. Die zweite Tendenz ist, nicht mehr die ganze Welt zeigen zu wollen. Es kann auch nur die Spree sein. Was lebt da? Und wie?

Zwei Drittel der Erdoberfläche sind mit Meer voll. Fehlt den Fischen im Aquarium nicht diese Weite?

Für Besucher ist das auf jeden Fall wichtig. Du darfst als Besucher nie das Gefühl haben, vor einer Kiste mit Wasser und Tieren zu stehen. Deswegen sind da überall Spiegel, runde Ecken, die ewige Weite.

Und für die Tiere?

Biologen sind da oft etwas unromantisch. Ein Fisch braucht Futter und schwimmt, sagen die.

Unter Tierschützern sind die Becken so umstritten wie Zoos. Warum braucht die Welt trotzdem Großaquarien?

Ich persönlich bräuchte sie nicht. Ein Waldspaziergang tut bei mir das Gleiche. Aber nirgendwo kann man besser lernen als mit der Realität. Das schafft kein Buch. Trotzdem: Eine Großkatze oder ein Elefant hat nichts im Zoo verloren. Man kann ökologische Zusammenhänge auch an kleineren Tieren präsentieren. 1991 gab es in China nur sechs Aquarien, inzwischen sind es 225. Jedes Jahr gehen 1,4 Milliarden Menschen in einen Zoo oder in ein Aquarium. Das heißt: jeder sechste Mensch.

Ein Aquarium besuchen ist wie Tauchen, ohne nass zu werden …

… und es ist so anders als im Zoo. Wenn da der Löwe hervortigert, dann rasten die Leute vollkommen aus, klatschen und ärgern die Tiere. Im Aquarium gibt es eine größere Zurückhaltung: Ich sehe manchmal Menschen, die legen sich einfach auf den Boden vor die Scheibe, beobachten, schauen sich die Tiere aus unterschiedlichen Perspektiven und Ebenen an. Wenn sich da so ein riesiger Fisch durchs Bild schiebt, dann hat das was Majestätisches. Dazu das blaue Licht. Ich nenne das den Yoga-Effekt. Aquariumsbesucher sind stiller, bewundernder, andächtiger, fast wie in der Kirche. Oft sind die Besucher eins: einfach sprachlos.

Wie beim Tauchen eben, da kann man ja auch nicht sprechen. Trotzdem gibt es die An-die-Scheibe-Klopfer. Wie schlimm ist das wirklich?

Das scheint ein menschlicher Reflex zu sein. Vielleicht ist es der Versuch, Kontakt aufzunehmen? Also, man sollte es unterlassen, steht ja auch überall. Es wird mindestens so viele »Bitte nicht an die Scheibe klopfen«-Schilder geben, wie Leute, die an die Scheibe klopfen. Und ja, es erzeugt wohl Vibrationen innerhalb des Beckens. Aber die Fische sind weitgehend ungestört.

Oft gibt es beim Ausgang von Großaquarien Fish and Chips zu essen. Ist das nicht total merkwürdig?

Ach. Es kommt drauf an. Eines meiner Lieblingsaquarien steht in Fukushima in Japan. Da kann man Fische anschauen, ein Stück weiter kann man sie dann angeln, dann töten und dann essen. Wenn ich will, dass Besucher wirklich etwas verstehen, ist das gar nicht so dumm.

Wie baut man Häuser für Fische?
Interview mit Georg Cadeggianini,
Süddeutsche Zeitung vom 13. Januar 2024

Deutschlandradio
Beiträge 2016 bis 2022

Deutschlandfunk

Deutschlandfunk Kultur

Deutschlandfunk Nova

16.12.2022
23:37 Uhr

Aquadom-Havarie in Berlin / **Das Unglück als Weckruf**

▶ Hören 08:36

Länge	08:36 Minuten
Autor	Natascha Meuser im Gespräch mit Marietta Schwarz
Sendung	Fazit
Text zum Beitrag	Aquadom-Havarie in Berlin Das Unglück als Weckruf der Architektin **Natascha Meuser** womöglich ein notwendiges Aufrütteln. Das Unglück, bei dem mehr als tausend Fische starben,

02.08.2022
14:09 Uhr

Fische Spektakelarchitektur: Die Kunst des Aquarienbaus

▶ Hören 10:20

Länge	10:20 Minuten
Autor	Meuser, Natascha;Lange, Jürgen
Sendung	Kompressor

03.01.2022
23:26 Uhr

Bauen für Tiere in Gefangenschaft: Neue Tendenzen in Zoos und Aquarien

▶ Hören 07:42

Länge	07:42 Minuten
Autor	Meuser, Natascha
Sendung	Fazit

03.09.2019
19:30 Uhr

Archiv

Über Sinn, Unsinn und Zukunft von Zoos / **Eine Arche hinter Gittern?**

▶ Hören 29:23

Länge	29:23 Minuten
Autor	Von Marko Pauli
Hören bis	19.01.2038, 04:14
Sendung	Zeitfragen
Text zum Beitrag	Über Sinn, Unsinn und Zukunft von Zoos Eine Arche hinter Gittern? Zoo-Architektur **Natascha** Meuser: „Die Architektur verschwindet größtenteils, der Besucher möchte keine Architektur sehen,

01.08.2019
23:18 Uhr

Archiv

175 Jahre Berliner Zoo / **Geschichte und Zukunft der Tierpark-Architektur**

▶ Hören 09:18

Länge	09:18 Minuten
Autor	Natascha Meuser im Gespräch mit Eckhard Roelcke
Hören bis	19.01.2038, 04:14
Sendung	Fazit
Text zum Beitrag	175 Jahre Berliner Zoo Geschichte und Zukunft der Tierpark-Architektur der Stadt, erklärt **Natascha Meuser**, Architektin und Professorin an der Hochschule Anhalt: „Allein durch die Größe der Skulpturen

11.01.2019
19:15 Uhr

Archiv

Zooarchitektur / **Menschen. Bauen. Tiere**

▶ Hören 44:09

Länge	44:09 Minuten
Autor	Von Marietta Schwarz
Sendung	Mikrokosmos
Text zum Beitrag	Zooarchitektur Menschen. Bauen. Tiere Leipzig geworden. **Natascha Meuser**, Professorin für Raumplanung mit Forschungsschwerpunkt Zooarchitektur an der Fachhochschule

08.06.2018
19:15 Uhr

Archiv

Mikrokosmos / **Menschen Bauen Tiere**

Text zum Beitrag	Mikrokosmos Menschen Bauen Tiere Leipzig geworden. **Natascha Meuser**, Professorin für Raumplanung mit Forschungsschwerpunkt Zooarchitektur an der Fachhochschule

08.06.2017
14:13 Uhr

Archiv

Architektur im Zoo / **Wie der Mensch das Tier einhegt**

Text zum Beitrag	Architektur im Zoo Wie der Mensch das Tier einhegt die Architektin **Natascha Meuser** begann alles mit einer Anfrage eines Spielzeugherstellers. Sie sollte einen Zoo entwerfen,

SCHIRN KUNSTHALLE FRANKFURT
SCHIRN MAGAZIN, 21. Januar 2019

»Der Zoo ist wichtigster Botschafter, indem er das Publikum auf die extreme Zerbrechlichkeit und auf den angeschlagenen Gesamtzustand unseres Planeten aufmerksam macht.«

Natascha Meuser

21. JANUAR 2019

ZOOARCHITEKTUR IM WANDEL DER ZEIT

VON NATASCHA MEUSER

Von lebenden Trophäensammlungen, Museen mit lebendigen Exponaten und überdimensionierten Erlebnisparks. Ein Überblick zur wechselhaften Architekturgeschichte des Zoos.

Die Architekturgeschichte des Zoos ist ein Abbild vom abendländischen Verhältnis des Menschen zum Tier. Christliche Werte, wissenschaftliche Emanzipation und politische Macht spielen dabei eine besondere Rolle. Das Verhältnis des Menschen sowohl zur Architektur als auch zum Tier änderte sich so wie auch die Vorstellungen von gelungener Architektur. Die Auffassung dessen, was eine gesellschaftlich akzeptierte und damit angemessene Architektur für einen Zoologischen Garten darstellt, ist somit ebenfalls permanenten Veränderungen unterworfen.

Der Zoo entwickelte sich so von einer lebenden Trophäensammlung über ein Museum mit lebendigen Exponaten hin zum Erlebnispark mit moralischem Auftrag. Bis heute lassen sich fünf Generationen identifizieren, die aus baugeschichtlicher Perspektive den Wandel der menschlichen Vorstellung vom Wildtier – von einem reinen Schauobjekt hin zu einem Wesen mit Rechten – wiedergeben. Die zeitlich aufeinander folgenden Abschnitte spiegeln politische, zoologische und gestalterische Aspekte wider, vom frühen 19. Jahrhundert bis heute.

AUSSTELLUNGSBAUTEN IM KOLONIALSTIL

Erste Zeichen für den Beginn der Zooarchitektur, wie wir sie heute verstehen, und eine eigenständige Typologie finden sich erst im frühen 19. Jahrhundert. Aus der Einrichtung zur Demonstration politischer Macht entwickelte sich im Zuge der Aufklärung und im Gefolge der Französischen Revolution ein Ort wissenschaftlichen Erkenntnisinteresses. Die Welt wurde einer genauen Beobachtung unterzogen – nicht zuletzt auch die Tiere. Sie zu verstehen, hieß nunmehr, die Schöpfung und somit auch Gott zu verstehen. Der Zoo war in seinem Aufbau dem Biologiebuch nachempfunden: Die Tiere wurden in Käfigen nebeneinander aufgereiht, um einen direkten Vergleich zu ermöglichen. In den Zoologischen Gärten ergänzte man nun die Architekturen aus dem eigenen Kulturkreis durch Gebäude mit internationaler Anmutung.

AUSSENPERSPEKTIVE DICKHÄUTERHAUS, ZOOLOGISCHER GARTEN, BERLIN. QUELLE: DEUTSCHE BAUZEITUNG

HISTORISCHER KUNSTFELSENBAU IM EISMEER-PANORAMA, TIERPARK HAGENBECK (1913). QUELLE: ARCHIV TIERPARK HAGENBECK

Um 1900 zeigte sich mit Carl Hagenbecks Panoramazoo erstmals ein Impuls in der Zooarchitektur, die bisherigen Tierhäuser von ihrer niedlichen Pavillon-Erscheinung zu befreien und als eigenständige Architekturlandschaft zu verstehen. Die Tiere waren nicht mehr vom Betrachter getrennt, sondern visuell aus ihren Käfigen befreit und wurden quasi auf einer Naturbühne präsentiert. Was war aber der Auslöser für diese Idee? Glaubt man Hagenbeck, sollte die Widerstandsfähigkeit der Tiere durch eine explizite Absage an Architektur demonstriert werden. Die Besucher wiederum erhielten so eine ungestörte Sicht auf die Tiere.

PINGUINE BETRACHTEN DAS MODELL DES PENGUIN POOL. ENTWURF: LUBETKIN DRAKE & TECTON. FOTO: JOHN HAVINDEN (1933). QUELLE: ARCHITECTURAL PRESS ARCHIVE / RIBA PHOTOGRAPHS COLLECTION

FORMALISMUS UND FUNKTIONALISMUS

Von Beginn des 20. Jahrhunderts bis in die Zwanzigerjahre war die Zooarchitektur von der Hagenbeck'schen Idee der gegenüber der Architektur dominierenden Landschaft geprägt. In den Dreißigerjahren jedoch leiteten moderne Entwürfe, die dem Funktionalismus entsprangen, eine neue Ära ein. Anstatt einer Verlandschaftlichung des Zoos, wandte man sich nun einer formalistischen Architektur zu und verzichtete auf exotische Dekorationen. Diese dritte Generation der Zooarchitektur wurde am stärksten von den Entwürfen der Architektengruppe Tecton geprägt. Mit dem Pinguinpool im Londoner Zoo realisierte Tectons geistiger Kopf Berthold Lubetkin eine Ikone der Archi-

DER SPIEGEL Nr. 48 / 24. November 2018
S. 114–116

»Radikal neue Zookonzepte sind meist nur in Neubauten zu verwirklichen.«

Natascha Meuser

Wissenschaft

Gute Nacht, Gorilla

Tiere Gefängnis, Museum, Erlebnispark – wie sollen Zoos beschaffen sein? Architekten träumen schon vom »Unzoo«: einem verwegenen Habitat, in dem der Mensch in ein Gehege gesperrt wird und nicht die Kreatur.

Es war ein Anblick zum Gruseln, als Natascha Meuser im Moskauer Zoo plötzlich im Wortsinn in einen Abgrund blickte: In einem mehrere Meter tiefer liegenden Graben zog ein trauriger Löwe seine Runden, müde tapste er über eine mit Fäkalien verschmutzte Betonpiste.

Nicht minder erschreckend: Keine Barriere, die diese Bezeichnung verdient, schützte insbesondere kleinere Besucher vor einem Sturz in die Tiefe.

Was Meuser im fernen Moskau erlebte, ist nur die extreme Variante eines universellen Gesetzes, das nach ihrer Überzeugung die Zoos dieser Welt miteinander verbindet: Sie alle haben ihre »Ursprünge in der Gefängnisarchitektur«.

Aus diesem Grund ist Meuser eigentlich eine der unwahrscheinlichsten Zoobesucherinnen überhaupt. »Es bereitet mir kein Vergnügen, eingesperrte Tiere zu sehen«, sagt sie. Doch vor etwa zehn Jahren wandte sich ihr Bruder an sie, damals Geschäftsführer beim Tierfigurenhersteller Schleich. Er bat sie, Gebäude für einen Miniaturzoo zu entwerfen.

So begann eine ausufernde Recherche, die schon bald nicht mehr ihrem ursprünglichen Zweck diente. Meuser inspizierte Dutzende Zoos auf der ganzen Welt, um das Wesen dieser Institution in seinem Kern zu verstehen.

Das Ergebnis ist eine in dieser Form einzigartige Bau-Typologie des Tierparks**. Und es ist ein Abgesang. »Es muss etwas Neues her«, sagt die Architektin.

Der jetzige Zustand der meisten Zoos selbst in ihrer edleren Variante erinnere sie an »Hartz IV für Tiere«. Die Zoobewohner würden einigermaßen versorgt, aber chronisch unterfordert. Im Grunde sei man kaum weiter als zu Zeiten des seligen Carl Hagenbeck, der vor rund 120 Jahren in Hamburg die Freigehege erfand.

Zoobesucher
in Deutschland, 2017, in Mio.
Veränderung gegenüber 2010, in Prozent

Zoo Berlin
Tierpark Hellabrunn, München
Tierpark Hagenbeck, Hamburg
Zoo Leipzig
Wilhelma, Stuttgart
Tierpark Berlin

Quelle: Statista

Auch von der um sich greifenden Erlebnisbegrünung in den Zoos dieser Welt zeigt sich Meuser unbeeindruckt. »Hier eine Liane, dort ein Affenbrotbaum – ich glaube nicht, dass man da wirklich ein Naturerlebnis hat.«

Das geht nicht nur Meuser so – im Zeitalter von Safaris und Whale Watching für Touristen können sich etliche Architekten und Landschaftsplaner kaum mehr mit der Idee der Wildtierhaltung in einer künstlich gestalteten Umgebung anfreunden. Die Utopisten unter den Gestaltern träumen bereits vom Unzoo – einer Landschaft, in der eher die Tiere vor den glotzenden Menschen geschützt werden als umgekehrt.

Auf den ersten Blick mag diese kritische Haltung verwundern. Etliche Zoos weltweit erleben gerade eine überraschende Renaissance. Der Zoologische Garten in Berlin ist Deutschlands ältester Zoo und war noch in Nachwendezeiten als uninspirierter Tierknast verschrien. Nach etlichen Umbauten indes fanden sich im Jahr 2017 dreieinhalb Millionen Besucher dort ein, um Pandas, Pinguine und Piranhas zu besichtigen.

In Leipzig nutzte man das Gelände einer alten Kammgarnspinnerei, um auf 16 500 Quadratmetern eine Dschungellandschaft aufzubauen, in der sommers wie winters ein tropisches Klima herrscht. Die Neuheit findet Anklang: Im Besucher-Ranking liegt der Leipziger Zoo hinter Berlin, München und Hamburg auf dem vierten Platz. Haben die Sachsen mit ihrer Kunstwelt also das Tor in eine neue Dimension der Zookultur aufgestoßen? Oder zählen sie zu Vertretern eines überkommenen Genres?

Der Hamburger Tierhändler Hagenbeck hatte Ende des 19. Jahrhunderts die kühne Idee, seine orientalischen Bestien Besuchern ganz ohne Gitterstäbe zu präsentieren. Um zu verhindern, dass die Löwen und Bären Schaulustige in Stücke rissen oder schlicht das Weite suchten, ließ der Kaufmann rings um die Gehege Gräben ausheben. Mit Pionierlaune tüftelte Hagenbeck an deren Ausgestaltung: Wie breit und tief die Senken zu sein hatten, wurde mit dressierten Raubkatzen nach dem Prinzip von Versuch und Irrtum getestet.

Eine solche Sicherheitsarchitektur nach Bauchgefühl ist immer noch in vielen durchgestylten Erlebnisparks üblich. Was jedoch den meisten Besuchern verborgen bleibt: In vielen Zoos herrscht unter Architekten auf der einen Seite sowie Zoologen und Tierpflegern auf der anderen fast schon ein Kleinkrieg. »Es gibt unter Zooleuten sogar den Ausspruch, dass das gefährlichste Tier im Park der Architekt sei«, berichtet die Wiener Zoodesignerin Monika Fiby.

Befreit von manch lästigen Verordnungen, bieten Zoos Baumeistern scheinbar eine Bühne, um groß aufzutrumpfen. »Architekten unterschätzen dabei typischerweise die Komplexität der Aufgabe«, meint Fiby. Die Anforderungen an Gehege und Gebäude pendeln zwischen »Gefängnis, Krankenhaus und Museum«.

Der Amerikaner Jon Coe gehört seit Jahrzehnten zu den profiliertesten Zoogestaltern der Welt; er hat auch schon für den Frankfurter Zoo gearbeitet. Obwohl er mittlerweile auf die achtzig zugeht und mit seinem Zottelbart selbst ganz verwildert wirkt, gehört er zu den größten Neuerern in der Szene. Er sagt: »Ein sehr progressiver Zoodirektor kann einen sehr progressiven Designer anheuern; aber wenn das Zoopersonal nicht mitmacht, hat alles keinen Zweck.«

Seit den Siebzigerjahren gilt – bis heute – das »Eintauchen in die Landschaft« als Maß der Dinge im Zoodesign. Das Gehege soll im günstigsten Fall bei Besucher und Tier die Illusion erwecken, dass etwa ein Koala tatsächlich in einem Eukalyptuswäldchen herumklettert. Doch Coe war aufgefallen, dass die Tiere trotzdem ziemlich

* Links: auf einem Bergziegenpfad im Woodland Park Zoo in Seattle; rechts: im Löwengehege im Bali Safari and Marine Park in Indonesien.
** Natascha Meuser: »Zoobauten: Handbuch und Planungshilfe«. Dom Publishers, Berlin; 576 Seiten; 128 Euro.

114

Architekturentwurf für einen geplanten Zoo bei Sankt Petersburg, Schneeziege, Löwe*: Potenziell fit für den Ausbruch

DER SPIEGEL Nr. 48 / 24.11.2018 115

wege im Park überqueren – natürlich abgesichert mit Stahlnetzen. Affen und Raubkatzen zeigen – zu unterschiedlichen Zeiten – großes Interesse an diesen Gängen und verhalten sich deutlich agiler. Die Zoo-

vor wir des Weges kamen, konnte ein Gorilla nur entkommen, wenn irgendwer die Tür nicht abgeschlossen hatte«, sagt er. »Inzwischen kann aufgrund der komplexeren Gehege sehr viel mehr schiefgehen.«

Dieses Utopia preist Coe seinen Klienten bislang vergebens an. Dabei hat er ein unwiderstehliches Argument: »Sie können der Erste sein!« Frank Thadeusz

116

SRF Schweizer Radio und Fernsehen

»Mit Natascha Meusers monumentaler Zoobau-Geschichte liegt erstmals ein Buch vor, das Tierbauten geschichtlich und bautechnisch unter die Lupe nimmt – und auch einen Blick in die Zukunft wirft.«

Sven Ahnert

SRF TV Audio

Am Gehege begegnen sich Mensch und Tier: Ein asiatischer Elefant im Kopenhagener Zoo.
© NATASCHA MEUSER

Kultur > Gesellschaft & Religion >

Baugeschichte des Zoos

Schöner brüllen: Wie aus dem Tierknast eine Erholungsoase wurde

Zoologische Gärten sind Bühne, Gefängnis und Museum in einem. Dieses Resümee zieht die Berliner Architektin Natascha Meuser in ihrem fulminanten Architekturführer durch die Baugeschichte und Soziologie des Zoos.

Sven Ahnert
Dienstag, 20.03.2018, 08:24 Uhr

Baugeschichte des Zoos / Schöner brüllen: Wie aus dem Tierknast eine Erholungsoase wurde, Autor: Sven Ahnert, in: Radio SRF 2 Kultur, Kultur Aktualität, 20. März 2018

SRF TV Audio

SRF KULTUR
02:02

Als Affen vermenschlicht wurden: Blick in die Zoo-Geschichte
Aus Kultur Webvideos vom 17.04.2020.

Kultur > Gesellschaft & Religion >

Zoo der Zukunft

Der Zoo – eine aussterbende Spezies?

Gitterstäbe waren gestern: Der moderne Zoo muss einen Platz finden zwischen Eventmaschine und ethischen Ansprüchen.

Franz Kasperski
Sonntag, 19.04.2020, 09:08 Uhr

Der Zoo – Eine aussterbende Spezies? Interview mit Franz Kasperski, in: SRF Kultur, 19. April 2020

Politik & Kultur. Zeitung des Deutschen Kulturrates, Nr. 4/22, S. 15

»Der Fokus vor allem auf Kinder verlangsamt die Transformationsfähigkeit der Zoos, denn es braucht mindestens 20 Jahre, bis diese Kinder in ihrer persönlichen und beruflichen Verantwortung ein neues Umweltbewusstsein umsetzen können.«

Natascha Meuser

Natascha Meuser: Verwilderung der Baukunst. Architektur wird als Markenzeichen von Zoologischen Gärten immer wichtiger, in: Politik & Kultur. Zeitung des Deutschen Kulturrates, Nr. 4/22, S. 15

Natascha Meuser: Abschied von der Rasenfläche, in: Politik & Kultur. Zeitung des Deutschen Kulturrates, Nr. 6/23, Leitartikel

DU, Heft 900, Juli/August 2020,
Zoo Zürich – Botschafter der Wildnis

»Hinter der anscheinend zeitlosen Oberfläclhe stecken zeitgenössische Wissenschaft und Technik, die aus dem Zoo einen Botschafter des Biodiversitätsschutzes machen, indem sie das Publikum auf ihre extreme Zerbrechlichkeit und auf den insgesamt angeschlagenen Gesamtzustand unseres Planeten aufmerksam machen.«

Natascha Meuser

BAUNETZWOCHE Nr. 588
vom 2. Dezember 2021

»Moderne Zooarchitektur will nicht nur Erlebnisraum sein, sondern wie ein zeitgenössisches Museum zum Nachdenken und vor allem zum Handeln anregen: Was ist mir die Natur wert und was kann ich selbst tun? Der Zoo wird so zur Schnittstelle zwischen Erlebnis, lebendigem Tier, Wissenschaft und deren Vermittlung.«

Natascha Meuser

Natascha Meuser: Neue Tendenzen in Zoologischen Gärten und Aquarien, in: BaunetzWoche, Nr. 588/2021, 2. Dezember 2021, 16 Seiten

GEZÄHMTE WILDNIS

NEUE TENDENZEN IN ZOOLOGISCHEN GÄRTEN UND AQUARIEN

VON NATASCHA MEUSER

Die gesellschaftliche Wertvorstellung vom angemessenen Zusammentreffen von Mensch und Tier in Zoologischen Gärten hat sich grundlegend gewandelt. Die Tatsache, dass Tiere keine Schauobjekte, sondern Wesen mit eigenen Rechten sind, etabliert sich immer mehr. Der vor drei Wochen im Arizona-Sonora Desert Museum in Phoenix veranstaltete Kongress „A Wilder Kingdom. Rethinking the wild in zoos, wildlife parks, and beyond" erörterte solche Aspekte ebenso wie die Frage, wieviel Wildheit man den Besucher*innen eines Zoos eigentlich zumuten dürfe. „Was steht für den Begriff der Wildheit? Ist es die Größe eines Tieres? Oder das Füttern einer Schlange mit einer lebenden Maus?", fragte Irus Braverman von der University of Buffalo die Anwesenden. Zugespitzt stellte sich die Frage: Darf man einer Familie mit kleinen Kindern an einem Sonntagnachmittag einen inszenierten Tötungsakt präsentieren? Die Expert*innen blieben bei ihren Antworten gespalten.

Die gewandelte Perspektive auf das Verhältnis von Mensch und Tier war schon immer in der historischen Entwicklung der Zoos ablesbar – insbesondere in deren Bauten (BNW#419). Der Zoologische Garten hat sich von einer lebenden Trophäensammlung über ein Museum mit lebendigen Exponaten hin zu einem Erlebnispark mit Bildungsauftrag gewandelt. Wie man Arterhaltung und ein ethisch vertretbares Mensch-Tier-Verhältnis durch Baukultur unterstützen kann, ist eine Aufgabe, an der sich Zoologische Gärten künftig messen lassen müssen. Das gilt sowohl für die zahlreichen Neugründungen vor allem im asiatischen Raum als auch für die dringend notwendigen Modernisierungen des Baubestandes, bei denen denkmalpflegerische Aspekte zu berücksichtigen sind. Nicht zuletzt soll die Architektur auch die ökologischen Zusammenhänge der Welt vermitteln helfen. Heutige Zooarchitektur möchte deshalb nicht nur Erlebnisraum sein, sondern wie ein zeitgenössisches Museum zum Nachdenken und vor allem Handeln anregen: Wie wertvoll ist mir die Natur und was kann ich selbst tun? Der Zoo wird so zur Schnittstelle zwischen Erlebnis, lebendigem Tier, Wissenschaft und deren Vermittlung.

Zoos sind immer auch wirtschaftlich agierende Institutionen, die zahlenden Besucher*innen dementsprechend ein wichtiger Faktor. Die Pandemie und die durch sie verursachten Besucherrückgänge haben viele Zoos in finanzielle Bedrängnis gebracht. Um zwei Beispiele zu nennen: 116 Tage lang war der Münchner Tierpark im Jahr 2020 geschlossen. Statt 2,72 Millionen Menschen wie 2019 kamen nur rund 750.000. Ähnlich drastisch zeigte sich die Situation in den Berliner Zoos. Hier wurde 2020 ein Umsatzrückgang in Höhe von rund 12,66 Millionen Euro verzeichnet. Für 2021 ist wohl mit Umsatzverlusten in gleicher Höhe zu rechnen.

Auch unabhängig von Corona stehen Zoos vor einem grundsätzlichen Dilemma. Einerseits müssen sie ihrer Verantwortung gerecht werden und für die Natur sensibilisieren, anderseits ein Freizeitpark sein, Kinderbetreuung, Reiseersatz und Eventgastronomie zugleich bieten. Der Fokus auf Kinder verlangsamt jedoch die Transformationsfähigkeit der Zoos. Denn so lange Zoos primär mit Spielgeräten und kinderorientierten Attraktionen locken, braucht es mindestens zwanzig Jahre, bis diese Kinder in ihrer persönlichen und beruflichen Verantwortung ein neues Umweltbewusstsein umsetzen. Das bedeutet: Zoos müssen sich noch mehr auf Tier- und Umweltbewusstsein fokussieren – und weniger auf Zeitvertreib.

WALK THE TALK

Theo Pagel, seit 2007 Direktor des Kölner Zoos, bringt es auf den Punkt: „Für uns gilt das Motto Walk the talk: Wir müssen unseren Worten Taten folgen lassen. Das bedeutet, Zoos sollten bis hin zu ihren gastronomischen Angeboten Vorbild in Sachen Ökologie sein. Man kann nicht Umweltbewusstsein predigen und dann im Zoo-Laden Stofftiere aus Billigproduktion verkaufen." Viele Zoos haben das erkannt und einen Transformationsprozess eingeleitet. Bezogen auf die bauliche Infrastruktur lassen sich dabei drei Punkte zusammenfassen.

Zoos haben das Instrument Architekturwettbewerb entdeckt. Nicht nur in der Fachöffentlichkeit werden die Debatten zum Teil leidenschaftlich geführt. Die Bauaufgabe selbst profitiert davon am meisten, führt dies doch auch dazu, dass sich über die etablierten Büros hinaus Architekt*innen für diese spezifische Entwurfsaufgabe interessieren und qualifizieren. Zweitens rückt die Ernsthaftigkeit der Arterhaltung wieder in den Vordergrund, während der Zoo früher immer auch ein Ort für Sonntagskonzerte oder Abenteuerspielplätze war. Das lässt sich auch an den zahlreichen Architekturwettbe-

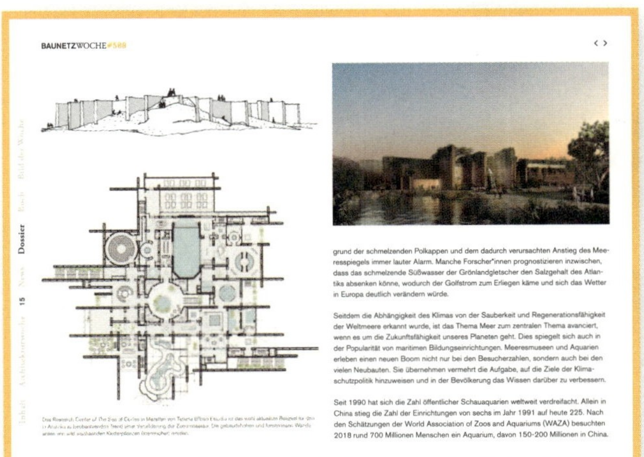

grund der schmelzenden Polkappen und dem dadurch verursachten Anstieg des Meeresspiegels immer lauter Alarm. Manche Forscher*innen prognostizieren inzwischen, dass das schmelzende Süßwasser der Grönlandgletscher den Salzgehalt des Atlantiks absenken könne, wodurch der Golfstrom zum Erliegen käme und sich das Wetter in Europa deutlich verändern würde.

Seitdem die Abhängigkeit des Klimas von der Sauberkeit und Regenerationsfähigkeit der Weltmeere erkannt wurde, ist das Thema Meer zum zentralen Thema avanciert, wenn es um die Zukunftsfähigkeit unseres Planeten geht. Dies spiegelt sich auch in der Popularität von maritimen Bildungseinrichtungen. Meeresmuseen und Aquarien erleben einen neuen Boom nicht nur bei den Besucherzahlen, sondern auch bei den vielen Neubauten. Sie übernehmen vermehrt die Aufgabe, auf die Ziele der Klimaschutzpolitik hinzuweisen und in der Bevölkerung das Wissen darüber zu verbessern.

Seit 1990 hat sich die Zahl öffentlicher Schauaquarien weltweit verdreifacht. Allein in China stieg die Zahl der Einrichtungen von sechs im Jahr 1991 auf heute 225. Nach den Schätzungen der World Association of Zoos and Aquariums (WAZA) besuchten 2018 rund 700 Millionen Menschen ein Aquarium, davon 150-200 Millionen in China.

PALÄSTE FÜR TIERE

VON MAX HINZ

Wer im Osten Deutschlands einen Zoo besucht, der hat gute Chancen, dabei auf ein Werk von Heinz Graffunder (1926–94) zu stoßen. Graffunder ist vor allem als Chefplaner des Palastes der Republik in Berlin bekannt. Doch zusammen mit seinem Kollektiv entwarf und realisierte der Berliner auch eine Reihe zoologischer Bauten, unter anderem in Berlin, Cottbus, Magdeburg und Leipzig. Bis heute gilt Graffunder als einer der bedeutendsten Zooarchitekten weltweit.

Diesem einzigartigen Werk hat Natascha Meuser bei DOM publishers eine typologische Monografie gewidmet. Im gewohnt quadratischen Format und mit kräftig grünem Einband zeigt *Heinz Graffunder. Bauten und Projekte für Zoologische Gärten* nicht nur das architektonische Schaffen, sondern auch die entwurfstheoretischen Überlegungen Graffunders zu dieser spezifischen Bauaufgabe.

Im ersten Kapitel findet man eine kurze Gegenüberstellung von konzeptioneller Entwicklung der Tierparkarchitektur und wissenschaftlichen Erkenntnissen der zoologischen Forschung nach dem Zweiten Weltkrieg. Darauf folgt ein biografischer Essay, der Graffunders architektonische Karriere in den baugeschichtlichen Kontext der DDR einordnet und zum eigentlichen Hauptteil der Publikation, der Werkdokumentation, überleitet.

Auf fast 200 Seiten versammelt die Autorin hier umfangreiches Material, das zu großen Teilen aus dem Nachlass des Architekten im Baukunstarchiv der Akademie der Künste in Berlin stammt.

Zu historischen Fotografien, Bauplänen und Modellbildern gesellen sich handschriftliche Notizen, Ausschnitte aus Fachartikeln und eindrucksvolle Entwurfsskizzen. Ein kleines Highlight ist das Foto von 1961, auf dem der Architekt mit einem Modell aus PEBE-Bausteinen – ein LEGO-Steinen ähnelndes Klemmbausteinsystem der DDR – beschäftigt ist.

Die Projekte werden in chronologischer Reihenfolge präsentiert. Den Anfang machen die Masterpläne für die Tiergärten in Neustrelitz und Berlin,

BAUNETZ Campus
vom 28. März 2023

»Zwei der erklärten Ziele des Instituts sind, eine neue Architekturwissenschaft zu akademisieren und die Baukultur als wesentliche Aufgabe des Zoos zu etablieren. Forschend, lehrend und beratend setzt sich Meuser dafür ein, durch Baukultur ein moralisch vertretbares Mensch-Tier-Verhältnis in Tierparks zu evozieren.«

Natalie Pawlik

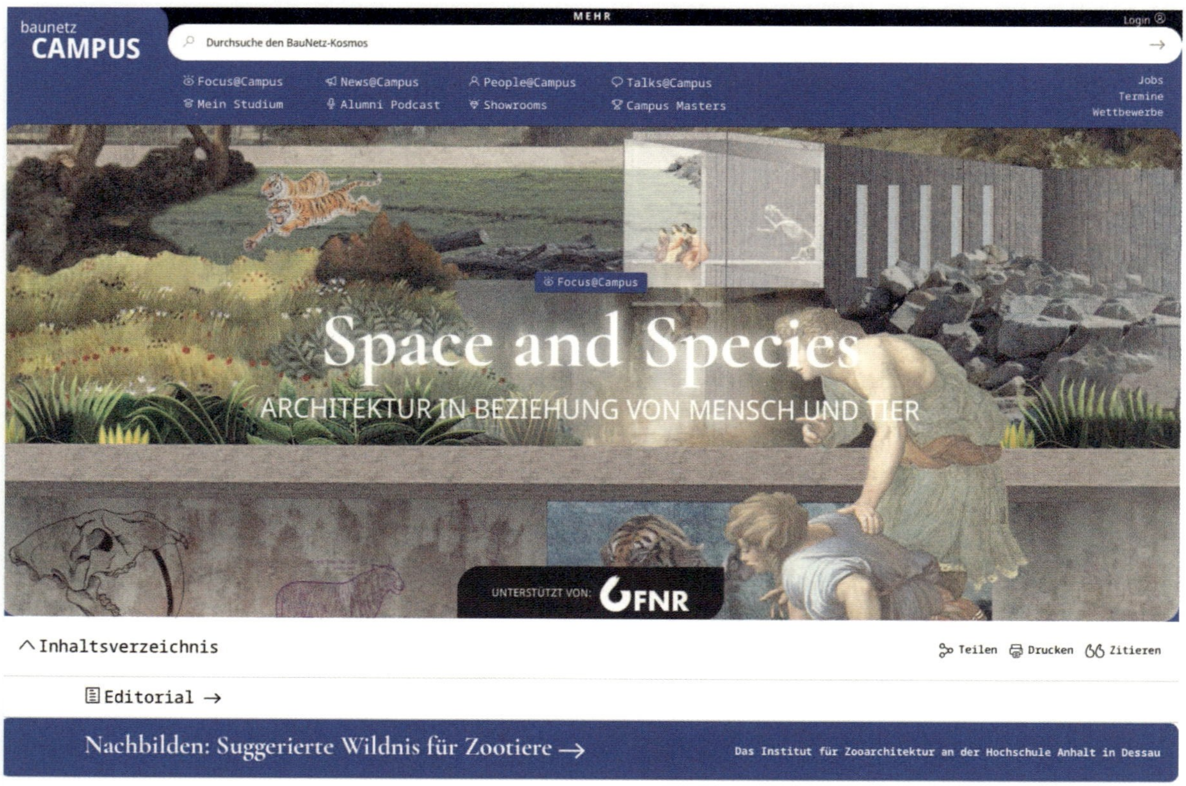

Natalie Pawlik: Nachbilden: Suggerierte Wildnis für Zootiere.
Das Institut für Zooarchitektur an der Hochschule Anhalt in Dessau, in:
Baunetz Campus, 28. März 2023 (online)

baunetz CAMPUS | MEHR | Login
Durchsuche den BauNetz-Kosmos
Focus@Campus · News@Campus · People@Campus · Talks@Campus · Jobs
Mein Studium · Alumni Podcast · Showrooms · Campus Masters · Termine · Wettbewerbe

Suggerierte Wildnis für Zootiere

Das Institut für Zooarchitektur an der Hochschule Anhalt in Dessau

Text von Natalie Pawlik

Andere Spezies üben auf Kinder und Erwachsene eine große Faszination aus. Beim Zoobesuch können wir Tiere beobachten, die wir in unserem Alltag nicht zu sehen bekämen. Zoologische Gärten müssen sowohl den Anforderungen der Besucher*innen als auch dem Wohl der darin ausgestellten Tiere gerecht werden. Dabei spielt die Architektur dieser Orte eine wichtige Rolle. 2020 gründete Architekturprofessorin **Natascha Meuser** an der **Hochschule Anhalt** in Dessau das **Institut für Zooarchitektur.** Zwei der erklärten Ziele des Instituts sind, eine neue Architekturwissenschaft zu akademisieren und die Baukultur als wesentliche Aufgabe des Zoos zu etablieren. Forschend, lehrend und beratend setzt sich Meuser dafür ein, durch Baukultur ein moralisch vertretbares Mensch-Tier-Verhältnis in Tierparks zu evozieren.

Zoos als Orte der Arterhaltung

Meuser begreift Zoos unter anderem als Orte der Wissensvermittlung, an denen wir auf unterhaltsame Art und Weise viel über unsere Umwelt lernen können. Außerdem seien sie wichtig für den Erhalt der Artenvielfalt, so die Professorin. Zahlreiche Arten gibt es in freier Wildbahn nicht mehr, sondern nur noch in der Obhut des Menschen. Diese gelte es, in möglichst naturnahen Bedingungen zu präservieren. Artenvielfalt, Naturschutz, Tierrechte und die möglichst naturnahe Unterbringung von Tieren in Aquarien und zoologischen Gärten spielen eine wichtige Rolle in ihrer Arbeit. Wie können Lebensräume geschaffen werden, die für Tiere ebenso abwechslungsreich und gesund sind wie das Habitat ihrer Artgenossen in der Wildnis? Mit dieser zentralen Frage beschäftigt sich Meuser in Forschung und Lehre.

Zoo Magdeburg, Ausschnitt Lageplan mit Tigeranlage, Bild: Institut für Zooarchitektur

Zwischen Tierwohl und Schaulust

Die intensive Arbeit mit Zoodirektor*innen und Mitarbeiter*innen habe Meuser gezeigt, dass Fragen des Tierwohls und der Funktionalität im Vordergrund stehen. Darüber hinaus muss Zooarchitektur auch die Anforderungen der Besucher*innen erfüllen. Baukünstlerische und ästhetische Aspekte spielen also ebenso eine große Rolle. Darüber hinaus repräsentiert die Architektur eines Zoos das Verständnis einer zeitgemäßen Tierhaltung, die der jeweiligen Einrichtung zugrunde gelegt ist. Während sich manche Zoos mehr als Freizeiteinrichtung verstehen, sind andere dazu übergegangen, ihre Tierausstellungen dem Bildungsanspruch eines Museums anzupassen. Der Architektur kommt also eine vermittelnde Funktion zu – sie informiert Besuchende, um was für eine Art von Einrichtung

baunetz CAMPUS | MEHR | Login
Durchsuche den BauNetz-Kosmos
Focus@Campus · News@Campus · People@Campus · Talks@Campus · Jobs
Mein Studium · Alumni Podcast · Showrooms · Campus Masters · Termine · Wettbewerbe

Ein Archiv für Zooarchitektur

Meusers Arbeit am Institut umfasst auch die Erarbeitung einer historischen Chronologie und eines Archivs für Zoobauten. Die Professorin differenziert zwischen fünf Generationen der Zooarchitektur. Erste Beispiele für eine eigenständige Typologie finden sich Meuser zufolge im frühen 19. Jahrhundert, die im sogenannten Kolonialstil errichtet wurden. Um 1900 fing man an, vermehrt Tierausstellungen nicht mehr als Pavillons, sondern als eigenständige Architekturlandschaften zu bauen. Die Tiere wurden zumindest visuell von ihren Käfigen befreit. In den 1930er-Jahren sei eine Abkehr von der Verlandschaftlichung des Zoos zu beobachten. Die Zooarchitektur aus dieser Zeit ist von Formalismus und Funktionalismus geprägt, auf exotische Dekorationen, wurde weitestgehend verzichtet. Ab den 1970er-Jahren wurde wieder verstärkt auf Naturnähe gesetzt. Die Architektur dieser Epoche tritt in den Hintergrund und dient der Natur als Behausung. Schließlich erwuchs in den 1990er-Jahren eine von Markenbildung und ikonografischen Großbauten geprägte Zooarchitektur. Bei diesen Einrichtungen stehen der Freizeitcharakter und das Erlebnis im Vordergrund. Meusers historische Arbeit fließt sowohl in ihre Publikationen als auch in Lehre ein.

Auszug aus "Handbuch und Planungshilfe Zoobauten", Natascha Meuser, Bild: Katharina Lux, baunetz CAMPUS

Entwürfe für ein neues „Tigerfenster"

Im **Sommersemester 2022** beschäftigten sich Studierende der Hochschule Anhalt mit der Gestaltung einer Tigeranlage im Zoologischen Garten Magdeburg. Als Vorbereitung für den Entwurf analysierten die Studierenden die wichtigsten Bauten für Großkatzen in Europa und den USA, die zwischen den 1870er-Jahren und heute realisiert wurden. Basierend auf den Erkenntnissen aus ihren Recherchen definierten die Studierenden die Anforderungen an Bauten für Großkatzen. Außerdem führten sie vor Ort eine detaillierte Bauaufnahme durch. Aus dieser Vorarbeit entwickelten die Studierenden ihre Entwürfe.

Die Ergebnisse der Lehrveranstaltung sind vielseitig. Beispielsweise basiert der Entwurf „Sibirische Tigerwelt" von **Anna Agafontceva** im Grundriss auf dem Schatten eines Tigers mit ausgestreckter Vorderpfote. Der Entwurf „Big Cat Hotel" von **Ee Dong Chen, Shaun Yong** und **Egor Kuzmin** sieht eine Verbindung zwischen der Großkatzenanlage und dem Vogelgesangpark vor. In dem Entwurf von **Fabian Teichert** sind Innenräume für eine interaktive Wissensvermittlung vorgesehen. Dort können sich Besucher*innen über die Tiere informieren, wenn diese sich zurückgezogen haben.

Modell eines Tiergeheges aus Stampflehm, Bild: Institut für Zooarchitektur

Schriftenreihe des Instituts und weitere Publikationen

Sämtliche Studierendenentwürfe versammelt der Band „Zooarchitektur. Tigeranlage im Zoologischen Garten Magdeburg", der vom Institut für Zooarchitektur herausgegeben wurde. Des Weiteren sind nennenswerte Publikationen von Meuser bei DOM publishers erschienen – darunter jeweils ein Handbuch und Planungshilfe für Zoo- beziehungsweise Aquarienbauten.

Die WELT vom 5. Mai 2022

»Ein Zoologischer Garten ist die einzige konfessionell und politisch unabhängige Organisation weltweit, die Vorbild und Nährboden für die sich derzeit rasant entwickelnden Ökologiebewegungen sein kann.«

Natascha Meuser

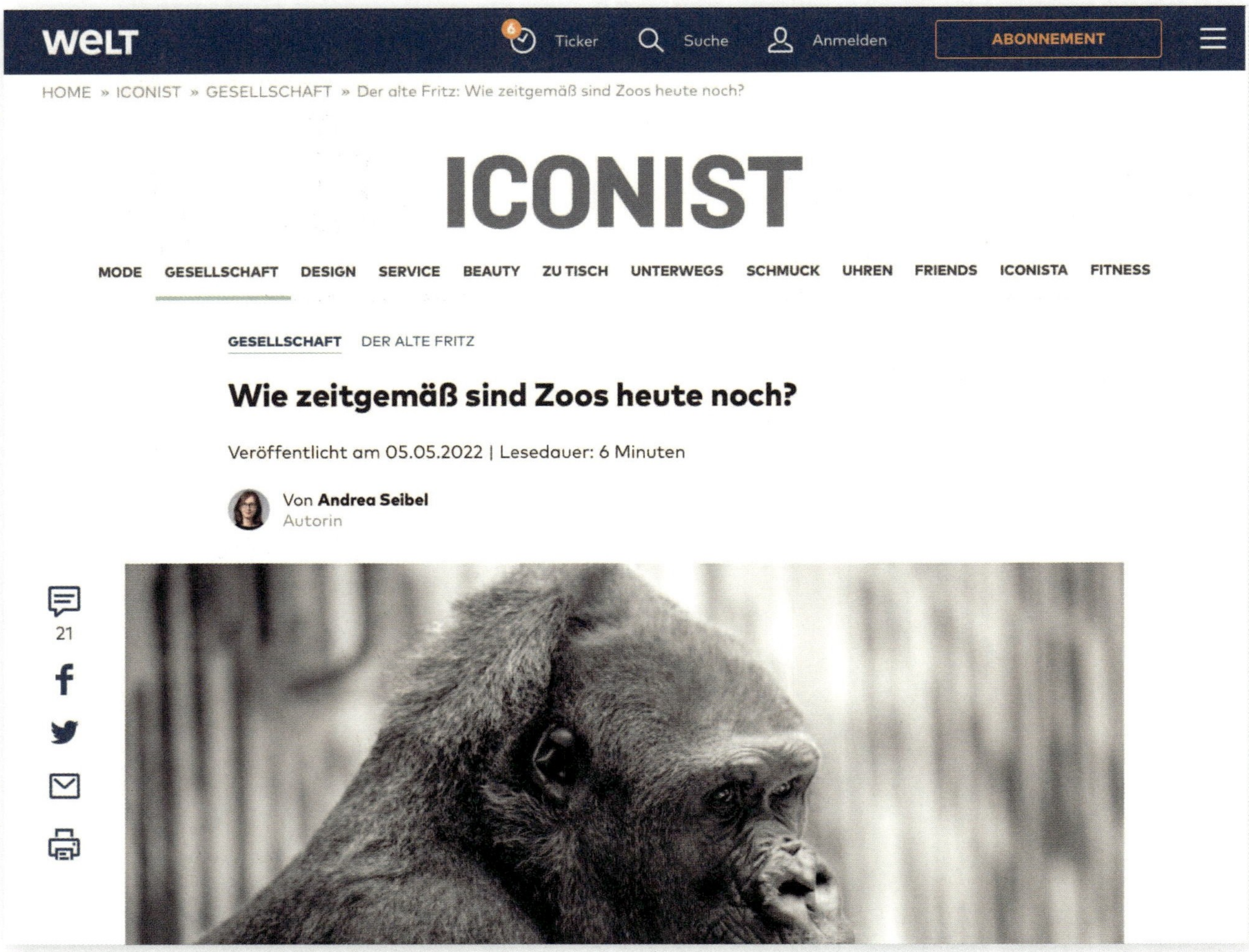

WELT Ticker Suche Anmelden ABONNEMENT

HOME » ICONIST » GESELLSCHAFT » Der alte Fritz: Wie zeitgemäß sind Zoos heute noch?

ICONIST

MODE GESELLSCHAFT DESIGN SERVICE BEAUTY ZU TISCH UNTERWEGS SCHMUCK UHREN FRIENDS ICONISTA FITNESS

GESELLSCHAFT DER ALTE FRITZ

Wie zeitgemäß sind Zoos heute noch?

Veröffentlicht am 05.05.2022 | Lesedauer: 6 Minuten

Von **Andrea Seibel**
Autorin

21

Andrea Seibel: Wie zeitgemäß sind Zoos heute noch?, in:
Die Welt, 5. Mai 2022 (online)

Berliner Morgenpost vom 16. August 2022

»Der Aquarienbau vereint alle Probleme
des Bauens in seinen Extremen.«

Natascha Meuser

BUCHNEUERSCHEINUNG

Die komplexe Architektur der Aquarien

16.08.2022, 18:40 | Lesedauer: 2 Minuten

Miriam Schaptke

Miriam Schaptke: Im Aquarium im Zoologischen Garten in Berlin stellten Natascha Meuser und Jürgen Lange ihr Buch über Aquarienbauten weltweit vor, in: Berliner Morgenpost, 16. August 2022 (online)

Baublatt Schweiz, Oktober 2021

BRANCHE

Zooarchitektur in der DDR

Der Beginn des artgerechten Bauens

Das Erscheinungsbild Zoologischer Gärten hat sich seit dem Bau der ersten Anlagen grundlegend verändert. Tiere sind heute nicht mehr reine Schauobjekte, sie sollen in einer möglichst für ihre Art naturnahen Umgebung leben können. Einen wichtigen Beitrag leistete dafür der deutsche Architekt Heinz Graffunder, der in der DDR eine Vielzahl von Projekten für Zoologische Gärten umsetzte.

Von Claudia Bertoldi

Die Geschichte der Anlagen, in denen wilde Tiere gehalten werden, reicht Jahrtausende zurück. Zu Schauzwecken, als Kampfobjekte, Jagdhelfer oder zum Verzehren wurden in Ägypten, China und im antiken Rom Wildtiere gehalten. Eine erste zooähnliche Anlage mit sieben Tiergehegen liess König Ludwig XIV. am Schloss von Versailles anlegen.

Im 19. Jahrhundert wurden die ersten Zoologischen Gärten gegründet, die allein der Erholung und der naturkundlichen Bildung dienten. Der erster «Zoologischer Garten» wurde 1828 in London als Sammlung von Tieren für wissenschaftliche Studien eröffnet. Der erste Zoo in Deutschland öffnet 1844 in Berlin seine Tore, 1874 folgte in Basel der erste Zoo der Schweiz. Im damaligen Deutschen Reich gab es um 1900 bereits über 20 Zoos und Aquarien.

Heute hat sich die Ausrichtung der Zoologischen Gärten grundlegend geändert. Sie sind weiterhin Freizeiteinrichtung, Lernort, Forschungsstätte und Naturschutzzentrum, doch der Arten- und Tierschutz und die Qualität der Tierhaltung nehmen eine vorrangige Rolle ein. Dies spiegelt sich auch in der fortschreitenden Umgestaltung vieler Zoos und Tierparks wie auch in Zürich oder Basel wider. Neue und grössere Anlagen entstehen, die dem natürlichen Habitat der Tiere möglichst ähnlich sind. Verschiedene Tierarten leben dort wie in der Freiheit auf gemeinsamen Raum.

Die Typologie der Zoobauten

Den Beginn dieser Entwicklung setzte auch ein ostdeutscher Architekt. Heinz Graffunder, hochdotierter Architekt in der DDR und unter anderem geistiger Vater des Vorzeigeprojekts «Palast der Republik» sowie der Rathauspassagen in Berlin, gilt auch heute noch weltweit als einer der bedeutendsten Zooarchitekten des 20. Jahrhunderts. Dem Thema hat Natascha Meuser ein neu erschienenes Buch gewidmet.

Im Zweiten Weltkrieg hatte die Zerstörung auch vor den Zoologischen Anlagen nicht haltgemacht. Viele Tierunterkünfte lagen in Trümmern, die Tiere waren verendet. Doch zunächst musste für die Unterbringung der überlebenden Bevölkerung gesorgt und die Infrastruktur wieder hergestellt werden.

Ab 1954 standen in Ostdeutschland wieder die Planung und der Ausbau der Zoologischen Gärten auf dem Programm – und damit Heinz Graffunder im Mittelpunkt. Seine Theorien und Studien sowie die Entwicklung einer Entwurfstheorie der Zoobauten machten ihn zum international anerkannten Fachmann auf diesem Gebiet und prägten nachhaltig die internationale Debatte über Zoobauten. Er übernahm unter anderem die Gesamtplanung des Tierparks Berlin und der Zoologischen Gärten Rostock, Cottbus, Magdeburg, Leipzig, Halle und Dresden, sowie die Neuanlage in Erfurt mit zahlreichen Anlagen und Tierhäusern.

Seine Anlagen sind mit dem heute geforderten Niveau nicht zu vergleichen. Zeitgemässe Zooarchitektur setzt jetzt auf naturnahe Gehege mit grossen Flächen, in denen mehrere Tierarten gemeinsam leben und wo die Architektur fast unsichtbar wird. Zudem spielt der Aspekt Erlebnis eine immer wichtigere Rolle. Doch Graffunder unternahm die ersten Schritte für eine Neuausrichtung weg von der vergitterten Käfighaltung.

Neue Ansichten, verändertes Bauen

Die für den Wiederaufbau festgelegten architektonischen Grundlagen für den Baustil und den Einbezug historischer Vorbilder galten nicht für die ostdeutschen Zoologischen Gärten. Hier dominierten Improvisation und Pragmatismus, zudem ein absoluter Mangel an Baumaterialien. Freiwillige halfen, um die Anlagen möglichst schnell wieder zugänglich zu machen. Bereits 1950 öffnete der erste neue Tierpark in Magdeburg. Doch artgerecht waren die Tiere in den funktionellen Zweckbauten nicht untergebracht.

Das sollte sich bald ändern. Denn den neuen Zoobauten in der DDR wurde eine naturwissenschaftliche Bildungsaufgabe zugesprochen, und sie erhielten den Status einer Kulturinstitution. Der Zoo als Bildungsanstalt sollte das hohe kulturelle Niveau und die Stärke der sozialistischen Gesellschaft verkörpern. Dementsprechend

Das Dickhäuterhaus im Tierpark Berlin mit dem Ve
Skizzen zur Entwurfsherleitung und das Modell de

wichtig war die politische Bedeutung. Über 100 Tiergärten und Zoos entstanden bis in die 80er-Jahre.

Der 1955 eröffnete Tierpark Berlin nahm dabei eine besondere Stellung ein. Hier entstand unter der Leitung Graffunders unter anderem das mit 5300 Quadratmeter Grundfläche damals weltgrösste Tierhaus, das 1963 eröffnete Alfred-Brehm-Haus für Grosskatzen. Viele Projekte wie ein Multifunktionsbau für Wassertiere konnten aber aus Finanzierungsgründen nicht verwirklicht werden.

Harmonisches Bauen für Tiere

Zunächst standen nicht die Gestaltung des künstlichen Umfelds, sondern Elemente des Wohlbefindens und der Gesundheit im Blickpunkt der Zoogestalter. Die Ge-

Bild: Quelle: Deutsche Architektur, Heft 7/1962

Die Flusspferdanlage, das Alfred-Brehm-Haus und die Dickhäuteranlage des Berliner Zoos in der Perspektive.

16 baublatt

Claudia Bertoldi: Zooarchitektur in der DDR. Der Beginn des artgerechten Bauens, in: Baublatt Schweiz, Oktober 2021, S. 17 – 18

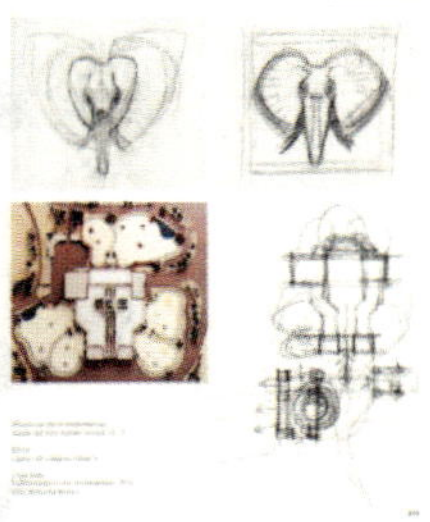

ndungstor zum Aussengehege. Daneben die
nlange.

staltung der Tiergehege wurde auch mit Elementen aus modernen Materialien umgesetzt, die eher steril und technisch wirkten, wie die aus Beton geformten Eisschollen im Eisbärengehege des Tierparks Berlin. Die Voraussetzung dafür war, dass die Imitate bei den Tieren die gleiche Bedeutung erlangten und artspezifische Handlungsfaktoren erhalten blieben.

Doch auch dies änderte sich. Mit dem zunehmenden Tierschutz wandelte sich auch die Architektur. Zooplaner und -biologen waren darauf bedacht, den Tieren ein möglichst natürliches Umfeld zu schaffen. Graffunder konnte bei der Planung dieser Gebäude Ideen und theoretische Reflexionen einbringen, die er beim Entwurf seiner Staatsbauten aussen vor liess. Er sah es als eine besondere Herausforderung, diese architektonischen Aufgaben unter vielfältigsten Bedingungen zu meistern.

Dafür entwickelte er eine eigene Theorie. Ins Zentrum seiner Planung stellte er

Heinz Graffunder – Bauten und Projekte für Zoologische Gärten

Natascha Meuser; DOM publishers, Berlin; April 2021; 304 Seiten und 300 Abbildungen; Softcover; ISBN 978-3-86922-888-4; 34,80 Franken

Bild: zvg

BRANCHE

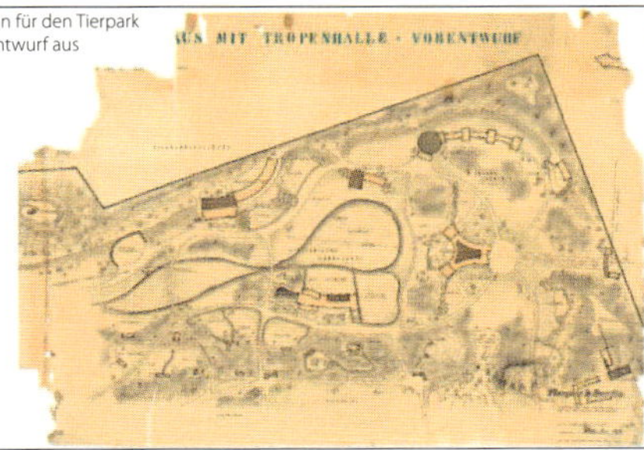

Erster Masterplan für den Tierpark Berlin. Der Vorentwurf aus dem Jahr 1956.

Bild: zvg

die harmonische Einheit aus landschaftlichen und architektonischen Elementen. Er setzte damit neue internationale Massstäbe. Seine ausführlichen theoretischen Planungskonzeptionen konnte er vor allem im Tierpark Berlin verwirklichen. Der Tierpark ist in seiner Anlage mit sukzessivem Ausbau seit rund 70 Jahren fast unverändert erhalten geblieben.

Bei der Planung setzte Graffunder auf die Zusammenarbeit und den Austausch mit Experten wie dem Berliner Tierparkdirektor Heinrich Dathe und zahlreichen Zoologen. Es veranlasste ihn, sich substanziell und zukunftsorientiert auf eine Einheit von moderner Architektur und zeitgemässer Tierhaltung zu konzentrieren. Die einwandfreie Pflege und Ausstellung der Tiere sollten in Harmonie mit einer geschmackvollen, ästhetisch gestalteten Anlage verwirklicht werden. Die Architektur sollte eine Einheit bilden und zugleich den Bedürfnissen der Tiere, Besucher sowie Zoo-Mitarbeiter gerecht werden.

Im eigenen Land kaum bekannt

Für seine Planung staatlicher Bauten erhielt Heinz Graffunder schon zu Lebzeiten Anerkennung. Mit seinem umfangreichen Werk zählt er zu den meistbeschäftigten Architekten seiner Generation. Seine Leistung bei der Planung und Umsetzung der zahlreichen Bauten für Tiere in den Zoologischen Gärten der DDR war bisher kaum der Erwähnung wert. Die Architekten blieben namenlos, auch heute noch weist kein Schild in einem Zoo Ostdeutschlands auf den geistigen Vater der Anlage hin. Für das Projekt Tierpark Berlin wurde er 1969 mit dem Nationalpreis der DDR 1. Klasse ausgezeichnet.

Graffunder prägte die internationale Debatte über Zoobauten entscheidend mit. Er zählt zu den wenigen Architekten, die eine Entwurfstheorie der Zoobauten entwickelten. Seine Texte tragen heute noch zu einer veränderten Wahrnehmung von Zooarchitektur bei. Das Buch ermöglicht einen Einblick in Graffunders Werk mit einer Werkliste seiner Bauten für Tiere. Die wissenschaftliche Aufarbeitung erfolgte in Kooperation mit dem Baukunst-Archiv der Akademie der Künste in Berlin. Viele Pläne werden im Buch erstmals publiziert. ■

Bild: Sören Kusch CC BY-SA 3.0

Eine Innenansicht des Allfred-Brehm-Hauses im Tierpark Berlin in einer Aufnahme vom Juli 2014.

Der Baumeister der DDR

Heinz Graffunder wurde 1926 in Berlin geboren. Nach dem Notabitur 1943 wurde der erst 17-Jährige zum Kriegseinsatz eingezogen. Nach dem Krieg arbeitete er zunächst in verschiedenen Baugewerken und absolvierte eine Maurerlehre. 1949 begann er die Ausbildung als Ingenieur für Hochbau an der Vereinigten Bauschule von Gross-Berlin.

Von 1952 bis 1972 arbeitete er als Abteilungsleiter beim VEB Bauprojektierung Gross-Berlin und zeichnete sich für die Verwirklichung wichtiger Projekte des Bauschaffens in der DDR verantwortlich: Neben der Gesamtplanung von Tierpark-Projekten und der Gestaltung von Bauten in diversen Zoos war er unter anderem mit der Planung des Freibad Pankows, des zentralen Regierungsgebäudes am Marx-Engels-Platz und des Gebäudes der Deutschen Innen- und Aussenhandelsgesellschaft in Berlin, der DDR-Botschaft in Budapest, des Winterquartiers des Zentralen Zirkus in Hoppegarten und mehrerer grosser Gebäudekomplexe in Berlin betraut.

1972 wurde er Chefarchitekt des Instituts für Wohn- und Gesellschaftsbauten der Bauakademie der DDR. Er übernahm 1973 die Projektierung des Palasts der Republik, anschliessend des Neubaugebiets Berlin-Marzahn. Von 1984 bis 1990 hatte er eine Professur an der Bauhochschule Cottbus inne und war Mitglied der Internationalen Architektenakademie Sofia. Ab 1990 arbeitete er als freier Architekt. 1994 ist Heinz Graffunder verstorben.

Die *Deutsche Nationalbibliothek* verzeichnet diese Publikation in der *Deutschen Nationalbibliografie*; detaillierte bibliografische Daten sind im Internet über http://dnb-d-nb.de abrufbar.

ISBN 978-3-86922-464-0

www.dom-publishers.com

Lektorat
Uta Keil

Gestaltung
Atelier Kraut

Druck
Tiger Printing (Hong Kong) Co., Ltd
www.tigerprinting.hk

DOM publishers

HOCHSCHULE ANHALT University of Applied Sciences

ZooArc
Institut für Zooarchitektur gGmbH